이 책은 정직하고 유익하며,
너무 늦었다고 생각하는 비관론자들에게 던지는 반론이다.
_제인 구달

빛나는 책! 최고의 과학적 지식과 따뜻한 마음이 담긴 고무적이고 힘을 주는 책이다.
와! 이 책은 지구를 구하고 바꾸기 위해 우리가 실제로 할 수 있는
직접적이고도 현실적인 경로를 제시한다.
_잭 콘필드, 스피릿 록 센터 설립자

인간의 미래를 위한 가장 중요한 한 권의 책이다.
_대니얼 골먼, 심리학자

생명체에 힘을 부여하는 책! 우리가 지금 실행하고 있는 변화뿐 아니라 인간 활동 전반에
걸쳐 이뤄내야 하는 변화들을 전문가 팀의 통찰력으로 요약했다. 지구를 살리는 이 책에서
폴 호컨은 다시 한번 시의적절하고 통찰력 있는 리더십을 보여준다. 희망과 선택의지로
가득한 이 책은 더 건강한 세계로 가는 현실적인 안내서로서 우리의 정신을
고양시키고 우리가 어떻게 함께 이 일을 해낼 수 있는지 정확하게 보여준다.
_댄 시걸, 의학박사

폴 호컨이 기후위기에 관해 꼭 읽어야 할 선언서를 내놓았다.
그가 명쾌한 사진들과 글로 당면 과제를 펼쳐놓을 때 우리는 긴급성과 의지를 함께 느낀다.
지금이 우리가 나설 순간이다. 이 순간을 붙잡자!
_마이클 E. 만, 펜실베이니아주립대학 기후학 석좌교수

폴 호컨이 다시 한번 해냈다. 엄청난 지적 명료함과 단순하지만 뛰어난 아이디어가
풍부하게 담긴 이 책은 인간과 지구의 건강 사이의 필수적인 연결 고리를 회복해
넷 제로 미래로 갈 방법을 보여준다.
_폴 폴먼, IMAGINE 공동 설립자

이 책은 설명적이면서도 처방적이다. 솔직한 평가와 앞으로 나아갈 명확하고
고무적인 길을 제시해 우리 모두가 이 믿을 수 없는 변화의 기회에 참여하도록 초대한다.
_로빈 오브라이언, 식품활동가

이 책이 내세우는 핵심 개념은 인간과 자연에 균형과 건강을 회복시키는 것이며
그를 위한 필수적 실천 방법을 알려준다.

_마크 하이먼 박사, 물리학자

이 책은 인간사회와 우리 주위의 생태계가 변화 및 복잡성의 한복판에서
번성할 수 있는 행동과 도구들을 풍부하게 제공한다.
『플랜 드로다운』과 마찬가지로 이 책은 전 세계적 운동을 재촉할 것이다.

_앤드루 레브킨, 컬럼비아대학 기후대학원 소통및지속성구상 창립 이사

이 책은 침울한 유행병 뒤에 들이마시는 한 모금의 신선한 공기와 같다.
폴 호컨은 효과적인 아이디어로 가득 찬 명쾌한 언어로 우리가 더 나은 미래에 대한
희망을 되찾을 수 있도록 돕는다.

_스테파노 보에리, 밀라노 보스코 베르티칼레의 '수직 숲' 창안자

35년 전에 읽은 『그로잉 비즈니스』에서 폴 호컨은 내게 엄청난 영감을 주었다.
『한 세대 안에 기후위기 끝내기』로 그는 우리 모두에게 공생하는 방식으로
지구를 성장시키기 위한 영감을 준다. 이 책을 읽으면 땅뿐 아니라
자기 자신을 되살리기 위한 영감을 얻을 것이다. 필독서다!

_칩 콘리, 기업가

이 책은 행동과 연결 사이의 중요한 연관성을 강조하고 기후변화를 해결하는 데 있어
모든 사람이 변화를 일으킬 수 있음을 보여준다. 호컨은 사람들이 새생력 있는
집단적 구상안들을 어떻게 만들어내고 있는지 상세히 이야기한다.
우리는 중요한 시기에 살고 있고 『한 세대 안에 기후위기 끝내기』는 중요한 책이다.

_카렌 오브라이언, 오슬로대학 교수

이 책은 식품 안전부터 군수산업까지, 전기차에서 맹그로브까지 놀라울 정도로
다양한 주제를 다뤄 이 과제가 얼마나 포괄적인지 보여준다. (…) 위기의 무게감을 느끼는
사람들은 '지구를 구하는 것이 당신의 임무는 아니다'라고 말하는
저자의 마지막 권고만큼 이 책이 명쾌하고 유익하다는 것을 알게 될 것이다.
더 정확히 말하면 그건 우리 모두의 의무다.

_『샌프란시스코크로니클』

한 세대 안에
기후위기
끝내기

한 세대 안에 기후위기 끝내기

폴 호컨 Paul Hawken
박우정 옮김

HAWKEN

RE GENERATION

ENDING THE CLIMATE CRISIS IN ONE GENERATION

재생의 시대를 위하여

글항아리 사이언스

일러두기

우리는 조사와 집필 과정에서 수천 개의 참고문헌과 인용, 출처를 모았다. 자료가 너무 많아서 이 책에 다 게재하지는 못하지만 전체 목록을 www.regeneration.org/references에서 볼 수 있다.

아이슬란드 남부 비크 근방에 있는 사크길 계곡은 빙하와 강, 얼음 동굴, 검은 모래 해변 그리고 이 나라에서 가장 좋은 하이킹 코스로 둘러싸여 있다.

| 서문 |

제인 구달

침팬지를 연구하면서 나는 우림의 모든 생물이 서로 연결되어 있다는 것을 알았다. 모든 종의 식물과 동물은 삶이라는 태피스트리에서 저마다 맡은 역할이 있다. 한 종이 멸종되면 그 태피스트리에는 구멍이 생긴다. 태피스트리가 심하게 찢기고 너덜너덜해지면 생태계 전체가 붕괴될 수 있다. 중요한 건 우리 역시 자연계의 일부라는 점이다. 우리는 산소, 식량, 물, 의복, 그러니까 모든 것을 자연에 의지한다. 그리고 자연 역시 찢기고 너덜너덜해져 왔다.

가장 가까운 친척인 침팬지를 비롯해 다른 모든 동물과 인간을 구별 짓는 것은 지적 능력의 폭발적인 발달이다. 사람들이 생각했던 것보다 동물들은 훨씬 더 똑똑하지만 어떤 동물도 상대성이론을 고안해내거나 달에 착륙하지는 못한다. 모든 종 가운데 가장 지적인 인간이 우리의 유일한 보금자리를 파괴하고 있다는 것은 얼마나 기괴한 일인가. 인간의 똑똑한 두뇌와 인간의 마음속에 있다고 여겨지는 사랑 및 동정심은 별개의 것처럼 보인다. 머리와 가슴이 조화를 이룰 때에만 우리는 진정한 인간의 잠재력을 성취할 수 있다.

우리에게는 스스로 자초한 해결해야 할 문제가 많으며, 폴 호컨이 이 책에서 굉장히 설득력 있게 강조한 것처럼 그 문제들은 모두 서로 연결되어 있다. 이 문제들은 통합된 방식으로 이해하고 해결해야 한다. 빈곤을 완화시키고, 고소득 국가들의 지속 불가능한 생활 방식을 조절하고, 사회 정의를 실현하고, 보편적인 의료 서비스를 제공하고, 모두에게 교육 기회를 제공해야 한다. 다행히 사람들이 이런 문제들에 관해 혁신적인 해결법들을 찾고 있고, 폴은 이 책에서 이 방법들에 대해 논의한다.

내가 살면서 경험한 잘못된 일은 무척 많았다. 1960년 침팬지를 연구하기 시작했을 때 곰베 국립공원은 적도 아프리카를 가로지르며 펼쳐진 숲의 일부였다. 그러다 1980년대 중반에는 헐벗은 낮은 산들로 둘러싸인 고립된 작은 숲이 되어버렸다. 사람들은 지속 가능하지 않은 삶을 살았고, 농지는 과도하게 사용되어 척박해졌으며, 농사지을 땅과 숯 생산을 위해 나무들은 잘려나갔다. 사람들은 살아남기 위해 몸부림치고 있었다. 그때 나는 이 지역사회가 환경을 망가뜨리지 않고 먹고살 방법을 강구하지 않으면 침팬지를 보호할 수 없다는 것을 깨달았다. 어떤 동물 종이 살고 있는 환경을 보호하지 않으면 그 종을 구할 수 없고, 환경 보호는 지역사회의 참여 없이는 불가능하다. 그리고 지역 주민들이 가난 속에서 살고 있다면 환경 보호에는 참여하지 않을 것이다.

제인 구달 연구소는 지역사회 중심의 총체적 보존활동인 TACARE(Lake Tanganyika Catchment Reforestation and Education) 프로그램을 시작했다. 우리는 탄자니아 현지인 중에서 선별한 인력을 곰베 주변의 마을들로 보내 주민들에게 우리가 무엇을 할 수 있는지 물어봤다. 주민들이 내놓은 답과 필요로 하는 것은 분명했다. 그들은 더 많은 식량을 재배하고 건강과 교육이 개선되길 원했다. 우리는 유럽연합에서 소액의 보조금을 받아 지역 주민들이 화학물질을 사용하지 않고 땅의 생산력을 회복시키도록 했다. 또 탄자니아의 지방 정부와 협력해 기존 학교들을 개선하고 마을 진료소들을 개선하거나 새로 설치했다. 물 관리 프로그램, 산림농업, 영속농업도 소개했다. 그리고 지리정보 시스템과 인공위성이 보낸 사진들을 이용해 마을 주민들이 토지 사용 관리 계획을 세울 수 있게 했다. 자원자들은 스마트폰을 이용해 자신의 마을에 있는 보호림의 건강을 어떻게 기록하는지 배웠다. 소녀들은 장학금을 받아 중등교육을 받을 수 있었고, 소액대출 프로그램으로 마을 주민들, 특히 여성들이 장기적으로 운영할 수 있는 사업을 시작했다. 아이들을 교육시키고 싶어도 학비가 비싸 포기하는 부모들은 가족계획 정보를 적극적으로 받아들였다. TACARE는 이런 방식으로 환경과 사회의 안녕을 촉진하기 위해 활동해왔다.

지금 지구에는 약 79억 명의 인구가 살고 있다. 많은 지역에서 우리의 유한한 천연자원들이 자연이 다시 채워놓는 속도보다 더 빨리 줄어들고 있다. 2050년에는 세계 인구가 100억 명에 이를 것으로 추정된다. 가축 수 역시 증가해 점점 더 많은 땅과 물을 사용하고 엄청난 양의 메탄가스를 배출한다. 게다가 가난에서 벗어난 사람들은 지금 우리가 바꿔야 한다고 알고 있는 지속 불가능한 생활 방식을 당연히 모방하려고 한다. 현재와 같은 방식

___ 어미를 잃은 쿠디아와 울티모가 콩고의 JGI 침푼가 침팬지 재활센터에서 서로를 껴안고 있다. 보호구역에서는 160마리의 침팬지가 보살핌을 받고 있다.

을 고수한다면 미래는 음…… 암울하다는 말 가지고도 한참 모자란다.

우리는 자연과 새로운 관계를 발전시켜야 하고 우리 세대가 만들어낸 문제들에 아이들이 대처할 수 있게 준비할 시간을 마련해줘야 한다. 환경 교육을 향상시키는 프로그램과 사회 정의를 논하는 프로그램이 많다. 1991년에 나는 루츠앤슈츠Roots&Shoots라는 유·청소년을 위한 환경 및 인도주의 운동을 시작했다. 현재 68개국에서 유치원부터 대학까지 수천 개의 그룹이 참여하고 있는데, 사회 문제와 환경 문제가 서로 연결되어 있다는 것을 이해하기 위해 각 그룹이 사람, 동물, 환경이라는 세 가지 프로젝트를 선택하고 참여한다. 참여자들은 행동으로 자신들이 변화를 일으킬 수 있다는 것을 깨닫는다. 이 운동은 야생동물 밀매, 노숙, 여성의 권리, 동물의 권리, 차별 등 다양한 문제에 대해 함께 노력하고 있는 수천 명의 젊은이에게 힘을 실어주며 희망을 불어넣고 있다.

내게는 희망을 품을 세 가지 이유가 있다. 젊은이들의 에너지와 헌신, 자연의 회복력(곰베 주변의 숲이 되살아났다)과 동식물 종들을 멸종에서 구하는 방법, 자연과 더 조화롭게 살 수 있는 방법에 초점을 맞추고 있는 인간의 지성이다.

폴은 인간이 자초한 환경과 사회 문제에 대한 가장 중요한 해결법들을 특유의 독특한 방식으로 설명한다. 정직하고 유익한 이 책은 너무 늦었다고 생각하는 비관론자들에게 던지는 반론이다. 폴의 글은 우리에게 시간상의 기회가 있고 현실적인 해결 방법들이 있으며 모든 기관이 생활과 지구 차원에서 기후 안정성을 회복하기 위해 그 방법들을 시작하고 시행할 수 있다는 나의 진심 어린 믿음을 그대로 담고 있다. 호모 사피엔스Home sapiens(현명한 유인원)라는 학명에 부끄럽지 않게 살도록 노력하자.

하늘에서 내려다본 카룰라 국립공원의 작은 산림호수, 에스토니아 남부 발가마 카운티

| CONTENTS |

| 재생 |

재생, 즉 되살린다는 것은 생명을 모든 행동과 결정의 중심에 둔다는 뜻이다. 이는 모든 창조물, 초원, 농지, 사람, 숲, 어류, 습지, 해안지대, 해양에 적용되며 가족, 공동체, 도시, 학교, 종교, 문화, 상업, 정부에도 마찬가지로 적용된다. 자연과 인류는 정교하고도 복잡한 관계망으로 이루어져 있고, 이런 관계망이 없으면 숲과 땅, 바다, 사람, 국가, 문화는 사라질 것이다.

우리가 살고 있는 행성과 젊음은 우리에게 같은 이야기를 해주고 있다. 인간과 자연 사이, 자연 내부 그리고 사람, 종교, 정부와 경제활동 사이에 필수적인 연결관계가 끊어져왔다는 것이다. 이러한 단절이 기후위기의 시작점이자 근원이다. 그리고 소득이나 인종, 성별, 신념과 상관없이 모든 사람이 참여 가능한 해결책과 조치들을 찾을 수 있는 지점이기도 하다. 우리는 죽어가는 행성에 살고 있다. 이 말은 얼마 전까지만 해도 과장되거나 도를 넘은 표현으로 들렸을 수 있다. 지구의 생물학적 쇠퇴는 인간이 하고 있는 일들에 대한 지구의 적응 방식이다. 자연은 절대 실수하지 않는다. 인간은 실수한다. 지구는 무슨 일이 있어도 되살아날 것이다. 국가, 사람, 문화는 그렇지 않을 수 있다. 생물의 미래를 우리가 하는 모든 일의 중심에 두는 것을 우리의 목적과 운명의 중추로 삼지 않는다면 이곳 지구에 우리 인간들이 왜 있겠는가?

기후위기의 근접 원인으로는 특히 차량, 건물, 전쟁, 벌채, 빈곤, 석유, 오염, 석탄, 산업형 농업, 과소비, 수압파쇄 공법을 들 수 있다. 이들은 모두 동일한 원인과 영향력을 갖는다. 인간의 안녕을 돕기 위해 만들어진 경제구조들이 지구에서의 삶을 퇴보시켜 손실과 고통을 일으키고 우리가 사는 행성의 온도를 높이고 있다. 금융 시스템은 지구의 현금화를 부추기고 투자하는데, 이는 단기적으로는 금전적 부를 제공하지만 가까운 미래에 생물학적 고갈과 빈곤, 불평등의 요인이 된다.

지구온난화를 되돌릴 가장 효과적인 방법이 지난 40년 동안 대부분 간과되어왔다. 화석연료의 연소는 온난화의 주된 원인이기 때문에 신속히 중단되어야 한다. 그렇게 하지 않으면 해결책이 없다. 기후를 안정시키기 위해서는 이산화탄소 배출을 줄이고 땅과 바다로 돌려보내야 한다. 기후위기를 역전시킬 효과적이고 시의적절한 유일한 방법은 인간과 생물학적인 모든 존재의 삶을 되살리는 것이다. 이는 또한 가장 설득력 있고 성공적이며 포괄적인 방법이기도 하다. 생물학적 퇴화는 상상도 할 수 없는 위기 직전까지 우리를 몰고 왔다. 지구온난화를 역전시키기 위해서는 지구의 전체적인 퇴화를 역전시켜야 한다.

경제 시스템, 투자, 정책들은 세상을 퇴보시킬 수도 되살릴 수도 있다. 우리는 미래를 도둑질하고 있거나 혹은 미래를 치유하고 있다. 현재의 경제 시스템을 묘사하는 한 가지 표현은 '착취적extractive'이라는 것이다. 우리는 빼앗고, 억누르고, 예속시키고, 착취하고, 파쇄하여 채굴하고, 구멍을 뚫고, 오염시키고, 태우고, 자르고, 죽인다. 경제는 사람과 환경을 착취한다. 퇴화의 지속적인 요인은 부주의, 무관심, 탐욕, 무지다. 기후변화는 사람들로 하여금 '지구 구하기'와 자기 자신의 행복, 안녕, 번영 사이에서 양자택일해야 할 것처럼 느끼게 한다. 하지만 전혀 그렇지 않다. 되살리기가 세상만 다시 살리는 건 아니다. 우리 각자도 다시 살린다. 되살리기에는 의미와 기회가 있다. 되살리기는 믿음과 호의의 표현이며 상상력과 창의성이 뒤따른다. 또한 포괄적이고 매력적이며 관대하다. 그리고 모든 사람이 참여할 수 있다. 되살리기는 숲과 땅, 농지와 해양을 회복시킨다. 도시를 변화시키고, 적절한 가격의 녹색 주택을 짓고, 토양 침식을 되돌리고, 척박해진 땅의 지력을 회복시키고, 농촌에 활력을 준다. 지구 되살리기는 생계 수단, 즉 사람들에게 활기를 주고 소생시키는 직업들, 우리를 서로의 안녕과 연결시키는 일들을 창출한다. 또한 빈곤에서 벗어나는 길을 제시하여 사람들에게 의미를 부여하고 자신의 공동체에 가치 있는 참여를 하도록 하며 생활을 유지하는 데 필요한 임금과 품위 있고 존중받는 미래를 부여한다.

기후변동에 관한 정부 간 협의체Intergovernmental Panel on Climate Change, IPCC가 발표한 6차 보고서의 주 필자인 런던 그랜섬 연구소의 조에리 로겔지 박사는 2020년 12월 주목할 만한 발언을 했다. "탄소 순 배출량이 제로일 때 온난화가 진정되리라는 게 우리가 할 수 있는 최선의 이해다. 10~20년 안에 기후는 안정화될 것이다. 추가적인 기온 상승은 거의 혹은 전혀 없을 것이다. 우리의 최적 추정치는 0이다." 이것은 과학적 합의의 주목할 만한 변화다. 지난 수십 년간 탄소 배출을 중단할 수 있다 해도 온난화의 가속도가 수세기 동안 지속되리라고 가정되어왔기 때문이다. 그런 가정은 잘못된 것이었다. 이제 기후학에 따르면 탄소 배출 제로를 달성한 뒤에는 지구온난화가 약화될 것으로 보인다.

지금은 역사의 중요한 분기점이다. 가열되고 있는 지구는 인류 공통의 문제이며 모두에게 속하는 사안이다. 기후위기를 해결하고 되돌리기 위해서는 서로 연결되고 의존해야 한다. 안전지대에서 걸어 나와 자기 안의 큰 용기를 발견해야 한다. 다른 사람들은 틀리고 나는 옳다는 방식을 뜻하는 게 아니다. 열심히, 정중하게 귀 기울이고 우리를 서로 갈라놓으며 생물들과 분리시킴으로써 그동안 끊어져 있었던 가닥들을 이어 붙이라는 뜻이다. 이것은 절망도, 희망도 아니다. 용감하고 두려움 없는 행동이다. 우리는 놀라운 결정적 순간을 만들어냈다. 기후위기는 과학적 문제가 아니다. 인간의 문제다. 세계를 변화시키는 궁극적 힘은 기술에 있지 않다. 그 힘은 우리 자신, 모든 사람 그리고 모든 생명에 대한 경외와 존중, 연민에 달려 있다. 이것이 되살리기다.

기후위기는 지구온난화와 동의어가 아니다. 과학자들을 불안하게 만드는 것은 온난화가 지구 생물에 미칠 영향이다. 기온 변화, 해류, 녹고 있는 극빙은 빠른 속도로 티핑포인트에 다가가고 있는 많은 부문에서 돌이키기 불가능한 파괴를 불러일으킬 수 있다. 열대 지방에 가뭄이 더 잦아져 세계의 우림들이 화재에 취약한 사바나로 바뀌는 것도 이런 손실에 포함될 수 있다. 해수의 순환에 생긴 변화는 전 세계의 날씨와 농업을 극적으로 바꿔놓을 것이다. 화재와 해충의 급속한 증가는 북부의 삼림을 파괴할 수 있다. 대양의 온도 상승과 산성화는 세계의 산호초를 모두 죽일 수 있다. 남극대륙의 트웨이츠 빙하가 녹는 속도는 가속화되어 해수면이 1미터 상승할 것이다. 북극의 영구 동토층이 녹아 고대에 저장된 어마어마한 양의 이산화탄소와 메탄이 방출될 것이다. 이런 사건들이 더 온화한 기후대에 살고 있는 한 가족에게, 나아가 그들의 도시와 경제, 기업, 식량, 정치, 아이들에게 어떻게 영향을 미칠지는, 이해는 한다 해도 상상이 잘 되지는 않는다. 하지만 길게는 1만 년 동안 터를 잡고 살아온 이누이트족, 추크치족, 알류트족, 사미족, 네네트족, 애서배스카족, 그위친족, 칼라알리트족 등 녹고 있는 북극의 영향을 빠르게 직접적으로 경험하고 있는 북극의 20개 이상 문화들에 대해서는 이런 상상이 어렵지 않다.

기후 예측이 정확하다 해도 또 다른 일련의 티핑포인트들, 수많은 작은 변화, 결정적으로 중요한 결과들을 가릴 수 있는 그러한 불명확성 때문에 사람들은 수동적인 태도와 두려움에 빠지기보다 개입과 참여를 하게 된다. 이런 행동들이 기후위기를 늦추고 방지하며 변화시킨다. 기후위기를 끝낸다는 것은 2050년이 되기 전 탄소 순 배출량 제로를 달성해나가는 로드맵에 따라 2030년까지 적절한 속도로 올바른 방향으로 나아가는 사회를 만든다는 뜻이다. 그러려면 2030년까지 배출량을 절반으로 줄인 뒤 2040년까지 다시 그 절반으로 줄여야 한다. 수만 개의 조직, 교사, 기업, 건축가, 농부, 토착 문화 및 선주민 지도자들은 무엇을 해야 하는지 알아 이미 적극적으로 실행하고 있다. 현재 기후운동은 엄청난 성장을 하고 있지만 여전히 세상의 작은 부분에 머물러 있다. 수억 명의 사람이 자신에게 선택 의지가 있고 행동을 취할 수 있으며 걷잡을 수 없는 지구온난화를 힘을 합쳐 막을 수 있다는 것을 깨달아야 한다.

이 글을 읽고 있는 사람이 바로 기후위기를 막을 수 있는 주체다. 논리적으로는 터무니없는 생각처럼 들릴 수 있다. 분명 개인들은 지구온난화의 전세계적 동인과 가속도를 저지할 힘이 없기 때문이다. 지금까지 생긴 기관들이 우리를 위해 그 일을 해야 하거나 하리라고 가정하는 것이 합리적일 수 있다. 즉 기후위기를 해결하는 열쇠가 개인의 행위에 있는지, 정부의 정책에 있는지에 대해서는 논쟁이 일고 있다. 이제 그런 논쟁은 없어져야 한다. 우리에겐 사회의 맨 위에서 바닥까지, 그 사이의 모든 부분의 참여가 요구되기 때문이다.

개인의 탄소발자국을 계산하는 것은 흥미로운 일이지만, 이 책은 더 광범위한 다른 방식을 택한다. 세상에 개인 같은 것은 없기 때문이다. 자신이 개인이라고 생각하는 것은 자아 정체감이다. 개인이 된다는 것은 인류 및 생물계와 계속해서 기능적이고 밀접하게 연결된다는 뜻이다. 우리의 네트워크를 살펴보면 우리 각자가 대중이다. 우리는 공유하기, 선택하기, 입증하기, 가르치기, 보존하기 그리고 지도자, 도시, 기업, 이웃, 동료, 정부가 눈뜨고 행동할 수 있도록 돕는 다양한 방법을 포함해 서로 다른 기술과 잠재력을 가지고 있다.

당신이 전문가가 아니라서 걱정되는가? 거의 모든 사람은 전문가가 아니다. 하지만 우리는 알 만큼 알고 있다. 온실가스가 어떻게 작용해 지구의 기온을 올리는지 알고, 심한 기후변동과 기상 이변을 목격하면서 탄소의 주배출원들을 알고 있다. 우리는 안정된 기후, 식량 안보, 깨끗한 물, 맑은 공기, 우리가 조상이 될 수 있는 지속적인 미래를 원한다. 문화, 가족, 공동체, 땅, 직업, 기술은 저마다 다르다. 각자가 처한 상황도 다 다르다. 이 시점에, 이곳에서 당신이 가진 지식으로 무엇을 해야 할지 당신보다 더 잘 아는 사람이 있을까?

하지만 기후위기를 해결하는 것은 인간에게는 제대로 준비되지 않은 부자연스러운 행위다. 우리의 정신이 그런 방향으로 작용하지 않는다. 미래의 실존적 위협은 추상적이고 개념적이다. 기후변화와 맞서 싸운다는 전쟁 비유도 맞지 않는다. 누가 아침에 일어나서 30년 안에 탄소 배출량을 줄이거나 '탄소 중립'을 달성하는 문제에 흥분하겠는가? 대부분의 사람은 기후와 관련된 뉴스를 외면하는데, 그럴 만도 하다. 압도적인 대다수가 멀리 떨어진 문제보다 현재의 딜레마, 2050년이 아니라 지금 자신의 삶에 영향을 미치는 장애물에 집중하기 때문이다. 반면 인간은 함께 문제를 해결하는 데 특히 뛰어나다. 곧 닥쳐올 태풍이나 홍수, 허리케인 같은 직접적인 위협이 주어지면 우리는 모두 그 문제에 달려든다. 기후위기를 종식시키는 데 인류의 대부분을 참여시키려면 언뜻 봐서는 이해되지 않는 방법을 써야 한다. 지구온난화를 역전시키기 위해서는 상상 속의 디스토피아적 미래가 아니라 사람들이 현재 필요로 하는 것들을 다루어야 한다.

사람들의 관심을 끌고 싶다면, 사람들이 그 문제가 관심을 끌고 있다고 느껴야 한다. 세계를 지구온난화의 위협으로부터 구하려면 구할 만한 가치가 있는 세상을 만들어야 한다. 우리가 아이들, 가난한 자, 소외된 사람들을 돕고 있지 않다면 기후위기는 해결하지 못한다. 기본적인 인간의 권리와 물질적 요구가 충족되지 않는다면 위기를 막기 위한 노력은 실패할 것이다. 개인이나 가족에게 시기적절하고 누적되는 이익이 없다면 사람들은 다른 곳에 초점을 맞출 것이다. 인간사회와 자연세계의 운명이 똑같지는 않더라도 서로 떼려야 뗄 수 없는 관계로 얽혀 있을 때 인간과 생물세계의 요구들은 종종 생물 다양성 대 빈곤, 혹은 삼림 대 기아 등 상충되는 우선순위로 나타난다. 사회 정의는 이 비상사태에 대한 부차적 문제가 아니다. 사회 정의가 불공평의 원인이다. 모든 어린이에게 교육 제공하기, 모든 사람에게 재생 가능한 에너지 제공하기, 음식물 쓰레기 없애기, 빈곤 물리치기, 양성 평등과 경제 정의 및 공통된 기회 보장하기, 과거의 불공평한 처사들에 대한 우리의 책임을 인정하고 세계의 수많은 공동체에 보상 제공하기 등은 부자와 가난한 이들, 그 사이의 모든 사람, 인류 전체의 상황을 바꿀 수 있는 방법의 핵심이다. 기후위기를 역전시키는 것은 한 가지 결과를 낳는다. 인간의 건강, 안전과 안녕, 생물세계, 정의를 되살리는 것이 목적이다.

여기에는 전 세계적이고 헌신적인 공동의 노력이 요구된다. 공동의 노력이 기관의 리더들에게서 나오는 것은 아니다. 의지와 행동이 만나고 합쳐져 한 쌍, 한 그룹, 한 팀, 하나의 운동이 되는 비가시적인 사회 공간에서 한 사람으로부터 시작되어 다른 사람에게로 옮아간다. 간단히 말하면, 누구도 도우러 오지 않는다. 우리가 심사숙고하며 기다리는 동안 문제를 해결할 두뇌위원회는 없다. 지구에서 가장 복잡하고 급진적인 기후 기술은 태양전지판이 아니라 인간의 마음, 머리, 정신이다. 우리는 기후위기의 구렁에 서 있지만 동시에 또 다른 놀라운 출발점에 서 있다. 기후변화에 대한 이해와 깨달음의 정도는 폭발적으로 높아지며 치솟고 있다. 기후변화가 개념이 아니라 피부에 와닿는 경험이 되고 있다. 날씨가 점점 더 파괴적으로 변하는 것에 대한 인식과 관심이 높아지면 기후위기를 역전시키려는 운동은 인류 역사상 가장 큰 운동이 될 것이다. 이 순간을 만드는 데 수십 년이 걸렸다.

다른 사람들은 가만있는데 당신만 행동을 취해봤자 별 의미 없다고 걱정하는 것도 당연하다. 지구 입장에서 보면 기후변화를 부정하는 사람이나

—— 전통적인 지식과 과학, 기술의 결합을 지지하는 힌두 오우마루 이브라힘은 지구의 미래에 영향을 미치는 정책과 관행을 만드는 데 토착민 여성들의 역할을 증대시키는 운동의 지도자다.

문제를 알고 있지만 아무 행동도 하지 않는 사람이나 아무 차이가 없다. 사람이 변화하는 가장 큰 원인은 주변 사람들의 변화에 있다. 스탠퍼드대학의 신경과학자 앤드루 휴버먼의 연구는 신념이 우리가 하는 일이나 우리가 할 수 있는 일을 결정한다는 생각을 뒤집었다. 그 반대다. 신념이 우리 행동을 변화시키는 게 아니라 행동이 우리 신념을 변화시킨다. 변화를 일으키기 위해 당신이 할 수 있는 일이 없다고 여기는가? 일리 있는 생각이다. 미래가 두려운가? 당연하다. 기후변화에 스트레스를 받는가? 그럴 만하다. 하지만 스트레스란 당신의 뇌가 당신에게 행동하라고 말하는 것이다. 스트레스는 신호다. 당신에게 무언가를 하라고 촉구하는 중이다. 행동이 당신의 신념을 바꿀 뿐 아니라 당신의 행동이 다른 사람의 행동을 바꾼다.

정찰을 맡은 꿀벌들은 활짝 핀 꽃무더기와 꿀을 발견하면 벌집으로 돌아가 입구에서 상징적인 8자 춤을 춘다. 이 춤은 다른 벌들에게 꽃이 핀 식물이나 나무까지의 정확한 방향과 거리를 알려준다. 춤이 격렬할수록 풍부한 꿀을 얻을 곳을 찾았다는 뜻이다. 춤을 본 일벌들은 필요한 정보를 얻어 곧장 그곳으로 날아간다. 이제 인간이 자신의 지식, 장소, 결정에 맞는 춤을 만들어야 할 때다. 역사상의 이 시기를 보는 또 다른 방식은 우리가 스승인 지구에게 홈스쿨링을 받고 있다는 것이다. 이 책은 그러한 가르침들을 깊이 생각하려는 하나의 시도다.

_폴 호컨

| 이 책을 활용하는 방법 |

이 책의 목적은 기후위기를 한 세대 안에 끝내는 것이다. 위기를 끝낸다고 해서 지구온난화라는 과제가 마무리되지는 않는다. 지구온난화는 한 세기에 걸쳐 다루어야 하는 책무다. 위기를 끝낸다는 것은 2030년까지 인류의 집단행동으로 전체 온실가스 배출량을 45~50퍼센트 감소시키리라는 뜻이다. 이 글을 쓰는 지금 우리는 오히려 이 문제에서 퇴보하며 배출량을 늘리고 있다.

이 책과 우리의 웹사이트는 2018년 10월 IPCC가 발표한 특별 보고서 「지구온난화 1.5도씨」에서 틀을 잡은 목표들을 성취하기 위한 경로를 구상한다. 보고서는 지구의 온도 상승 폭이 섭씨 1.5도씨를 넘는 것을 막기 위해 전 세계 온실가스 배출량을 향후 20년마다 2010년도 수준에서 45~50퍼센트씩 줄여나가자고 제안한다. 위기에 관해 가장 흔한 질문은 "내가 뭘 해야 할까요?"다. 어떻게 한 사람이나 단체가 최단기간에 기후 비상사태에 가장 큰 영향을 미칠 수 있을까? 대부분의 사람은 뭘 해야 할지 모르거나 자신들이 하는 일로는 불충분하다고 생각할 수 있다. 우리 생각은 다르다.

기후변화를 되돌리기 위한 우리의 접근 방식은 여느 제안들과는 다르다. 이 접근 방식은 되살리기라는 개념을 기반으로 한다. 우리가 다른 전략과 계획들에 반대하는 건 아니다. 오히려 모든 접근 방식을 격려하며 감사하게 여긴다. 우리의 관심사는 단순하다. 현재 세계 대부분의 사람이 참여하지 않는 탓에 인류 대다수를 참여시킬 방법이 필요하다. 되살리기는 기후변화와 맞붙거나 싸우거나 완화시키는 방법들에 비해 포괄적이고 효과적인 전략이다. 되살리기는 창조하고, 짓고, 치유한다. 이는 생물체들이 항상 해오던 일이다. 인간은 생물체이고 우리는 여기에 초점을 맞춘다. 여기에는 우리가 어떻게 살아가고 무엇을 하는지가 포함된다. 예외 없이 모든 곳에서.

우리는 '행동+연결'이라는 장으로 책을 마무리할 것이다. 그 장에서는 이 책에서 자세히 설명한 해결책들이 단계적으로 나아가고 성장하여 기후 과학자들과 IPPC가 세운 목표들을 충족시킨다는 것을 보여준다. 이 책에서 설명된 모든 해결책은 실행할 수 있고 현실성 있다. 그리고 한 가지를 요구한다. 바로 광범위한 참여다. 혹시 도움이 된다면 책의 끝부분을 먼저 읽어도 좋다.

프레임워크

다음은 기후위기 해결을 위한 행동의 여섯 가지 기본 프레임워크다. 이 프레임워크들은 많은 면에서 서로 겹친다. 하지만 각 카테고리에 여러 수준의 발견, 혁신, 돌파구가 담겨 있다. '행동+관계' 장에서는 사람, 공동체, 단체, 동네, 읍·면·동, 학교, 기업, 국가가 변화를 만들어낼 수 있는 창의적이고 효과적인 방법들의 링크를 제공한다. 현재 우리를 방해하는 것은 해결책의 부재가 아니라 무엇이 가능한지에 대한 상상력의 부재다. 비관적이거나 패배주의적인 기분이 든다면 이 책의 일부 혹은 전부를 읽은 뒤 끝부분으로 가길 바란다. 그러면 생각이 바뀔 수도 있다.

공정성

공정성은 모든 것을 아우르기에 최우선적인 고려 사항이다. 해야 하는 모든 일에 공정성을 부여해야 한다. 공정성은 사회 체계에 관한 문제다. 우리가 서로를 어떻게 대하는지, 자기 자신을 어떻게 대하는지, 또 생물은 어떻게 대하는지의 문제다. 지구는 눈 깜빡할 사이에 바뀌어왔다. 기후위기를 변화시키려면 우리 자신을 변화시켜야 하며, 눈은 깜빡이지 않는 것이 좋다. 시간이 절대적으로 중요하기 때문이다. 사회 체계들에도 생태계와 같은 수준의 관심과 주의, 호의가 요구된다. 사회 체계와 생태계는 비교할 수 없지만 분리할 수도 없다. 환경의 상태는 폭력, 불공평, 무례 그리고 우리가 다른 문화와 신념, 유색인종에게 가하는 위해를 정확하게 반영한다. 제인 구달이 서문에서 지적했듯이, 사람들을 위해 더 나은 삶을 만들도록 도움으로써 숲과 생물 종들을 구할 수 있다.

감축

지구의 온실가스 배출량을 역전시킬 주된 방법은 단순하다. 온실가스를 대기로 그만 내보내는 것이다. 이것은 또한 가장 어려운 방법이면서 가장 큰 경제적 기회이기도 하다. 탄소를 배출하는 화석연료의 소비량은 어마어마하다. 세계는 매일 1억 배럴의 석유, 470억 파운드의 석탄, 100억 평방미터의 천연가스를 연소하며, 전부 합치면 매년 340억 톤의 이산화탄소를 배출한다. 우리가 현재 의존하고 있는 석탄, 가스, 석유를 다른 연료로 대체하는 것은 대단히 어려운 일이다. 감축 대상에는 농업, 식량 시스템, 삼림 벌채, 사막화, 생태계 파괴로 인한 탄소와 메탄의 배출이 포함된다. 풍력, 태양열, 에너지 저장, 마이크로그리드를 이용한 재생에너지의 실행이 매우 중요하며 이것은 잘 진행되고 있다. 논의는 덜 되지만 마찬가지로 중요한 문제는 에너지와 물질의 사용을 줄이는 것이다. 감축과 관련된 해결책에는 전기 자동차, 초소형 이동 수단, 탄소 포지티브 건축, 걷기 좋은 도시, 탄소 아키텍처, 전기로 움직이는 건물, 음식물 쓰레기 최소화 그리고 그다음 범주인 보호가 포함된다.

보호

보호하기는 보존하기, 지키기, 존중하기와 동의어다. 여러분은 일반적으로 기후위기의 해결과 관련 없는 주제인 꽃가루 매개자, 야생동물 회랑, 비버, 서식지, 생물 지역, 해초, 야생동물의 이주, 방목 생태학에 관한 글들을 만나게 될 것이다. 이런 것이 어떻게 기후위기에 가장 중요한 해결책의 일부가 될 수 있을까? 이들이 우리가 지키고 강화해야 하는 생물계에 반드시 필요하고 중요하기 때문이다. 육지는 땅속과 땅 위에 3.3조 톤의 탄소를 보유하고 있다. 대기 중의 탄소보다 약 4배 많은 양이다. 삼림지, 이탄지, 습지, 초원, 맹그로브, 조수의 염습지, 농지, 방목지에 탄소가 존재하며, 우리는 탄소를 이곳 땅에 머무르도록 해야 한다. 매년 이들 각 생태계의 일부가 황폐해지거나 개발되거나 전환되거나 소실된다. 비교적 적은 부분이긴 해도 점점 늘고 있다. 생물계가 무너지거나 파괴되면 땅속과 땅 위의 식물 및 유기체들이 죽어서 탄소가 배출된다. 우리가 지구의 육지 시스템의 10퍼센트를 잃으면 그러한 배출로 대기 중의 탄소는 100ppm이나 증가할 수 있다. 보호는 생물계의 건강한 작용을 유지시켜 그 결과 더 많은 탄소를 격리시키고 저장한다. 하나의 생태계를 잃으면 그곳에 사는 새, 파충류, 설치류, 곤충, 생물들이 집을 잃고, 이는 멸종 위기의 주원인이 된다. 반대로 우리가 숲이나 습지, 초원을 차지한 종들을 잃으면 그 생태계는 무너진다. 벌새, 박각시나방, 상어는 기후변화와 관련 없어 보일 수 있지만 실은 그 반대다. 생

어린 잔점박이 올빼미들, 인도 타밀 나두

물다양성, 인류, 땅, 문화, 바다와 기후는 불가분의 관계다.

격리

지구에는 수억 년 동안 자연적인 탄소 순환 체계가 작동해왔다. 탄소는 대기 속과 밖으로 이동한다. 숲, 식물, 식물성 플랑크톤이 탄소를 흡수하여 산소 및 탄수화물로 전환시킨다. 우리가 배출하는 탄소의 약 25퍼센트는 해양에 흡수되어 어류, 켈프, 고래, 조개껍데기, 물개, 뼈에 저장되지만 대부분은 탄산으로 변환되어 서서히 바다 생물들을 죽이고 죽음의 바다를 불러온다. 인간이 탄소를 격리시킬 수 있는 주된 방법은 재생 농업, 관리된 방목, 숲을 자연 상태로 놔두기Proforestation, 신규 조림, 황폐화된 토지의 복원, 맹그로브 이식, 습지 복구, 기존 생태계 보호다. 자주 사용되는 용어인 순 배출 제로가 목표는 아니다. 순 배출 제로는 세계가 대기 중의 탄소 농도를 산업화 이전 수준으로 낮추기 시작하는 출발점일 뿐이다.

영향력

여기에는 법, 규제, 보조금, 정책, 건축 법규가 포함된다. 예를 들어 비닐 봉지 사용을 중단하는 것도 하나의 방법이다. 또 일회용 플라스틱은 사용을 금지하는 것이 더 낫다. 우리 각자가 자신이 미치는 영향력을 검토하여 바꾸려 노력하다보면 퇴화 과정의 원인과 원천, 제품 및 서비스에 대한 통찰이 생긴다. 당신이 오염이나 황폐화나 플라스틱의 하류 부문downstream을 바로잡을 수는 없다. 원인은 상류 부문upstream이고, 영향력을 여기에 맞춰야 한다. 이는 개인의 학교나 도시나 기업의 구매 정책에서 시작된다. 당신은 편지나 이메일이나 메시지의 형태로 기업 및 동업자 조합에 영향력을 발휘할 수 있다. 시의원, 국회의원, 도지사, 대통령, 공무원들과 이야기를 나누거나 글을 쓸 수도 있다. 보이콧과 항의의 형태를 취할 수도 있다. 우리 각자에겐 발언권이 하나뿐이다. 하지만 하나의 발언권이 '우리'가 되면 변화가 일어난다.

지원

기후, 사회 정의, 환경의 거의 모든 분야에는 매우 유능하고 시대를 앞서갈 뿐 아니라 가장 효과적인 변화의 주도자가 될 만한 지식과 네트워크를 갖춘 조직들이 있다. '행동+연결' 장에 나와 있는 링크들은 진정한 개혁자인 전 세계의 조직들, 종종 매우 제한된 자원으로 일하는 리더들, 정부와 대기업들이 하지 않는 특별한 일을 하는 사람들의 목록을 제시하고 있다. 이 목록은 장소, 생태계, 종, 사회 정의, 식량, 오염, 물 등에 구체적으로 맞춰져 있다. 따라서 당신이 변화를 일으키도록 돕고 싶은 지역과 부문에 맞는 링크를 빠르고 쉽게 찾을 수 있다.

기후변화와 지구온난화는 다른가?

지구온난화는 대기 중의 온실가스가 증가하여 지구의 대기와 땅, 바다에 열이 축적되는 것을 직접적으로 가리킨다. 기후변화는 강우 패턴의 변동, 가뭄, 녹고 있는 빙하, 더 따뜻해진 대기가 함유할 수 있는 수증기의 증가가 한 원인인 홍수 등 더 광범위한 일련의 변화를 나타낸다.

지구의 온도는 이미 얼마나 올라갔는가?

2020년 지구의 평균 표면 온도는 산업화 이전의 평균 온도보다 섭씨 0.98도씨 높다. 1980년대 이후 평균 온도는 10년마다 0.18도씨씩 상승했다.

지구온난화에 대한 예측들은 정확한가?

현재 지구온난화의 심화는 30년 전에 이루어진 과학적 온도 예측들과 맞아떨어진다. 하지만 온난화가 미치는 모든 영향을 과학계가 예상한 것은 아니다. 극빙이 녹는 속도, 해수면 상승, 가뭄의 강도는 예상보다 더 빠르고 심하다.

우리가 지구온난화 메커니즘을 발견한 때는 언제인가?

1824년에 프랑스의 물리학자이자 수학자인 조제프 푸리에가 대기 중의 기체들이 어떻게 열을 가두고 대기를 조절할 수 있는지 보여주었다. 1856년에는 미국의 물리학자 유니스 뉴턴 푸트가 이산화탄소가 대기의 기체들 중에서 기온을 상승시킬 가능성이 가장 크다고 판단했다. 또한 아일랜드의 물리학자 존 틴들의 1859년도 연구들은 온실효과를 입증했다고 여겨진다. 1896년에 스웨덴의 과학자 스반테 아레니우스는 이산화탄소의 증가가 주로 산업 부문에서 발생하며 이산화탄소가 50퍼센트 증가하면 지구 온도는 5~6도씩 올라갈 것임을 보여주었다. 온실가스가 없었다면 지구는 얼어붙은 차가운 바위일 것이고 우리가 아는 삶은 존재하지 않았을 것이다. 이산화탄소의 농도는 지금까지 인간 문명이 경험했던 정도를 훨씬 넘어 증가하면서 사실상 지구에 이중 유리를 끼우고 있다. 더 많은 열이 갇히고 우주 속으로 덜 빠져나간다.

대기 중에는 얼마나 많은 이산화탄소와 그 외의 온실가스들이 있는가?

대기 중에 존재하는 이산화탄소의 양은 419ppm으로, 산업시대가 시작된 이후 50퍼센트 증가했다. 하지만 메탄, 아산화질소, 냉매가스 등 다른 온실가스들도 있다. 메탄을 제일 앞에 쓴 것은 어디에나 있고 영향력이 크기 때문이다. 이 온실가스들은 이산화탄소와 비교하여 지구온난화에 얼마나 영향력을 발휘하는지 측정된다. 이 책에서 우리는 이산화탄소와 비교했을 때 온실가스들이 100년 동안 온난화에 미친 영향을 '이산화탄소 환산량'이라는 단위로 설명한다. 이 가스들을 포함시키면 대기 중 이산화탄소의 환산 농도는 500ppm으로, 2000만 년이 넘는 기간 중 최고 수치다.

탄소와 이산화탄소의 차이는 무엇인가?

탄소는 원소다. 탄소 분자 1개가 산소 분자 2개와 결합하면 기체인 이산화탄소가 된다. 대기 중의 탄소 농도는 이산화탄소로 측정된다. 흙과 식물에서는 탄소로만 측정된다. 탄소 1톤은 3.67톤의 이산화탄소로 바뀐다.

지구에는 탄소가 얼마나 많이 존재하는가?

지표면이나 표면 가까이에 약 1억 2100만 기가톤의 탄소가 존재한다. 그 중 약 3분의 2인 7800만 기가톤이 석회석, 침전물, 화석연료의 형태로 존재한다. 나머지 탄소 중에서 4100만 기가톤은 깊은 대양과 해안에 존재하고, 3300기가톤은 땅에 저장되어 있다. 이산화탄소라는 기체 상태로 대기 중에 존재하는 것은 885기가톤에 불과하다.

이산화탄소 1기가톤은 얼마나 많은 양인가?

1기가톤은 10억 미터톤이다. 1기가톤의 얼음덩이는 높이, 길이, 폭이 각각 약 1킬로미터일 것이다. 세계는 매년 17조 파운드의 석탄을 연소하고 1파운드마다 평균 1.87파운드의 이산화탄소를 배출하여 14.5기가톤의 이산화탄소를 만들어낸다.

온난화를 되돌리기 위해 무엇을 할 수 있는가?

지구의 기온이 올라가는 문제에 대해 우리가 할 수 있는 일은 세 가지다. 이산화탄소 순 배출량을 줄여나가고 마침내 0으로 만들어야 한다. 또한 숲, 습지, 초원, 염습지, 해양, 토양에 저장된 막대한 탄소가 방출되지 않도록 보존하고 복원해야 한다. 마지막으로, 이산화탄소를 격리하여 대기 중의 탄소를 땅으로 돌려보내야 한다.

격리란 무엇인가?

격리는 광합성을 통해 대기 중에서 이산화탄소를 제거하는 것이다. 그중 일부는 토양이나 식물이나 나무에 저장되는데, 이산화탄소가 식물에 포집되면 식물은 산소를 대기로 배출하고 탄소와 물을 결합해 식물과 뿌리, 토양생물에 영양분을 공급하는 당을 생성한다. 초원, 조류, 맹그로브, 삼림, 이탄지를 포함한 거의 모든 생태계가 적극적으로 탄소를 격리시키고 있다. 공기 포집처럼 탄소를 직접 격리시키기 위한 인공적인 방법들도 개발되고 있지만 이러한 기법들이 실용적이고 규모에 맞게 비용을 감당할 수 있을지 판단하기는 아직 너무 이르다.

파리협정은 무엇인가?

유엔의 후원으로 세계의 수도들에서 매년 열리는 당사국 총회COP에서 걷잡을 수 없는 지구온난화를 막기 위한 조치들이 논의되었다. 2015년 파리에서 21차 COP가 열리고 1년 뒤인 2016년에 191개 협약 당사국이 지구의 온도 상승 폭을 1.5도씨 이하로 유지하기 위해 탄소 배출을 줄이자는 합의에 도달했다.

파리협정과 관련해 세계는 현재 어떤 상태인가?

협약에 조인한 191개국 가운데 8개 국가의 공약만 원래의 2도씨 목표에 부합했고 1.5도씨 제한과 일치하는 목표를 가진 나라는 모로코와 감비아, 두 나라뿐이다. 미국, 캐나다, 프랑스, 독일, 이탈리아, 일본, 영국의 어떤 G7 국가도 파리협정에 부합하는 목표 설정에 도달하지 못했다.

어떤 단위를 사용하고 있는가?

모든 숫자는 따로 명시되지 않는 이상 야드파운드법으로 보고된다. 주목할 만한 예외는, 공통 단위와의 일관성을 위해 모든 톤을 미터톤으로 나타낸다는 것이다.(예를 들어 기가톤의 탄소는 항상 미터톤으로 보고된다.)

1. 해양
Oceans

해양은 인간의 행동이 지구에 미치는 가장 큰 영향을 흡수하지만 가장 소홀히 다뤄지는 곳이다. 인구의 10퍼센트가 어업에 직접 의지하고, 300억 명 이상이 각자 섭취하는 단백질의 최소 20퍼센트를 바다에 의지한다. 하지만 대부분의 사람은 지구온난화와 걷잡을 수 없는 오염의 결과로 해양이 얼마나 빠른 속도로 바뀌고 있는지 알지 못한다.

온도 상승, 산성화, 약탈적 남획, 저지되지 않은 화학적 오염과 플라스틱 쓰레기의 영향 아래 해양이 망가지기 시작했다. 해양은 지구 최대의 온실가스 흡수원이다. 해양에는 땅보다 12배, 대기보다 45배 많은 탄소가 존재한다. 해양은 늘어난 대기 열의 93퍼센트, 탄소 배출량의 25퍼센트를 흡수해, 그 결과 수온이 상승하고 해수가 산성화되며 대기에서 흡수한 탄소가 해수에 용해되면서 pH(수소이온농도)는 감소된다. 산성화는 해양이 탄소를 격리시키는 데 중요한 역할을 하는 식물성 플랑크톤의 일부 종을 포함하여 많은 생물이 껍데기를 만드는 데 필요한 탄산염이온을 해수에서 제거한다. 탄소와 열의 흡수원 역할을 계속할 수 있는 해양의 기능은 한계에 다다르고 있다. 전 세계 수역들에서 열파가 증가하여 광범위한 수역들의 온도는 과거보다 높아졌다. 2020년에는 캘리포니아 해안에서 서쪽으로 뻗은 캐나다 크기의 수역의 온도가 평소보다 화씨 7도까지 상승했다. 해수 온도 상승은 작은 먹이 물고기forage fish의 수를 줄여 바닷새와 해양 포유동물들의 집단 폐사를 불러올 수 있다. 또한 광범위한 산호 탈색과 식물성 플랑크톤 분포의 변화를 일으킬 수도 있다.

해양은 오염물질의 최대 '저장소'가 되고 있다. 해양의 플라스틱 쓰레기의 80퍼센트는 육지에서 온다. 나머지는 해상 운송, 어업, 시추, 직접적인 쓰레기 투기 등 해양을 이용한 활동들에서 나온다. 연안 해역에는 산업 화학물질, 석유와 수압파쇄 공법의 폐기물, 농지 유출수, 살충제, 약품, 미처리 하수와 처리된 하수, 중금속, 도시 유출수에서 나온 거리의 쓰레기 등 수천 종류의 오염물질이 있다. 해마다 1200만 톤의 플라스틱 쓰레기가 해양으로 들어가고 그로 인한 단기적, 장기적 영향은 이제 막 전면적으로 밝혀지기 시작했다.

해양과 대기는 불가분의 관계다. 수온이 더 낮고 이산화탄소를 더 많이 용해할 수 있는 극지방의 해수는 염분이 더 많고 밀도가 높다. 이산화탄소가 풍부한 밀도 높은 해수는 심층수 형성이라 불리는 과정을 통해 가장 깊은 심해로 가라앉고 그곳에서 해류가 그 해수를 이산화탄소와 함께 바다의 구석구석으로 이동시킨다. 해류에는 이산화탄소를 소비하고 순환시켜 결과적으로 격리시키는 서로 연결된 생물들이 가득하다. 이산화탄소를 가장 먼저 소비하는 것은 해수면의 식물성 플랑크톤이다. 이 미소 식물들은 광합성 과정을 통해 햇빛을 이용하여 물과 이산화탄소를 결합시킴으로써 복잡한 해양 먹이망의 토대를 만든다. 식물성 플랑크톤은 미세한 동물성 플랑크톤부터 새우, 어류에 이르기까지 모두의 식량원이다. 더 작은 동물들이 더 큰 동물에게 먹히고, 탄소는 바다의 생물들 사이를 순환한다.

모든 해양생물 종이 탄소를 보유하고 있지만 단연 으뜸은 식물성 플랑크톤이다. 전 세계적으로 식물성 플랑크톤은 5억~24억 톤의 탄소를 보유하고 있는데, 이는 모든 나무, 풀, 그 외 육지 생물들에 의해 격리되는 이산화탄소를 합친 것과 거의 맞먹는 수치다. 식물성 플랑크톤은 대부분 먹이로 소모되나, 작지만 유의미한 일부는 죽어서 가라앉아 해저의 퇴적물에 장기간 탄소를 격리시킨다. 식물성 플랑크톤과 몇몇 미소 동물은 크기는 작지만 심해로 탄소를 운반하여 해양과 대기에서 장기적인 탄소 제거의 대부분을 담당한다.

해양 동물들은 몸에 탄소를 축적하여 호흡하거나 배설하거나 죽을 때 배출함으로써 해양에서 탄소를 순환시키는 데 극히 중요한 역할을 한다. 고래 같은 일부 종은 많은 양의 탄소를 몸에 축적했다가 죽은 뒤 바다 깊은 곳으로 가라앉는다. 뿐만 아니라 이 거대한 동물이 배설을 하면 먹이사슬의 가장 아래에 있는 식물성 플랑크톤과 그 외의 작은 동물에게 영양분 및 탄소가 공급되어 해수와 대기에서 더 많은 탄소가 제거되고 해양에서의 생물 순환은 확장된다.

해양에 대한 관심은 보호, 즉 매년 더 심해지는 황폐화와 오염, 산성화를 어떻게 막을지가 주를 이룬다. 이 장에서 우리는 인간에게 필요한 것도 충족시키면서 바다를 보호하고 되살리는 방법들을 탐구한다. 바다는 지구의 70퍼센트를 차지하기 때문에 가능성이 넓고 전 세계적이다. 한 가지 중요한 단계는 바다가 쓰레기장이 되는 것을 막는 일이다.

두 번째 단계는 어업, 채굴, 시추, 그 외 형태의 착취를 금지하는 수역인 해양보호구역을 지정하는 것이다. 바다의 중요한 구역들이 조업에서 제외되면 보호구역뿐 아니라 그 주위와 그 너머의 수역에도 어류들이 되돌아온다. 우리는 일을 덜 함으로써 궁극적으로 어류, 해초, 식물성 플랑크톤, 조개류를 늘릴 수 있다. 바다 고유의 재생 능력이 방해받지 않고 작동할 수 있기 때문이다. 또한 재배자, 농민, 관리인으로서 바다로 돌아가 재생에 도움이 되는 방식으로 해양 시스템과 상호작용하는 운동도 급성장하고 있는데, 이는 탄소를 격리시킬 뿐 아니라 수십억 명의 사람을 먹여 살리면서 연안 해역을 복구하는 방법이다.

___ 해질녘 하와이의 푸른바다거북들이 해변의 동굴로 몰려 들어가 햇볕을 쬐고 있다. 바다거북이 해안에서 쉬는 것은 하와이와 에콰도르의 갈라파고스 제도 외의 다른 곳에서는 보기 드문 현상이다.

토착민들은 수천 년간 풍요로운 바다에 의지하며 바다와 함께 살아왔다. 태평양 제도의 문화들은 건강에 좋은 암초 어류들에 의지했고, 채널 제도의 추마시족은 바다에 넘쳐나던 전복을 먹었다. 알류트족은 베링해의 해양 포유동물들에게 의지하며 살았다. 스페인의 식민지 개척자들이 처음 카리브해에 도착했을 때 바다거북이 목조 선체에 어찌나 많이 부딪히던지, 선장은 탁탁 부딪히는 소리가 위협이라고 일지에 기록하기도 했다. 1494년 콜럼버스의 두 번째 항해에 동행했던 안드레스 베르날데스는 "배가 바다거북들에 걸려 좌초될 것 같고 놈들에게 둘러싸인 것 같다"고 썼다. 1497년 베네

치아의 탐험가 존 캐벗이 지금의 캐나다 그랜드뱅크스에서 고기를 잡을 때 선원들은 고리버들 바구니에 돌을 담아 무겁게 해서 물속으로 떨어뜨렸다. 바구니들을 다시 끌어올리면 대구들이 펄떡였다. 네덜란드인들이 뉴욕에 처음 도착했을 때 거대한 굴 암초가 뉴욕을 보호했다. 20세기 초까지는 굴들이 체사피크만 전체를 일주일 만에 여과하고 정화했다. 지금은 굴이 대부분 사라지고 유출된 비료와 돼지 분뇨로 물이 오염되면서 체사피크만은 유해 지역이 되었다. 염습지는 뉴올리언스 남부의 허리케인을 저지했다. 남아시아 도처에서 맹그로브는 몰려오는 지진해일을 막았고, 앨러배스터 산호들은 퀸즐랜드주 앞바다의 리저드섬에서 카리브해의 보네르섬까지 모래톱에 지어진 도시들의 강력한 생태계를 구축했다. 오늘날에는 거북도, 대구도, 산호도 아예 사라졌거나 훼손되었거나 자취를 감추고 있다. 마스크와 스노클을 낀 흥분한 아이에게는 바다 속 세상이 여전히 경이로워 보이고 실제로도 경이롭지만 예전의 바다에 비하면 아무것도 아니다. 이런 현상은 '기준점 이동' 신드롬이라 불린다. 오늘날 활기 넘치고 경이로워 보이는 바다는 식민지 개척자들이 목격하고 충격을 받았던 곳, 선주민들이 알고 즐기고 지속 가능한 방식으로 어획하던 곳과 비교도 안 된다. 이런 현상은 '정상적'인 기후가 무엇인지에 대한 우리의 인식에도 적용된다.

해양보호구역MPA은 지구의 대양과 해안에 아름답게 펼쳐진 넓은 자연 상태의 구역들을 보존한다. 또 황폐화되고, 어류가 남획되고, 조개껍질 수가 급감하여 생태계가 악영향을 받은 지역들을 되살린다. 해양보호구역은 상어부터 해초까지 갖가지 종과 생태계가 풍요롭게 뒤섞인 생물다양성을 높이고 회복시킨다. 잘 설계되고 시행된 해양보호구역은 폭풍 해일, 허리케인, 해수면 상승으로부터 인간의 도시들을 보호하고 바다가 더 산성화되는 것을 막는 데 기여한다. 아마 현재 우리가 처한 상황에서 가장 중요한 이점은 보호구역 내의 식물과 동물들이 탄소를 포집하여 수백 년 동안 매장한다는 점일 것이다.

모든 해양보호구역이 똑같은 형태로 설치되는 것은 아니다. 어떤 해양보호구역들은 구역의 경계 밖까지 물고기 개체 수가 늘어나도록 설계되는데, 이를 유출spillover 효과라고 부른다. 또 주로 해안에 있는 일부 보호구역은 탄소를 붙잡아두고 매장하도록 돕는다. 초록 바다라 불리는 연안 지역과 푸른 외해의 보호구역들 간에는 차이가 있다. 광범위한 실험을 통해 과학자들은 2030년까지 지구 바다의 30퍼센트가 보호될 수 있으면 어류가 줄어드는 게 아니라 늘어날 것이고 탄소가 포집되고 격리될 뿐 아니라 식물성 플랑크톤이 우리 육지 생물을 위해 생산하는 산소가 증가할 것이라는 결론을 내렸다.(우리가 호흡하는 산소의 절반이 위험에 처한 바다에서 온다.)

바다나 해안 수역에 공원을 조성하자는 아이디어는 출발이 늦었다. 1966년까지도 해수를 보호하는 운동은 결성되지 않았다. 토착민들은 공동체를 중심으로 1000년에는 못 미쳐도 수세기 동안 지역의 해양 자원들을 관리해왔다. 예를 들어 공동체를 먹여 살릴 건강한 어류 개체군들을 유지하기 위해 특정 시기에 특정 어류의 포획을 규제해왔다. 하와이의 카푸kapu, 팔라우의 불bul 등이 그 예다. 하지만 20세기 초 대형 포식 어류의 약 90퍼센트가 세계의 해양에서 사라졌고 어류 자원의 30퍼센트가 생물학적으로 지속 불가능한 수준으로 남획되었다. 어떤 어업이나 조개 채취 혹은 갈조류 양식이나 모래 채굴 같은 산업적 이용도 허용되지 않는 해양 조업금지구역 개념은 단순하고 대담하며 격렬한 논란을 불러일으켰다. 하지만 효과가 있었다. 조업금지구역이 전복이나 캘리포니아 정어리를 돌아오게 하지는 않았다. 생태계 기준선이 도달할 수 없게 바뀌었기 때문이다. 그렇더라도 두 해안의 해양보호구역 모두에서 다른 종들, 알, 유생, 새끼 물고기들이 번성했고 보호구역 밖의 어획량도 종종 극적으로 늘어나 대부분 보호구역에 반대했던 어부들을 놀라게 했다. 또한 영해 안은 물론 보호구역 밖에서도 자망어업, 주낙어업 같은 관행을 금지하여 남획 방법을 직접적으로 규제하자 비슷한 개선 효과가 나타났다.

성공적인 해양보호구역의 요건은 무엇일까? 첫째는 보호, 그러니까 절대적인 조업금지구역의 시행이다. 어업이나 채취가 허락되면 시스템이 약해지고 심지어 무너진다. 상어, 수달 같은 핵심 종들을 보호하면 균형과 질서를 잡는 데 도움이 된다. 현재 외해는 필요한 자원을 갖춘 쪽, 주로 중국의 산업적 어선들이 어획하는 무법 상태의 공해公海다. 동시에, 엄격하게 보호되지 않는 연안의 보호구역들은 밀렵꾼들의 만만한 표적이다. 대형 어선을 줄이고 감시해야 하며 모범 사례들을 엄격하게 시행해야 한다. 부유한 국가들의 보호구역은 자금이 확보되고 더 강력하게 관리되므로 보호하기 더 쉬운 경향이 있다. 마을이나 지역에서 소비하는 단백질의 대부분을 남획에서 얻는 국가들은 대체 소득원을 개발하면 지속 가능성을 회복하는 데 도움이 될 수 있다. 예컨대 멕시코의 태평양 연안에 있는 작은 카보 풀모 보호구역은 지역 어부들이 정부에 조업금지구역을 설치해달라고 청원해 놀라운 성공을 거두었다. 보호구역 내의 어류 숫자가 중량 기준으로 4배 이상 늘어났고 보호구역 밖의 어업도 크게 향상되었다. 또 많은 시민이 보호구역과 해안을 순찰하고 관리하는 일자리를 얻었다. 아프리카의 공원 경비원과 그리 다르지 않은 일이다. 관광업도 활기를 띠었다. 필리핀부터 가봉에 이르는 지역들에서는 이러한 지역적 동의와 이해 당사자들의 개입이 매우 중요하다.

둘째, 규모가 중요하다. 성공적인 보호구역은 40제곱마일보다 큰 구역으로 정의된다. 흔히 보여주기 식이나 정치용으로 설치된 작은 보호구역들에

서는 어류, 작은 물고기, 유생들이 너무 쉽게 구역 밖으로 이동하는 경향이 있기 때문이다. 심층수나 모래로 둘러싸인 구역이라면 더 좋다.

셋째, 복구에는 시간이 걸린다. 회복 기간으로는 10년이 가장 많이 언급된다. 해양보호구역은 해양의 알칼리성을 생성하고 높이는 데 도움이 되어 주로 대기의 이산화탄소가 유발하는 산성화를 저지한다. 지구에서 가장 풍부한 척추동물은 중층원양대라 불리는 중간 깊이의 대양에서 수면으로부터 600~3300피트 아래에 사는 물고기들이다. 이 물고기들은 낮에는 포식자를 피해 이 해역의 바닥에 머물다가 밤이 되면 떼지어 수면으로 올라와 플랑크톤과 그 밖의 작은 생물들을 먹는다. 이들은 바다 깊은 곳에서 알칼리성 위장을 통해 먹이를 소화하지만 해수면으로 올라왔을 때 탄산염의 방해석 결정 형태로 이를 배설하여 해양의 표면 산성화를 저지한다. 과학자들은 이것을 '알칼리도 펌프' 혹은 '생물학적 탄소 펌프'라고 부른다. 공해를 다니는 산업용 어선들은 자신들이 고갈시킨 다른 종들을 대체하기 위해 이제 이 거대한 물고기 자원에 의지하고 있다. 외해에 해양보호구역이 설치되면 이 물고기들은 산성화를 낮추는 데 계속 도움이 될 것이다. 우리 대부분이 존재하는지도 모르는 수십억 마리의 작은 물고기가 펼치는 이 알칼리도 펌프가 지구 해양의 pH를 조절하는 데 도움이 된다는 것은 복잡하고 매력적인, 거의 마법 같은 개념이다.

넷째, 해양보호구역은 상당한 양의 탄소를 포집·저장한다. 자이언트 켈프*Macrocystis pyrifera*(켈프는 다시마목 다시마과에 속하는 대형 갈조류의 총칭이다—옮긴이)보다 탄소를 더 잘 격리시키는 것은 없다. 자연 특집 프로그램들에서 흔들리는 가지 사이를 신나게 돌아다니다 밝은 오렌지색 자리돔을 쫓아 동굴 속으로 들어가는 바다표범들과 함께 보이는 키 큰 갈색 조류가 자이언트 켈프다. 갈조류는 빨리 자라고 일찍 죽는다. 자이언트 켈프는 이상

___ 동갈퉁돔 떼와 바다 50피트 아래의 갈라파고스 상어 두 마리. 에콰도르 갈라파고스 제도

적인 환경에서는 하루에 2피트씩 자랄 수 있다. 또한 해양보호구역은 해안의 해초지를 보호한다. 해초지가 세계 해양에서 차지하는 면적은 0.1퍼센트도 되지 않지만 매년 대양 침전물에 매장되는 탄소의 약 10퍼센트를 격리한다. 해안의 맹그로브들은 열대림보다 에이커당 2배 많은 탄소를 격리한다. 우리는 모래 준설, 개발, 석유 및 가스 운송을 위한 운하 건설, 새우 양식, 채굴을 막아야 한다. 이 모두는 상당한 양의 탄소를 포집하여 매장하는 맹그로브, 굴 군락, 염습지, 해초지, 갈조류를 파괴한다.

공해는 양식을 포함한 전체 해산물 생산의 2.4퍼센트 이하 그리고 해양에서의 전 세계 총 어획량의 불과 4.2퍼센트를 담당한다. 공해에서는 참치, 메로, 새치 등이 잡히며 거의 다 일본, 미국, 유럽처럼 식량 안보가 확보된 국가의 고급 시장으로 보내진다. 이 물고기들은 주로 많은 보조금을 받는 중국, 타이완, 일본, 한국, 스페인 어선들에 의해 잡히고, 이 어선들은 어획물까지 가는 데 엄청난 화석연료를 연소한다. 공해의 어업을 폐쇄해도 해안에 더 가까운 해역에서의 어획량 증가로 벌충되고도 남는다는 것을 보여주는 데이터는 충분히 있다.

해양보호구역의 가치에 대한 이해가 높아짐에 따라 보호되는 해역의 비율이 늘어나 2000년의 0.7퍼센트에서 2020년에는 10배 증가한 약 5~7퍼센트가 보호구역으로 지정되거나 제안되었고(육지는 15퍼센트), 1만5000개 이상의 해양보호구역에서 다 합치면 표면적이 북아메리카 대륙만큼 큰 해역들이 보호되고 있다. 가장 큰 보호구역은 하와이 제도 서북쪽에 있는 파파하노모쿠아키아 해양 국립 기념물이다. 면적이 미국의 육지 국립공원들을 전부 합친 것보다 넓은 58만2578제곱마일에 이르는 이곳은 섬들 사이의 자연 그대로의 암초와 심층수를 보호한다. 세계에서 가장 넓은 해양보호구역들 중 하나인 피닉스 제도 보호구역은 키리바시 공화국이 설치했다. 해마다 또 다른 국가—팔라우, 프랑스, 아르헨티나, 칠레, 페루, 가봉—들이 대개 해양학자 엔리크 살라가 설립한 프리스틴 시즈Pristine Seas 프로젝트 주도로 해양 보호에 나선다. 살라는 스크립스 연구소 교수를 지낼 때 자신이 쓰는 과학 논문들이 본질적으로 바다의 부고장이라는 것을 깨달았다. 그는 연구소를 그만둔 뒤 미국 지리학협회의 후원을 받아 프리스틴 시즈를 설립했고, 그 결과 200만 제곱마일 이상의 해역이 보호받는 야생의 바다가 되도록 했다. 모든 해양보호구역은 고유의 구체적인 보존 목표가 있다. 완전히 보호되는 구역의 어류와 해양생물의 생물량은 그 효과를 평가하는 데 사용되는 기준들 중 하나다.

해양보호구역은 탄소를 격리하고 세계의 해안지대를 보호하며 개선하도록 돕는, 비용 효율이 높고 많은 기술이 필요치 않은 전략이다. 세계의 37만2000마일의 해안지대에 인류의 3분의 1이 살고 있다. 2030년까지 해양의 30퍼센트를 보호한다는 목표는 일석삼조의 효과를 거둔다. 늘어나는 인구에게 더 많은 야생 어류를 공급하고, 생물 다양성이 회복되어 기후변화에 대한 회복력이 생기며, 탄소가 저장된다.

바다숲 조성Seaforestation

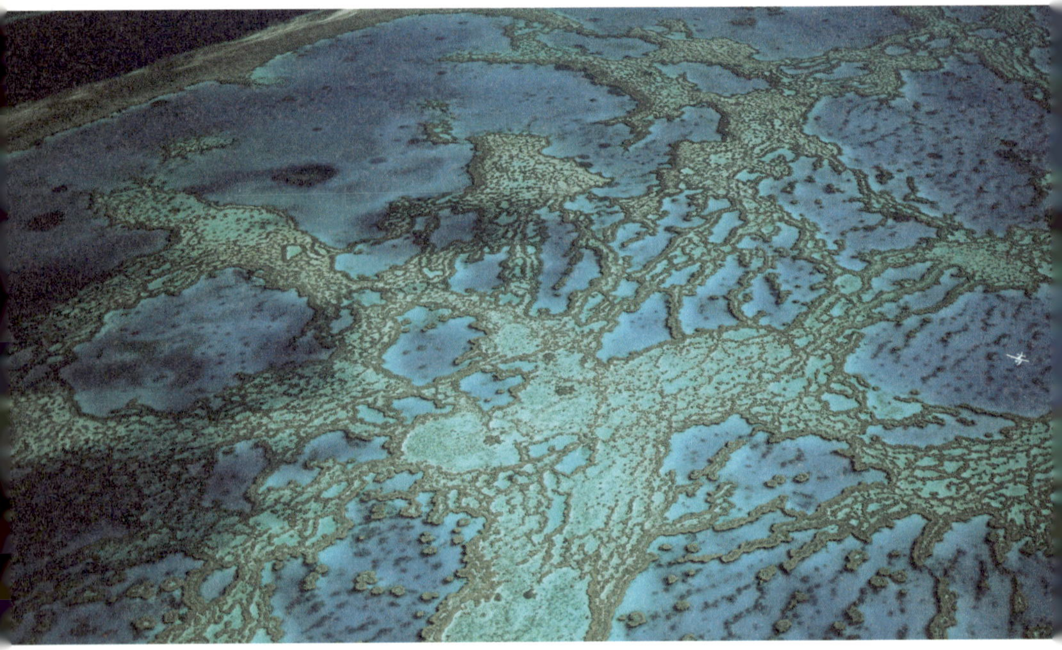

___ 우주 공간에서 보이는 유일한 생물 구조인 그레이트 배리어 리프. 이곳에는 1500종의 어류, 4000종의 홍합, 500가지 종류의 해조류가 살고 있어 지구에서 가장 생물학적으로 다양한 환경 중 하나다. 이곳이 산성화와 온난화로 죽어가고 있다. 해조류 부착 시설물인 해중림초의 대규모 설치가 이곳의 붕괴를 막을 수 있다.

스쿠버 장비를 차고 몬터레이만의 바위투성이 연안 해역으로 뛰어들어 보자. 바로 몇 피트 아래로만 내려가도 빛이 흐릿해진다. 당신은 이미 양치식물의 잎 같은 해초 이파리들이 드리운 그늘에 들어가 있다. 이파리들은 나른하게 너울거리며 해류를 누그러뜨린다. 이 바다 속 잎들은 길이가 100피트에 이르고 나무 몸통과 맞먹는 수분을 함유한 거대한 갈조류의 줄기에서 갈라져 나온다. 물안경을 통해서 보면 꼭 해저를 하늘에 매어놓은 낡은 밧줄 같다.

바다는 아마존에서 가장 울창한 지역을 능가하는 속도로 탄소를 숲으로 전환할 수 있다. 자이언트 켈프는 숲(군락)을 이루는 갈색 대형 조류의 한 종류다. 대형 조류라는 명칭에는 1만4000종의 갈조류뿐 아니라 홍조류 그리고 스시로 유명한 김과 해조류 샐러드를 만드는 미역 같은 녹조류도 포함된다. 건강한 대형 조류 숲 1제곱피트는 해마다 대기 중의 산소를 2파운드 이상 포집할 수 있다. 몬터레이만의 거대한 켈프는 하루에 길이가 2피트 이상 자랄 수 있다.

그뿐만이 아니다. 바다숲이 고정시키는 탄소와 육지의 숲이 저장하는 탄소에는 중요한 차이가 있다. 육지에서는 탄소의 대부분이 잎과 나무의 분해를 통해 결국 대기로 돌아간다. 바다숲들은 인간의 몸에서 각질이 떨어지는 것처럼 작은 입자의 유기탄소와 용해된 유기탄소를 내보낸다. 결과적으로 바다숲들은 "탄소 컨베이어벨트"와 연결되어 심해로 내려가는 탄소를 이동시킨다. 심해에서는 탄소가 수세기 혹은 1000년 동안(더 길지는 않더라도) 온실효과에 영향을 미칠 수 없다. 결론은, 바다숲의 범위를 늘리려는 노력이 이러한 자연적 과정을 국지적으로 회복시킬 수 있고 땅에서 자라는 식물들보다 탄소를 포집할 잠재력이 더 크다는 것이다.

그 출발점은 예전에는 갈조류 숲이 있었지만 지금은 사라진 곳에 바다숲을 다시 조성하는 것이다. 미국 서부 해안의 많은 지역에서 지난 수십 년간 갈조류 숲이 두 번 연달아 대거 파괴되었다. 첫 번째는 20세기 전반에 산업적 농업이 시작되면서 발생했다. 1850년대부터 1900년대까지 미국에서 작성된 측지 측량 지도들은 갈조류 숲이 처음 파괴된 시기가 산업적 농업의 출현으로 퇴적물 유입과 바다로 흘러가는 유출수가 증가하고 더 깊은 바다에서 어린 갈조류들이 자라지 못하게 된 때와 일치했음을 보여준다. 두 번째는 바다가 더 따뜻해진 지난 10년 동안 알래스카에서 발생한 크고 더운 해수 덩어리가 캘리포니아 해류의 용승을 억누른 데 뒤이어 2015~2016년 엘니뇨가 가장 강했던 때에 일어났다. 이렇게 용승이 억제되면 갈조류에게 영양은 공급되지 않는다. 또한 따뜻한 해수는 성게들의 신진대사를 활성화시킨다. 이런 효과들이 결합하여 북부 캘리포니아에서 샌타바버라까지 펼쳐진 갈조류 숲의 많은 부분이 갯녹음으로 바뀌었다. 갯녹음의 영문 명칭은 'sea urchin barrens'인데, 서식지에 이런 이름이 붙은 것은 이 가시 달린 생물이 바다의 벌목꾼 역할을 해 갈조류의 부착기를 물어서 뜯어내 갈조류들이 해저에서 떨어져나가 떠다니다가 결국 죽기 때문이다. 수십 년간의 생태 연구에 따르면, 성게를 먹는 해달이 사라진 것 역시 갈조류의 손실에 한 가지 원인이 됐다.

해달은 족제빗과에서 가장 귀여운 동물인데 동물왕국에서 가장 두껍고 부드러운 털가죽을 지니고 있어 피해를 입는다. 해달의 털가죽 1제곱인치에 거의 100만 가닥의 털이 나 있다. 이 털가죽은 부드러운 금이라 불릴 정도로 가치가 높아 1741년부터 1911년까지 벌어진 대대적인 사냥에서 탐욕의 표적이 되었다. 수십만 마리의 해달이 러시아인, 스페인인, 북미 선주민 사냥꾼들에게 목숨을 잃고 팔려갔다. 수렵대들은 알래스카 연안의 알류산 제도부터 캘리포니아주 샌타바버라의 마지막 남쪽 서식지까지 샅샅이 뒤졌고 전 세계의 해달 개체 수는 2000마리 이하로 줄었다. 해달이 사라지자 기후온난화와 해양 열파로 식욕 및 신진대사가 상향 조절된 성게들이 폭발적으로 증가하여 태평양 연안 서북부의 거대한 갈조류 숲들은 파괴되었다.

해달의 복원과 사라진 갈조류 숲의 복구가 보존과 기후변화 문제의 주요 우선순위가 되어야 하는 한편, 세계에는 바다숲을 다시 조성할 후보 지역이 많다. 갈조류는 얕고 바위가 많은 해저와 차갑고 영양소가 풍부한 해수를 필요로 한다. 더 나은 미래의 기후를 추구하는 데 있어 바다숲의 더 중요한 잠재적 역할은 성게가 아무리 적어도 갈조류가 자력으로는 자랄 수 없는 근해에 갈조류의 포자를 투하하는 데서 나온다. 이 과정은 최근 바다숲 조성seaforestation(sea afforestation의 합성어)이라고 불린다. 육지에서의 조림이 일반적으로 인간의 도움 없이는 존재할 수 없는 숲을 가꾼다는 의미인 것처럼 바다숲을 조성할 때도 일반적으로는 숲이 형성되지 않을 가까운 빈 바다에 숲을 가꿀 방법들을 찾는다.

바다숲 조성에 첨단기술이 필요하지는 않다. 인간은 적어도 15세기부터 갈조류가 아닌 대형 조류를 길러왔다. 1670년까지 거슬러 올라가 도쿄만의 어민들이 진흙투성이의 얕은 바다에서 어린 해조류들이 붙어서 자랄 수 있는 부착물로 대나무 막대를 이용했다는 보고가 있다. 그런 뒤 대나무 막대들을 강어귀로 옮겨 영양소가 풍부한 물에 해조류를 담갔다. 이 방법은 간단하지만 해조류가 부착할 단단한 기질 제공, 풍부한 햇빛 확보, 차가운 수온 유지, 높은 수준의 양분 제공 등 바다숲 조성에 필수적인 각 요소를 포함하고 있다. 도쿄만에서 해조류를 기르던 어민들에게는 식량 재배가 주된 관심사였지만, 현대의 바다숲을 조성하는 사람들은 신기술과 시장의 도움을 받아 대기에서 기가톤의 탄소를 포집하는 것을 포함해 훨씬 더 많은 적용 분야를 구상한다.

초기의 해조류 재배자들과 현대에 바다숲을 조성하는 사람들 사이의 놀라운 유사점은 하나 더 있다. 둘 다 강어귀에 특히 관심을 기울였다. 전자는 해조류의 성장 속도를 높이는 데만 관심을 두었으나 후자는 영양염이 풍부한 유출수를 겨냥하면 과도한 질소와 인으로 오염되어온 수로에 윈윈 해결책을 만들 수 있다는 것을 깨달았다. 질소와 인은 대형 조류와 미세 조류 모두에게 핵심적인 두 가지 영양염이다. 이 개념은 영양염 생물 추출nutrient bioextraction이라 불린다. 일반적으로, 빗물이 농지나 잔디 혹은 관리되지 않은 하수 배수구 같은 점 오염원들에서 과도한 비료를 씻어내릴 때 해로운 미세 조류나 박테리아가 생성할 수 있는 많은 영양염도 함께 수로로 흘러간다. 이 조류들과 박테리아는 해양 및 민물 생태계에 일반적으로 존재하지만 과다하면 물고기와 조개에 해를 끼치고 사람을 병들게 하거나 심지어 목숨을 앗아가는 많은 양의 독소를 생성한다. 과다한 미세 조류와 박테리아가 죽기 시작하면 그들을 분해하는 미생물들이 물에서 산소를 소비하여 일부 연안의 해양 서식지들에 거대한 죽음의 구역이 생길 수 있다.

대나무 막대를 이용해 해초들에게 부착 기질을 마련해준 도쿄만의 어민들과 마찬가지로 바다숲을 조성하는 사람들은 대규모 해중림초로 갈조류 숲을 가꿀 수 있다고 생각한다. 그리고 도쿄만에서와 마찬가지로 이 해중림초들을 오염된 강어귀 가까이로 옮겨 과도한 질소와 인을 흡수하고 갈조류의 성장 속도를 높여 녹조 현상을 줄일 수 있다. 이러한 갈조류 숲들은 낮에는 산소를 생산하여 죽음의 구역들을 줄일 것이고, 물에서 미세 조류를 여과시켜 먹은 뒤 맛있는 단백질로 바꾸는 다양한 물고기와 가리비, 대합, 굴, 홍합 같은 쌍패류와 함께 자랄 수 있다. 그러면 탄소 포집에도 도움이 되고 해양 환경에도 유익하며 신선한 바다식품 애호가들에게도 이득이다.

놀랍게도, 바다숲이 육지의 산업적 농업 때문에 발생하는 문제를 해결하는 데 돕는 방법이 영양염 생물 추출만 있는 것은 아니다. 바다숲을 조성하는 사람들은 새로운 갈조류 숲을 조성하는 것과 같은 기법들을 사용해 특별한 힘을 가진 많은 해조류 중 하나인 바다고리풀Asparagopsis을 포함하여 그리 크지 않은 홍조류를 더 많이 키울 수 있다. 이 홍조류들은 기후온난화를 불러오는 축산업의 막대한 탄소 배출량을 극적으로 줄일 수 있다. 일반적으로 암소나 황소의 장내에 산소가 없는 부분은 메탄생성균이라는 특별한 미생물로 가득 차 있다. 이 미생물들이 소의 먹이에 있는 탄소의 11퍼센트까지 차지하고 이를 강력한 온실가스인 메탄으로 바꾼다. 하지만 가스가 소의 몸속에 무한히 축적될 수는 없기 때문에 그중 대부분은 트림으로 배출되고 소량은 다른 경로로 몸에서 빠져나간다. 소 한 마리의 트림 자체에는 많은 메탄이 포함되어 있지 않을 수 있지만 지구에는 수십억 마리의 소, 염소, 양, 그 외의 반추동물이 살고 있다. 실제로 한 통계에 따르면 이들은 지구의 모든 야생 포유동물보다 약 14 대 1로 더 많다. 따라서 전부 합치면 소의 트림은 농업에서 발생하는 메탄의 가장 큰 배출원 중 하나다. 그런데 연구자들은 소 먹이의 0.5~5퍼센트만 바꾸어도 소들의 소화가스가 생성하는 메탄의 50~99퍼센트가 줄어드는 한편, 체중 증가는 촉진된다는 것을 발견했다. 지난 5000년 넘게 뉴질랜드의 야생사슴, 스발바르 제도의 순록 그리고 오크니섬의 양들의 자연적 먹이를 보충해온 다른 해조류들도 도움이 될 수 있다.

바다숲 조성에는 바다고리풀, 김, 파래 같은 대형 조류의 양식도 포함된다. 축소형 바다숲이라 할 수 있는 이런 양식장들은 이미 확산되고 있다. 이 양식장들은 알래스카에서 태즈메이니아에 이르기까지 해안 지역 주민들에게 목표와 일자리를 제공한다. 세계은행에 따르면, 해조류 오일 시장은 전 세계에서 약 1억 개의 일자리를 지원할 만큼 확대될 수 있다. 이런 양식장들은 주로 식용 대형 조류를 기르지만 다른 용도로 대형 조류들을 키우는 바다숲 역시 수익성이 있다. 실제로 이미 투자자들은 화장품, 농업, 기능성 식품 산업에서 다양한 천연화합물에 대해 수십억 달러에 이르는 수요를 충족시킬 수 있다고 추정하기 시작했다. 갈조류와 그 외의 해조류들에 존재하는 많은 천연 오일은 예를 들어 비타민 제품과 피부 크림에 사용되고 있다. 대형 조류를 이용한 엽면 생물자극제는 대부분의 개화작물의 발아와 수확량, 스트레스에 대한 회복력을 증진시킬 수 있다. 해조류 성분의 토양 개량제 역시 뿌리의 성장을 촉진시킨다.

다양하고 수익성 높은 거대한 해조류 파생상품 시장으로 인해 기후재단 Climate Foundation의 바다숲 조성 마니아들은 "첫 기가톤은 우리가 쏜다"라는 비공식 모토를 채택하기에 이르렀다. 그들은 본질적으로 갈조류와 홍조류 제품의 판매를 통해 대기에서 1기가톤의 탄소를 포집하는 비용을 충당할 수 있어 바다숲 조성을 위한 초기 노력이 보조금이나 세액 공제, 탄소가격제 없이도 비용보다 편익이 큰 해결책이 될 수 있다고 제안한다. 하지만 이 모토가 암시하듯이 그들의 비전은 단지 1기가톤의 탄소를 줄이는 데서 끝나지 않는다. 피부 크림과 식물 생장 촉진제에 대한 수요는 한계가 있지만 개별적인 검증자들이 확인해준 것처럼 바다숲의 생태학적 이점, 바다숲 가꾸기의 잠재적 규모는 그보다 훨씬 더 크다. 일부 연구자는 탄소 배출에 적절한 가격을 매겨 바다숲 조성활동에 자금을 지원하여 기후재단의 바다숲 개발활동이 대기 중 탄소의 포집을 돕는 한편 지구에 식량을 공급하고 갈조류 숲과 산호초 생태계를 살릴 수 있다고 생각한다.

천연 바다숲들은 그들이 보유한 탄소의 11퍼센트를 심해의 차가운 저장고로 보낸다고 추정된다. 죽은 갈조류의 작은 일부만이 그들이 자라던 얕은 바다의 가장자리에서 심해로 씻겨 내려가기 때문이다. 바다숲을 조성하면 수확된 갈조류에서 나온 탄소의 최대 90퍼센트를 의도적으로 심해로 가라앉힐 수 있고 이곳에서 탄소는 수세기에서 1000년 동안 대기로부터 격리되어 갇혀 있을 것이다. 따라서 바다숲 조성은 대양만큼 광대한 잠재력을 가진 기후 해결책이다. 새로운 숲을 가꾸는 데 해양을 이용할 수 있다면 얼마나 많은 탄소를 포집·저장할 수 있을지 상상해보라.

우리 대기의 화학적 성질을 산업화 이전 수준으로 회복시킬 만큼 충분한 갈조류나 그 외의 해조류들을 바다에 가라앉히는 데 한 가지 주요 장애물은 갈조류가 불모지에서는 자라지 않는다는 사실이다.

비전문가들에게는 바다가 다 똑같아 보일 수 있다. 하지만 생물학적 활동 측면에서 보면 100마일을 항해하는 것은 사하라 사막에서 콩고까지 걷는 것과 마찬가지일 수 있다. 대부분의 해수면은 상대적으로 비어 있다. 가라앉은 해조류 형태로 탄소가 저장될 수 있는 심해 위를 맴도는 대규모 아열대 수역이 특히 그렇다. 바다숲 조성이 대규모로 효과를 거두려면 바다숲이 번성하는 데 필요한 네 가지 조건을 제공해야 한다. 바로 부착 기질, 햇빛, 차가운 물, 많은 양분이다. 해중림초가 앞의 두 문제는 해결할 수 있지만, 거대하고 복잡한 인프라 없이 어떻게 차갑고 양분이 풍부한 물이 해저의 사막으로 흘러갈 수 있을까?

기후재단에 따르면 그 대답은 우리가 착용한 오리발 바로 아래에 있다.

땅에서는 물이 부족한 곳에 사막이 생기는데, 이는 바다 생물들에게는 해당되지 않는 이야기다. 대신 연안의 아열대성 대양 표면은 핵심 양분들이 고갈되어 대부분 비어 있다. 핵심 양분들은 죽은 플랑크톤이나 동물의 사체, 배설물 형태로 표면에서 계속 가라앉는다. 하지만 수면에서 그리 멀지 않고 햇빛이 닿는 지점을 막 지난 곳에서는 차갑고 양분이 풍부한 물을 거의 무한히 발견할 수 있다. 차가운 물은 따뜻한 물보다 밀도가 높기 때문에 이 물은 지표수와 거의 섞이지 않고, 따라서 바닥난 양분을 다시 채운다. 대부분의 스쿠버다이버는 햇빛을 받아 따뜻하고 해수가 잘 섞이는 해수면의 혼합층에서 그 아래의 훨씬 더 차가운 층으로 수온이 급격히 변화하는 지점인 희미하게 빛나는 변온층, 즉 '약층'을 자주 통과해 아래로 내려가기 때문에 바다의 층들이 얼마나 뚜렷한지 잘 알고 있다. 희미하게 빛나는 것은 두 층의 밀도가 차이 나 약간 다른 각도에서 빛을 굴절시키기 때문이 다. 해수면의 온도가 높아질수록 해양 성층화는 더 심해진다. 실제로 지

___ 채널 제도의 샌타바버라섬 부근 갈조류 숲의 잔점박이물범. 캘리포니아주 샌타바버라

구의 온도 상승으로 인한 치명적인 결과가 바로 해양 성층화의 심화와 페름기 대멸종 기간에 일어났던 것과 같은 심각한 해양 생산성 손실이다.

바다숲을 조성하는 사람들 중 일부, 수 기가톤의 탄소를 포집·저장하는 것을 상상하는 사람들조차 자신들의 주된 임무는 재생에너지를 이용해 차갑고 양분이 풍부한 심층수를 수면으로 끌어올리는 것이라고 생각한다. 그들은 자연 용승을 회복하기 위해 재생에너지를 이용해 광대한 빈 바다에 해양 오아시스를 건설하고자 한다. 밝혀진 것처럼, 바다숲을 이용해 수 기가톤의 탄소를 안전하게 심해로 보내는 열쇠는 해수면으로의 자연 용승을 회복하는 것이다. 기후재단은 이 절차를 '관개irrigation'라고 부른다.

바다에 물을 공급한다는 말은 터무니없게 들릴 수 있지만 그들은 필리핀에서 태즈메이니아까지 개념 증명 프로젝트들을 통해 관개가 실제로 효과있다는 것을 보여주기 위한 첫걸음을 내디뎠다. 궁극적으로 그들은 갈조류와 홍조류 숲이 해수면에 거의 닿지 않으면서 배들이 그 위를 지나갈 수 있을 정도의 충분한 깊이에 1제곱킬로미터 넓이의 많은 해중림초를 투입할 것을 구상하고 있다. 그들은 각 해중림초에서 1년에 네 번 갈조류를 수확하고 각각 대기에서 수천 톤의 탄소를 포집·저장하여 심해에 안전하게 저장할 수 있다고 생각한다. 정확한 수치는 증명되어야 하지만, 기후재단은 매년 해중림초당 3000톤의 탄소를 포집·저장할 것으로 예상한다.

한 세대 안에 건강한 기후를 되살리고 더 지속 가능한 축산을 실현할 뿐 아니라 해로운 녹조 현상을 막는 것만으로는 성이 차지 않는다는 듯 바다숲은 실제로 우리가 더 많은 것을 성취하도록 도울 수 있다. 관개를 통한 바다숲 조성은 일반적인 해조류 양식을 넘어서는 상당히 극적인 혜택을 제공한다.

예를 들어 바다숲을 조성하면 호주 연안의 그레이트 배리어 리프를 복구할 수 있다. 바다 속에 설치된 해중림초 네트워크들은 이미 전 세계 산호의 절반 이상에 부정적인 영향을 미치고 그레이트 배리어 리프의 거의 3분의 1을 파괴한 해양 열파를 약화시키기에 충분한 차가운 물을 위로 끌어올릴 가능성이 있다.

또 바다숲들은 줄고 있는 어류 자원을 늘릴 수 있다. 일부 과학자는 해수면의 4~9퍼센트에 바다숲을 조성함으로써 100억 명에게 필요한 단백질과 에너지를 충족시킬 수 있을 것으로 예상한다. 외해의 어류들은 천적으로부터 몸을 숨길 은신처가 필요하고, 이것은 건강한 갈조류 숲이 풍부한 상업적 어획량과 관련 있는 주된 이유다. 더 작은 분산된 구역도 대기 중의 이산화탄소 수 기가톤을 가라앉히고 저장하여 인류가 드로다운(대기 중의 온실가스 농도가 상승을 멈추고 감소하기 시작하는 시점)에 도달하는 데 충분히 도움이 될 것이다.

물론 폭풍에 잘 견디는 100만 제곱킬로미터의 바다숲들은 현실보다 스프레드시트에 불러오는 게 더 쉽다. 그런 큰 변화를 이루기 위해서는 엄청난 노력이 요구된다. 이미 바다숲 개발에서 성취한 많은 기술적 이정표가 추가적으로 향상되어야 하는 것은 말할 필요도 없다. 하지만 바다숲을 지속 가능한 방식으로 규모에 맞게 성장시키고 수확하는 데 작용하는 대부분의 기술적 장애물은 해결되고 있다.

몬터레이만에서 흔들거리고 있는 갈조류 숲과 마찬가지로 이것은 매혹적인 비전, 성취하기 위해 최선을 다할 가치가 있는 비전이다.

맹그로브Mangroves

사라왁 맹그로브 보호지역 내의 강과 맹그로브 숲. 말레이시아 보르네오섬

연안사주와 강이 더 큰 물을 향해 흘러가는 붉은색 감조 하구에서 늑골 형태의 땅이 대양과 습지들을 갈라놓는다. 강에는 붉고 얕은 흙이 가득하다. 이곳 늪지대 진흙에서는 식물들이 자란다. 이 붉은 하구는 새로 형성된 진흙, 토사와 함께 움직이며 생생하게 살아 숨 쉬고 있다. 엉킨 뿌리와 꼬인 가지들이 뒤얽힌 맹그로브는 이 땅에 새로 생기고 복원된 한 부분이다. 해안 식물들은 땅과 물 사이의 경계에 산다. 해양 식물이기도 하고 육지 식물이기도 한 이 식물들은 섬과 대륙을 만드는 경

> 계 연결자들이다. 떨어진 자신의 잎을 소비하는 그들은 지속적으로 형성되는 세상에서 양육자이자 대지를 만드는 자들이다. 그리고 맹그로브는 세상의 가시적인 얼굴을 바꾸기에 충분한 강한 생명력을 가지고 있다.
>
> _『주거지Dwellings』,
> 린다 호건, 치카소족의 시인이자 소설가

맹그로브는 바다, 땅, 하늘이 만나는 곳에서 살고 지구에서 탄소가 가장 풍부한 생태계들 중 하나다. 또 멸종 위험이 가장 높은 식물들 중 하나이기도 하다.

맹그로브 숲은 123개 나라와 영토에서 발견되며, 주로 열대 지방에서 총 3400만 에이커의 땅과 물을 차지하고 있다. 민물이나 바닷물에서도 살 수 있지만 보통은 그 중간 지점을 선호한다. 맹그로브 나무는 플로리다의 키 작은 맹그로브부터 콜롬비아의 3층 숲에 이르기까지 여덟 종류가 있다. 가봉 해안의 거대한 맹그로브들은 세계에서 가장 키가 큰 나무들에 속한다. 맹그로브들은 대개 극단적인 조건에서 산다. 끊임없는 파도 작용, 밀물과 썰물, 잦은 범람, 이따금 강타하는 허리케인을 견딘다. 맹그로브들 아래의 물에 잠긴 땅은 산소 농도가 낮다. 맹그로브들은 지구의 다른 모든 식물종의 99퍼센트가 죽을 염분 농도를 견딘다. 그런데도 맹그로브들은 고대의 바닷가에서 발생하여 2억 년 동안 번성해왔다.

맹그로브 숲은 어류, 새, 파충류, 키 사슴key deer(흰 꼬리를 가진 작은 사슴—옮긴이), 바다거북, 악어, 매너티(초식동물로 열대와 아열대의 산호초가 있는 연안에서 생활하며 바닷말을 주식으로 한다—옮긴이), 가무락조개 등 대단히 다양한 식물과 동물의 유일한 서식지다. 방글라데시의 갠지스강 삼각주의 거대한 맹그로브 숲인 순다르반은 멸종 위기에 처한 인도호랑이의 중요한 서식지다. 순다르반은 농업에도 이용된다. 전 세계 수백만 명의 사람이 맹그로브 숲에 의지해서 산다. 맹그로브들의 빽빽하게 얽힌 뿌리는 엄청나게 다양한 해양생물의 생육지 역할을 한다. 맹그로브들은 지역사회에 해산물, 물질 자원, 소득을 제공한다. 또 허리케인, 지진해일 같은 자연재해로부터 취약한 개체군들을 보호하고 토양 침식을 막는다. 해수면 상승이 미치는 영향도 완화시킨다. 그리고 퇴적물, 양분, 오염물질들을 가두어 천연 정수 시스템 역할을 한다. 이런 역할은 해안 도시들의 하수 시설이 제한적이고 대규모 해상 운송이 종종 넓은 지역을 오염시키는 개발도상국들에서 특히 중요하다. 또한 맹그로브 숲은 휴양지로 중요한 가치가 있어 자연 기반의 관광업으로 소득을 벌어들이는 한편, 전통 관습과 현대의 문화적 관행에서도 중요한 역할을 한다.

맹그로브 생태계는 기후변화 해결에 중요한 역할을 한다. 맹그로브는 나무 자체뿐 아니라 수중 토양(감소된 산소 농도가 이산화탄소 배출 속도를 둔화시킨다)에도 탄소를 저장하는 장기적인 탄소 흡수원이다. 맹그로브 숲들은 대기 중의 탄소를 육지의 숲보다 1에이커당 4배 더 제거한다. 현재 맹그로브 생태계는 전 세계적으로 56억~61억 톤의 탄소를 보유하고 있으며 주로 물에 잠긴 토양에 탄소가 저장되어 있다. 맹그로브, 해초, 염습지를 포함한 해양식생은 총 면적이 비교적 작지만—지표면의 1퍼센트 이하—해양 퇴적물에 격리된 탄소 총량의 50퍼센트를 차지한다. 연구자, 환경보호 활동가, 정책 입안자들이 종종 해양식생을 블루 카본blue carbon이라 부르는 것은 이 때문이다. 내륙의 식물, 나무와 관련된 그린 카본과 구별하기 위해 2009년에 만들어진 이 용어는 이 중요한 해양 서식지들의 보호와 복원, 관리에 편리하게 적용할 수 있는 개념이라는 것이 입증되었다.

현재 블루 카본 생태계에 위기감이 감돌고 있다. 1980년 이후 거의 50퍼센트의 맹그로브 숲이 사라졌는데, 양식업, 불법 벌목, 산업적 개발과 도시 해안 개발로 인한 지형 변화로 대부분 동남아시아에서 손실되었다. 이런 영향은 계속되며 기후변화와 인구 증가로 더 악화될 것으로 예상된다. 중앙아메리카와 아프리카에서도 심각한 손실이 보고되면서 맹그로브는 세계에서 가장 위협받는 생태계들 중 하나가 되었다. 맹그로브들이 퇴화되거나 파괴되면 1000년 동안 축적된 탄소가 배출되어 중요한 탄소 흡수원이 중대한 탄소 배출원이 되어버린다. 인도네시아에서는 한때 자연 그대로의 맹그로브 숲이었던 폐기된 새우양식장 61만8000에이커가 현재 매년 700만 톤의 이산화탄소를 배출하고 있다. 이 폐기된 양식장들을 맹그로브 서식지로 복원하면 이런 온실가스 배출이 중단될 뿐 아니라 매년 3200만 톤의 이산화탄소를 흡수하게 된다. 맹그로브 숲을 복원한다면 2030년까지 30억 톤의 온실가스 배출량을 제거하거나 막을 수 있다.

전 세계적으로 계속되는 맹그로브의 손실을 막고 맹그로브 숲을 복원함으로써 우리는 기후변화와 싸우고 수백만 명의 사람이 그 영향에 익숙해지도록 도울 상당한 기회를 얻게 된다. 정부, 기관, 공동체, 개인들이 힘을 모아 이 '슈퍼' 생태계를 회복시키는 것이 중요하다. 2015년에 채택된 역사적인 파리기후변화협약에서 많은 국가가 온실가스 배출을 줄이는 공약에 맹그로브 숲을 포함시켰다. 이것은 의미 있는 첫걸음이지만, 이제 우리는 지구에서 가장 중요한 생태계들 중 하나를 위해 이 공약들을 행동으로 옮겨야 한다.

네덜란드 북해의 갈대와 개펄

염습지로 밀려 들어왔다 나갔다 하는 바닷물은 생물들을 싣고 왔다가 다시 쓸어간다. 썰물을 틈타 게와 홍합으로 배를 채운 미국너구리는 밀물이 들어오면 서둘러 개펄 너머로 물러가야 한다. 물이 시시각각 저습지로 슬금슬금 다가온다. 저습지에는 갯줄풀이 7피트 높이까지 자라고 갯줄풀과 공생관계인 빗살홍합이 그 아래에 굴을 파 근처 토양의 양분을 증가시킨다. 이 유익한 쌍각류들은 또한 농게들의 서식지가 되고 농게들은 홍합 무더기를 은신처로 이용한다. 물이 높은 습지대로 차오르면 갯줄풀들은 퉁퉁

마디, 갯질경이, 염색초, 쥐꼬리뚝새풀에 서서히 자리를 내준다. 수줍은 늪지참새는 새끼들에게 먹일 벌레를 잡는다. 새끼들은 밀물 때의 최고 수위 바로 위에 습지의 풀을 엮어 지은 둥지에 눈에 띄지 않게 숨어 있다. 바닷물의 수위가 더 올라가면 쥐꼬리뚝새풀, 큰개기장, 갈대가 자라는 고지대의 경계에 부딪히며 철썩거린다.

수면 아래에서는 대체로 산소가 없고 염분이 강한 조건에서 식물들이 천천히 분해되고 바닷물이 주기적으로 밀려들어 메탄의 생성을 막는다. 한편 조수에 실려온 양분들이 집적되어 조석 주기마다 계속 커지는 두꺼운 토탄층을 형성한다. 따라서 과학자들은 염습지가 에이커당 저장하는 탄소가 열대 숲보다 많다고 본다. 전 세계적으로, 매년 1에이커당 거의 1톤에 이르는 탄소가 격리된다.

염습지가 길이나 집, 농지로 바뀌면 이산화탄소 배출원이 된다. 전 세계에서 해마다 거의 200만 에이커의 해안 염습지가 사라져 약 5억 톤의 이산화탄소를 대기로 배출한다. 미국에서는 엽습지의 절반 이상에서 물을 빼내 농지로 전환하거나 고속도로 건설로 쪼개거나 방파제 및 제방으로 조수와 단절시켰다. 하지만 해수면이 상승하는 데다 허리케인이 더 빈번하고 강력해지면서 사람들, 특히 해안 지역 주민들은 염습지의 중요한 역할을 인식하게 되었다.

미국해양대기관리처의 위성 데이터에 따르면, 현재 해수면은 해마다 0.25인치씩 상승하고 있다. 2019년 세계의 해수면은 1993년의 평균 높이보다 3.4인치 높아졌다. 해수면이 상승하면 폭우가 내륙으로 이동하면서 더 많은 피해를 일으키지만 염습지에도 문제가 된다.

밀물로 연중 내내 퇴적물이 집적되고 뿌리 물질들이 습지 바닥에 쌓이면 습지의 고도가 0.33인치 높아지고 표면의 퇴적물만 해도 10~15퍼센트의 탄소를 보유하게 된다. 최근까지 대부분의 염습지는 해수면 상승을 따라갈 만큼 충분히 빨리 높아질 수 있었다. 그렇지 않은 염습지에 대한 복원 방법 중 하나는 전체 지역에 세립질 퇴적물 층을 퍼뜨려 수동으로 습지의 고도를 높이는 것이다.

해수면 상승과 방파제 혹은 제방의 복합적인 영향으로 생기는 또 다른 문제는 염습지가 존속에 필요한 만큼 내륙으로 이동하지 못한다는 것이다. 우리는 방파제를 없앨 수 있거나 습지를 수용하도록 변화 가능한 지역들을 찾아냄으로써 탄소 포집과 해안선 보호를 계속하게끔 이 염습지들을 보존하고 되살릴 기회를 만들 수 있다.

염습지를 되살리려면 그 지역의 역대 조수 패턴을 재현하는 데 초점을 맞추어야 한다. 해수면 상승으로 물이 너무 많아지고 해안 개발로 물이 막히면 습지는 바다에 매립되어 '물에 잠긴다'. 물이 충분하지 않으면 외래종이 뿌리내려 토종식물들을 몰아내고 물고기와 새들이 의존하는 생태계를 급격하게 바꿔놓는다. 생명을 주는 조수와 습지를 다시 연결시키려면 준설부터 인공 배수시설의 제거, 조수문 같은 수량 조절 구조물 변경까지 수많은 기법이 요구된다.

염습지의 경이로운 점들 중 하나는 그곳에 사는 생물들이 힘든 조건에서 적응하고 번성한다는 것이다. 한순간 바닷물에 잠겼다가 이어서 타는 듯한 햇볕에 말라가는 염습지에 사는 종들은 강인하다. 이곳에 사는 생물들을 생각하면 습지 역시 강인하다. 지금까지 염습지는 오염과 개발, 해수면 상승에서 살아남았다. 하지만 염습지들은 티핑포인트에 이르렀을 수 있고, 보존을 위한 지원이 없으면 도로, 집, 방파제에 밀려날 것이다. 미국에서는 매년 730만 헥타르의 연안 습지들이 670만 톤의 온실가스를 포집한다. 습지가 존속할 공간을 마련해주고 습지 생태계를 지원하면 큰청왜가리가 계속 물고기를 잡아먹고 습지의 토양에 탄소가 저장될 것이다. 그리고 습지는 인간이 만든 어떤 구조물도 재현할 수 없는 해안선을 보존해줄 것이다.

___ 바다거북들은 대양 전체를 가로질러 평생 수천 마일을 이동할 수 있다. 바다거북들은 지구의 자기장을 완벽하게 읽어 이동의 길잡이로 삼으며, 자신들이 부화했던 해변으로 어김없이 돌아온다.

해초에는 매우 다양한 풀, 백합, 야자나무, 완전히 바닷물에 잠겨서 사는 식물 종들이 포함된다. 해초들은 육지의 동류들과 마찬가지로 잎과 뿌리가 있으며 꽃을 피우고 씨앗을 맺는다. 해초는 바다의 현화식물이다.

해초는 잊힌 생태계로 불려왔다. 풍부한 자원을 보유한 맹그로브와 화려한 산호초에 비하면 너무 시시해 보이기 때문일 것이다. 해초들은 열대 지방부터 북극까지 야트막한 경사의 해안지대를 덮고 있다. 육지의 풀들과 마찬가지로 해초들은 빽빽한 수중초원을 형성하는데, 일부는 우주에서도 보일 만큼 넓다. 이 거대한 지역들은 작은 새우와 해마부터 큰 물고기, 게, 대합조개, 거북, 만타가오리 그리고 듀공, 수달 같은 해양 포유동물에 이르기까지 수백만 마리 동물의 서식지다. 해초지들은 어업, 해안 보존, 수질 유지에 필수적이다. 하지만 가장 알려지지 않은 해초의 특징이 가장 중요한 특징일 수 있다. 해초지가 해양 지역에서 차지하는 면적은 0.1퍼센트가 안 되지만 지구에서 가장 큰 어장 20퍼센트의 생육지이며, 매년 해양 퇴적물에 묻히는 탄소의 10퍼센트를 담당한다.

잎이 긴 띠처럼 생긴 거머리말부터 잎이 노처럼 생기고 무성하며 낮은 해초지를 이루는 해호말까지 엄청나게 다양한 크기와 형태, 서식지를 가진 72종의 해초가 알려져 있다. 가장 키가 큰 종인 수거머리말은 일본에서 35피트까지 자란 것이 발견되었다. 모든 식물과 마찬가지로 해초들은 광합성을 위해 빛에 의지한다. 따라서 햇빛이 가장 밝게 비치는 얕은 곳에 가장 흔하지만, 190피트 깊이에서 자라는 해초들도 있다.

인간은 1만 년 넘게 해초를 이용해왔다. 해초를 이용해 농지를 비옥하게 만들고, 집에 단열을 하고, 가구를 짜고, 지붕을 이었다. 해초들은 중요한 서식지를 제공함으로써 어업과 생물다양성을 돕는다. 또한 퇴적물들을 가두고 고정시켜 수질을 유지할 뿐 아니라 침식을 줄이고 폭풍으로부터 해안을 보호한다. 이러한 이점으로 볼 때 해초는 세계에서 가장 가치 있는 생태계들 중 하나다.

이런 엄청난 중요성에도 불구하고 해초들은 심각한 위기에 처해 있다. 현재 해초들은 전 세계에서 450만~1500만 에이커를 차지하지만 지난 세기 1200만 에이커 이상의 해초지가 손실되었다. 그 기간의 손실 비율은 1940년 이전의 매년 1퍼센트에서 1980년 이후에는 매년 7퍼센트로 올라갔다. 현재 전 세계적으로 해초 종의 24퍼센트는 세계자연보전연맹이 작성한 적색 목록에서 멸종 위기종이거나 준위협 종으로 분류된다. 해초들은 해안 개발과 제대로 관리되지 못한 어업 및 양식업의 영향을 받지만, 가장 큰 위협은 해안 오염과 나쁜 수질이다. 해초는 열대우림, 산호초, 맹그로브와 비슷한 속도로 사라지고 있다.

전 세계적으로 해초의 손실이 가속화되면서 기후변화에 상당한 영향을 미치고 있다. 해초지들은 천연 이산화탄소 흡수원이며 숲보다 더 효과적으로 탄소를 격리할 수 있다. 해초지들은 물에서 탄소를 흡수한 뒤 아래의 퇴적물에 최장 1000년간 묻어둔다. 세계에서 가장 오래된 생명체는 지중해에서 해초밭을 이룬 '포시도니아 오세아니아*Posidonia oceanica*'란 학명의 해초다. 이 해초는 20만 년 이상 된 것으로 추정되며 지금도 탄소를 흡수하여, 자신이 자라는 탄소가 풍부한 36피트의 토양에 저장한다. 해초 1에이커마다 평균 매년 0.5톤의 탄소를 매장한다.(해초들이 포집하여 해양과 대기로부터 격리하는 탄소를 합치면 매년 8000만 톤에 이른다.) 해초가 지속적으로 사라지면 대기에서 탄소를 제거하는 기능이 감소될 뿐 아니라 탄소를 붙잡고 있던 식물들이 퇴화되거나 제거되면 해초 아래의 땅에 저장되어 있던 탄소가 배출될 수 있다. 해초의 현재 손실률대로라면 매년 대양과 대기로 3억 톤의 탄소가 방출될 가능성이 있다.

1930년대에 해양 전염병과 허리케인으로 버지니아주의 해초지는 완전히 파괴되어 회복되지 못했다. 지난 20년 동안 연안의 만 네 곳에서 거의 반세기 동안 척박한 상태였던 536개의 복원지에 7400만 개의 거머리말 씨앗을 뿌렸다. 거머리말은 9000에이커까지 퍼져나가 롱아일랜드와 노스캐롤라이나주 사이의 가장 큰 거머리말 서식지를 이루었다. 해초들은 일단 자리 잡으면 물을 정화하고 파도를 누그러뜨려 해저를 안정화시키고 식물이 번성하며 자연적으로 다시 씨를 뿌리기에 충분한 빛을 제공한다. 씨를 뿌린 구역들은 배의 돛, 프로펠러, 오염으로부터 보호되는 4만 에이커의 볼저나우 버지니아 해안 보호구역에 속해 있다. 보호구역이 할 수 없는 일은 해수의 온도 상승으로부터 해초를 보호하는 것이다. 지속적인 손실을 중단시키고 세계의 해초들을 보호하는 것이 기후변화 해결을 위한 우선순위가 되어야 한다. 우리가 해초들의 미래를 보장할 수 있으면 고대부터 살아온 이 놀라운 식물들은 계속해서 탄소를 흡수하는 한편 인간을 보호하고 식량을 공급할 뿐 아니라 세계 해안들에 풍부한 식물다양성을 제공할 것이다.

희망의 씨앗 하나는 한때 미국 동부 해안 어디서나 볼 수 있었던 바다 조개인 가리비다. 볼저나우 버지니아 해안 보호구역에서 가리비들이 가장 가까운 산란 가두리들로부터 20마일 떨어진 곳에서 발견되었다. 이는 가리비 유생들이 보호구역의 해안을 떠내려와 예측도, 기대도 못 한 재생 과정을 시작했음을 나타낸다. 해양생태학자 마크 러컨바크는 수확 가능한 '해만 가리비' 개체군의 출현을 옐로스톤 국립공원에 회색 늑대를 들여놓았던 일과 견준다. 이것은 되살리기의 시작이다.

___ 시에라 데 로스 툭스틀라스 중심부의 로스 툭스틀라스 생물권 보호구역에 있는 카테마코 호수에서 무성한 아졸라 사이에 있는 과테말라악어. 멕시코 베라크루스

약 5000만 년 전에는 대기 중의 이산화탄소 농도가 현재 수준의 3배까지는 아니더라도 적어도 2배는 되었다. 하지만 이산화탄소 농도는 현재 수준으로 급속히 낮아졌다. 이런 변화에는 대륙의 위치 변화를 포함한 많은 설명이 있을 수 있다. 한 가지 부분적인 설명은 빠른 속도로 번성한 작은 민물 양치식물이 이산화탄소 농도를 낮추는 데 도움이 되었다는 것이다. 이 작은 양치식물 아졸라 아르크티카*Azolla arctica*는 현대의 아졸라 종인 아졸라 필리쿠로이데스*Azolla filiculoides*와 동류다. 아졸라 필리쿠로이데스는 탄소

를 격리할 잠재력이 어마어마한 한편 화석연료 기반의 비료를 대체하고 동물들에게 먹이를 제공한다. 그리고 (또는) 바이오 연료를 위한 공급 원료를 생성한다.

과학자들은 4900만 년 된 침전물 중심부에서 아졸라 포자와 주변 해변에서 온 유기물이 풍부한 층을 발견했다. 당시 북극해는 대부분 육지로 둘러싸여 있었고 많은 강의 담수가 그리로 흘러들어갔다. 그래서 아졸라가 번성할 수 있었다. 이 작은 양치식물은 약 80만 년에 걸쳐 상당한 양의 유기탄소를 품어왔고 고대 북극 침전물에서는 지금도 이 식물의 포자들을 볼 수 있다. 이러한 탄소 매장은 그 시기의 이산화탄소 포집·저장과 지구의 온도가 내려가는 데 최소한 부분적으로라도 기여한 것으로 보인다.

워터 벨벳water velvet 혹은 요정 이끼fairy moss라고도 불리는 아졸라는 당신이 전형적으로 알고 있는 양치식물이 아니다. 더 크고 잎이 길게 갈라진 동류의 식물들과 달리 아졸라는 담수 표면에 거의 납작하게 붙어 동전 크기의 장미 모양으로 자라며, 1인치 깊이의 아주 얕은 물에서도 섬세한 뿌리들이 늘어져 쉽게 흙을 찾는다. 아졸라는 떠 있는 공기 주머니에 미세한 포자가 들어 있고 대두보다 많은 단백질을 함유하고 있다. 그리고 이형세포라 불리는 무산소 환경의 작은 방에 특별한 유형의 세균을 가지고 있다. 아나베나 아졸레*Anabaena azollae*라고 불리는 이 종은 아졸라에게만 있으며, 자신의 유전자들 중 일부를 아졸라에게 전이시키고 생존을 위해 아졸라에게 전적으로 의존한다. 아나베나는 공기에서 비활성 질소를 격리하는 청록색 시아노박테리아로, 아졸라가 자가수정할 수 있게 해준다. 그 때문에 아졸라는 맹렬한 속도로 자라서 불과 1.9일 만에 수면을 덮는 면적을 2배로 늘린다.

아졸라는 인간의 의도적 활동을 통해 대기에서 이산화탄소를 격리하는 데 한 번 더 중요한 역할을 할 수 있다. 최근의 연구는 재생농업, 녹색연료, 깨끗한 물, 무엇보다 살기에 알맞은 기후 등 아졸라의 여러 잠재적 영향력을 보여준다. 1000년이 넘는 농경활동에서 아졸라는 쌀 재배에 톡톡히 도움이 될 수 있다는 것을 보여주었다. 쌀 생산을 늘리기 위해 아졸라를 이용한 최초의 문헌 기록은 540년까지 거슬러 올라간다. 중국의 학자 가사협賈思勰은 『제민요술齊民要術』에서 벼농사를 짓는 농민들이 어떻게 논에 아졸라를 도입했는지 설명했다.(세엽만강홍細葉滿江紅이라는 물풀로 보인다.—옮긴이) 그러나 가사협이 알지 못했던 것은 아졸라가 어떻게 임무를 수행했는가다.

아졸라는 주변에 중요한 양분들을 제공하는 살아 있는 유기체인 '생물비료' 역할을 한다. 아졸라는 어느 정도까지는 자신이 자라는 물에 질소를 직접 전달할 수 있고, 일부가 죽은 뒤 벼가 뿌리를 내린 흙과 섞이면 더 큰 기여를 한다. 농부들은 아졸라가 가득 찬 논에서 적기에 물을 빼 상당한 질소를 생성시킬 뿐 아니라 익어가는 벼가 최대의 산출량을 내는 데 필요한 양분들을 충분히 보충한다. 비료가 희귀하거나 비싼 환경에 처한 농부들은 아졸라를 벼와 함께 키워 논의 산출량을 50~200퍼센트 증가시킬 수 있다. 더 부유한 쌀농사 지역에서는 아졸라가 화학비료의 필요성을 극적으로 줄여주거나 완전히 없앨 수 있다.

산출량 증가와 많은 에너지를 소비하는 화학물질의 대체가 기후변화와 관련해 아졸라가 도움을 줄 수 있는 유일한 방법은 아니다. 아졸라는 대기에서 이산화탄소를 직접 포집하여 자신의 조직에 저장한다. 한 추정지에 따르면, 섬나라인 스리랑카의 모든 무논에 아졸라를 도입하면 매년 50만 톤 이상의 이산화탄소를 포집·저장할 수 있다고 한다.

일본의 농부 후루노 다카오는 한발 더 나갔다. 후루노가 쓴 『오리농법The Power of Duck』은 논에 아졸라, 벼와 함께 물고기와 오리를 풀어놓는 농업 시스템을 완성한 수십 년간의 경험을 설명한다. 아졸라는 오리들이 침입적인 달팽이들의 알 대부분뿐만 아니라 벼를 공격하는 해충을 잡아먹을 수 있는 안정된 식이를 제공하여 오리들을 먹여 살린다. 그러면 오리의 배설물로 논의 토양이 비옥해지고 식물성 플랑크톤이 풍부해진다. 식물성 플랑크톤은 후루노가 논에서 잡는 미꾸라지에게 먹이를 제공한다. 후루노는 논을 자연 습지의 생태계를 흉내낸 혼합양식장으로 바꿈으로써 화학비료나 제초제, 살충제 없이도 높은 생산성을 유지할 수 있다. 그는 유기농 채소를 키우기 위해 가끔 논의 물을 다 빼서 외부적 투입 없이 기름지고 건강한 토양을 무한정 유지할 수 있다.

전용 늪에서 아졸라를 키우면 다른 작물들의 생장을 촉진할 저렴한 '녹비'를 계속 공급할 수 있다. 지금까지 연구자들은 아졸라가 밀, 타로토란, 대두, 녹두의 산출량을 늘릴 수 있다는 것을 보여줘, 아졸라가 우리가 기르는 대부분의 식물에 혜택을 주리라고 믿을 근거는 충분하다.

아졸라는 가축들에게 단백질과 오일이 풍부한 슈퍼푸드로 사용될 수 있다. 많은 연구가 젖소, 돼지, 닭, 틸라피아, 토끼에게 주는 사료의 5~40퍼센트를 아졸라로 바꾸면 동물의 성장률이 높아지거나 생산된 육류 한 단위당 총 사료비가 줄어든다는 것을 보여준다. 후자의 경우 아졸라는 대두박(대두에서 기름을 짠 후 남는 산물로 탈지대두라고도 부른다—옮긴이) 같은 단백질이 풍부한 사료를 대체하고 있다. 대두박 생산에는 보통 화학물질을 많이 사용하며 아마존 우림 같은 곳이 개간되는 주요 요인이다. 또한 아졸라는 인간이 먹어도 안전하며 우주비행사들에게 이상적인 식품으로 제시되어왔다. 그뿐만 아니라 아졸라를 먹은 닭이 낳은 알은 우리의 인지 건강 수명에 중요한 EPA와 DHA를 함유한 오메가3 달걀이다. 아졸라로 만드는 그 외 유형의 식품들은 오메가3 지방산이 풍부해 전 세계 사람들의 건강 수명을 바꿔놓을 수 있다.

아졸라는 농업을 넘어 바이오 연료 생산을 위한 원료로도 전망이 밝다. 아졸라는 땅에서 자라지 않기 때문에 옥수수, 사탕수수, 기름야자나무와 달리 우림이나 초원 등 탄소를 저장하는 육지 생태계와 공간 다툼을 벌이지 않을 것이다. 또 양치식물이 선호하는 온대기후의 경작지를 대체하는 넓은 인공 연못에서 아졸라는 같은 위도에서 자라는 현재의 바이오 연료 작물들만큼 효율적일 것이다. 초기의 실험들은 1에이커의 아졸라가 1에이커의 옥수수와 거의 같은 양의 에탄올을, 1에이커의 야자유와 같은 양의 바이오디젤을 동시에 생산할 수 있다는 것을 보여주었다. 아졸라는 아나베나(이형세포에 의해 질소 고정을 하는 실 모양의 시아노박테리아—옮긴이) 덕분에 다른 작물들처럼 에너지를 많이 소비하는 질소 비료를 필요로 하지 않는다. 아졸라의 단백질과 탄수화물을 동물 사료로 이용하기 위해 재배한다면, 아졸라에 함유된 오메가3 지방산 EPA와 DHA가 이 사료들로 만든 먹이의 영양소 함량을 향상시키는 한편 트랙터, 트럭, 축산에 사용되는 기계들의 탄소중립 연료로 사용할 다른 기름들의 추출원이 될 수 있다.

바이오 연료의 원료를 재배하거나 아니면 그 외 목적으로 현재 아졸라가 없는 환경에 아졸라를 도입할 경우 많은 주의를 기울여야 할 것이다. 아졸라의 일부 종은 자생지에서 벗어난 곳에 도입되면 침입자가 될 수 있기 때문이다. 하지만 기존 서식지나 관리된 농업 환경의 인공 연못에서 빠른 속도로 자라는 양치식물의 지속적 수확을 막을 수 있는 것은 없다. 아졸라는 얼면 대개 죽는다. 이는 아졸라의 급증을 관리하는 한 가지 방법을 제시한다.

피토레메디에이션phytoremediation(식물을 이용해 오염된 환경을 복원하는 방법)을 위한 잠재력에 대해서는 논란의 여지가 거의 없다. 이 용어는 말 그대로 환경 정화를 위해 식물을 이용하는 것을 가리킨다. 아졸라는 물에서 인과 과잉 질소를 흡수하는 기능이 명백해 수역의 부영양화를 감소시킨다. 그뿐만 아니라 아졸라는 납, 니켈, 아연, 구리, 카드뮴, 크롬 같은 중금속을 포함한 갖가지 오염원뿐 아니라 특정 약품들, 심지어 일부 농지의 염류화를 일으키는 염 이온에 대해서도 놀라운 친화도를 나타낸다. 아졸라는 이 원소와 화합물들을 자신의 조직에 농축함으로써 광물 찌꺼기와 비산재를 정화시키는 데 사용될 수 있고 폐수를 정화하는 한 방법으로 쓰여 관개에도 이용될 수 있다. 정화 작업의 유형에 따라 아졸라는 녹비로 사용하고자 수확되거나 바이오 연료에 사용될 가능성이 있다.

아졸라는 지구의 지질학적 역사와 아시아의 농업에 이미 긍정적인 영향을 미쳤다. 더 많은 연구와 자금 지원이 이루어진다면 아졸라는 다시 한번 세계를 바꿀 수 있다.

2. 숲
Forests

캐스케이드 산맥의 미송. 이 산맥의 삼림지대는 지구의 숲들 중 생물량이 가장 높다.

숲은 우리의 안녕에 대단히 중요하다. 숲은 분수령이자 서식지이며 피난처다. 숲은 공기를 정화하고, 공기의 온도를 낮추며, 공기를 만든다. 숲은 지구의 육지 표면의 거의 30퍼센트인 약 1080만 제곱마일(지난 빙하시대 말기의 약 2300만 제곱마일에서 감소했다)을 덮고 있다. 나무는 6만65개 종이 알려져 있다. 가장 많은 종의 나무가 자라는 나라는 브라질, 콜롬비아, 인도네시아이며 각각 5000종 이상의 나무가 있다. 수천 개의 숲이 존재하는데, 모두 상당한 양의 탄소를 저장하고 있으며 이탄지대와 습지처럼 탄소가 풍부한 토양에서는 저장량이 더 늘어난다. 삼림지에는 지구의 육지 식물과 동물 종 대부분이 산다. 열대림에만 해도 육지 종의 적어도 3분의 2, 아마 90퍼센트가 살고 있을 것이다. 숲은 생태 공동체들이 요구하는 수생 환경 조건 및 관련된 서식지 자원들을 조절하고 유지하도록 돕기 때문에 담수 공급에 대단히 중요하다.

지난 20년 동안 브리티시 컬럼비아대학의 수잰 시마드 같은 과학자들 덕분에 숲에 대한 우리의 이해는 바뀌어왔다. 인체 마이크로바이옴에 대한 연구가 건강과 질병에 대한 이해를 근본적으로 바꿔놓은 것처럼 나무, 진균망, 미생물, 관련 없는 식물 종들 사이의 생물학적 상호작용은 숲과 그 안에서 일어나는 일들에 대해 새로운 그림을 그린다. 물, 태양, 양분을 얻으려 경쟁하는 나무들이라는 옛 이미지는 원시림, 자연 그대로의 자생 숲들이 상호작용을 하고 지식을 공유하며 공동체를 돌보는 사회적 생물임을 보여주는 연구로 대체되었다. 나무들은 배우고—나무들은 (인간을 포함해) 가까이에 있는 동물들을 시각적으로 감지한다—, 기억을 유지하고, 앞으로의 날씨를 정확하게 예측한다. 숲의 나무들은 부분의 집합이 아니라 하나의 생명체처럼 행동한다. 산림 군락은 박테리아, 바이러스, 조류, 고세균류, 원생동물, 톡토기, 진드기, 지렁이, 선충을 포함하며 모두 합치면 한 줌의 흙에 수조 개의 개체가 산다.

하지만 나무들은 상품이다. 나무 몸통과 숲의 면적이 구매 주문서처럼 합산된다. 이는 잘못된 것이다. 목재처럼 숲에서 나온 일부 상품은 유용하지만, 나무 수확에 일반적으로 수반되는 무분별한 삼림 벌채는 근시안적이고 위험하다. 이런 행태는 숲이 우리의 기후를 조정하는 데 수행하는 중요한 역할을 위험에 빠트린다. 숲에는 2조2000억 톤의 탄소가 3개의 주요 삼림 생물 군계에 분산 저장되어 있는 것으로 추정되는데, 약 54퍼센트는 열대림, 32퍼센트는 북방림, 14퍼센트는 온대림에 저장되어 있다. 북방림 생태계의 탄소 농도가 가장 높으며, 북방림에 관한 좀더 최근의 통계에 따르면 바이오매스, 토양 탄소를 포함한 총 생태계 탄소 저장량이 열대림과 온대림의 탄소 저장량을 합친 것보다 크다. '지속 가능한' 벌목을 포함한 어떤 삼림 축소도 숲에 저장되는 탄소의 양을 감소시키면서 동시에 들불이 일어날 위험을 높인다. 기후위기를 해결하는 데는 숲이 대단히 중요하다. 우리의 최우선 순위는 때때로 노숙림이라고도 불리는 원시림의 파괴를 막는 것이다. 원시림들은 지구에서 가장 크고 회복력이 강하며 탄소가 풍부한 숲이다. 원시림들이 계속 성장하고 추가적으로 탄소를 격리하도록 놔두는 것은 기후변화를 역전시키기 위해 세워야 하는 가장 효과적인 전략 중 하나다. 또 다른 우선순위는 개간되거나 인간이 사용하여 황폐해진 땅에 다시 숲을 조성하는 것이다. 다만 이 작업은 올바른 방식으로 이루어져야 한다. 많은 기후 계획은 지구 남반구에 수십억 에이커 이상의 빨리 성장하는 나무들을 심고 연소시켜 소각로에서 배출되는 탄소를 포집해 매장하는 바이오에너지 프로젝트를 제안한다. 이런 나무 '작물'들은 기계가 수확하여 소위 클린 에너지를 제공하기 위해 태워진다.

과학자들은 1조 그루의 나무를 심으면 적절한 탄소 목표를 달성하는 데 도움이 될 것이라고 추정한다. 이러한 추정은 논리적으로 보인다. 나무 심기 목표는 거의 모든 기후 공약과 제안의 중심에 있다. 하지만 "나무만 보고 숲은 보지 못한다"는 속담이 이보다 더 들어맞을 수는 없다. 나무 심기가 도움이 되긴 하지만 주의를 기울여야 한다. 전 세계에 나무를 심는 목적은 기업의 탄소 배출량을 상쇄하고 소위 순 배출 제로 목표를 달성하기 위해서다. 하지만 배출량 목표는 실제 배출을 줄여서 달성되어야 한다. 숲에 나무를 심고 숲을 확장하는 것은 대기 중의 탄소를 포집·저장하는 목적뿐 아니라 토착종들, 물, 인권을 회복시키기 위해 수행되어야 한다. 그런데 나무를 심으려면 더 부유하고 산업화된 북반구의 배출량을 상쇄하기 위해 남반구의 땅을 빼앗아야 하는 경우가 너무 흔하다. 이런 면에서 보면 예전에 수세기에 걸쳐 아프리카, 남아메리카, 아시아에 가해졌던 식민지화와 다를 바 없다. 기후 해결책을 찾는 일이 시급하기 때문에 세상을 덜 복잡한 방식으로, 말하자면 마치 나무 한 그루를 따로 떼어서 볼 수 있다는 듯이 생각해버릴 수도 있다.

세계의 삼림 벌채 대부분은 선주민들의 땅에서 이루어지기 때문에 수천 년 동안 숲을 돌봐온 사람들에 대한 보호가 포함되지 않으면 세계적 삼림 전략은 의미가 없다. 주류 보호활동은 과학을 바탕으로 해 분석적이지만, 그들은 연구되고 있는 삼림지가 훔친 땅이라는 것을 대개 인정하지 않는다. 숲의 복구는 인권의 회복에서부터 시작된다. 인종차별주의자들이 토착민을 내쫓는 일은 오늘날까지 계속되고 있다. 500개가 넘는 토착민족은 그들의 땅을 손보고 회복시키고 되살리는 문제에 있어 세계에서 가장 아는 게 많고 의욕이 강한 사람들이다. 숲이 정확히 무엇인지 정의하는 게 중요한 단계가 될 것이다. 파괴적인 유칼립투스 조림지도 숲이라 불리지만, 이런 곳은 자연적인 다양성을 파괴하고 선주민을 쫓아내는 단일종 식재지일 뿐이다.

황폐해진 숲을 복원시킬 수 있는 가능성은 매우 크다. 동시에, 지구온난화와 벌목 탓에 큰 가뭄과 대화재는 더 자주 일어나고 있다. 건조하면 해충이 들끓고 나무가 죽는다. 건조한 상태와 더불어 불이 잘 붙는 식물들 때문에 세계의 일부 지역에서는 숲을 다시 가꾸는 일이 매우 어려운 과제가 되고 있다. 2011년 독일과 세계자연보전연맹이 착수한 본 챌린지Bonn Challenge는 2030년까지 3억5000만 헥타르의 숲을 복구하자고 요구하며 정부와 민간 부문에서 이 목표를 향해 공약할 것을 기대한다. 2021년 2월 현재, 주로 정부들에 의해 약 2억1000만 헥타르의 복원이 약속되었다. 생물다양성협약 아이치 목표Aichi Target 15번은 전 세계의 훼손된 생태계의 15퍼센트를 복원할 것을 요구하는데, 전 세계의 황폐화된 토지를 약 30억 헥타르로 가정하면 약 5억 헥타르에 해당된다. 마찬가지로, 유엔 지속 가능한 성장 목표 15번은 국가들이 2030년까지 세계의 토지 황폐화 중립을 달성할 것을 요구한다.

이번 장에서는 이 목표들을 달성할 수 있는 방법들을 탐구한다.

숲을 자연 상태로 놔두기Proforestation

___ 캘리포니아주 툴레어 카운티에 있는 세쿼이아 국유림에서 지구에서 가장 큰 나무들인 거목 세쿼이아의 건강과 지름을 확인하고 있는 과학자들. 큰 나무들은 높이가 250피트가 넘고 밑동의 둘레가 야구 경기장의 홈과 2루까지의 거리보다 긴 102피트에 이른다.

환경학자 윌리엄 무모는 원시 상태의 숲을 보호하는 것뿐 아니라 황폐해진 숲이 회복되고 성숙하도록 놔두는 것이 땅과 관련된 다른 어떤 해결책보다 지구의 탄소 배출에 더 큰 영향을 미친다는 것을 깨닫고 '숲을 자연 상태로 놔두기proforestation'라는 용어를 고안했다. 1901년 이후의 변화를 연구한 웨스트버지니아대학의 연구 프로젝트(2021)는, 나무들의 이산화탄소 흡수량이 최고치에 도달했음에도 대기 중의 이산화탄소 농도가 상승할수

록 나무들은 이산화탄소를 더 많이 흡수하고 있다는 것을 보여주었다. 이 연구 결과는 식물의 호흡기관 역할을 하는 나뭇잎 표피의 작은 구멍인 기공이 탄소가 늘어나면 더 수축된다는 오랜 믿음을 뒤집었다. 오히려 그 반대인 것으로 드러났다. 나무들은 우리가 기존에 알고 있던 것보다 더 많은 탄소를 흡수하고 있다는 것이 무모의 연구들로 인해 확인되었다.

숲을 조성하는 것은 기후변화에 대한 중요한 드로다운 해결책으로 당연히 장려되어야 하지만, 실행 방식들은 다르다. '신규 조림afforestation'은 전에는 나무가 자라지 않았던 곳에 나무를 심는 것이고, '재조림reforestation'은 이전에 나무들이 자랐던 곳에 새로 나무들을 심는 것이다. 둘 다 나무들이 평생 탄소를 격리하게 하는 인간의 활동이다. 그러나 새로 심은 나무가 탄소 제거에 주는 도움은 성목으로 성장하는 단계인 생애 첫 10년 동안은 제한적이다. 1.5도씨 기후 목표를 달성하려면 신규 조림과 재조림에 중국의 땅덩어리보다 넓은 370만 제곱마일의 땅이 필요하다.

숲을 자연 상태로 놔두기는 다른 개념이다. 여기에 필요한 땅에는 원시 상태의 노숙림이건 회복과 성장이 필요한 황폐화된 숲이건 이미 숲이 우거져 있다. 세계의 연간 총 탄소 배출량은 약 110억 톤에 이른다. 그러나 대기 중의 원소탄소elemental carbon의 연간 순 증가량은 약 54억 톤이다. 58억 톤이 땅, 식물, 해양에 의해 격리되기 때문이다. 이 셋 가운데 숲은 지구에서 가장 이산화탄소를 많이 제거하는 곳이며, 원시 상태의 성숙림이 이산화탄소 격리의 대부분을 담당한다. 최근까지 과학계는 나이 든 나무들이 탄소를 격리시키는 양은 미미하다고 가정했다. 이제 우리는 나무들이 긴 수명을 거의 다할 때까지 상당한 양의 탄소를 축적한다는 것을 알고 있다. 숲을 자연 상태로 놔두면 새로 조성된 숲들보다 현재와 2100년 사이에 40배 더 큰 영향을 미칠 것이다.

서식지 단편화가 일어나지 않고 다양한 토착종 개체군들이 사는 원시 그대로의 산림경관(면적 5만 헥타르 이상)이 보호의 최우선 순위다. 이런 숲들은 러시아에서부터 가봉, 수리남, 캐나다까지 전 세계에 존재한다. 원시 상태의 숲은 열대림 지역의 20퍼센트에 불과하지만 열대림 지역에 저장된 총 지상탄소의 40퍼센트를 차지한다. 원시 상태의 숲이 탄소 격리에 이렇게 중요한 역할을 하는데도 12퍼센트만 보호되고 있고 가장 흔하게는 벌목과 농업 확대를 위한 착취에 노출되어 있다. 예를 들어 북방림은 열대림에 저장된 탄소의 거의 두 배를 격리하지만 벌목, 화재, 해충, 채굴로 위협받는다. 캐나다 북방림의 나무들은 잘려나가 펄프로 만들어져 고급 두 겹 화장지가 된다.

자라나는 숲에 피해를 주는 한 가지 행위는 목재펠릿을 연소하는 것이다. 바이오에너지라 불리는 목재펠릿은 탄소 중립적인 에너지원인 것으로 오해되어왔다. 이는 나무 한 그루를 소각할 때 나오는 탄소가 다른 나무를 키워 상쇄될 수 있다는 주장에서 나온 생각이다. 이런 논리를 적용하면 석탄도 재생 가능 에너지로 여겨질 수 있다. 유럽연합이 목재펠릿을 재생 가능 에너지로 간주하는 바람에 북아메리카, 특히 최동남부 지역에서 수종이 풍부한 삼림지대들이 벌채되고 있다. 지금 있는 나무들을 태우는 일이 앞으로 나무를 심는다는 것으로 정당화되고 있다. 그렇게 하는 게 경제적이지 않은데도 말이다. 현재는 태양에너지와 풍력에너지가 훨씬 저렴한 형태의 에너지다. 하지만 유럽연합과 영국의 보조금 때문에 목재펠릿이 인기를 얻었다. 설상가상으로 미국의 목재펠릿 생산 공장들은 저소득 흑인사회들에 지어져 천식과 폐질환 발병률을 높인다. 목재펠릿 공장들에서는 허용치 이상의 먼지와 미립자들이 나오는데, 재생 가능 에너지와 탄소중립이라는 명목하에 이런 일이 벌어지고 있다.

세계에 남아 있는 원시 상태의 숲을 보호하는 일은 유엔이 숲을 광범위한 용어로 정의하는 바람에 더욱 어려움을 겪는다. 유엔은 식재림tree plantation, 용재림, 그리고 원시 상태의 성숙림을 똑같이 생각한다. 20년 된 테다소나무 식재림과 1억3000만 년 된 말레이시아의 타만네가라 숲은 전혀 다르다. 유엔은 삼림 보호를 정의하면서 산림률을 포괄적 척도로 사용하고 숲의 탄소 격리 능력, 수목들의 나이, 종 다양성, 생태계의 기능성 같은 특징들은 무시한다. 모든 오래된 숲은 복잡성, 연결성, 차별화된 서식지, 식물과 동물의 더 높은 생물다양성, 수분 저장, 공기 정화, 홍수 조절 기능을 제공하며, 이것으로도 충분하지 않다면 아름다움과 경이로움, 경외심까지 제공한다. 퇴화는 어떤 생물계 내의 연결성이 붕괴되는 것이다. 되살리기는 그러한 연결성을 존중하고 보호하며 또한 가장 효과적으로 탄소를 격리하고 기후 붕괴로부터 우리를 보호하는 방법이다. 원시 상태의 숲을 자연 상태로 놔두면 삶의 모든 측면이 보호되고 향상되며 도움을 받는다.

핀란드의 저녁 안개 속에서 숲의 연못을 보고 있는 큰곰

북방림에는 세계에서 가장 큰 원시 상태의 숲들이 있다. 이 숲들은 소나무, 낙엽송, 가문비나무, 전나무, 관목, 덤불, 이끼, 지의류 그리고 동물들의 다양한 군락으로 이루어져 있고 알래스카와 캐나다부터 스칸디나비아, 러시아, 일본 북단까지 북반구를 휩싸며 녹색 띠 모양을 이룬다. 북방림은 지구에서 가장 큰 육지 생물 군계이고—러시아에서는 타이가taiga라고 불린다—수렁, 습지, 늪지가 가득한 복잡하고 신비로운 서식지이며 사냥꾼들이 길을 잃으면 다시는 그 모습이 발견되지 않는 끝없는 침엽수림 지대다. 그늘을 드리우는 임관층 아래에 검정 지의류들이 헝클어진 머리칼처럼 늘어져 있다. 이곳은 늑대, 회색곰, 숲 들소, 카리부, 무스의 서식지이며 스라소니, 담비, 밍크, 스토트, 흑담비, 울버린, 오소리, 족제비 같은 작은 육식성 포유동물이 많이 산다. 또한 땅과 숲, 물을 다른 누구보다 잘 알고 이해하는 600개가 넘는 토착민 공동체들의 삶의 터전이기도 하다. 그리고 가장 중요한 점은 북방림 지대의 호수들 아래와 숲, 이탄지 곳곳에 대기 중보다 많은 탄소가 존재한다는 것이다.

북아메리카의 북방림은 지구에서 숲과 이탄지, 습지대가 끊이지 않고 이어지는 가장 넓은 지대로, 시내와 강, 호수, 연못이 이리저리 얽히며 약 120억 에이커에 걸쳐 펼쳐져 있다. 파타고니아처럼 멀리 떨어진 곳에서부터 10억~30억 마리의 새가 여름 피난처를 찾아 북아메리카의 북방림으로 날아오고, 가을에는 30억~50억 마리의 새가 갓 부화한 새끼들과 함께 월동지로 되돌아간다. 여기에는 휘파람새, 참새, 오리, 여새, 까마귀 등 집 뒷마당과 공원, 논밭, 숲에서 보는 새들뿐 아니라 멸종 위기에 처한 아메리카 흰두루미도 포함된다.

여름은 시원하고 짧으며 겨울은 길고 춥다. 많은 지역의 토양이 얕고 모래가 많으며 나무에서 떨어진 바늘처럼 길고 가는 잎과 수지, 오일, 화학물질이 계속 쌓여 유독한 산성을 띤다. 빛이 통과할 수 있는 지역들에서는 동화 같은 새먼베리, 블루베리, 레드 커런트와 블랙 커런트가 모여 자란다. 습지와 소택지에서는 육식성 끈끈이주걱과 벌레잡이풀들이 위험을 눈치채지 못한 벌레와 거미들을 가두고 먹어치운다. 북방림의 주를 이루는 침엽수들은 빛 흡수를 최대화하기 위해 암녹색을 띠고 겨울에 내리는 많은 눈이 흘러내리도록 완벽한 피라미드 같은 원뿔 모양을 이룬다. 또 꽁꽁 얼어붙지 않도록 잎 속에 얼지 않는 수지를 생성시킨다.

북방림은 지구의 어느 지역보다 탄소 밀도가 높으며, 땅 밑에는 원시 열대림이 지상에 보유한 탄소보다 더 많은 탄소가 저장되어 있다. 숲들은 토양과 생물 집단에 1조1400억 톤의 탄소를 보유하고 있는데, 대기 중의 탄소보다 50퍼센트 많은 양이다. 북방림은 축축하고 추운 환경 때문에 부패 속도가 느려 탄소가 풍부한 늪지와 이탄지를 형성케 한다. 북방림을 벌채하고 개벌皆伐하면 토양이 교란되어 건조해짐으로써 수림 손실로 인한 것보다 더 많은 탄소가 배출된다. 북방림과 북방림의 탄소 저장량의 절반을 잃으면 대기 중의 이산화탄소 농도는 500ppm이 넘을 것이다.

북방림의 벌목을 중단시키기 위한 긴급 캠페인들이 벌어지고 있다. 특히 나무를 베어내 만드는 주요 제품들 중 하나가 고급 화장지를 포함한 일회용 종이제품용 버진 섬유이기 때문에 더 그렇다. 프록터앤갬블이 제조하는 샤민 화장지나 킴블리 클라크의 퀼티드 노던 울트라 플러시 화장지를 사용하면 세계에서 가장 큰 숲과 탄소 흡수원뿐 아니라 그에 수반되는 생물다양성을 조금씩, 조금씩 변기의 물에 씻겨내리는 것이다. 이 기업들과 조지아 퍼시픽은 소위 "나무에서 화장실까지"의 파이프라인에 가담하고 있다. 그들은 "한 그루를 베면 한 그루를 심기" 때문에 지속 가능성을 지원하고 있다는 말로 반박하지만 임학과는 맞지 않는 논리다. 잘려나가는 고목들은 새로 심은 나무들이 40년 동안 포집할 것보다 더 많은 양의 탄소를 보유하고 있다. 일단 나무들을 다 베어내면 북방림은 되살아나지 못한다. 나무들이 추운 북부 기후에서 다시 자라려면 수십 년이 걸린다. 밀림에서 살던 카리부 같은 동물들은 휴지 회사들이 다시 심은 단일 종 숲으로 돌아가지 않는다. 북방림을 휴지, 종이 수건, 광고우편물, 쇼핑백으로 바꾸는 것은 상식에 어긋나는 짓이다. 많은 대안 섬유와 재활용 가능성이 존재한다. 북방림이 원산지인 섬유를 사용하는 어느 기업의 대변인은 다른 벌목 업체들에서 나온 '폐기' 목재만 쓴다고 언급했다. 밀렵꾼에게 목숨을 잃은 코끼리의 발을 이용한다는 것과 같은 논리다.

북방림은 회복되는 데 수천 년은 아니라도 수백 년이 걸릴 방식으로 상처를 입고, 오염되고, 파괴되고 있다. 캐나다 앨버타주에 있는 애서배스카강의 타르 샌드에서는 정유회사들이 최대 규모의 건설, 개간, 채굴 프로젝트에 착수하고 있다. 완공되면 애서배스카강 양쪽으로 아일랜드 면적만 한

—— 핀란드의 눈에 덮인 타이가 숲

지역을 차지할 것이다. 이곳은 천연 역청이라 불리는 타르 같은 진한 물질이 매장된 광대한 지역이다. 역청을 추출하여 가열하고 정제하려면 가솔린 1갤런을 생산하기 위해 2.8갤런의 깨끗한 물이 필요하다. 그런 뒤 더 이상 쓸모없어지고 독소가 가득한 물은 라이닝 시공을 하지 않은 오폐수 저수장에 버려진다. 지금까지 80제곱마일의 면적을 차지한 이런 저수장들에는 니켈, 납, 바나듐, 코발트, 수은, 크롬, 카드뮴, 비소, 셀레늄, 구리, 은, 아연이 들어 있다. 남은 광물 찌꺼기와 물의 독소를 제거하자는 제안은 아직까지 없다. 역청의 증기 추출을 위해 더 깊은 지역에서 사용되는 뜨거운 물은 지하에 그대로 남아 있어 수천 제곱마일까지는 아니더라도 수백 제곱마일의 지하수를 오염시킬 수 있다.

북방림은 세계 다른 지역보다 더 빠른 속도로 온도가 올라가고 있는 탓에 들끓는 해충부터 들불까지 여러 결과에 직면하고 있다. 북극의 온도가 세계 평균보다 2배 빨리 올라가고 있고, 불균형적인 온난화로 기후대들이 북쪽으로 이동함에 따라 온도 상승 속도는 나무들이 분포지를 이동할 수 있는 속도를 앞지른다. 온난화는 현재 토양에 포집돼 있는 상당한 양의 탄소에 심각한 위협을 가한다. 눈덩이로 뒤덮인 들판이 더 일찍, 더 광범위하게 녹으면서 숲이 화재철보다 앞서 건조해져 점점 더 손쓰기 힘든 들불들이 일어난다. 과학자들은 나이테와 호수 바닥에 쌓인 그을음을 이용해 북방림에 화재가 일어난 내력을 추적하려고 시도해왔다. 최근 알래스카의 북방림에서 일어난 화재들은 8000년 동안 일어난 화재 가운데 가장 심각한 것으로 보인다.

현재 북방림에서 원시림으로 남아 있는 지역은 3분의 1이 되지 않는다. 계속되는 벌목은 지속 가능성에 어긋나지만, 줄일 수 있다. 정부들이 그 땅들을 놔두고 원시림으로 완전히 되살아날 수 있게 하면 1에이커당 평균 탄소 축적량은 온대림이나 열대림 축적량의 3배에 이를 것이다. 이는 우리가 베거나 상처 주거나 태우거나 유독물질로 오염시키지 않는다면 지구가 본질적으로 재생하는 시스템이라는 것을 보여준다.

캐나다 선주민들은 자기 나라를 찾아오는 전 세계의 새떼들에게서 관찰되는 자연의 주기와 자신들이 사는 땅을 모니터링하고 관리하는 역할을 하며 전국 각지에 보호·보존 구역을 설치하는 데 앞장서고 있다. 기후위기를 종식시키기 위한 포괄적 계획의 성공은 북방림의 보호에 달려 있고 자원 추출로 인한 생태계 퇴화를 끝내야 한다. 아니시나베족의 4개 부족은 2002년부터 북방림의 착취를 막기 위한 중요한 노력에 착수했다. 이들은 유네스코 세계문화유산 지정을 추진해 자신들의 땅을 보호하기로 합의했다. 아니시나베 부족은 적어도 7000년 동안 그 땅을 관리해왔다. 2018년 피마치오윈 아키가 캐나다의 아홉 번째 세계문화유산 보호지역으로 지정되었다. 오지브웨 부족의 토착어로 피마치오윈 아키는 '생명을 주는 땅'을 의미한다. 매니토바주와 온타리오주에 걸쳐 있는 이 1만1212제곱마일의 지역에는 2개의 주립공원, 1개의 보호구역, 3200개의 호수, 5000개가 넘는 담수 습지와 물웅덩이, 285개의 고고학적 유적지가 있다. 생물학적 조사에 따르면 700종 이상의 관속식물, 400종의 포유류, 조류, 양서류, 파충류, 어류가 사는데, 여기에는 아비새, 송장개구리, 호수철갑상어, 흑물푸레나무, 방크스소나무, 줄풀이 포함된다. 고고학적 유적지들은 땅과 물이 완전히 회복되도록 사냥, 어업, 수확 지역을 옮기는 오래된 자원 순환 패턴을 보여준다.

중요한 영향력을 미치고 있는 선주민 지도자들 중 한 명이 러츠 케이 데네족의 스티븐 니타다. 니타는 캐나다에서 가장 최근에 지정된 국립공원인 노스웨스트 준주의 타이든 네네 국립공원 보호구역이 설치되는 과정의 협

캐나다 앨버타주의 포트 맥머리Fort McMurray 북쪽에 있는 싱크루드Syncrude 광산의 광물찌꺼기 적치장. 타르 샌드의 광물찌꺼기 적치장들은 라이닝 작업이 되지 않아 해로운 화학물질들이 수십 년 동안 주변 환경으로 새어나갈 것이다.

상 책임자였다. 면적 1만200제곱마일의 이곳은 북아메리카의 많은 지역에서와 달리 선주민들을 내쫓는 대신 서로 어우러지도록 설계되었다. 러츠 케이족은 계속해서 사냥을 하고 물고기를 잡을 것이며 항상 그래왔듯이 숲과 호수와 강을 돌볼 것이다. 니타는 정부, 시민, 지방 관리들과 함께 일하면서 자연 기반의 해결책, 땅을 이용해 탄소를 격리하는 프로젝트들을 이해하는 새로운 방법을 제안했다. 니타는 색다른 접근 방식을 제시했다. 바로 땅과의 관계 계획Land Relationship Planning이다. 땅을 '이용'하는 것은 전 세계 사람들이 수세기 동안 해오던 일이다. 니타의 제안은 우리와 땅의 관계를 다시 생각하자는 것이다. 이는 인간이 농지, 초원, 습지, 숲과 맺는 관계를 말한다. 이 제안은 사람들이 장소와 연결되는 방식, 기존의 혹은 의도하는 상호

관계와 유대를 설명한다.

최근에 자연의 30~50퍼센트를 자연 그대로 두자는 몇몇 제안이 나왔다. 에드워드 윌슨 교수의 하프 어스 프로젝트Half-Earth Project는 지구의 생물 대부분을 보존하기 위해 지구 전체의 땅과 바다의 절반을 훼손하지 않고 보존하고자 노력한다. 프로젝트의 지지자들은 보호되는 땅과 바다를 2030년까지 30퍼센트로 늘리자고 요구한다. 이는 기후변화에 있어 중요한 문제다. 우리가 자연을 파괴하면 모든 생물을 연결하는 복잡한 탄소 체계는 닳고 찢어진다. 죽어가는 토양, 나무, 습지, 동물이 보유한 탄소가 산화되어 대기 중에 이산화탄소로 올라간다. 북방림의 위기는 단순히 숲이나 생태계의 위기가 아니다. 멸종 위기, 문명의 위기다. 대규모의 연속된 서식지가 단편적인 조각들로 나뉘고 단편화된 서식지들이 지원하는 종의 수가 불균형적으로 바뀐다. 윌슨은 우리가 지구의 50퍼센트를 보호한다면 모든 종의 85퍼센트를 보호할 수 있다고 생각한다. 이는 벌써 나왔어야 할 매력적인 제안이다. '어스숏Earthshot'이라는 명칭을 붙일 만한 아이디어가 있다면 바로 이 제안일 것이다. 지난 몇 년간 기후과학자와 기업들은 기후변화와 '지구 구하기'를 해결하는 데 간과되어온 한 방법으로 자연에 관해 점점 더 많이 이야기해왔다. 세계는 자연을 구하려면 우리가 자연을 구해야 한다는 결론에 도달하고 있다. 바로 그거다. 북방림과 열대림이 육지의 생물(그리고 탄소)과 관련해 마땅히 최우선 순위가 되어야 하지만, 모든 숲은 지금 그리고 항상 보호되어야 할 가치가 있다.

___ 보르네오섬 다눔 밸리에 있는 저지대 우림의 일출. 다눔 밸리 보존구역은 면적이 171제곱마일이며 1헥타르당 200종이 넘는 식물, 270종의 조류, 보르네오코뿔소, 난쟁이코끼리를 포함한 124종의 포유류가 살고 있는 세계에서 생물다양성이 가장 높은 숲 중 하나다. 이곳의 우림은 1300만 년 된 것으로 알려져 있다. 2019년에는 세계에서 가장 큰 열대나무인 높이 331피트의 황라왕Yellow Meranti Tree이 이곳에서 발견되었다.

우리가 기후위기를 끝내기 위해 할 수 있는 가장 중요한 행동 중 하나는 열대림을 보호하는 것이다. 그리고 서둘러야 한다. 세계의 숲들은 대기 중 이산화탄소의 주요 흡수원이다. 2001년에서 2019년 사이에 숲들이 격리한 이산화탄소의 양은 황폐화와 산림 파괴로 숲들이 배출한 이산화탄소의 2배이며 매년 거의 80억 톤씩 차이가 났다. 열대림들이 열쇠다. 최근까지 열대림들은 다른 어떤 유형의 숲보다 더 많은 탄소를 격리했다. 하지만 오늘날 열대림들은 탄소 흡수원으로서의 역할이 곧 뒤집혀 수십 년 동안 나

무들의 가지, 몸통, 뿌리에 저장되어 있던 많은 양의 탄소를 배출할 수 있는 속도로 파괴되고 있다. 이러한 손실의 원인은 벌목, 채굴, 도시화, 농업용도로의 전환으로 인한 토지 황폐화다. 이런 원인들이 결합되면 4.5초마다 축구장만 한 면적이 열대림에서 사라진다. 게다가 이 속도는 더 빨라지고 있다. 2020년에는 세계적 유행병과 경기 침체에도 불구하고 전년도보다 12퍼센트 더 많은 열대림이 파괴되어 2.6기가톤의 이산화탄소가 새로 배출되었다.

지구에서 가장 큰 세 곳의 우림 가운데 아프리카 콩고 분지의 우림만 산소 흡수원으로 남아 있고 축적된 탄소의 대부분을 유지하고 있다. 인도네시아에 있는 우림은 황폐화와 산림 파괴로 탄소의 순 배출원이 되었고, 아마존 분지의 우림은 불안정한 상태다. 문제는 탄소뿐만이 아니다. 최근의 한 연구는 메탄, 아산화질소 등 아마존에서 배출되는 다른 온실가스의 양이 숲이 이산화탄소를 흡수함으로써 기후에 미치는 이점을 넘어설 것으로 보인다는 결론을 내렸다. 계속되는 벌목과 삼림 파괴는 이런 상황을 증폭시킬 것이다. 벌목이 시발점이다. 원시 상태의 성숙한 열대림들은 보통 불에 잘 타지 않지만, 도로 건설과 수목 제거로 숲이 건조해져 화재가 날 조건들이 형성된다. 나무가 타면서 저장되어 있던 탄소가 배출되고, 그 뒤에 땅을 개간하면 토양의 탄소는 분해되어 대기로 돌아간다.

가장 간단한 해결책 중 하나는 열대림들이 성장하게 놔두는 것이다. 열대림들의 황폐화를 막고 가만히 놔두자. 나이가 더 많고 키가 큰 열대의 나무들은 비슷한 환경의 더 어리고 빨리 자라는 나무들보다 3배나 많은 탄소를 흡수할 수 있다. 특정 종류의 나무들이 중요하다. 큰 활엽수—상업적으로 가장 매력적인—는 1년에 지름이 몇 밀리미터밖에 자라지 않기 때문에 성숙하려면 수백 년이 걸릴 수 있다. 그 결과 이 나무들은 다량의 탄소를 흡수하며, 특히 일생의 마지막 3분의 1 기간에 많은 탄소를 흡수한다. 큰 나무들은 지상의 탄소 중 거의 절반을 보유하고 있다. 노숙림이 팜유 농장 등으로 바뀌면 탄소 손실은 상당할 수 있다. 열대림들이 벌목되고 불에 타면 그들이 축적한 탄소의 35~90퍼센트를 잃을 수 있다. 자연적 재성장으로 복구되려면 40년이 걸릴 수 있지만 탄소 축적량을 보충하려면 100년 이상이 걸릴 수 있다. 기후와 관련된 목적으로 보면 너무 오래 걸리고 너무 늦다.

원시 상태의 열대림들은 회복력이 강하다. 단편화되거나 황폐화되지 않는 한 화재에 강하고 가뭄이 잘 들지 않으며 침입종의 영향을 덜 받는다. 더 시원하고 습하며, 자연적 교란에서 더 빨리 복구된다. 엄청나게 다양한 동물, 식물, 새, 곤충, 균류, 무수한 토양 미생물을 포함해 지구의 모든 종의 적어도 3분의 2가 열대림을 보금자리로 삼고 있다. 열대림은 생물학적 보물 상자다. 많은 종이 열대림에만 살고 우림의 미기후(소기후보다 더 작은 범위의 대기가 갖는 물리적 상태—옮긴이)에 적응된 특징들을 가지고 있다. 열대림의 건강과 생산성은 임관층 아래의 생물망과 불가분의 관계에 있다. 야생 개체군들이 손상되면 생태계 전체의 생태적 온전성은 저하되기 시작한다. 나무들은 수십 년 만에 되살아날 수 있지만 생태계의 복구는 훨씬 더 오랜 시간이 걸리고 특정 종들은 수백 년 동안 나타나지 않을 수 있다. 탄소와 기후 측면에서 보면 단순히 나무가 아니라 열대림의 생태계에 노력의 초점을 맞추어야 한다.

시간이 별로 없다. 세계의 열대림이 탄소를 격리하는 속도는 전 세계 이산화탄소 배출량의 17퍼센트를 격리하던 1990년대 이후 약 3분의 1이나 낮아졌고 2010년대에는 6퍼센트로 떨어졌다. 인간의 산림 파괴 행위가 이러한 하락의 주된 원인이지만 온도 상승, 길어진 가뭄, 기후변화가 미치는 그 외의 영향들로 인한 숲의 물리적 변화 역시 한 가지 원인이다. 수목의 고사율이 높아졌는데, 이는 평년보다 높은 기온과 변화하는 강수 패턴이 주요인이다. 과학자들은 열대림이 특정 온도를 넘어서면 제대로 기능하지 않게 되는 임계온도가 있다고 추정한다. 예측 모델에 따르면, 아마존의 숲은 2040년에 이 임계온도에 도달할 것이다. 지구의 온실가스 배출량을 줄이는 것이 열대림의 미래에 필수적이다.

열대림의 온전성은 그 경계 안에서 사는 선주민들과 불가분의 관계에 있으며 이 중요한 자연자원들을 보호하는 전략은 선주민들의 권리를 존중하고 지원해야 한다. 연구들은 선주민 보호구역들이 산림 파괴 비율은 낮고 생물 다양성 수준은 가장 높음을 보여준다. 전 세계의 열대림에 저장된 모든 탄소의 거의 4분의 1을 저장한 땅들을 선주민들이 관리하고 있으며 그 중 3분의 1은 공식적인 보호를 받지 못하거나 선주민들의 권리를 인정받지 못하고 있다. 그 탄소도 그 땅에 사는 사람들처럼 위험에 처해 있다. 예를 들어 브라질의 멩크라그노티 선주민 보호구역 내의 숲들은 생성하는 이산화탄소보다 1100만 톤의 이산화탄소를 더 흡수하는 탄소 흡수원인 반면, 보호구역 밖의 땅은 채굴, 방목, 농업이 일으킨 황폐화로 이산화탄소의 순 배출원이 되었다. 2019년 아마존 분지에서 발생한 파괴적인 화재로부터 단편화되고 황폐해진 숲들 때문에 들불이 더 쉽게 번진 반면 카야포 같은 선주민 보호구역에 있는 원시 상태의 보호된 숲들은 대체로 피해를 면했다. 땅에 대한 선주민들의 권리를 보장하는 것은 기후위기의 중요한 해결책이다.

산림 파괴는 소, 콩, 팜유, 목재 네 개 상품의 생산에 의해 주도되며 이들 대부분은 수출된다. 이 상품들에 대한 산업적 수요를 줄이면 열대림이 받는 압박이 줄어들고 보호받을 수 있을 것이다. 선주민들과 협력하고 그들을 경제적으로 지원하는 한편 황폐화와 산림 파괴를 중단시키는 국가적인 경제 정책을 시행하면 열대림들과 열대림에 저장된 상당한 양의 유기탄소가 지구에서 가장 특별하고 대체 불가능한 생물망들 중 하나를 계속 지원하는 데 도움이 될 것이다.

캐나다 브리티시컬럼비아주 윌리엄스 호수 근처의 '조니 파인시드Johnny Pineseed'

신규 조림은 이전에 숲이 아니던 곳에 의도적으로 나무를 심는 것이며, 작은 규모부터 큰 규모까지 이루어질 수 있다. 또한 몹시 황폐해진 땅처럼 예전에는 숲이었지만 지금은 아닌 지역에서도 가능하다. 신규 조림은 훼손되거나 벌채된 숲을 되살리는 재조림과는 다르다. 나무를 심는 것은 기후 변화에 대한 중요한 자연적 해결 방법이다. 나무들은 살아 있는 동안 잎, 가지, 몸통, 나무껍질, 뿌리에 대기 중 탄소를 격리하기 때문이다. 나무가 자라고 성숙하면서 저장되는 탄소의 양은 상당히 클 수 있다. 나무를 심어야 하는 또 다른 이유로는 수로와 산림사면을 안정화시켜 황폐한 생태계 개선,

토양의 건강 개선, 혼농임업으로의 통합, 사막의 확산 속도를 늦출 수 있는 생물 장벽 설치, 야생생물의 서식지 조성, 홍수 피해 감소 등이 있다.

2015년에 과학자들은 지구에 약 3조 그루의 나무가 있다고 밝혔다. 이 수치를 들으면 나무가 많다고 느껴진다. 인류 문명이 발생한 초기 이후 거의 50퍼센트가 감소했다는 점만 제외하면 말이다. 더 놀랍게도 연구자들은 산림 파괴, 해충, 들불로 매년 100억 그루의 나무가 사라지고 있다고 계산했다. 지구의 지표면은 지난 30년 동안 화석연료 연소로 배출된 이산화탄소의 약 30퍼센트를 흡수했으며 대부분의 격리는 숲에서 이루어졌다. 우리가 더 많은 땅에 숲을 조성하면 어떻게 될까? 또 다른 연구는 전 세계에 1조 그루의 나무를 추가로 키울 수 있는 20억 에이커 이상의 땅이 있다고 추정했다. 연구자들은 이 분석에서 농지를 제외시켰지만 몇 그루의 나무조차 가축에 도움이 될 수 있다고 설명하며 목초지는 포함시켰다. 이 연구의 저자인 토머스 크라우서는 "말 그대로 모든 곳, 지구 전체가 가능성 있다"고 말한다. "탄소 포집 면에서는 열대 지방이 단연코 노력 대비 가장 큰 효과를 얻을 수 있는 곳이다. 하지만 이것은 우리 모두가 참여할 수 있는 일이다."

그리고 우리는 참여하고 있다. 2030년까지 1조 그루의 나무를 새로 심겠다는 세계경제포럼의 계획을 포함해 최근 대규모 나무 심기 캠페인들이 발표되었다. 나무 심기 프로젝트는 국가의 정부들, 부유한 개인, 대기업들에게 인기를 얻었다.

이러한 노력들은 중요한 질문을 하게 된다. 어떤 종류의 나무를 심어야 하는가? 어디에 혹은 누구의 땅에 심어야 하는가? 무슨 목적으로 심어야 하는가? 예전부터 그 땅을 돌보고 관리해온 선주민들과 상의했는가? 숲을 조성했을 때 어떤 의도치 못한 결과를 불러올 수 있는가? 새로운 숲의 조성이 기후위기에 큰 역할을 할 수 있는 건 분명하지만 부지와 종을 주의 깊게 선택해야 한다. 예를 들어 어떤 과학자들은 아프리카의 광대한 초원과 사바나처럼 산림이 파괴되지도, 황폐화되지도 않았고 나무를 심으면 생태학적으로 피해를 볼 땅들을 포함시키는 것에 반대한다. 많은 야생종이 이 경관들에 진화적으로 적응해 있고 서식지에 변화가 생기면 고통을 겪을 우려가 있다. 새로 심은 나무들이 지하수 공급에 악영향을 미칠 수 있고, 외래종 나무들이 퍼져 토착종들을 쫓아낼 수도 있다. 탄소 배출량이 적은 개발도상국들이 탄소를 많이 배출하는 산업경제국들 대신 나무 심기 프로젝트로 인한 생태학적 직격탄을 맞아야 하는가와 같은 윤리적 문제들도 있다. 사회적 고려 역시 중요하다. 삼림 조성으로 전통적인 생활에 혼란이 올 수도 있다. 혹은 잘못된 종류의 나무가 선택될 수도 있다. 외래종인 가문비나무를 도입한 아일랜드의 신규 조림 프로젝트는 인근 주민들의 분노를 샀다. 기후상의 목적에서 보면 나무의 탄소 축적량을 유지하기 위해 나무 심기 프로젝트는 다년간 지속되어야 한다. 이는 가장 인기 있는 신규 조림 기법들 중 하나인 식재림이 안고 있는 과제다. 대개 상업적 가치가 높고 빨리 자라는 외래종으로 구성된 이런 숲들은 나무들이 수확되면 탄소를 격리하는 이점을 잃는다.

우리가 따를 수 있는 좋은 사례들이 있다. 식물학자 미야와키 아키라는 황폐해진 땅에 지역 환경에 적응한 다양한 토착종을 섞어 심어 빽빽한 작은 숲을 키우는, 자연 기반의 과정을 개발했다. 성공적으로 식재된 수종에는 소나무, 참나무, 밤나무, 멀구슬나무, 망고나무, 티크, 구아바, 뽕나무가 포함된다. 이런 작은 숲들은 도시 환경에서 인기를 얻었다. 케냐에서는 1977년 왕가리 마타이가 시냇물이 말라가고 장작을 구하기 힘들어진다는 여성들의 말을 듣고 그린벨트 운동을 창설했다. 마타이의 조직은 여성들과

___ 그린플리트 오스트레일리아Greenfleet Australia가 오스트레일리아 빅토리아주 깁슬랜드의 미첼강 국립공원에 심은 5만7000그루의 토종 묘목들 중 하나인 프리클리 티트리

힘을 합쳐 지역의 강 유역에 나무를 심어 토양에 빗물을 저장하고 작물 생산을 늘릴 뿐 아니라 연료를 공급했고 이런 노력에 대해 약간의 급료를 받았다. 5000만 그루의 나무가 식재되었고 수만 명의 여성이 삼림 관리와 식품 가공 교육을 받았다. "인도 숲의 수호자Forest Man of India"로 불리는 자다브 파양은 브라마푸트라강에 있는 마줄리섬의 침식을 막기 위해 혼자서 550헥타르에 이르는 울창한 숲을 조성했다.

중국에서는 세계의 나머지 지역을 전부 합친 것보다 더 많은 신규 조림이 이루어진다. 1998년 양쯔강에 재앙에 가까운 홍수가 일어나 지역의 산림은 걷잡을 수 없이 파괴되고 토지가 황폐해지자 중국 정부는 전국적인 대규모 식목 및 삼림 보존 프로그램에 매진했다. 삼북방호림三北防護林 사업으로 약 500억 그루의 나무를 심었으며, 침식을 중단시키고 모래폭풍의 발생을 줄이기 위해 고비사막을 따라 3000마일에 이르는 방풍림 조성을 목표로 한다. 이 방풍림에는 중국의 녹색장성綠色長城이라는 이름이 붙여졌다. 하지만 차질이 생겼다. 포플러, 버드나무 등 지역 환경에 적응하지 못하고 광대한 단일 재배지에서 자란 수종을 이용한 것이 성공을 제한시켰다. 중국은 새로운 접근 방식들을 연구하고 있다. 베이징 남쪽에서 16만 에이커에 걸쳐 추진한 산둥성 생태적 조림 사업은 지역 주민들을 참여시켜 토착종과 상업용 종들이 섞인 다층림을 조성했다. 5년 동안 산비탈의 초목이 16퍼센트에서 거의 90퍼센트로 늘어났고 토양 침식이 3분의 2 줄었으며 토양의 수분 침투율은 약 3분의 1 증가했다.

캘리포니아에서는 수목 재배가인 데이비드 머플리가 한 가지 어려운 문제와 씨름해왔다. 기후변화로 인해 예측 불가로 바뀌고 있는 환경에서 우리가 어떤 나무를 심어야 하는가라는 문제다. 블루오크를 포함한 베이 지역의 토종 참나무들이 살아남으려 고투하고 있다. 참나무 묘목들 중 성목으로 성장하는 비율은 얼마 되지 않는다. 머플리가 도출한 답은 로스앤젤레스 연안의 채널 제도에서 발견되는 아일랜드 참나무처럼 회복력이 강하며 덥고 건조한 환경에 적응할 수 있다고 증명된 비슷한 수종들을 찾는 것이다. 이 토종 참나무들은 수천 년 전 캘리포니아가 더 건조했을 때 훨씬 더 널리 퍼져 있었다. 또 다른 후보는 바하 캘리포니아 북부와 샌디에이고 근방의 산들이 원산지인 앵겔만 참나무다.

나무를 심는 일은 인간의 마음속 깊은 곳을 건드린다. 미국을 포함해 30개국이 공식적으로 식목일을 인정하는 이유다. 올바로 시행된다면 신규 조림은 탄소 격리를 최대화하기 위한 만족스럽고 비용 대비 효과가 큰 전략이 될 것이다.

이탄지 Peatlands

다눔 밸리의 저지대 삼림 위로 피어오르는 이른 아침 안개, 보르네오섬 사바주

이탄지는 유기물이 천천히 분해되어 산성 이탄 형태로 두꺼운 블랙카본이 대량 퇴적된 습지 생태계다. 이탄지는 지구 육지 표면의 3퍼센트에서만 발견되나 지구 탄소 저장량의 10분의 1을 차지한다. 이탄지는 지구의 담수 습지의 50~70퍼센트를 차지하며 습지림, 소택지, 황야, 늪지, 수렁 등의 많은 이름으로 불린다. 이탄지는 영구 동토층부터 열대 습윤 지역, 해안 지역, 북방림에 이르기까지 남극 대륙을 제외한 세계 모든 곳에서 발견된다. 물에 잠긴 이탄지는 질척함이 결정적 특징이다. 산소가 부족해 양분이 적은

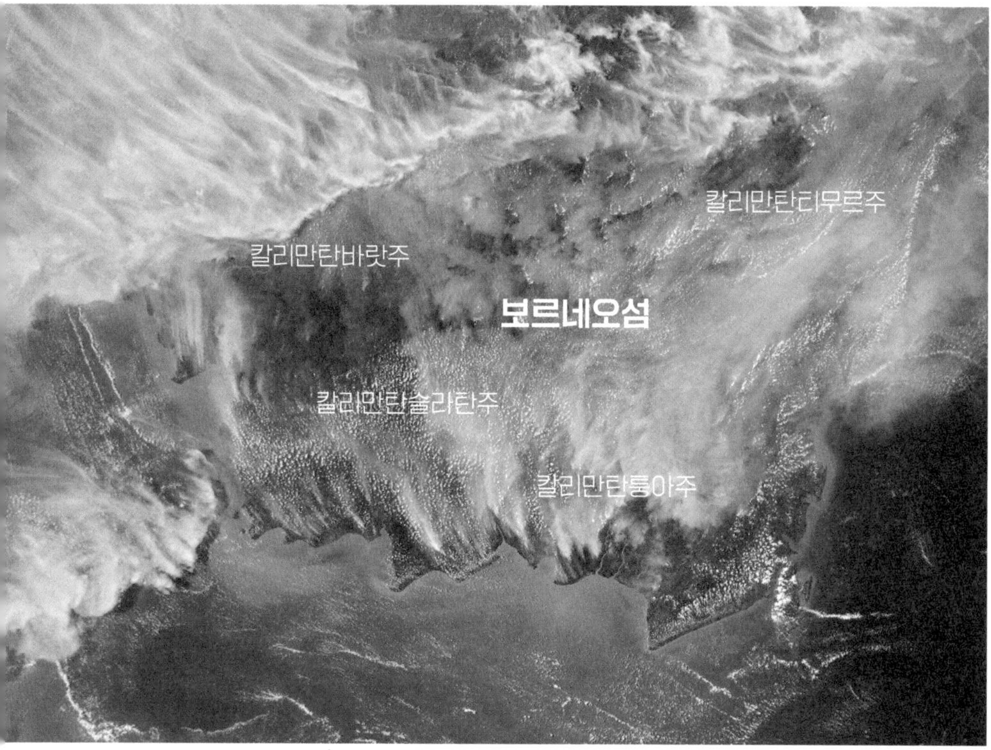

___ 2019년 9월 24일에 촬영된 나사의 위성사진. 칼라만탄섬에서는 2019년 말까지 223만 에이커가 불탔다. 오늘날 소비자가 슈퍼마켓에서 구입하는 모든 물건의 절반에 팜유가 들어 있다.

산성 환경이 만들어지고, 이런 환경에서 식물들과 나무가 분해되어 산성 이탄층이 쌓인다. 균류, 물이끼, 갈대, 히스는 모두 늪지에서 무성하게 자랄 수 있고 결국 진 지역에 두껍게 깔린다.

전 세계 이탄지의 50퍼센트 이상은 수마트라섬, 칼리만탄섬(보르네오섬에 있는)을 포함한 인도네시아와 말레이시아의 사라와크주에 있다. 이 이탄지들은 모든 면에서 특이한 숲이며 주로 물이끼, 사초, 히스, 작은 관목으로 이루어진 스코틀랜드 북방림에 있는 이탄지들과는 판이하다. 열대 지방에서는 저지대의 습지림들이 20층짜리 건물 높이까지 자랄 수 있다. 우기에는 숲이 물에 잠기고 그 뒤의 건조기에는 타닌 색의 어두운 웅덩이들이 주를 이룬다.

인도네시아 보르네오섬의 습지와 근방의 저지대 삼림들에는 생계 수단과 식량원을 잃은 많은 문화 공동체가 존재한다. 다약족은 1000년 동안 이동경작 방식을 이용해왔다. 인도네시아에서는 1000개의 민족 공동체에 7000만 명이 넘는 선주민이 속해 있다. 삼림 파괴는 빈곤과 인권 유린, 대대로 내려온 토지의 갑작스럽고 지속적인 손실을 불러왔다. 마찬가지로 식물과 동물 종들에게도 영향을 미쳤다. 저지대 삼림들에는 1만5000종 이상의 식물 종이 산다. 조류 종으로는 코뿔새와 세계에서 가장 울음소리가 아름다운 흰허리샤마까치울새 등이 있다. 포유류로는 구름무늬표범, 수마트라코뿔소, 이곳의 상징이 된 오랑우탄, 비어드 피그, 보르네오 문자크, 긴팔원숭이, 수달, 마카크, 랑구르, 코주부원숭이 등이 산다. 섬의 거의 모든 포유류, 파충류, 조류들이 줄어들고 있고 일부는 멸종 직전에 처해 있다.

인도네시아는 1996년부터 적극적으로 우림을 개방했다. 정부는 쌀을 재배할 대규모 농지를 조성하기 위해 2500마일에 걸쳐 관개수로와 수로를 건설했다. 그 결과 의도한 것과 반대의 상황이 나타났다. 수로들 때문에 이탄 삼림의 물이 빠져나가 건조해진 것이다. 또 벌목이 이루어지고 화재가 뒤따랐다. 제지와 팜유를 생산하는 대기업들은 불법적인 대규모 화전 방식을 이용해 땅을 개간했다. 이탄 삼림들은 종래의 숲들과는 다른 방식으로 불에 탔으며, 불씨가 땅속 깊이 들어가고 옆으로 뚫고 나가 예상치 못한 뜻밖의 곳에서 분출함에 따라 진압이 거의 불가능한 소위 좀비 화재zombie fires가 발생한다. 깊은 이탄층들에 불이 붙으면 5000년에서 1만 년 동안 축적된 지하의 연료를 태워버린다. 1997년과 2002년 가뭄이 일어났을 때 산불이 이탄지로 번져 30억~40억 톤으로 추정되는 탄소가 배출되었다. 1997년의 화재로 대기 중 이산화탄소의 단일 연도 증가량은 1957년 직접 측정이 시작된 이래 최고치를 기록했다. 2015년 인도네시아에서 발생한 화재는 640만 에이커를 태웠고 동남아시아의 대부분 지역을 누런 먼지로 뒤덮었다. 환경 손실에 더해 매연이 건강과 경제에 악몽을 일으켰다. 100만 명으로 추정되는 사람이 호흡기 질환에 시달렸다. 화재를 진압하고 공기 오염의 영향을 줄이는 데 든 비용은 총 350억 달러가 넘었다. 불과 4년 뒤인 2019년 인도네시아에는 또다시 화재가 발생했고, 2015년과 거의 동일한 양의 탄소가 배출되었다. 총 탄소 배출량은 그 전해에 널리 보고된 아마존 화재 배출량의 2배였다.

이탄지 1에이커를 전용하면 말라가는 이탄에서 연간 28~40톤의 탄소가 배출된다. 예전에 습지림이던 곳이 지금은 팜유 농장이 되고 지반이 침하됨에 따라 물을 더 많이 빼내야 한다. 이탄층의 깊이가 50피트를 넘을 수 있기 때문에 수십 년 동안 배출이 계속될 수 있다. 계산해보면, 이전의 이탄지에서 생산되는 팜유 1톤은 가솔린 1톤보다 20배 많은 이산화탄소를 배출한다. 인도네시아가 지구에서 네 번째로 큰 이산화탄소 배출 국가라는 점은 놀랍지 않다. 아이러니하게도, 팜유는 석유수송선에 실려 유럽으로 운반되고, 그곳에서 유럽연합의 기준 아래 재생 가능하며 지속 가능한 바이오 연료로 분류된다. 팜유는 또한 식품업계에서 쿠키, 크래커, 칩, 캔디, 시리얼, 초콜릿에 사용되며 화장품 산업에서는 샴푸, 컨디셔너, 바디오일, 로션, 립스틱, 면도 크림, 피부 관리 제품들에 두루 사용된다. 이전의 이탄지에 조성된 단일 종의 식재림에서 나온 펄프와 종이로는 신문지, 포장지, 배송 상자, 광택지로 된 카탈로그를 만드는데, 탄소 배출에 비슷한 영향을 미친다.

2015년의 대화재는 국제적인 비난을 불러일으켜 조코 위도도 대통령을 당황하게 만들었다. 위도도 대통령은 이에 대응하여 2020년까지 640만 에이커 이상의 숲으로 우거진 이탄지를 복원하는 데 매진하는 이탄지 및 맹그로브 복원청Peatland and Mangrove Restoration Agency을 설립했다. 뿐만 아니라 농장과 임업회사들에게 추가로 400만 에이커의 이탄지를 복구하라고 명했고, 복원청이 이 프로젝트의 관리 책임을 맡았다. 이 프로젝트에는 10만 마일의 수로에 댐을 세우고 차단하여 토지를 재습지화하는 임무가 주어졌다. 지금까지 예전의 이탄지 50만 에이커가 복구되어 목표인 640만 에이커의 8퍼센트를 달성했다. 복원청이 직면한 주된 장애물은 복원된 땅으로 무엇을 할 것인가라는 문제다. 늪지나 물에 잠긴 땅에서 자라는 작물은 극소수다. 이는 농업대학을 포함한 대부분의 기관에 알려지지 않은 습지양식paludiculture이라는 농업의 한 분야다. 복원된 땅의 소규모 자작농들을 위한 환금작물이 도입되지 않으면 소비 증가로 인해 이런 노력이 휘청거릴 수 있다.

인도네시아에서는 방향을 바꿀 필요성에 따라 원래 이탄지 삼림이던 곳 37만 에이커를 보존하고 복원하여 귀중한 이탄지들이 식재림으로 전용되지 않도록 막는 카팅간 멘타야Katingan Mentaya 프로젝트가 시작되었다. 이 프로젝트에서는 탄소배출권을 판매하며, 여기서 얻은 자금으로 자동 화재 감시탑을 설치하고 낡은 배수로에 댐을 설치할 수 있었다. 또 탄소 배출 연구를 수행하고 계절화재 방지를 돕기 위해 1500명이 넘는 인도네시아 주민도 채용할 수 있었다. 이 프로젝트에 대한 지역의 지원과 참여를 높이기 위해 숲 근처에 사는 가족들에게 숲의 좀더 황폐화된 지역에 심을 묘목을 지급하며 참여에 대해 매년 보상을 한다. 덴마크에서는 지구온난화를 되돌릴 하나의 방법으로 이탄지 복원을 지원한다. 얼마 전까지만 해도 덴마크인들은 인도네시아인들과 같은 일을 하고 있었다. 배수로를 파고, 배관을 묻고,

___ 불순물을 제거하기 위해 고압 증기실로 옮겨지는 야자 열매. 사피 팜유 농장은 세계 최대 팜유 거래상으로 알려져 있다. 1헥타르에서 6톤의 팜유가 생산된다.(대두유는 헥타르당 1톤이 생산된다.)

늪지에서 물을 빼 새 농지를 만들었다. 덴마크 정부는 2030년까지 온실가스 배출량을 70퍼센트 줄이겠다는 약속의 일부로 농민들에게 그들의 땅을 침수시켜 이탄 생산을 되살리도록 독려하고 있는데, 이 방식은 '늪지 재습지화rewetting the swamp'라고도 불린다. 농민 헨리크 베르텔레센은 2050년까지 탄소중립국이 되겠다는 덴마크의 목표에 없어서는 안 될 인물이다. 그는 이 목표를 위해 자신의 땅 거의 4분의 3에 해당되는 220에이커의 땅을 침수시켰다. 베르텔레센의 땅은 매년 2700톤에 상당하는 이산화탄소 배출을 방지할 것으로 추정된다. 자신의 농지를 침수시키겠다는 그의 계획은 한

___ 보르네오섬 사바주의 키나바탕안 야생생물 보호구역에 사는 코주부원숭이. 팜유 업체들의 삼림 파괴로 멸종 위기에 처한 많은 종 가운데 하나다. 코주부원숭이들은 좀처럼 땅으로 내려가지 않고 나무 위에서 살지만 생태계 단편화 때문에 먹이를 찾아 땅을 돌아다녀야 하고 그리하여 재규어와 선주민들에게 잡아먹힌다.

때 국토의 25퍼센트를 구성했던 소택지를 복원하려는 덴마크의 더 광범위한 운동의 일부다. 2000년대 말 이 수치는 4.7퍼센트로 감소했다. 습지대는 젖어 있어야 하지만, 이탄지 복원 프로젝트에서 습윤화를 이루기 어려울 수 있다. 이전의 소택지들은 대개 물을 빼낸 부지에 있고 경제작물들을 재배할 수 있도록 지하수면을 낮추기 위해 설치된 관개수로와 도랑들이 남아 있다.

최근 과학자들은 '세계에서 가장 큰 열대 이탄지대'로 보이는 곳을 발견했다. 그레타 다기와 그녀의 팀은 아프리카에서 가장 큰 우림의 중심에 위치한 넓고 평평한 지역인 콩고 중앙분지Cuvette Centrale라는 오지로 들어가 몇 년 동안 고생스럽고 힘든 현장조사를 했다. 다기는 2017년 영국 리즈대학에서 발표한 박사 논문에서 그녀가 어떻게 선배 동료들, 대학원 지도교수 사이먼 루이스와 함께 영국의 면적보다 크고 지금까지 알려지지 않았던 이탄지를 발견했는지 개략적으로 서술했다. 논문은, 콩고 중앙분지(cuvette는 프랑스어로 '분지'를 뜻한다)의 침수 상태는 알고 있었지만 그곳의 토양이 이탄이고 따라서 330억 톤의 탄소를 함유하고 있을 수 있다는 것은 몰랐던 많은 과학자의 가정을 '흔들리게' 했다.

스펀지 같은 탄소 흡수원으로서 이탄지의 미래는 다음 요인들의 결합에 달려 있다. 이탄지를 찾고 모니터링하는 기술, 세계가 팜유를 끊게 하는 노력, 남아 있는 원시 상태의 이탄지들을 보존하고 보호하려는 의지다. 지구 땅의 3퍼센트에 세계적인 노력을 집중하면 6500억 톤의 탄소를 대기에서 격리시킬 수 있다. 예를 들어 콩고 중앙분지의 이탄지에 불이 나면 전 세계 연간 온실가스 배출량이 3배로 늘어날 수 있다. 인도네시아는 팜유를 얻기 위해 프랑스 면적만 한 25만 제곱마일의 이탄지를 식재림으로 전용하도록 허용했다. 유감스럽게도 콩고 중앙분지는 오늘날 재배되는 가장 널리 퍼진 팜유 품종의 원료인 기름야자*Elaeis guineensis*의 완벽한 서식지다. 기름야자의 원산지가 콩고이기 때문이다. 투자자들은 이미 그곳에 나무를 심고 있다.

___ 공중에서 내려다본 세렌디팜의 유기농 혼농임업. 세렌디팜은 닥터 브로너스Dr. Bronner's가 가나의 아섬에 설립하고 자금을 지원한 공정거래 방식의 유기농 팜유 프로젝트다. 야자나무, 코코아나무, 바나나나무, 카사바, 감귤류 나무, 다양한 목재용 나무를 간작한 모습이 보인다. 농민들에게는 공정무역 프리미엄이 지급되며 이 프리미엄은 농민과 고용인들, 세렌디팜의 경영진이 관리하는 기금으로 조성된다. 공정무역 소득은 특히 식수용 우물, 아섬의 학교들에 필요한 학용품과 교복, 인근 병원을 위한 요양시설, 공중화장실, 5000개의 모기장, 컴퓨터실, 장학금을 마련하는 데 자금을 지원했다.

가축으로 키우는 닭은 동남아시아의 숲에서 유래했고 멧닭이라 불리는 조상들로부터 진화했다. 이 단편적 지식은 나무를 농사에 포함시킨 혁신적인 양계 중심 농업의 비전에 있어 중요하다. 닭들은 개암나무 그늘에서 마음껏 풀을 뜯어 먹고 줄지어 선 나무들 사이에 심은 지피식물들에게서 벌레를 포식한다. 닭들은 토양을 비옥하게 하고 나무의 무성한 잎들은 하늘을 날아다니는 포식자들로부터 닭들을 보호한다. 나무들은 상업적으로 유용한 상품을 만들어낸다. 이것이 수목, 다년생 목본식물, 한해살이 식물, 가축들을 다양하고 동적으로 결합한 농업 기법인 혼농임업의 기본 방식이다.

혼농임업의 규모는 1에이커 미만부터 수천 에이커에 이를 수 있고 전체 식물 군락과 인간 공동체를 지원한다. 다양하게 혼합된 식재는 땅의 생태학적 요구뿐 아니라 농민의 경제적 요구까지 존중하여 과학자와 농민들에게 특히 기후변동과 토양 침식에 취약한 세계의 지역들에서 거의 이상적인 방식이라고 널리 극찬받는 자원 관리 체계를 형성한다. 나무들은 바람을 막아주고 물의 침식 속도를 늦추며 토양과 작물에서 수분 증발을 줄인다. 나무 그늘은 토양의 온도를 낮추고 내리쬐는 햇빛 아래에서는 자라지 못할 수 있는 작물들에게 좋은 미기후를 생성한다. 나무뿌리들은 땅을 보강하고 떨어진 잎과 잘라낸 나뭇가지, 분해되고 있는 나무껍질들이 지면을 덮어 피복 효과를 낸다. 물 침투력이 향상되고 토양에는 유기물이 지속적으로 풍부하다. 관목과 꽃이 피는 나무들이 꽃가루 매개자를 포함한 유익한 곤충들에게 꽃가루를 제공한다. 나무들이 제공하는 그늘, 수분, 유기물은 양분 흡수를 높이고 토양 구조를 형성하는 엄청나게 다양한 토양 미생물을 지원한다.

혼농임업에 이용하는 많은 나무는 식물의 건강과 성장에 필수적 양분인 질소를 고정시킨다. 일반적으로 상업용 작물들은 대기의 질소를 직접 이용할 수 없다. 대신 이 작물들은 토양 내 균류의 일종과 공생관계를 맺는데, 균류는 식물 뿌리가 이용할 수 있는 형태의 질소와 인을 제공하고 그 대가로 탄소를 얻는다. 이 균류들은 잎을 통해 기체를 흡수할 수 있는 특정한 식물, 관목, 나무의 뿌리에서 질소를 흡수하는 박테리아로부터 질소를 얻는다. 전통적인 단일경작 농업에서 농지에 질소를 고정시키는 식물들이 없다는 것은 인공 비료 형태로 양분을 공급해야 한다는 뜻이고, 이는 충분히 입증된 부정적인 결과들을 낳았다. 혼농임업 시스템에서는 땅을 기름지게 하는 질소를 식물과 나무들이 자연적으로 공급한다. 뿐만 아니라 원래 공기 중의 이산화탄소였다가 균류와 뿌리 사이에 교환되는 탄소의 대부분이 토양에 계속 격리될 것이다.

미국, 특히 서부에서는 역사적으로 작물 농업과 임업을 별개로 보았다. 숲이 제재 용재를 얻기 위한 곳이던 서부와 대평원이 일년생 식물들—돼지, 소, 사람을 위해 순서대로 대두, 옥수수, 밀이 중요했다—을 재배하는 곳이던 중서부에서 특히 그러했다. 하지만 드론에서 보면 전국의 강 유역 대부분은 작물, 나무, 가축, 자연 지역들로 모자이크를 이루고 있고 각각이 지역사회의 문화와 경제에 지극히 중요하다. 1990년대 중반에 미 농무부는 토지 소유자들에게 나무를 작물 재배해 축산과 결합시키도록 장려하는 기준을 세우기 시작했고 혼농임업을 세 가지 농업 시스템으로 나누었다.

임간재배Alley cropping: 줄줄이 늘어선 나무나 관목들이 이룬 통로에 식용 작물을 재배하는 방식이다. 통로는 좁아도 되고 넓어도 되며, 나무들은 직선으로 늘어서도 되고 땅의 윤곽을 따라 곡선을 이루어도 된다. 나무는 과일나무, 견과가 열리는 나무, 목재를 얻기 위한 침엽수, 특수 용도를 갖는 활엽수를 쓸 수 있다. 통로에서 자라는 일년생 혹은 다년생 식물은 가축이 뜯어 먹을 수 있는 지피 작물을 포함해 어떤 종류여도 상관없다. 서로 다른 유형의 나무와 작물들이 함께 자라 농가의 수익원을 다각화시키는 한편 상태학적 이점들도 불러온다. 그늘이 가축들을 보호하고, 가축들은 토양을 비옥하게 한다. 관목들은 꽃가루 매개자들을 보호하고 땅을 덮은 나뭇잎들이 지렁이와 미생물들의 먹이가 된다. 임간재배 시스템은 동적이다. 나무와 관목들이 성장하면서 지붕처럼 우거진 나뭇가지들과 뿌리가 퍼져나가고, 필요한 영양소와 물의 양이 바뀌어 작물 생산에 영향을 미친다. 농민들은 이런 역학을 자기네한테 유리하게 이용하는데, 이를테면 토양 비옥도가 높아짐에 따라 더 많은 작물을 재배하거나 새로운 나무들을 심는다. 이 시스템은 작물을 융통성 있게 재배하도록 해 시장과 기후변동에 대응해 농가 운영이 원활해지고 회복력은 높아진다.

임간축산silvopasture: 같은 땅에 나무와 가축을 의도적으로 함께 기르는 방식이다. 라틴어로 실바silva는 '삼림이나 숲, 정글'을 뜻한다. 이 단어와 pasture(목초지)의 결합은 나무와 동물을 위해 관리하는 혼농임업을 나타낸다. 목초지의 지속 가능성을 보장하기 위해 해마다 가축들을 주의 깊게 관리하고 종종 단기 방목 방식을 택한다. 장기적으로 재배되는 나무들이 가축이 먹을 수 있는 잎을 포함해 가치 있는 상품들을 꾸준히 공급한다. 일부 임간축산 시스템은 가축을 강조하는데, 여기에는 소, 양, 염소, 라마, 말, 돼지, 닭, 타조, 야크, 카리부, 사슴 등이 포함될 수 있다. 과일, 견과류, 목재 생산물에 초점을 맞추고 방목은 보완적인 활동으로 삼는 시스템들도 있다. 가령 포도밭에 양을 방목하면 잡초와 그 외의 식물들을 억제하는 데 도움이 될 수 있다. 돼지와 멧돼지들은 숲의 하층식물을 먹어치우는데 돼지들이 주둥이로 땅을 헤집는 행동을 주의 깊게 관리하면 풀의 성장을 촉진할 수 있다. 또한 나무들이 드리우는 그늘은 방목된 가축과 야생동물들의 더위를 덜어준다.

산림농업Forest farming: 관리되는 임관층의 보호 아래 작물을 키우는 방식이다. 산림농업은 보통 소규모로 운영되며 열대 지방에서 가장 자주 발견되는데, 이곳에서는 가정 채마밭이라고도 불린다. 일부 식량은 야생에서 수확되지만 대부분의 산림농업에서는 계획적으로 작물을 재배한다. 그리고 수직 공간과 다양한 높이의 수종의 배열에 특별히 주의를 기울인다. 작물과 나무들이 자라면서 수행하는 상호작용은 성공적인 산림농업의 열쇠다. 일부 산림농업에서는 버섯, 산딸기류, 견과류와 의료적·정신적·문화적 목적으로 사용되는 허브 등 고가의 삼림지 상품들에 초점을 맞춘다. 야생식물들의 씨를 모아서 팔면 또 다른 소득원이 되기도 한다. 가금류 외의 가축들은 대개 산림농업 시스템에서 제외된다. 농민들은 작물 생산과 자연림의 생태학을 혼합함으로써 양쪽의 장점을 다 얻을 수 있다.

연구는 농민들이 오랫동안 경험해온 것들을 확인해준다. 농사에 나무를 접목시키면 중요한 이점들이 생긴다. 토양과 식물에 산소가 격리되고 작물 수확량은 증가한다. 풍식과 물 침식 현상이 감소하고, 지역 경제를 위해 다양한 사업을 할 수 있다. 줄뿌림 작물에서 혼농임업으로 전환하면서 토양 유기산소는 평균 34퍼센트 증가했다.

인도에서는 나무와 농업의 통합이 수세기 동안 이어져온 전통이며, 현재 3300만 에이커의 땅에서 이런 농법을 써 이 나라 목재의 65퍼센트를 공급한다. 인도는 세계 최초로 국가적인 혼농임업 정책을 공식 채택했다. 아프리카에서는 그늘 경작법으로 재배하는 에티오피아의 커피 농장, 탄자니아의 다층식 가정 채마밭, 케냐의 식림지, 사하라 사막 이남에 분포한 사헬 지대의 사바나와 비슷한 농업 시스템들이 혼농임업 사례들이다. 동남아시아에서는 논 내부와 논가를 따라 과일나무와 견과류가 열리는 나무를 심어 모를 보호할 뿐 아니라 농민들에게 추가 소득원이 된다. 인도네시아에서는 수십 년 동안 우림을 완전히 베어내면서 심각하게 황폐해진 땅을 복원하기 위해 혼농임업 관행이 성공적으로 시행되고 있다.

서아프리카의 니제르에서는 농민들이 주축이 되어 그루터기, 뿌리, 씨로부터 토종 나무들과 관목을 재배하는 저가의 효과적인 삼림지 관리 기법을 활용해 엄청나게 황폐해진 땅을 복원하는 운동을 펼치고 있다. 농민이 관리하는 자연적 재생farmer-managed natural regeneration, FMNR이라 불리는 이 혼농임업 시스템은 1970년대와 1980년대에 사헬 지역을 강타한 극심한 기근에서 비롯되었다. 만성적 기근과 사막화로 인한 식물 및 그 외 천연자원들의 지속적인 손실에 직면한 농민과 농업 전문가들은 살아 있는 나무 그루터기들의 '땅속 숲'을 발견했다. 작물을 기르기 위해 땅을 개간하고자 수 년 전에 베어낸 자생 삼림지의 남은 부분이었다. 농민들은 그루터기에서 다시 싹이 올라와 재생 과정을 시작하도록 유도하며 전통적인 전정 기법을 택해 수직 성장을 촉진했다. 현재 수많은 나무와 관목이 가축 방목을 포함한 기존 농업활동에 통합되어 토양 비옥도, 토양 수분, 작물 수확량 상승을 낳는 일련의 동적인 관계를 형성했다. 나무와 관목들은 과일과 땔감도 제공한다. 최근 한 연구에 따르면, 니제르 농지의 거의 50퍼센트에 달하는 1000만 에이커가 넘는 지역이 FMNR에 의해 재녹지화되어 식량 안보를 강화하며 극단적인 기후에 대한 회복력을 증진하는 데 도움이 되고 있다고 한다. FMNR은 아프리카의 다른 지역들과 전 세계의 농민, 개발기구들, NGO의 주목을 끌었다.

가나에서는 닥터 브로너스가 자사 제품인 비누에 사용될 유기농 팜유를 공정무역 원칙을 지키며 생산하기 위해 지역 농민, 농업 노동자들과 협력한 2007년에 혁신적인 혼농임업 사업을 시작하고 있다. 팜유는 건강에 나쁜 트랜스 지방을 함유한 부분 경화유의 인기 있는 대체품이며 엄청나게 다양한 식품과 화장품, 청정제, 바이오 연료에 사용된다. 하지만 팜유 농장은 환경에 몹시 유해하고, 산업화된 오일 공장들은 지역사회에 악영향을 미칠 수 있다. 닥터 브로너스는 재생력 있는 대안을 제공하기 위해 세렌디팜 프로젝트를 시작했다. 세렌디팜은 거의 800개의 소규모 유기농 농장(면적 5~7에이커)들로부터 팜유를 구입하여 평균 생활임금을 훨씬 웃도는 임금으로 200명 이상을 고용한 아섬의 공장에서 오일을 가공한다. 남은 야자씨는 이웃한 토고의 공정무역 팜유 프로젝트로 보내고 야자의 남은 부분은 토양에 양분을 주기 위해 뿌릴 거름으로 만들어진다.

2016년에 세렌디팜은 프로젝트에 소속된 유기농 팜유 소농들을 돕기 시작했다. 이 농민들은 자신의 땅에 대개 카카오, 과일, 그 외의 나무 작물들을 기르고 자연림을 흉내내기 위해 서로 다른 유형의 나무들을 다층화된 구조로 혼식하는 등 추가적인 혼농임업 방식을 도입했다. 키, 잎의 크기, 임관 밀도가 서로 다른 나무들이 섞여 있어 햇빛을 최적으로 받고, 이런 광합성 활성화는 식물의 생장력을 향상시킨다. 또 다른 이점 가운데 하나는 건강한 나무들이 해충의 압박을 덜 받는다는 것이다. 낙엽, 잘라낸 나뭇가지, 서로 다른 유형의 식물들이 결합하여 다양한 토양 미생물 개체군을 자극한다. 그 결과 농민들의 작물 수확량이 늘고 세렌디팜의 시장에는 더 품질 좋은 상품이 공급되며 지역사회의 식량 안보가 개선된다. 또 식물과 동물에게 생태학적 이점들이 커지고 더 많은 탄소를 격리한다. 이 프로젝트에서 생산된 팜유와 유기농 코코아에 대한 수요는 계속 증가 중이며 세렌디팜은 공정무역 카사바 가루, 강황, 과실 퓌레까지 포함하도록 농민들과의 협력을 확장할 계획이다.

폴리네시아에서는 역사적으로 혼농임업이 널리 퍼져 있어 주민들이 생활하고, 물건을 만들고, 건축을 하고, 의식을 행하는 데 필요한 원재료 대부분을 제공했다. 이곳에서 이뤄진 특별한 유형의 혼농임업은 신新 산림novel forest이라 불리는 식생 유형을 낳았다. 외래종과 토착종이 섞여 있어 폴리네시아인이 아닌 사람들은 처음에 자연적 경관인 줄 알지만 실제로는 선주민들의 지식이 바탕이 된 의도적인 시스템이다. 신산림은 대개 계단식 대지나 수로, 경작 시스템 같은 영구적인 기반시설 없이도 특정 유형의 생물 경관을 구성하는 다세대적이고 노동력이 적게 드는 자원이다. 이들은 자연림의 생태학적 기능의 일부를 대체할 수 있고 특정 지역에서는 이전의 수준을 능가할 수 있다. 바나나, 타로토란, 얌 같은 하층 작물들로 이루어진 영구적인 다층 구조의 가정 정원에서 나무들이 재배된다. 신산림의 광활한 땅에는

___ 세렌디팜 혼농임업 프로젝트는 부근의 많은 소농을 지원하고 최고의 수확량과 효과를 위해 가장 효율적인 유지 보수 프로그램을 만들도록 훈련시킨다. 가지치기로 잘라낸 모든 가지는 토양 비옥도를 높인다. 사진에서는 농민들이 모여 코코아 꼬투리를 까서 코코아 콩을 꺼내고 있다. 수확 중인 농민이 꼬투리를 까기 위해 이웃 농민과 친구들을 불렀다. 식량은 공동체의 상호부조 활동으로 모두를 위해 준비된다. 그릇 안의 젖은 콩들은 발효시킨다.

폴리네시아밤나무, 산사과, 쿠쿠이나무를 포함한 19종의 나무 작물이 자라지만 주된 작물은 빵나무 열매와 코코넛이다.

유럽에는 목축과 임업을 야생동물 보호 및 로컬 푸드 생산과 결합시키는 오랜 전통이 있다. 한 예로 '데헤사dehesa'라는 곳이 있는데, 나무, 관목, 다년생 목초지, 한해살이 작물, 방목 가축을 다양하게 조합하고 모든 부분을 땅과 물의 제약에 맞춰 고도로 관리하는 임간축산 시스템이다. 사바나와 비슷한 데헤사는 주의를 기울인 경작의 결과이며, 스페인 서남부와 포르투갈 동부(이곳에서는 '몬타도스montados'라고 불린다)에 걸쳐 거의 8000만 에이커를 차지하고 있다. 이곳에서는 자생초들과 상록참나무, 코르크나무를 포함한 참나무들을 보호하기 위해 다년간 상록수, 관목, 그 외의 수종들을 제거했다. 상록참나무에는 돼지들이 좋아하는 도토리가 열린다. 이 지역의 얕은 토양과 건조한 기후는 저밀도로 방목되어 풀을 뜯어 먹는 가축들에게 땅이 주로 사용되었음을 의미한다. 시간이 지나면서 농업적 이용이 확대돼 잎을 뜯어 먹는 염소의 방목, 특정 식물들의 재배, 버섯 채취, 양봉, 자연산 코르크 생산(급성장하는 와인산업용)까지 하게 되었다. 최근에는 올리브밭과 포도밭, 스페인 투우와 이베리코 돼지처럼 전통적으로 내려오는 가축을 기르는 데 중점을 두었다. 데헤사는 또한 스페인흰죽지수리, 스페인스라소니, 검은대머리수리를 포함한 다양한 멸종 위기 종들의 서식지이기도 하다.

모든 혼농임업 시스템과 마찬가지로 데헤사는 계획적으로 형성된 지역이며 인간의 관리가 요구된다. 인간이 개입하지 않으면 덤불과 그 외의 목본식물들이 다시 자라서 사바나와 같은 효과의 이점이 줄어든다. 참나무의 재생을 위해서는 나무들이 어릴 때 가지치기와 양분 공급을 해주고 가축으로부터 보호해줘야 한다. 지역에 깊은 뿌리를 둔 전통적인 경관인 데헤사는 지역 농민들 및 공동체와 지속적인 관계를 맺어왔다. 오랜 경험을 바탕으로 세대 간에 전해지는 지식은 데헤사의 성공에 있어 대단히 중요하다. 산업적 식량 생산 방식의 도입을 포함한 현대화 노력은 대체로 거부되어왔다. 연구자들은 데헤사의 탄소 격리 효과를 밝혔다. 탄소와 영양분의 순환이 데헤사의 경계 안에서 대체로 충족된다. 데헤사의 저집약적 생산 방식과 잎, 거름을 포함한 다양한 탄소원이 결합되어 유기물을 포착하고 저장하는 데 효과적이다. 한 연구에 따르면 이러한 혼농임업 방식은 토양의 탄소 저장을 증진시키는 한편 토양에서 대기로 방출되는 이산화탄소를 감소시킨다. 또 다른 연구에서는 임관 아래에서 목초지보다 더 많은 양의 토양 탄소가 측정되었는데, 이는 데헤사에서 임관 피복도를 유지하거나 늘리면 토양 내의 장기적인 탄소 저장량이 늘어날 것임을 암시한다.

건조한 환경에서도 혼농임업 시스템의 가능성은 있다. 예를 들어 용설란은 수천 년 동안 선주민 사회의 식량원이자 섬유의 원료가 되어왔다. 데킬라의 원료로 가장 잘 알려진 용설란은 더 이상 한해살이 작물의 생산에 적합하지 않은 퇴화된 땅을 포함해 전 세계에서 200가지 품종이 자란다. 용설란은 더운 기후에서 잘 자라고 물이 거의 필요치 않으며 가뭄에 잘 견디고 1년 내내 자라는 데다 한 세기 동안 살아 있기 때문에 기후변화로 기온이 상승하는 세계에서 이상적이다. 특정 품종의 용설란은 1에이커당 건조 중량이 매년 평균 40톤일 정도로 높아 기후변화 완화에 도움이 될 수 있고 토지 황폐화의 여파로 어려움을 겪는 지역 주민들에게 지속적인 소득원이 될 수 있다. 용설란은 대개 메스키트, 강철나무, 가시바늘아카시아, 아카시아 등 질소를 고정하는 나무들과 함께 재배된다.

혼농임업은 선인장을 포함한다. 프리클리 페어 선인장은 식량원과 연료 공급원으로 적극 재배되고 있다. 멕시코에서는 노팔이라 불리고 국기에도 등장하는 이 상징적인 사막 식물에서 먹을 수 있는 부분을 샐러드, 살사,

수프, 타말레, 캐서롤에 사용하거나 가루로 갈아서 토르티야를 만든다. 보통 쓰레기로 버려지는 먹을 수 없는 부분은 증류하여 차량용 바이오 연료와 전기 발전용 바이오메탄 가스의 원료로 쓴다. 대부분의 작물이 살기 힘든 지역에 풍부하게 자라는 식물을 이렇게 이중으로 이용하면 극단적 기후에 피해를 입기 쉬운 땅에 사는 주민들에게 도움이 될 가능성이 있다.

지난 세기에 산업 국가들이 울타리 안에서 이루어지는 기계화된 생산 방식을 확립하면서 농지에서 나무들은 제거되어왔다. 거의 모든 개발도상국에서 삼림 벌채가 만연했고 종종 전통적인 식량 시스템이 희생되었다. 혼농임업 시스템은 탄소 격리를 포함한 다양하고 긴급한 환경 과제들에 대처할 수 있는 한편 식량, 섬유질, 사료를 지속 가능하게 생산할 수 있어 오늘날 다시 인기를 얻고 있다.

___ 소방 교환 훈련 동안 유로크족의 소방관이 캘리포니아주 와이츠펙Weitchpec 근처에서 선주민의 방식대로 불을 놓은 곳의 경계를 관리하고 있다. 미국 서부 해안에 더 많은 들불이 일어나 파괴적으로 맹위를 떨치면서 최근 선주민들의 불 생태학이 주목을 받는다.

불은 경관을 파괴할 수도, 되살릴 수도 있다. 서구의 산업화된 국가들에서 불은 1세기 넘게 파괴적인 존재로 인식되었다. 하지만 선주민들은 수천 년 동안 적극적으로 불을 이용해 파괴적인 화재의 영향을 받지 않는 풍요롭고 생산적인 숲과 초지를 전 세계에 가꾸었다. 1500년대에 식민지 개척자들이 북아메리카에 도착했을 때 숲에는 식물들과 건강하고 웅장한 나무들이 우거져 있었다. 많은 숲이 너무나 광활해서 나무들 사이를 마차를 몰고 다닐 수 있을 정도였다. 유럽에서 온 정착민들은 자신들이 야생 상태의 생태계가 아니라 사람이 돌본 숲을 경험하고 있다는 것을 알지 못했다. 수천 년 동안 북아메리카 서부 해안의 선주민 부족들은 숲에 의도적으로 불을 놓는 조상 전래의 관행을 이용해 심각한 화재의 위험을 낮추는 한편 원하는 경관을 이루고 사냥감이 풍부해지도록 촉진했다. 이들은 숲과 초지의 부분들을 돌아가며 여러 해에 걸쳐 불에 태움으로써 덤불과 2차림의 연료량을 감소시켰다. 재생된 숲들은 월귤, 도토리, 백합구근, 버섯 등의 식량과 바구니를 짜는 데 사용되는 개암나무의 어린 가지 같은 유용한 상품들도 생산한다.

'토착의'라는 뜻의 단어 'indigenous'는 오랜 옛날부터 혹은 적어도 식민지 개척자들이 도착하기 전부터 그 땅에서 살아온 사람들을 말하는 본토박이indigene의 형용사형이다. 대부분의 토착 문화는 수천 년간 그들의 고향땅을 지켜왔다. 그동안 축적된 지식은 지역학 혹은 관찰과학이라 불릴 수 있을 정도에 이른다. 그들이 의지하는 생활 체계에 가장 이익이 되도록 땅과 상호작용하는 방법에 대해 수세기에 걸쳐 쌓인 통찰력인 것이다. 이로써 생물물리학적 주기들과 이 주기들이 경관에 어떤 영향을 미치는지에 대한 이해가 생기고 발전했다. 선주민들은 땅의 풍요로움을 증대시켰고, 여기에는 불 생태학이 중요한 역할을 했다. 식민지 개척자들은 반대였다. 목재를 갈망하던 유럽인들은 불을 자산과 소유물, 재산에 대한 위협으로 생각했다. 미국에서는 1911년 공유지에서 불을 피우는 것이 불법화되었다. 화재 억제가 산림청의 정책이 되었다. 모든 불은 발견된 이튿날 오전 10시까지 끄라는 명령이 내려졌다. 그 결과 국유림들은 제멋대로 자랐고 작은 나무와 하층 식물들이 밀집하여 강력하고 파괴적인 화재를 부채질했다.

지구온난화와 지나치게 우거진 숲은 통제하기 어려운 화재의 이상적인 조건들을 형성한다. 현재 세계의 많은 지역에서 화재철 기간이 더 길어졌고 화재 건수도 늘어났다. 더 광범위한 땅들이 불타고 화재 진압 비용은 극적으로 상승했다. 2019년 산불로 배출된 이산화탄소는 전 세계적으로 80억 톤이 넘는데, 이는 총 이산화탄소 배출량의 거의 4분의 1에 해당된다. 오스트레일리아는 2019년, 2020년의 화재철에 일어난 불로 4억9100만 톤의 이산화탄소가 배출되어 연간 총 온실가스 배출량이 2배로 늘어났고 온실가스 최대 배출국 14위에서 6위로 올라섰다.

선주민들의 화재 관리의 기본 원칙은 특히 불이 나기 쉬운 환경들에 주의 깊게 시기를 정해 약한 불을 내서 덤불을 없애고 중요한 풀과 다년생 식물들을 되살리는 것이다. 열쇠는 타이밍이다. 계절, 기온, 날씨, 바람에 따라 특정 지역들에 불을 놓는다. 일부 기준은 더 미묘하다. 이 기준들은 아침과 오후에 이슬이 많이 내렸는지 여부와 같은 지속적인 관찰과 땅과의 밀접한 관계로부터 도출된다. 북아메리카 서부에서는 선주민들이 초가을에 처음 비가 내린 뒤 불을 낸다. 그러면 해충들에게 최대의 영향을 미치는 한편 성숙한 나무들에 미치는 위험은 최소화할 수 있기 때문이다. 캘리포니아의 선주민 부족들은 불이 난 뒤 일부 종이 복구되는 데 시간이 더 걸린다는 것을 알기 때문에 특정 순번대로 숲의 부분들을 태운다. 이렇게 하면 특정 식물들이 성숙할 시간이 주어진다. 문화적 화재cultural burn라 불리는 이런 불을 낸 뒤 첫해에는 풀과 개암나무의 어린 가지들을 모아 바구니를 짤 수 있다. 둘째, 셋째 해에는 관목들에 산딸기류 열매가 풍성하게 열린다.

비슷한 기법을 오스트레일리아 선주민들도 사용하지만, 이들은 불 놓는 시기를 우기에 따라 정한다. 우기가 끝나고 땅의 부분들이 마르면 선주민 산지기들이 수백 건의 작은 불을 내고 관찰한다. 오늘날 선주민들이 방어적으로 내는 화재의 대부분은 노던 준주에서 이루어진다. 선주민들의 화재 방지 기법은 오스트레일리아 북부에서 위험한 들불을 절반으로 줄였다. 들불로 불탄 면적이 57퍼센트 줄었고 온실가스 배출량은 40퍼센트 감소했다. 오스트레일리아는 탄소를 배출하는 조직이 탄소를 격리하거나 배출을 막는 조직들에 보상하는 탄소배출권 거래제를 도입했기 때문에 예부터 내려온 화재 기법을 사용한 조직들이 8000만 달러를 벌었고 이들은 교육 개선과 수백 개의 일자리 창출을 위해 이 돈을 지역사회에 재투자했다.

선주민들의 화재 관리 기법은 미국에서도 힘을 얻고 있다. 클래머스강 분지는 수천 년 동안 선주민들의 보금자리였다. 1900년대까지는 연어가 풍부했고 흑곰과 흰머리독수리 같은 천적도 많았다. 오늘날 클래머스강에는 더 이상 연어나 철갑상어나 무지개상어가 우글거리지 않는다. 1999년에 일어난 미그럼 화재로 식스리버스 국유림의 12만5040에이커가 불탔다. 카루크족과 유로크족의 일원인 프랭크 레이크는 연어와 강 유역을 되살리려면 조상들의 땅에 선주민들의 화재 관리 방법을 다시 도입해야 한다는 것을 깨달았다. 우선 그는 화재 진압 중심 정책에서 화재를 이용하는 선주민들의 방법으로 전환하자고 미 산림청을 설득해야 했으며, 이로써 지역의 들불 발생 건수와 영향을 줄일 수 있었다.

10년간의 협업과 지지 활동 이후 현재 미 산림청은 부족 집단, 비영리단체들과 협력하여 카루크족의 화재 관리 기법들을 이용해 클래머스강과 식스리버스 국유림 내의 땅 수천 에이커를 태운다. 프랭크 레이크는 모든 일이 잘 진행되면 이 협력으로 언젠가 카루크 부족의 땅 100만 에이커 이상이 보존될 것이라고 기대한다. 지금 그는 선주민의 화재 관리 방법의 가치를 이해하는 화재 생태학자, 연구자, 환경운동가, 정부 관리들로 구성된 성장하는 단체의 일원이다. 번개가 치길 기다리던 데서 사전에 정기적으로 불을 놓는 식으로 관리 방법들은 점차 바뀌고 있다. 이는 선주민들이 환영하는 정책 변화다.

캘리포니아 북부의 노스포크 란체리아 모노족의 부족민들은 표적을 맞힌 이런 화재를 "좋은 불"이라고 부른다. 역사적으로 그들은 식량, 물, 목재, 섬유를 제공하는 삼림지 생태계의 건강을 유지하기 위해 불을 이용해왔다. 좋은 불을 놓는 관행은 땅과의 중요한 문화적 유대감을 형성했다. 오늘날 선주민들의 지혜가 주와 연방 당국들에게 인정받음으로써 부족들은 좋은 불을 다시 도입하고 있다. 부족민들이 관리하는 저강도의 불에 의해 작은 지역들은 불에 탄다. 하지만 이것은 단순히 적절한 관리 방식을 이용하는 문제가 아니다. 좋은 불은 하나의 태도다. 불이 적이라도 되는 양 '싸우는' 대신 모노 족과 다른 부족들은 불을 우리가 공유하는 행성을 재생시키고 관리하는 중요한 일의 파트너로 생각한다. 선주민들의 삶에는 이러한 협력관계가 배어 있다. 땅과 불은 문화, 역사와 분리될 수 없다. 땅과 불은 추상적으로 관리될 수 없다. 이들은 정신적, 사회적, 생태학적 전체의 일부다. 불에 대한 선주민들의 지식이 다시 한번 존중받고 있지만 지나치게 단순화되고 제한된 일련의 결과로 측정될 위험도 있다. 선주민들의 지식에 근거한 효과적이고 장기적인 해결책이 구축되어야 하며 선주민 사회를 지원해야 하고 그들의 권리를 보호해야 한다.

대나무 Bamboo

___ 한국 경상도 지역의 한 숲에서 죽순대*Phyllostachys heterocycla f. pubescens*들에게 압도당한 잣나무 *Pinus koraiensis*의 구불구불한 몸통

대나무는 맛있다. 대나무는 사람과 판다의 식량이고 양쪽 모두에게 약이 된다. 일부 종은 하루에 30인치씩 자랄 수 있다. 대나무는 5년이면 성숙한다. 수확하면 다시 씨를 뿌리지 않아도 재생하고, 관개나 살충제나 비료가 필요 없다. 대나무는 풀이지만 숲처럼 보인다. 그리고 비슷한 크기의 숲보다 3분의 1 더 많은 산소를 대기로 배출한다. 대나무는 탄소를 격리하고,

황폐한 땅에서도 자란다. 햇빛도, 그늘도 사랑하고 혼농임업 프로젝트의 작물이 될 수 있다. 오대륙에서 자생하는 대나무는 전 세계 25억 명의 사람이 사용한다. 대나무는 매력적이고 문화적 가치가 깊다. 가볍지만 믿을 수 없을 정도로 강하며, 목재로 만들 수 있는 것은 뭐든 대나무로도 만들 수 있다. 대나무의 섬유질은 부드럽고 내구성 있으며 유연하고 흡수력이 좋다. 대나무를 숯으로 만들어 요리용 연료로 쓸 수도 있다. 토머스 에디슨은 자신이 발명한 전구에 대나무 필라멘트를 사용했다. 죽순은 인기 있는 요리 재료다. 대나무는 러그, 발, 침대, 의자, 테이블, 컵, 그릇, 접시, 장난감, 보석, 미술작품, 오토바이용 헬멧, 악기가 될 수 있다.

또 대나무로는 좋은 화장지가 만들어진다. 그 과정은 생목virgin wood을 기존 화장지로 바꾸는 것과 비슷하다. 섬유질에 열과 물, 압력을 가해 분해해서 펄프로 만든다. 차이점이라면 재료다. 생목은 캐나다의 북방림에서 왔을 수 있다. 천천히 자라고 탄소를 많이 저장한 나무들이 베여나가 중요한 탄소 흡수원을 훼손하고 야생생물들의 서식지를 수십 년 동안 파괴하고 있다. 반면 대나무는 자라는 데 필요한 땅이 더 적고 빨리 다시 자라며 다양한 기후 조건에 적응할 수 있다.

대나무는 대기에서 상당한 양의 탄소를 격리할 수 있다. 대나무가 자라는 속도와 자랄 수 있는 높이(90피트 이상), 광범위한 뿌리 조직, 수확한 뒤 다시 발아하는 능력이 합쳐져 땅 위아래에 많은 양의 탄소를 저장한다. 성장 초기에 대나무들은 비슷한 규모의 빨리 자라는 나무들보다 더 많은 탄소를 격리할 수 있다. 거대한 대나무 숲은 60년 동안 1에이커당 약 134톤의 탄소를 저장하는 것으로 밝혀졌다. 대나무의 장점 중 하나는 뿌리에서 발견된다. 1662종의 대나무 중 일부는 덤불로 자라지만, 많은 종이 뿌리줄기—기는줄기라고도 불린다—에서 자란다. 뿌리줄기는 빠르게 퍼져나가 한

계절에 10피트 자랄 수 있다. 개개의 대나무 줄기의 평균 수명은 10년이 되지 않지만 뿌리는 수십 년 동안 살면서 탄소를 저장할 수 있다. 중요한 건 재배다. 관리되지 않는 대나무는 관리된 대나무만큼 튼튼하게 자라지 않으며 그 결과 탄소를 덜 저장한다. 가지치기를 하고 선택적 수확을 하면 대나무가 자랄 공간이 생기고 해당 숲의 이산화탄소 포집 능력이 향상되며 뿌리 조직에 해를 끼치지 않는다.

대나무의 세포에는 식물석이라 불리는 실리카 구조물이 풍부하다. 식물석들은 이산화탄소를 밀봉한다. 실리카는 분해에 저항성이 높아서 대나무의 몸통이나 잎들이 땅에 떨어지면 대나무 자체가 분해된 후 오랜 시간이 흘러도 저장된 탄소가 종종 수천 년 동안 계속 격리된다. 따라서 기후에 미치는 영향은 상당할 수 있다. 잠재적 경작지 100억 에이커의 절반을 대나무를 기르는 데 사용하면 식물석이 해마다 7억5000만 톤의 이산화탄소를 격리할 가능성이 있는 것으로 추정된다. 최근 한 연구는 땅 밑의 대나무 몸통과 뿌리조직에서 발견되는 식물석을 포함시키면 이 수치가 더 높아질 수 있음을 보여준다.

대나무의 탄소는 대나무가 수확되어 집이나 건물, 다리를 짓는 데 사용되는 목재처럼 영속적인 제품으로 만들어져도 계속 격리된다. 놀랍게도 대나무는 강철보다 인장 강도가 높고 콘크리트보다 내압 강도가 크다. 대나무는 바닥, 가구, 그 외의 가정용품을 만드는 데 마호가니 같은 경재를 대체할 수 있고, 따라서 위기에 처한 삼림 시스템과 중요한 야생생물 서식지들이 받는 압박을 줄일 수 있다. 방부 및 방충 처리를 하면 대나무는 50~100년까지 갈 수 있다. 제조 기술의 발달로 대나무의 가장자리를 곧게 자르고 직교적층 방식으로 가공해 다양한 구조적 요구에 부합하는 형태로 배치할 수 있어 효용성이 높아지고 세계적인 탄소 흡수원으로서의 역할은 더 증진된다. 디지털 설계와 초강력 합성물 제조에 초점을 맞춘 신기술로 대나무가 강철, 시멘트, 그 외에 널리 사용되는 건축 자재의 대체물이 될 수 있어 일반적으로 건축 자재 제작으로 발생하는 온실가스 배출을 막고 대신 건조 환경建造環境에 수십 년 동안 탄소를 가둘 수 있다.

대나무는 황폐화된 생태계를 복원하는 데 중요한 도구다. 대나무의 뿌리 조직, 특히 기는줄기들은 훼손된 땅을 안정화시켜 바람과 물의 침식으로부터 보호한다. 대나무는 급경사와 얕은 토양에서도 자랄 수 있다. 중국은 사막화를 늦추고, 퇴화된 토지를 복구하며, 방풍림을 조성하기 위해 다년간 대나무를 심어왔다. 말라위에는 수십 년간의 삼림 벌채로 인한 파괴를 벌충하는 한편 빨리 자라고 다시 채울 수 있는 목재 및 원료 공급원을 지역사회에 제공하기 위해 큰 대나무들을 심고 있다. 니카라과에서는 에코플래닛 뱀부EcoPlanet Bamboo라는 단체가 입목들 사이에 토착종인 과두아 대나무들을 심어 수천 에이커의 황폐해진 숲을 복구했다. 여기서 나온 대나무 섬유질은 산림관리협의회Forest Stewardship Council에서 지속 가능성 인증을 받았고 제조업용으로 수출된다. 인도에서는 예전에 농지였으나 벽돌 가마 주인들이 산업적 벽돌 제조를 위해 표토를 파는 바람에 황폐해진 지역에 모링가, 대나무, 구아바, 바나나, 망고나무, 주요 곡물, 채소를 심어왔다. 이후 수년간 낙엽이 땅에 쌓였고, 낙엽이 분해되면서 빗물 침투를 증가시키며 토양 속의 미생물 집단들을 활성화시켰다. 이로써 저하된 지하 수면이 20년 만에 50피트 상승했다.

대나무에는 중요한 경제적, 사회적 이점들이 있다. 작물로서는 성장과 재생이 빨라서 농민들에게 꾸준한 소득을 제공한다. 또 대나무는 요리와 주택 난방에 쓰이는 숯의 원료다. 대나무 숯은 목재를 구워서 만든 기존 숯보다 더 깔끔하게 연소된다. 세계의 많은 지역에서 나무들이 성장하려면 수십 년이 걸린다. 따라서 대나무를 연료로 사용하면 상당한 삼림 파괴의 원인을 줄일 수 있다. 대나무는 전기 생산에 사용되는 펠릿이나 바이오가스로 만들 수도 있다. 또 함유한 탄소를 오랫동안 격리하는 바이오차biochar의 원료가 될 수 있다. 대나무는 강인하고 다양한 용도에 쓰일 수 있어 지구온난화로 인해 변화하는 생태학적, 경제적 조건들을 충족시키기에 매우 적합하다.

대나무가 완벽한 것은 아니다. 많은 풀과 마찬가지로 대나무는 제대로 관리되지 않으면 침입적으로 퍼질 수 있다. 주위 초목들을 압도하지 않고 다른 유형의 식물들과 잘 어우러지도록 주의를 기울여야 한다. 대나무는 단일 품종의 식재림으로 재배하면 야생생물을 포함한 토착종들에게 악영향을 미칠 수 있다. 대나무는 옷감의 인기 원료가 되었지만 대나무를 사용하려면 철저한 검토가 필요하다. 예를 들어 레이온은 인간의 질병과 연관된 유독한 화학물질들이 포함된 생산 과정을 거치는 나무 셀룰로오스로 만들어지는 섬유이며, 그 과정의 부산물들이 공기 오염과 수질오염을 일으킨다. 일부 제조업체는 대나무를 레이온의 원료로 사용하고 홍보하지만 화학적으로 용해되는 모든 원섬유를 밝히지는 않는다. 대나무 소재의 레이온을 생산하는 과정이 녹색 화학green chemistry 기술을 채택할 수 있다면 지속 가능한 의류용 섬유가 될 수 있다.

대나무는 혼농임업, 식량 생산, 건물 건축, 토지 복원, 지역의 경제개발, 야생생물 서식지 보호, 대기 중의 탄소 격리에 가치가 있고 이 모두가 합쳐진 다용도의 자연적인 기후 해결책이다.

『오버스토리』의 퍼트리샤 웨스터퍼드

—

리처드 파워스

숲 생태학을 공부하기 위해 캐나다에서 오리건주로 건너간 수잰 시마드는 자신이 떠나온 곳과 다른 세상을 발견했다. 브리티시컬럼비아주의 온대 우림에서 말을 이용해 목재를 옮기는 벌목꾼 가정에서 자란 수잰은 선택적으로 나무들을 베어 하나씩 땅 위로 끌고 가는 모습을 보는 데 익숙했다. 삼나무 원목들은 길가의 집재장에 쌓아놓아 숲의 바닥을 거의 훼손하지 않는다. 벌목으로 일어나는 교란은 견과류와 씨앗들의 발아를 도울 수 있고 때로는 말들 덕분에 땅이 비옥해졌다. 오리건주에서는 벌목이 전격적으로 이루어지고 있었다. 공유지와 사유지가 교차하며 바둑판무늬를 이룬 삼림지 구역들의 나무를 베어내고 불도저로 깔끔하게 밀어 제초제를 뿌렸다. '개간된' 땅에는 묘목을 줄지어 심었다. 이로써 삼나무, 단풍나무, 비터체리, 개암나무, 오리나무, 가문비나무, 서양물푸레나무가 사라졌다. 적당한 간격을 두고 식재되며 관개가 잘 되는 데다 햇빛을 듬뿍 받는 식재림은 경쟁에서 자유로웠다. 하지만 이식한 미송 묘목들은 자생한 미송만큼 튼튼하거나 건강하지 않았다. 실패는 획일적 식재와 관목 및 자생 수종이 없는 메마른 산업적 풍경과도 맞물린 것처럼 보였다.

시마드는 임학 박사학위를 준비하기 위해 숲으로 갔다. 당연해 보일 수 있는 일이지만 당시 임학을 공부하는 학생들은 대체로 캠퍼스에 머무르며

실험실에서 유전학 연구를 하거나 온실에서 잘라낸 나뭇가지들을 연구했다. 시마드는 왜 다양하고 울창한 노숙림이 현재의 임학을 이용하여 최적화된 식재림인 와이어하우저Weyerhaeuser와 플럼 크리크Plum Creek의 2차림보다 더 생산적이고 건강한지 알고 싶었다. 시마드는 그 원인이 나무들의 아래인 토양과 뿌리들에 있다고, 그러니까 다양한 식물을 없애버리고 한 가지 종으로 대체하면서 나타난 숲 생태의 변화에 있다고 확신했다.

시마드는 연구를 위해 브리티시컬럼비아의 숲으로 되돌아갔다. 미송과 자작나무에 두 가지 유형의 탄소를 주입하는 실험을 시작으로 그는 여름에 자작나무들이 미송들 위로 더 많은 그늘을 드리울 때 미송이 자작나무로부터 탄소(당분)를 받는다는 것을 발견했다. 계절이 바뀌어 자작나무들의 잎이 떨어지면 미송들이 자작나무에게로 탄소를 보냈다. 패러다임을 깨는 이 뜻밖의 현상에 임학계에서는 학문적 명칭을 붙이지 않았다. 상호 의존, 공생, 호혜주의, 이타주의, 생성 등이 이를 설명하는 일부 표현이다. 나무들은 실 모양의 희끄무레한 균류와의 땅속 네트워크를 통해 양분, 물, 다양한 나무와 식물 종을 지원하는 화학적 신호들을 교환하고 있다. 식재림의 나무들은 본질적으로 고아다. 어떤 네트워크도, 어떤 지원도, 어떤 '가족'도 없다. 1997년에 시마드의 연구가 『네이처』 지에 발표되었을 때 편집자는 그녀의 논문을 "우드와이드웹wood wide web"이라 불렀다. 이 논문은 언론에서 센세이션을 불러일으켰고 남성 동료들로부터는 반발을 일으켰다. 그 후 시마드의 연구는 과학자들에 의해 여러 차례 되풀이되었다. 시마드의 근본적인 발견은, 원시 상태의 숲은 경쟁하는 종들의 무리가 아니라 공동체라는 것이다. 과학자들이 의문을 제기한 것은 시마드의 방법이나 기법, 결과가 아니었다. 종의 진화의 주된 결정 요인이 굽히지 않는 경쟁이라는, 다윈설의 유산을 버릴 수 없는 과학자들이 비판한 것은 시마드의 논지였다. 기묘

___ 유로크족의 양도하지 않은 땅에 위치한 프레리 크리크 레드우드 주립공원에 서 있는 아이작 뉴턴 경 세쿼이아. 이 나무는 세 번째로 큰 단일 줄기 세쿼이아로, 높이가 300피트에 조금 못 미치며 지름은 거의 70피트에 이른다. 왼쪽에 보이는 옹이의 무게는 4만 파운드다. 이 나무는 모체 나무의 유전부호를 저장하고 있다. 이 숲에는 미송, 가문비나무, 미국 솔송나무가 산다.

하게도 다윈의 저서들은 애덤 스미스의 경쟁우위 이론의 영향을 받았고 그러한 해석은 줄곧 자본주의 사상에 영향을 미쳤다. 시마드의 생각은 달랐다. 시마드는 자신의 저서에서 수백 종의 다른 식물과 나무를 돕는 고목들을 표현하기 위해 어미나무mother tree라는 단어를 사용했다. 시마드는 나무와 식물들의 또 다른 특성, 그러니까 서로 방해하는 것이 아니라 서로 관계 맺는 능력을 찾고 있었다.

2018년 퓰리처상을 수상한 리처드 파워스의 소설 『오버스토리』의 주인공 중 한 명인 퍼트리샤 웨스터퍼드는 시마드를 모델로 한 인물이다. 소설에서 웨스터퍼드 박사는 "개개 나무들의 생화학적 행위는 우리가 그들을 공동체의 구성원으로 볼 때만 이해될 수 있다"라는 내용의 논문을 발표한다. 다음 몇 달 동안 웨스터퍼드 박사는 동료들과 대학으로부터 잔인하게까지는 아니더라도 신랄하게 비판을 받는다. 사람들이 등을 돌리고 조롱하는 걸 견디다 못해 그는 학계를 떠난다. 서부로 떠난 그는 황야로 들어가 가이드가 되어 몇 년 동안 모습을 드러내지 않다가 20년도 더 지난 뒤 캐스케이드산맥에 있는 숲 연구소에서 학자생활을 다시 시작한다. 그의 원래 연구 결과들이 결국 입증되었고 그는 『비밀의 숲The Secret Forest』이라는 책을 발간한 뒤 큰 인기를 얻는다. 경영진과 기업 리더들이 모여 세계가 처한 곤경과 미래를 논의하는 실리콘밸리의 저명한 기후 콘퍼런스는 그에게 기조 연설을 해달라며 초청한다. 그의 강연에는 "개인이 미래의 세계를 위해 할 수 있는 단 하나의 가장 좋은 일"이라는 제목이 붙었다. 그는 긴장하고 허둥대며 하고 싶은 말을 모두 입 밖으로 내려고 애쓴다. 그가 강연하고 있는데, 어느 순간 사람들이 밖으로 나간다.

_폴 호컨

___ 동틀 무렵, 캘리포니아주 인요 국유림 내의 고대 브리스틀콘 소나무숲에 있는 브리스틀콘 소나무*Pinus longaeva*의 뒤틀린 가지들. 브리스틀콘 소나무는 수령이 5000년 이상으로, 지구에서 가장 오래된 생명체다.

강당은 어둡고 벽은 입수 경로가 의심스러운 미국삼나무 패널로 둘러싸여 있었다. 퍼트리샤는 연단에 서서 수백 명의 전문가를 마주보았다. 그리고 기대에 찬 얼굴들 위로 높이 시선을 고정시킨 채 마우스를 눌렀다. 퍼트리샤 뒤로 소박한 나무 방주와 그 안으로 들어가는 동물들의 행렬이 보였다.

“세계가 처음 종말을 맞고 있을 때 노아는 모든 동물을 둘씩 선택해 자신이 만든 탈출선에 태웠습니다. 하지만 그건 웃기는 짓이었습니다. 노아는 식물들은 죽으라고 놔두었으니까요. 그는 땅에 생명을 되살리는 데 필요한 한 가지를 데려가지 않고 식객들을 구하는 데 집중했지요. 문제는 노아나 그와 비슷한 사람들이 식물이 정말로 살아 있다고 생각하지 않았다는 겁니다. 식물을 어떤 의도도 없고 생기도 없이 몸만 커지는 바위처럼 생각했지요.

이제 우리는 식물들이 서로 소통하며 기억한다는 것을 알고 있습니다. 식물들은 맛 보고, 냄새를 맡으며, 촉각이 있고, 심지어 보고 들을 수도 있습니다. 이 사실을 알아낸 종인 인간은 우리가 이 세상을 공유하고 있는 존재들에 대해 많은 것을 배워왔습니다. 우리는 나무와 인간 사이의 깊은 유대관계를 이해하기 시작했습니다. 하지만 둘 사이의 연결보다 분리가 더 빠른 속도로 진행되어왔습니다.

이 주에서도 지난 6년 동안 삼림지의 3분의 1이 사라졌습니다. 숲은 가뭄, 화재, 참나무역병, 매미나방, 소나무좀, 농지와 분양지를 얻기 위한 일반 벌목 등 많은 요인에 의해 무너지고 있습니다. 하지만 항상 동일한 근원적 원인이 있습니다. 여러분도 그 원인을 알고, 저도 알며, 관심 있는 사람 모두가 알고 있습니다. 한 해의 시계가 한 달 혹은 두 달씩 어긋나고 있습니다. 생태계 전체가 흐트러지기 시작했습니다. 생물학자들은 두려워서 제정신이 아닙니다. 생물은 너무나 너그럽지요. 그리고 우리는…… 위로할 길 없는 처지가 되었습니다.

알다시피, 많은 사람이 나무는 어떤 흥미로운 일도 하지 못하는 단순한 존재라고 생각합니다. 하지만 나무는 하늘 아래 온갖 용도에 다 쓰입니다. 나무들의 화학작용은 놀랍습니다. 밀랍, 지방, 당분, 타닌, 스테롤, 수지, 카로티노이드. 수지산, 플라보노이드, 테르펜, 알칼로이드, 페놀, 코르크질. 나무들은 만들어질 수 있는 것은 뭐든 만드는 법을 배우고 있습니다. 그리고 우리는 나무들이 만드는 것의 대부분을 알지도 못합니다.

용혈수에서는 피처럼 빨간 수액이 나옵니다. 자보티카바의 당구공만 한 열매는 몸통에서 바로 돋아납니다. 1000년 된 바오밥나무는 3만 갤런의 물을 담은, 줄에 묶인 기상관측 기구와 비슷하지요. 유칼리나무는 무지개 색입니다. 특이한 동개나무는 가지 끝에 무기가 있지요. 샌드박스 나무*Hura crepitans*는 열매가 터지면서 시속 160마일의 속도로 씨를 흩뿌립니다.

지난 4억 년 중 어느 시기에 일부 식물은 효과를 나타낼 가능성이 희박한 모든 전략을 시도했습니다. 우리는 얼마나 다양한 일이 가능한지 이제야 막 알아차리기 시작했습니다. 생물에게는 미래에게 이야기를 해주는 방법이 있습니다. 그걸 기억이라고 부르죠. 유전자라고도 부릅니다. 미래를 해결하려면 과거를 구해야 합니다. 제가 경험에서 얻은 간단한 법칙은 이것입니다. 당신이 나무 한 그루를 벨 때는 그 나무로 만드는 것이 적어도 당신이 베어낸 나무만큼 기적적이어야 합니다.

저는 평생 동안 아웃사이더였습니다. 하지만 많은 사람이 저와 함께했습니다. 우리는 나무들이 공기 중으로 그리고 뿌리를 통해 소통한다는 것을 발견했습니다. 상식이 우리를 비웃었습니다. 나무들이 서로를 돌본다는 것도 알게 되었습니다. 과학계는 이 생각을 무시했습니다. 아웃사이더들은 씨앗이 어린 시절의 계절들을 기억하고 그에 맞춰 싹을 틔운다는 것을 발견했습니다. 나무들이 근처 다른 생물들의 존재를 느낀다는 것도 알게 되었습니다. 나무들이 물을 절약하는 법을 배우고, 어린 나무에게 양분을 공급하며, 종자의 다량생산 시기를 맞추고, 자원을 쌓고, 동족들에게 경고를 해주고, 말벌들에게 와서 공격으로부터 보호해달라는 신호를 보내는 것도 알게 되었습니다.

여기 약간의 아웃사이더 정보가 있는데 이 정보가 입증될 때까지 기다리셔도 됩니다. 숲은 돌아가는 사정을 알고 있습니다. 숲들은 땅속과 연결되어 있습니다. 그곳에는 우리 두뇌로는 보지 못하는 두뇌들이 있습니다. 문제를 해결하고 결정을 내리는 뿌리의 유연성. 균류의 시냅스. 이것을 다른 어떤 이름으로 부를 수 있을까요? 충분한 수의 나무를 서로 연결시키면 숲은 인식을 하게 됩니다.

우리 과학자들은 다른 종들에게서 우리를 찾지 말라고 배웁니다. 그래서 우리는 그 무엇도 우리와 비슷해 보이지 않게 하지요! 얼마 전까지만 해도 우리는 개나 돌고래는 고사하고 심지어 침팬지도 지각이 있다고 생각하지 않았습니다. 알다시피, 오로지 인간만, 오직 인간만이 뭔가를 원할 만큼 충분히 알 수 있다는 겁니다. 하지만 제 말을 믿으세요. 우리가 항상 나무들에게 뭔가를 원하는 것과 똑같이 나무들도 우리에게 뭔가를 원합니다. 이건 신비한 현상이 아닙니다. '환경'은 살아 있습니다. 환경은 서로에게 의지하는, 목적을 가진 생명체들의 유동적이고 변화하는 연결망입니다. 사랑과 전쟁은 떼어놓을 수 없습니다. 벌들이 꽃을 만드는 것과 마찬가지로 꽃들이 벌을 만듭니다. 동물들이 산딸기를 먹으려 다투는 것보다 산딸기들이 먹히기 위해 더 심하게 경쟁할 수도 있습니다. 가시아카시아는 자신을 지켜주는 개미들에게 달콤한 단백질을 먹이고 개미들을 노예로 만듭니다. 열매를 맺는 식물들은 인간을 속여 씨앗을 퍼뜨리게 하고, 익어가는 열매는 인간이 색을 구별하는 능력을 지니게 했습니다. 나무들은 우리에게 그들이 놓은 미끼를 발견하는 법을 가르치면서 하늘이 푸르다는 것을 깨닫게 했습니다. 우리 뇌는 숲을 알아내도록 진화되었습니다. 우리는 호모 사피엔스 이전부터 숲을 형성하고 숲에 의해 형성되었습니다.

나무들은 과학 연구를 합니다. 10억 차례의 현장 테스트를 하지요. 나무들은 추측을 하고, 생물세계는 나무들에게 무엇이 효과적인지 말해줍니다.

삶은 추측이고, 추측이 삶입니다. 정말 멋진 단어지요! 추측은 어림짐작한다는 뜻입니다. 비추어 생각한다는 뜻도 있습니다. 나무들은 생태학의 중심에 서 있으며, 인간 정치의 중심에 서야 합니다. 타고르는 '나무는 귀 기울이고 있는 하늘과 이야기를 하려는 지구의 끊임없는 노력'이라고 말했습니다. 하지만 사람, 음, 사람 말입니다! 지구가 이야기를 하려고 애쓰는 하늘이 사람이 될 수도 있습니다.

우리가 식물을 볼 수 있으면 가까이 갈수록 계속 더 흥미로워지는 것을 보게 될 겁니다. 식물이 무엇을 하고 있는지 볼 수 있으면 우리는 결코 외롭거나 지루하지 않을 겁니다. 식물을 이해할 수 있으면 우리는 해충과 스트레스로부터 서로를 보호하는 식물들과 함께 지금 필요로 하는 땅의 단 3분의 1에서 모든 식량을 3층 깊이로 재배하는 법을 알게 될 겁니다. 우리가 식물이 원하는 것을 알게 된다면 지구의 이익과 우리의 이익 중 하나를 선택하는 일은 하지 않아도 됩니다. 그 둘은 같을 테니까요!

식물을 아는 것은 지구의 의도를 파악하는 것입니다. 그렇다면 이걸 생각해봅시다. 이 나무는 컬럼비아로부터 코스타리카에 이르는 지역에서 자랍니다. 묘목일 때는 꼬아놓은 대마같이 생겼습니다. 하지만 임관층에서 틈을 발견하면 묘목이 거대한 줄기로 급속하게 자라고 판근板根이 퍼져나갑니다. 지구의 모든 활엽수에 꽃이 핀다는 걸 알고 계시나요? 많은 성숙한 종은 적어도 1년에 한 번 꽃을 피웁니다. 하지만 이 나무, 타키갈리 베르시컬러*Tachigali versicolor*는 평생 딱 한 번 꽃이 핍니다. 자, 여러분이 평생 동안 딱 한 번만 성관계를 할 수 있다고 생각해보세요.

한 생물이 하룻밤의 번식에 모든 것을 쏟아부음으로써 어떻게 존속할 수 있을까요? 이 나무의 행동은 너무나 빠르고 단호해서 저를 놀라게 했습니다. 아시다시피, 꽃을 피운 지 1년 안에 이 나무는 죽습니다.

나무는 식량과 약뿐 아니라 더 많은 것을 줄 수 있는 것으로 밝혀졌습니다. 우림의 임관층은 울창하고, 바람에 실려간 씨앗은 절대 모체 나무에서 아주 먼 곳에 떨어지지 않습니다. 이 나무가 평생 한 번 만든 '자손'은 태양을 가려주는 거목의 그늘 아래에서 바로 싹이 틉니다. 이들은 고목이 쓰러지지 않으면 죽을 운명입니다. 죽어가는 모체 나무가 임관층에 틈을 내고 썩어가는 몸통이 새 묘목들을 위해 토양을 비옥하게 만듭니다. 이것을 어버이의 최후의 희생이라고 부릅시다. 이 나무의 속명은 자살나무입니다.

저는 이곳에서 여러분이 제게 던진 질문을 저 자신에게 해보았습니다. 저는 구할 수 있는 모든 증거를 바탕으로 그 질문에 대해 생각해보았습니다. 저는 제 감정들이 사실을 가리지 않도록 애썼습니다. 희망과 허영심이 제 눈을 멀게 하지 않도록 애썼습니다. 이 문제를 나무들의 관점에서 보려고 애썼습니다. 인간이 미래의 세상을 위해 할 수 있는 단 하나의 가장 좋은 일은 무엇일까요?"

3. 야생화
Wilding

— 플로리다주의 빅사이프러스 국립보호구역 내의 이끼로 장식된 사이프러스 숲을 날고 있는 대백로 한 쌍

평생 도시에서만 지내며 야생을 절대 접하지 못할 수도 있다. 하지만 정말로 그럴까? '야생의wild'라는 형용사는 자연에서 자라는 식물이나 동물과 인간이 기르는 식물이나 동물을 구별 짓는다. 개인의 관점에서 보면 이러한 구분은 유효하다. 아침으로 먹는 베이컨은 멧돼지가 아니다. 하지만 생물계의 시각에서 보면 이런 구분은 말도 안 된다. 여러분이 파리에 살고 있다면 센강이 야생이다. 비록 오염되었지만 말이다. 보도의 깨진 틈에서 야생 식물이 자란다. 인간의 몸은 광대한 미생물군 체계로 가득 차 있는데, 알려지거나 알려지지 않은 이 유기체들은 인체 세포보다 더 많다. 우리는 대체로 인간이 되는 법을 배우고 있는 박테리아라고 말할 수도 있다. 각자가 하나의 배양균이다. 한 사람의 기관, 내장, 피부, 모낭에는 지구의 다른 어떤 사람과도 구별되는 고유의 박테리아 집합이 있다. 그리고 우리는 이것들을 다른 사람과 자유롭게 공유한다. 만지고, 악수하고, 뺨에 가볍게 입 맞추고, 함께 음식을 먹는 일상적 활동들이 미생물을 교환하며, 우리 가족, 환경과의 상호작용을 조화롭게 한다는 상호 연결망을 만들어낸다.

우리가 타고난 인체 생물다양성이 완전히 밝혀지거나 수량화되지는 않았지만, 연구 결과에 따르면 인체 마이크로바이옴에는 우주의 별보다 많은 유전자가 있으며 그중 약 절반은 각 개인에게 고유한 유전자인 단일서열singleton 유전자라고 한다. 과학을 기반으로 한 기후운동은 자연이 바탕이 된 해결책들이 있다고 제안하며, 이 책 역시 그렇게 제시한다. 하지만 이 제안에서는 한 가지 근본적인 오해가 드러난다. 자연은 저 바깥에 있는 '그것'이 아니다. 자연은 우리다. 우리가 서로 뚜렷이 다른 부분과 기능들을 갖추고 단일 개체로 행동하는 개인이라는 생각은 광범위한 포자, 조류, 박테리아, 꽃가루, 바이러스와 불가분의 관계로 연결된 생태계로서의 인체라는 생각에 자리를 내준다. 우리는 진정으로 지구인이라는 것이 드러났다. 자연에는 어떤 '개인'도 있을 수 없다. 나무들은 광대한 네트워크 안의 지점들과 연결되어 균사체, 미생물, 균류, 박테리아, 선충, 박테리오파지, 바이러스들과 상호작용한다. 이 설명은 인간에게도 거의 해당된다.

기후위기를 끝내는 방법에 관해 생각할 때 우리는 야생을 좀처럼 필수적인 부분으로 고려하지 않는다. 습지, 딱정벌레, 코끼리, 그물버섯, 흰개미언덕, 캐나다두루미, 산호초는 생물다양성의 범주와 위협받는 서식지에 속한다. 우리는 이런 식으로 개인적 안녕과 신비롭고 장엄하며 광대한 생물계의 안녕을 분리한다. 하지만 분리되어 있지 않다. 야생의 보호는 필수적이다. 몸에서 박테리아를 제거하면 당신은 죽을 것이다. 지구에서 미생물과 대형생물을 없애면 우리가 아는 삶은 중단될 것이다. 우리는 항생제를 복용하거나 가공식품을 먹거나 생활 환경을 지나치게 살균하면서 내면의 야생을 훼손시킨다. 또 습지를 개간하고, 야생동물을 잡으려 덫을 놓고, 토양에 글리포세이트(제초제)를 뿌리고, 물고기를 남획하고, 대양을 산성화시키고, 숲에 불을 내면서 외부의 야생을 파괴시킨다. 야생 서식지를 복원시키는 것은 회복력, 번식, 생존능력, 진화를 복원시키는 일이다.

이번 장에서는 꽃가루 매개체, 야생생물의 이주, 늑대, 연어, 비버, 야생동물 회랑과 관련하여 인간이 변화를 일으킬 수 있는 여러 분야를 자세히 살펴본다. 또한 정치적 힘과 경제적 탐욕이 아니라 고유의 생물학적 속성에 따라 구성되고 관리되는 지리적 영역인 생물지역이라는 개념도 알아본다. 영국 서식스주에 위치한 면적 약 3500에이커의 넵 캐슬 사유지Knepp Castle Estate에 관해 쓴 이저벨라 트리의 글이 영감을 준다. 그녀는 남편 찰리 버렐과 함께 퇴화된 땅이 자연스럽게 재생될 조건들을 조성한 재야생화再野生化 과정에 관해 설득력 있는 글을 썼다. 새로 태어난 이 야생지역은 아름다움과 다양성으로 영국 자연보호주의자들을 놀라게 했다. 자연 훼손을 멈추면 자연은 신속하고 훌륭하고 풍요롭게 회복된다. 넵 캐슬 사유지의 경우, 전통적인 혈통의 돼지, 소, 말들을 도입했다. 적자를 내던 메마른 농장이 살아 있는 노아의 방주를 만들어냈다. 넵 캐슬 사유지는 완전히 야생 상태가 되어 사람들이 서식스주로 돌아온 포유류, 조류, 숲, 곤충의 생태를 돈을 지불하고 본다. 생명이 되살아나면 복잡성이 증식된다. 다양성이 급증한다. 생산성이 치솟는다. 종들이 다시 나타난다. 그리고 기후가 반응한다.

영양 단계 연쇄반응 Trophic Cascades

___ 와이오밍주 옐로스톤 국립공원의 라마 계곡에서 코요테 한 마리와 옐로스톤 드루이드팩 늑대 무리 중 한 마리인 회색 늑대가 엘크의 사체를 먹다가 잠시 멈추고 있다.

1926년 옐로스톤 국립공원의 늑대 떼 중 마지막으로 남아 있던 한 마리가 최후의 총성과 함께 바닥으로 쓰러졌다. 그 뒤, 심지어 오늘날에도 늑대는 조금이라도 기회가 있으면 당신이나 당신의 양을 잡아먹을 위험한 포식자로 여겨진다. 그러나 유명한 작가이자 박물학자인 조지 몬비오트는 한 가지 의문을 제기한다. "다음의 위협적인 존재들을 치명성의 순서대로 나열해

보자. 늑대, 자판기, 소, 집에서 기르는 개, 이쑤시개. 내가 당신의 수고를 덜어주겠다. 순서는 이미 정해졌다." 매년 거의 170명의 미국인이 이쑤시개를 삼켜 목숨을 잃는다. 하지만 이번 세기에 늑대 때문에 죽은 사람은 한 명뿐이다. 자판기는 어떤가? 치토스가 안 나와서 짜증 나고 화가 치민 사람들은 자판기를 흔들다가 자판기가 넘어져 그 밑에 깔린다.

로키산맥 북부에서 회색 늑대를 몰살시킨 영웅적인 사냥꾼들은 옐로스톤에서 위협적 존재를 제거했다고 여겨졌다. 하지만 몇 년 안에 공원의 생태계가 흐트러지기 시작했다. 식물의 종류와 수가 바뀌었다. 주 포식자가 사라지자 엘크와 사슴의 수가 급증했다. 초식성의 야생 유제동물이 사시나무, 미루나무, 단풍나무들을 먹어치웠다. 월귤나무, 까치밥나무, 층층나무, 야생장미도 사라져갔고 뒤이어 전동싸리, 민들레, 서양우엉, 호그위드 같은 풀과 광엽초본도 점점 사라졌다. 이것은 시작일 뿐이었다. 씨앗, 견과, 나무껍질에 사는 곤충들이 사라질 뿐 아니라 쉴 장소가 없어지면서 새의 개체수도 줄었다. 비버들은 겨울의 식량원인 버드나무를 잃었다. 비버들이 댐을 만들지 않자 개울들이 침식되었다. 토사가 쌓인 강들은 물고기들에게 영향을 주었다. 나무들이 사라지자 강둑이 침식되어 강이 넓어짐으로써 수온이 더 따뜻한 얕은 구역들이 생겨났다. 하지만 다른 종들은 번성했다. 경쟁이 줄어들자 코요테가 크게 늘어났다. 코요테들이 초원과 점점 축소되는 숲에 마구 퍼지면서 들쥐와 작은 포유류들을 잡아먹었고 여우, 오소리, 검독수리, 붉은꼬리말똥가리, 송골매, 물수리의 수는 극적으로 줄었다. 길들여지지 않은 자연의 야생 피난처로 여겨지던 옐로스톤 국립공원은 생태계 붕괴의 전형이 되었다.

생태계는 한 지역과 그 안에 사는 모든 생명체뿐 아니라 개울과 강, 강우, 바위, 광물, 지역의 기후 등 이를 지원하는 물리적 구성 요소까지 포함한다. 생물과 미생물은 상호작용을 해 광합성과 식물 먹이로 생성되고 활성화되는 복잡하게 얽힌 시스템을 만들어낸다. 식물들은 딸기를 따 먹는 불곰부터 꿀을 빠는 나비에 이르기까지 다양한 생물과 곤충들에게 먹힌다. 식물들은 미생물, 광물, 균류, 물, 햇빛으로부터 영양분을 얻는다. 모든 생태계는 대형 포유동물부터 숲 바닥에 여기저기 퍼져 썩어가는 잎과 솔잎을 먹는 균류의 가닥들에 이르기까지 먹이사슬의 연쇄반응을 형성하는데, 연쇄반응은 관점에 따라 상향식 혹은 하향식을 이룬다.

'영양trophic'은 영양소를 공급하고 획득하는 활동이다. 어떤 식물이나 유기체의 부분, 조각, 유해, 사체가 먹이사슬 내의 다른 종들의 먹이가 된다. 먹이사슬은 소비되는 먹이에 따라 대략 4개의 영양 단계로 나뉜다. 1단계는 유기물 잔해를 분해하는 균류, 벌레, 선충, 박테리아 같은 분해자들이다. 그 위에는 이끼부터 관목, 나무에 이르기까지 햇빛, 비, 분해자가 제공하는 토양 양분으로 에너지를 얻는 식물들이 있다. 그 위에는 들쥐, 파랑새, 다람쥐부터 들소, 사슴, 엘크에 이르기까지 식물을 먹는 초식동물들이 있다. 마지막 네 번째 단계에는 초식동물을 먹는 늑대, 올빼미, 퓨마 같은 육식동물들이 자리한다.

한 생태계가 어떻게 조합되는지는 장소와 동식물상에 따라 다르다. 하지만 모든 생태계에 공통된 한 가지 요소가 있다. 자연적 포식자가 없어 먹이사슬 맨 꼭대기에 있는 동물인 최상위 포식자다. 키워드는 '자연적' 포식자다. 옐로스톤은 인간이라는 포식자에게 둘러싸여 있다. 수십 년 동안 목장주인들은 그들이 공원 내부와 주변에서 늑대를 죽이는 것을 정당화하기 위해 늑대 때문에 목숨을 잃는 가축과 그 손실에 관해 끔찍한 이야기들을 떠들었다. 1945년 미국 서북부에서 회색 늑대가 박멸되었다. 캐니스 루푸스 *Canis lupus* 한 종을 제외하고는 모두 1975년 미국 어류 및 야생동물국의 멸

검은꼬리프레리도그 새끼 세 마리가 뿌리와 싹을 먹고 있다.

종 위기종 목록에 올랐다. 가축 떼를 무참히 공격하는 늑대들에 대한 해묵은 이야기는 과학이나 관찰에 근거한 것이 아니었다. 늑대는 양이나 소를 좋아하지 않는다. 엘크를 좋아해서 따라다니는데, 그 경로가 종종 목장이나 농장과 겹친다. 가축들이 대거 목숨을 잃는다는 포식자 전설은 데이터가 아니라 두려움 때문에 퍼져나갔다. 로키산맥 북부에서 늑대들이 사라지기 전에 늑대로 인한 가축 손실은 전체 손실의 1퍼센트도 되지 않았다.

1995년과 1996년 사이에 캐나다산 늑대 31마리를 옐로스톤에 다시 풀어놓았다. 그러자 70년 동안 피폐해졌던 생태계가 되살아나기 시작해 생물학자와 늑대의 재도입을 반대했던 사람들을 놀라게 했다. 목장 주인들이 라이플총 총성과 비슷한 소리를 들었다고 보고했지만, 그건 돌아온 비버들이 노 모양의 꼬리로 연못의 수면을 치는 소리였다. 강둑에 버드나무와 미루나무 숲이 다시 생겼다. 늑대들을 다시 데려오기 전에는 엘크가 옐로스톤에서 겨울을 나면서 버드나무를 뿌리까지 다 먹어치웠다. 이제 엘크들은 옐로스톤을 들락거린다. 최고 포식자들은 공포의 생태학ecology of fear이라는 현상을 발생시킨다. 엘크와 사슴들은 옐로스톤에 늑대들이 있다는 것을 알게 되자 끊임없이 이동하고 이주하는 본능이 되살아났고, 그러자 어느 구역에서건 나무와 관목의 소비가 줄었다. 버드나무가 늘어나자 비버도 늘어났다. 늑대들은 낭만적으로 묘사되었고 이 같은 변화에 대한 모든 공로를 인정받긴 하나 늑대가 유일한 요인은 아니었다. 같은 시기에 다른 최고 포식자의 수가 늘고 있었다. 바로 회색곰, 퓨마, 국립공원 밖에서 엘크를 죽이는 사냥꾼들이다.

늑대, 회색곰, 퓨마들은 최고 포식자 그 이상이다. 그들은 한 생태계 전체를 연결시키는 유형의 유기체인 핵심종이라 불린다. 핵심종의 다른 예는 벌, 벌새, 해달, 북방림의 사시나무 같은 나무들이다. 불가사리도 여기에 해당된다. 이 생물들이 핵심종인 이유는 이들의 생명이 다른 종들의 생명에 중요하기 때문이다. 이들을 없애면 생태계가 피폐해지거나 완전히 사라질 수 있다. 생태계는 회복력을 잃고 한때 억제되던 침입종들에게 희생된다. 생태계는 최하위층의 먹이의 가용성에 따라 제한을 받는 하나의 피라미드라는 것이 오래된 정설이었다. 토양이 없으면 식물도 없다. 식물이 없으면 초식동물도 없고, 초식동물이 없으면 포식동물도 없다. 이 이론은 논리적이다. 식물들이 사슴, 엘크, 토끼 같은 초식동물의 수를 결정하고, 초식동물이 포식동물의 수를 결정한다. 그러나 이 정설은 전설적인 생물학자 로저 페인에 의해 뒤집혔다. 시애틀에 있는 워싱턴대학의 동물학 조교수였던 페인은 올림픽 반도 끝 부근의 마카만으로 학생들을 데리고 갔다. 1963년 6월 그는 그곳에서 한 종이 생태계 전체의 기능에 결정적인 역할을 할 수 있다는 자신의 이론을 테스트하는 실험을 했다.

페인은 25피트에 걸쳐 펼쳐진 조수 웅덩이에서 높이 6피트의 바위를 발견했다. 바닷물에 씻긴 바위에는 조개삿갓, 따개비, 삿갓조개, 딱지조개, 해면, 해초, 성게, 아네모네, 홍합 그리고 그가 "밖으로 던져버리고" 싶어했던 한 종이 붙어 있었다. 바로 오커불가사리*Pisaster ochraceus*라 불리는 자주색과 오렌지색의 불가사리였다. 페인은 1년에 두 차례 쇠지렛대를 이용해 이 불가사리들을 떼어내 바다로 던졌다. 페인은 조수 웅덩이 생태계에서 특정 동물을 제거하면 어떤 일이 벌어지는지 알고 싶었다. 조수 웅덩이가 그의 실험실이었다. 이런 유형의 연구는 찰스 다윈, 앨프리드 월리스, 코페르니쿠스에게 영향을 미쳤던 것이자, 거의 모든 선주민 문화의 중심에 있는 관찰과학이다. 페인은 좀더 겸손한 표현을 썼다. 그는 이 방식을 "쫓아내고 관찰하기kick it and see" 생태학이라고 불렀다. 그는 불가사리들을 내던지기 전에 뒤집어서 무엇을 먹고 있는지 볼 수 있었다. 불가사리들은 삿갓조개부터 딱지조개, 홍합, 따개비까지 거의 모든 것을 먹었다. 불가사리들을 제거하고 1년도 지나지 않아 조수 웅덩이 공동체는 완전히 바뀌었다. 처음에는 따개비들이 영역의 60~80퍼센트를 차지하며 퍼졌지만 곧 더 작고 빨리 자라는 조개삿갓에게 쫓겨났다. 예전에 그곳에 살던 네 유형의 조류들은 어디서도 볼 수 없었고 딱지조개와 삿갓조개도 떠났다. 아네모네와 해면의 개체 수가 줄어든 반면, 작은 포식성 달팽이는 10배 이상 늘었다. 15종이 살던 공동체가 8개 종으로 줄었다. 몇 년 뒤 홍합이 영역 전체를 차지하면서 다른 종 대부분을 몰아냈다.

건축에서 아치는 쐐기돌이라는 쐐기 모양의 돌에 의해 형태가 유지된다. 쐐기돌은 아치의 다른 돌보다 꼭 클 필요는 없으며 모양과 기능만 다르다. 마찬가지로, 특정 종이 생태 공동체의 안정성과 다양성을 결정할 수 있다. 19세기에 러시아, 영국, 미국 사냥꾼들의 남획으로 해달이 멸종 위기에 처했을 때 해달의 주 식량원인 성게의 수는 폭발적으로 늘어나 프랜시스 드레이크 경이 세계의 불가사의라고 표현한 웅장한 갈조류 숲을 먹어치웠다. 페인은 1800년대 말 이후 해달이 사라진 것이 그 원인일 수 있다는 가설을 세웠다. 해달을 연구하고 싶어하는 학생 두 명이 찾아오자 페인은 알류산 열도의 두 섬에 가자고 제안했다. 한 섬에는 해달 개체군이 탄탄했고 다른 섬에는 해달이 없었다. 그들은 해달이 있는 섬에서는 볼락, 갈조류 숲, 독수리, 점박이바다표범을 발견했다. 해달이 없는 섬에서는 이들 중 무엇도 볼 수 없었다. 페인의 연구 덕분에 우리는 한 종이 많은 다른 종의 개체군 보존에 어떻게 도움이 될 수 있는지를 알게 되었다. 핵심종들은 단지 그곳에서 생활함으로써 여러 층에 영향을 미치는 영양 단계 연쇄반응을 일으킬 수 있다. 영양 단계 연쇄반응은 로저 페인이 고안한 또 다른 용어다.

늑대를 다시 들여오자 그들이 전멸된 뒤 옐로스톤의 많은 지역에서 시작되었던 영양 단계 연쇄반응은 뒤집혔다. 엘크가 줄어들자 먹이사슬의 교란에 영향받았던 다른 종들이 광범위한 이득을 보았다. 회색 늑대가 사라진 70년 동안 옐로스톤의 생태계는 훼손되고 재편성되었다. 복원이 이루어졌지만 전 지역은 아닐뿐더러 완전하지도 않았다. 일부 지역에서는 침식된 개울들이 버드나무의 서식지를 파괴해 버드나무가 다시 자라지 않았다. 비버들은 겨울에 먹을 게 없이는 그런 지역들로 돌아와 개울들을 되살릴 수 없었다. 자연 경관과 생태계를 망치는 데 수세기가 걸렸고 완전히 복구하는 데도 수세기가 걸릴 수 있다.

늑대들이 기후위기와 무슨 관련이 있을까? 늑대들을 없앴다가 다시 들여온 사례는 생태계가 어떻게 작동하는지 완전히 이해할 수 없다는 것을 깨우쳐준다. 각 생태계는 땅 위아래에 저장된 탄소의 보관소이며 상상도 할 수 없을 만큼 복잡한 생물 체계다. 우리가 생태계를 어떻게 다루는지에 따라 생태계가 탄소를 배출할지, 유지할지 혹은 토양과 생물량에 격리할지 정해진다. 생물다양성에 대한 존중과 보존은 기후 딜레마의 부차적인 문제가 아니라 해결책의 중심에 있다. 지구 생태계의 건강이 우리 미래를 결정함에도 불구하고 우리는 계속해서 포식자, 종, 식물, 습지를 없애고 전 세계 생태계의 기능을 퇴화시킨다. 에펠탑보다 더 높은 풍력 터빈과 전국에 식품을 운송하는 자율주행 전기차에 관한 자극적인 헤드라인들 사이에서 기후의 영향에 대한 이러한 이해를 놓칠 수 있다. 수소로 움직이는 자동차와 3중창은 기발한 기술이지만, 기술만으로 안정적인 기후 환경으로 돌아갈 수는 없을 것이다.

핵심종에는 세 가지 유형이 있다. 먼저 향유고래와 독수리처럼 먹이의 개체 수와 행동을 제어하는 포식자들이 있다. 이러한 포식자가 있으면 먹이의 행동이 바뀐다. 오스트레일리아의 과학자들은 뱀상어가 해초지에서 멀리 있을 때는 몰려든 바다거북들이 해초를 모조리 먹어치운다는 것을 발견했다. 뱀상어가 나타나면 바다거북들은 넓은 지역으로 퍼져나간다.

그다음으로는 물리적으로 환경을 변화시키는 생태계 엔지니어가 있다. 비버가 전형적인 예다. 또 다른 예로는 프레리도그가 있다. 흙으로 된 프레리도그 군락은 초원의 '산호초'라고 불린다. 약 150종의 토종 새와 동물들

—— 잠비아의 사우스 루앙와 국립공원에서 붉은부리소등쪼기새 두 마리를 태운 하마

이 프레리도그가 형성한 생태계에 영양과 서식지를 의지한다. 프레리도그들은 먹이를 구하고, 굴을 파고, 식물들을 잘라내면서 굴올빼미와 마운틴 플러버들의 서식지를 만들고 침입성 관목의 출현을 막으며 미생물 복잡성을 증가시키고 풀과 광엽초본들에게 영양분을 제공한다. 또한 이 설치류들 자체가 올빼미, 매, 흰담비의 먹이가 된다. 안타깝게도 오늘날까지 프레리도그들은 네브래스카주와 그 외의 주들에서 조직적 사냥의 살아 있는 표적이 되고 있다.

세 번째는 상리 공생 생물이다. 상리 공생은 상호 이익을 의미하며, 생물이 자신의 생존이 다른 형태의 생물의 안녕에 달려 있음을 인정하는 것이다. 1000년까지는 아니더라도 수세기 동안 생명에 관한 서구의 관점은 치열한 골육상쟁의 변형이었다. '적자생존'은 생존이 주어진 환경에 가장 잘 적응하는 것이라는 다윈의 주장을 잘못 해석한 것이다. 아프리카의 붉은부리소등쪼기새가 전형적인 예다. 이 새들은 버펄로, 하마, 얼룩말 위에 앉아 마치 이 동물들의 머리와 등이 간이식당이라도 되는 양 곤충과 진드기, 기생충들을 잡아먹는다. 그리고 포식자가 다가오면 붉은부리소등쪼기새들은 주인에게 경고의 울음소리를 낸다. 꿀을 찾는 벌들은 꽃의 자외선 반사를 관찰하여 꿀과 꽃가루가 가득한 꽃 한가운데의 수술을 찾아간다. 벌들이 떠나면 다른 벌들이 멀리서도 이들의 발자국을 볼 수 있고, 그러면 심피에 다시 꿀이 채워지기까지 그 꽃을 피한다. 꽃은 효과적인 꽃가루받이가 이루어져 이익이고 벌들은 꿀에 생산적으로 접근할 수 있어 이익이다.

종들이 양쪽 모두에게 이익이 되도록 서로 도우며 행동하는 것이 상리공생이라면, 인간이 땅과 생물들과 서로에게 초래한 세상의 무질서 및 고통을 감안했을 때 우리는 인간이 이 세 유형의 핵심종 가운데 무엇이 되길 선택해야 하는지 묻고 싶어질 수 있다.

방목지 생태학 Grazing Ecology

풀을 뜯어 먹는 초본초식동물grazer들은 지구의 탄소 순환에 크게 기여하는 숨은 공로자다.

방목은 고대 역사에서 자연스러운 과정이었다. 우리는 풀을 먹는 동물들이 5500만 년 전에 나타났다는 것을 화석 기록을 통해 알고 있다. 3000만 년 뒤에는 광대한 초원이 생겨났고 다음 1000년 동안 늘어나는 초본초식동물들을 먹여 살리며 공진화共進化했다. 초본초식동물의 먹이는 원래 풀, 광엽초본, 목본식물의 잎이 섞여 있었지만 시간이 지나면서 점차 특화되었다. 최초의 진정한 초본초식동물들—일 년 내내 주로 풀에서 영양을 얻는

___ 나미비아의 에토샤 국립공원 내 사바나의 검은꼬리누. 150만 마리의 누가 가젤, 얼룩말들과 함께 세렝게티와 마사이마라 생태계에서 지구 최대의 이주에 나선다.

동물들—은 1000만 년 전에 나타났는데 여기에는 들소, 영양, 얼룩말, 물소, 양, 엘크, 낙타, 라마, 말, 소, 무스, 야크뿐 아니라 토끼, 메뚜기, 거위 등 오늘날 우리에게 익숙한 많은 초식동물의 조상이 포함된다. 오늘날 초원은 지구 육지 표면의 27퍼센트를 차지하며, 가장 큰 탄소 저장소들 중 하나다. 이는 초본초식동물들이 대규모의 생태계 건강에서 대단히 중요한 부분을 차지한다는 뜻이다. 하지만 나무, 식물, 토양 미생물이 지구의 탄소 순환에서 수행하는 역할은 충분히 입증되어온 데 반해 초본초식동물들, 특히 야생동물은 항상 과소평가되어왔다.

영겁의 세월 동안 초본초식동물들은 입으로 풀을 뜯고 위에서 섬유상물질을 발효시켜 풀로부터 영양 에너지를 얻는 생리학적 능력을 발달시켰다. 초본초식동물의 소화기는 전장발효동물이나 후장발효동물의 두 유형 중 하나일 수 있다. 전자는 혹위를 포함한 4개의 방으로 된 위에서 박테리아와 그 외의 미생물들이 풀의 셀룰로오스를 혈류로 흡수되는 지방산과 단백질로 분해한다. 반추동물이라 불리는 이런 초본초식동물에는 소, 양, 염소, 엘크, 들소, 야크, 영양, 가젤, 그 외의 많은 동물이 포함된다. 후장발효동물들은 소화관 끝 근처에 하나의 큰 위를 가지고 있다. 이런 동물에는 코끼리, 얼룩말, 말, 코뿔소, 토끼, 나무늘보, 많은 설치류가 포함된다. 두 유형 모두 다른 방식으로 초원에 적응했다. 반추동물들은 양질의 먹이를 먹고 되새김질을 포함해 여러 방식으로 효과적으로 처리한다. 반면 후장발효동물들은 저급한 먹이를 먹는데, 필요할 때 영양을 얻기 위해 다량으로 먹어치워야 한다. 이들의 먹이의 차이는 많은 초본초식동물이 넓은 지역에서 공존할 수 있는 한 가지 이유가 된다.

야생에서 일부 초본초식동물은 큰 무리를 지어 필요한 영양을 섭취하기 위해 먼 거리를 이동하는 한편 포식자들로부터 자신을 보호한다. 이런 행동은 초본초식동물들과 초원 사이에 지속성 및 회복력 있는 오랜 공진화의 역사를 낳았다. 역사적인 예로는 북아메리카의 거대한 들소 떼와 유라시아 스텝 지대에서의 사이가산양의 이주를 들 수 있다. 오늘날 남아 있는 몇 안 되는 대규모 이주에는 아프리카의 영양과 얼룩말 떼, 북극의 카리부들의 이주가 포함된다. 이주하는 초본초식동물들은 먼 거리를 간다. 초원 생태계 전역에서 먹이의 질과 양이 매우 다양하기 때문이다. 동물들은 어떤 식물을 먹고 다음에 어디로 움직일지를 포함하여 최대의 영양을 섭취할 방법에 관해 본능적인 결정을 내리도록 진화했다. 먹이에서 얻을 수 있는 필수 미네랄을 찾는 것도 그들의 행동에 영향을 미친다. 아프리카에서는 장마철이 찾아오고 건기에서 우기로 바뀔 때 종종 수백만 마리에 이르는 얼룩말과 영양이 연간 '녹화green-up' 주기를 좇아 세렝게티 초원을 가로질러 이주한다. 얼룩말과 영양들은 어린 초목들을 찾아다닐 때 서로 잘 지낸다. 서로 다른 유형의 풀을 먹기 때문이다.(얼룩말은 키가 크고 질이 낮은 풀들을 선호한다.)

초본초식동물들은 초원 생태계에서 수동적인 존재가 아니다. 세렝게티에서 수행한 한 연구에 따르면 모든 유형의 풀이 방목 금지(울타리가 쳐진) 영역보다 방목 영역에 평균 43퍼센트 더 집중되어 있다. 방목은 오래되거나 썩거나 죽은 식물 조직을 제거하여 대부분의 성장이 일어나는 식물의 아랫부분에 더 많은 햇빛이 닿을 수 있게 함으로써 풀의 재성장을 촉진한다. 동물들의 분뇨는 식물들에게 질소를 포함한 천연 비료를 공급한다. 이 모두가 땅 위에서는 햇빛의 포착과 광합성을, 표토 아래에서는 물과 양분 흡수를 증대시켜 식물의 생장력을 향상시키고 새로 난 잎들이 하늘로 뻗는 동안 뿌리가 퍼져나가게 한다. 그 결과 풀들은 특히 성장기 초기 단계에서 영양분이 더 풍부해진다.

개개 초목의 관점에서 보면 동물들이 풀을 뜯어 먹는 것은 강력한 영향을 미칠 수 있는 교란의 한 형태다. 식물이 차가운 기온이나 수분 부족으로 휴면기에 있다면 동물의 입에 잎이 뜯겨나가는 것은 큰 해를 미치지 않을 것이다. 하지만 자라고 있는 식물이라면 잎들이 광합성을 해서 모든 부분에 에너지를 전달한다. 배고픈 초식동물이 잎을 크게 뜯어 먹으면 식물의 성장을 꽤 크게 방해할 수 있다. 그렇더라도 잠시 동안일 뿐이다. 녹색 잎이 손실되면 뿌리의 성장과 침투를 자극하여 더 튼튼하고 미네랄이 풍부한 풀로 자란다. 그리고 일부 녹엽 조직이 항상 식물에, 특히 기부에 남아 있어서 다시 자라기 시작한다. 이는 식물과 동물 둘 다 이익을 얻는 생태학적 공생이다. 풀들은 초본초식동물들과 공진화해왔다. 예를 들어 동물의 침은 식물의 성장을 자극한다. 교란으로 풀들이 얻는 이익은 연중 풀을 뜯어 먹는 시기, 풀을 뜯어 먹는 강도(얼마나 많은 녹엽 조직이 제거되는가), 다시 뜯기기 전까지 식물이 회복하고 성장할 충분한 시간이 있는지의 여부 등 많은 요인에 달려 있다. 풀을 뜯어 먹은 뒤 떠나는 이동성 초본초식동물들이 딱 알맞은 이유는 이 때문이다. 이 동물들은 가장 영양분이 많은 풀을 먹기 위해 잠시 동안만 머물다가 1년 이상 되돌아오지 않는다.

초본초식동물들은 대규모로 이동하는 무리에 속하건, 더 작은 무리에 속하건 수천 년 동안 초원 생태계의 본질적인 부분이 되어왔고 지구 생물의 필수 구성 요소가 되었다. 이들은 땅과 대기 사이의 에너지, 물, 탄소, 온실가스 교환에 있어 직접적인 역할을 한다. 초식동물의 행동이나 수의 변화는 식물의 구성, 생산성, 영양소 순환, 그 외의 생태학적 과정에 극적인 결과를 불러올 수 있다. 초원에서 초본초식동물들이 쫓겨나거나 제거되면 시스템의 생태학이 꽤 크게 뒤바뀌고 퇴화된다. 예를 들어 북아메리카에서는 1980년대에 캔자스주에 있는 장초 초원의 한 보호구역에 들소 떼를 다시 들여와 연구자들은 들소들이 땅의 풀을 뜯어 먹을 때의 영향을 수치화할 수 있었다. 연구자들은 생태계의 건강을 유지하는 방법으로 의도적으로 불을 놓는 것과 들소 방목을 비교하는 데 특히 관심이 높았다. 과학자들은 방목의 영향이 매우 긍정적이라고 판단해 들소를 핵심종이라 불렀고 대평원의 다른 지역들에도 이들을 재도입하는 것을 지지했다.

유럽에서는 초본초식동물들이 대륙의 생태에 중요한 역할을 한 것으로 보인다. 선사시대에 이 지역의 숲들은 오늘날만큼 빽빽하지 않았다. 그보다는 오히려 크고 작은 초원, 관목, 홀로 자라는 나무, 작은 숲에서 자라는 나무들로 이루어진 모자이크 같았을 것이다. 사슴, 멧돼지, 오로크스(현대의 소의 조상) 같은 토종 야생 초본초식동물들은 씨를 퍼트리는 새들과 함께 이 모자이크에 없어서는 안 되는 부분이다. 초본초식동물의 입에 맞지 않는 가시투성이 관목들이 나무를 보호했고 결과적으로 나무들은 작은 숲을 이루었다. 나무들이 충분히 높이 자라자 임관층이 드리운 그늘로 관목들이 차츰 말라갔다. 그러자 초식동물들의 압박이 다시 시작되어 숲 바깥에서 새로운 나무들의 성장을 방해했다. 결국 숲 한가운데의 가장 오래된 나무들은 썩어서 죽었다. 이제 더 많은 햇빛이 바닥까지 닿아 풀의 성장을 촉진했고, 그러자 더 많은 초본초식동물을 끌어들여 초원은 유지되었다. 사바나와 비슷한 스페인 남부의 '데헤사'와 포르투갈의 '몬타도스'처럼 최근에는 인간들이 가축을 이용하여 개방적인 경관을 유지한다.

이런 동적인 자연적 교란 과정은 다양한 생물망에 기여하고 탄소 순환을 개선시킨다. 초본초식동물과 초원의 상호작용이 일으키는 유익한 효과를 옹호하는 이들은 티베트 고원 같은 넓은 지역에서 초식동물을 그들의 조상의 행동을 모방하는 방식으로 주의 깊게 관리함으로써 생태학적 목표를 달성할 수 있다고 주장한다.

인간은 소나 양처럼 길들여진 초본초식동물과 지속 가능하고 재생력 있는 방식으로 협력해온 오랜 역사를 가지고 있다. 전 세계 선주민들이 실행한 한 가지 전통적인 관계는 라마, 낙타, 염소, 야크 등의 동물 무리가 사람에게 이끌려 신선한 먹이와 물이 있는 곳으로 이동하는 이목移牧이다. 이목에 종사하는 사람들은 날씨, 동물, 환경 간의 동적인 상호작용에 익숙하다. 이들은 자기가 기르는 동물이 건강하기 위해 무엇이 필요한지, 풀을 지나치게 먹어치우지 않도록 언제 동물을 이동시켜야 하는지, 포식자 및 그 외 야생동물과의 충돌을 어떻게 피할지를 오랜 경험을 통해 알고 있다. 수세기 동안 땅이 가축 떼를 형성하고 가축 떼가 땅을 형성했다. 그리고 둘 다 인간 문화를 형성했다. 5억 명에 이르는 사람이 여전히 일정 유형의 이목을 하고 있고 모든 나라의 4분의 3 이상에는 이목 공동체가 있다.

잘 알려진 이목 공동체는 케냐와 탄자니아 북부에 거주하는 마사이족이다. 인구 100만 명이 넘는 마사이족은 정교한 농목축 생활 방식을 발전시켜 거칠고 건조한 환경에서 생존하고 번성할 수 있었다. 마사이족이 기르는 소는 우유와 고기, 부를 제공한다. 일부 마사이족은 옥수수와 콩 등의 작물을 기른다. 마사이족에게는 엄격한 자연 보존 윤리가 있어서 자신들의 활동과 코끼리, 얼룩말, 물소 등 지역 내의 다양한 야생 초식동물의 요구가 통합되도록 온갖 노력을 기울인다. 그들은 이목이 생태학적으로 환경에 이

— 몬태나주 북부에 있는 블랙피트 인디언 보호구역에서 가을 목초지로 이동하고 있는 들소들. 블랙풋 연맹의 부족들은 대평원 북부에 장초 초원을 되살릴 수 있는 들소를 복원시키려 노력하고 있다.

롭고 야생생물의 보존에도 적합하다는 것을 경험으로부터 알고 있다. 특히 사자 및 그 외의 포식자들과 충돌도 있지만 마사이족은 문제를 최소화하는 방법들을 개발해왔다. 그 결과 사람, 방목 가축들, 땅 사이에 오랜 시간에 걸쳐 검증되고 선주민들의 심층적인 지식으로 뒷받침된 공고한 관계가 형성되었다.

그러나 이러한 유대가 기후변화와 인간의 침해로 위협받고 있다. 기온 상승과 오랜 가뭄은 소들의 건강을 위협하고 초원에 스트레스를 준다. 도시 지역의 확산과 공유지였던 땅들의 사유화는 마사이족이 돌아다닐 공간이 줄어들었다는 뜻이다. 울타리가 설치되어 방목 가축들이 몰려 들어가고 나가는 것을 방해한다. 야생생물 관광업은 경제적으로는 수익성이 있지만 전통적인 마사이족의 생활 방식에 영향을 미친다. 그렇더라도 마사이족은 그들을 살아가게 해주는 땅처럼 회복력이 강하다.

___ 살아 있는 가장 큰 육지동물인 아프리카코끼리들이 보츠와나 초베 국립공원에 있는 리니안티 소택지의 갈대가 자란 둑을 누비고 있다.

집 안에서부터 시작해보자. 먼저 멋진 페르시아 카펫과 사냥칼을 상상해보자. 카펫의 크기는 가령 폭이 12피트, 길이가 18피트라고 하자. 그러면 우리에게는 216제곱피트짜리 직물이 있다. 사냥칼의 날이 예리한가? 아니라면 날카롭게 갈아야 한다. 우리는 카펫을 각각 폭 2피트, 길이 3피트의 똑같은 직사각형 조각 서른여섯 개로 자르기 시작한다. 원목 마루는 신경 쓰지 마라. 직물을 자르면 페르시아의 분노한 직공들이 숨죽여 비명을 지르는 것처럼 신경질적인 작은 소리가 난다. 직공들은 신경 쓰지 마라. 카펫을 다 자르고 나면 각 조각을 측정해서 합계를 낸다. 그러면 여전히 거의 216제곱피트의 카펫처럼 보이는 물건이 있다는 걸 알게 된다. 하지만 그게 무슨 가치가 있는가? 우리에게 36개의 멋진 작은 페르시아 융단이 있는가? 아니다. 우리에게 남은 건 아무 짝에도 쓸모없고 가장자리가 풀어지기 시작하는 36개의 너덜너덜한 조각뿐이다.

_데이비드 콰먼, 『도도의 노래Song of the Dodo』

자주 이야기되는 데이비드 콰먼의 이 비유는 생태계가 도로, 울타리, 과도한 방목, 농업, 교외, 개발로 산산조각 났을 때 일어날 수 있는 상황을 묘사한다. 2001년부터 2017년까지 미국의 고속도로 개발로 약 2400만 에이커의 땅이 손실되었으며, 교외 지역을 연결하는 고속도로들은 그 도로를 건너야 하는 동물에게 생존이 걸린 도전장을 내민다. 밤에 차들이 쌩쌩 달리는 도로를 걷거나 뛰어서 건너본 사람이라면 누구든 곰이나 사슴이 처한 위험을 상상할 수 있다. 서식지 단편화가 일어나면 서서히 퇴화가 일어나고 종들이 사라지다가 결국 멸종된다. 이런 현상이 기후 및 지구온난화와 무슨 관계가 있을까? 밀접한 관계가 있다. 진짜 카펫으로 이야기를 시작해보자.

10월 중순에 위스콘신주의 화이트강 습지를 떠나는 캐나다두루미 떼건, 영양 150만 마리의 대이동이건, 세렝게티를 이동하는 수십만 마리의 얼룩말과 가젤이건 동물들이 평원을 건너거나 산을 넘거나 하늘을 날아서 이동하는 것은 전 세계 자연 서식지의 보존에 매우 중요하다. 생태계는 그 안에 서식하는 식물 군락과 동물 군락으로 분류된다. 모든 군락은 서로 다르며, 하나같이 복잡하다. 그리고 모두 위협에 처했거나 위험한 상태에 있다.

육지 생태계와 해안 생태계는 대기 중에 포함된 탄소의 거의 4배인 30억 톤 이상의 탄소를 보유하고 있다. 지구온난화를 막으려면 세 가지 단호한 행동이 요구된다. 첫째, 화석연료 연소 과정에서 발생하는 탄소 배출을 줄이고 없애야 한다. 둘째, 광합성으로 초원, 숲, 농지, 맹그로브, 습지의 토양에 탄소를 격리시켜야 한다. 셋째, 이곳 지상의 탄소를 지켜야 한다. 우리가 서식지 보호를 포기하고 화석연료 대체물에만 초점을 맞춘다면 아무 소용이 없을 것이다. 육지의 탄소를 15퍼센트 잃으면 대기 중의 이산화탄소는 100ppm 늘어날 수 있다. 야생동물 회랑의 설치는 그러한 손실을 막는 데 매우 중요하다.

야생동물 회랑은 새, 포유류, 무척추동물, 파충류, 곤충이 이동하고, 먹고, 마시고, 연결된 서식지들 사이를 오가는 물과 땅, 하늘의 통로다. 회랑들은 주어진 종이 한살이, 그러니까 벌새인지, 거북인지에 따라 2년부터 100년까지 다양할 수 있는 수명을 마치도록 충분한 서식지를 보존한다. 야생동물 회랑은 고립된 서식지의 부분들을 연결하여 종들이 이동할 수 있게 한다. 회랑이 없으면 종들은 먹이와 물을 얻을 만한 곳들을 쫓아갈 수 없고 이로써 유전적 고립과 지역적 멸종의 위험에 처한다. 지구온난화 때문에 이번 세기 말까지 세계에서 가장 생물다양성이 높은 지역들에서 식물과 동물 종의 최대 절반이 멸종될 수 있다. 더 시원한 기후로 이어지는 회랑들은 종들에게 상승하는 기온에서 도망칠 생명선을 제공한다. 미국 서부에서 육지의 75퍼센트에 있는 서식지 회랑들을 연결하면 동물이 이동하고 기후 교란에 적응할 길이 생긴다. 새, 곤충, 파충류, 포유류들이 회랑을 통해 이동하면서 식물과 나무들이 가루받이를 하고 씨앗을 퍼뜨릴 수 있다. 서식지 연결은 개체군 내의 유전적 다양성과 회복력을 증대시키며, 이로써 종들은 지구온난화로 인한 변화에 적응하는 능력이 강해진다.

코끼리, 늑대, 호랑이, 미국흰두루미, 그 외의 수백 개 종을 구하는 데는 이유가 필요치 않다. 그들이 존재한다는 자체로 이유는 충분하다. 이 생물체들은 고유의 진화적 특성과 지능, 아름다움을 지니고 있다. 우리가 놓칠 수 있는 사실은, 우리가 코끼리건 벌이건 곰이건 훼손되지 않은 생태계에 의존하는 거의 어떤 종이라도 '구하면' 우리는 이익을 얻는다는 점이다. 말 그대로 우리를 구한다. 지구 생태계의 생존력과 회복력을 보호하는 것은 인간의 생존과 온실가스 배출을 안정화시키고 지구온난화를 되돌리려는 노력에 결정적으로 중요하다. 야생동물 회랑, 서식지, 생물다양성은 지구온난화와 별개의 문제가 아니다. 생물권이 대기를 만들고 대기가 생물권을 만든다. 이들은 분리될 수 없다.

전 세계적으로 개간, 인구 증가, 물리적 장벽, 농업이 미국 중서부의 습지부터 아시아의 우림, 캐나다와 러시아의 북방림에 이르는 서식지들에 압박을 가해왔다. 코뿔소, 호랑이, 코끼리, 오랑우탄의 서식지인 인도네시아의 우림은 감자 칩과 핼러윈 사탕에 들어갈 팜유 생산으로 인해 조각조각 났다. 멕시코와 미국 사이의 국경 장벽은 큰뿔야생양, 늑대, 오실롯이 활동 영역으로 가지 못하게 막고 미국 선주민 분묘지, 6개의 국립공원, 5개의 주요 보존구역, 6개의 야생동물 보호지구, 200종의 나비들 보금자리인 나비센터 National Butterfly Center를 포함한 그 외의 수많은 야생생물 보존구역을 가로지른다.

종들이 사라지면 생태계는 악화된다. 붕괴가 진행되면서 더 많은 종이 사라지고 결국 생물계의 내재된 복잡성을 지원하지 못하는 생물학적 조각들로 흩어진다. 생태계에서는 조류, 포유류, 개구리, 박쥐, 파충류, 나무, 식물, 균류, 물고기, 습지가 적극적인 관계, 역동적이고 공생적이며 복잡한 네트워크를 형성한다. 크고 작은 생물체가 사라지면 식물들은 불안정해진다. 식물 군락과 동물 군락들이 다양성을 잃으면 다른 군집과 군락의 손실도 가속화된다. 생태계가 축소되면, 감소하는 생물 집단이 저장하고 있던 탄소를 배출한다. 식물 군락들이 쇠퇴하면 습지는 사라지고 꽃가루 매개자들이 감소하며 토양은 메마르고 더 많은 탄소가 배출된다. 탄소는 산화되어 이산화탄소가 된다.

2000년대 중반 현재, 옐로스톤 광역생태계Greater Yellowstone Ecosystem에서 엘크 이동 경로의 58퍼센트, 가지뿔영양들 이동 경로의 78퍼센트, 들소 이동 경로의 100퍼센트가 인간의 개발활동으로 차단되었다. 사우스다코타주에 사는 스튜어트 슈밋은 4대째 내려오는 농부이자 목장 주인이다. 슈밋은 대평원의 동물 무리의 자연적 이동을 모방하여 소들을 관리함으로써 자생종 풀과 꽃들이 목초지의 표토를 덮도록 촉진했다. 식물과 풀의 다양성이 증가하자 벌레가 더 다양해졌고, 그러자 새와 포유류도 더 다양해졌다. 자연을 모방한 방목은 사슴과 가지뿔영양이 겨울에 이주하는 동안 생명을 유지할 수 있도록 먹을 잎들을 남겨둔다. 풀을 관리하고 자연 상태로 복원하면 대평원의 종들이 초원을 공유할 수 있고 계절에 따라 이동할 수 있다.

미국과 멕시코를 오가는 철새들 가운데 명금류는 1960년대 이후 50퍼센트 이상 급속히 줄어들었다. 이러한 감소에는 많은 원인이 있지만 둥지를 트는 지역과 겨울을 나는 지역, 그 사이의 모든 곳에서의 서식지 손실이 가장 중대한 원인이다. 현재 북아메리카에는 1970년대보다 명금류의 수가 30억 마리 줄었다. 위험에 처한 초원들에서 알을 낳는 새들이 가장 큰 타격을 입어 31개 종의 7억 마리 이상이 사라졌다.

수상 회랑들은 해양 생태계의 건강에 대단히 중요하다. 브리티시컬럼비아주 남부에서 멕시코 바야 남단까지 북아메리카 서쪽 해안을 흐르는 캘리포니아 해류는 지구에서 가장 중요한 해양 회랑들 중 하나다. 남부 정주형 범고래, 태평양의 장수거북, 해달, 짧은꼬리알바트로스, 치누크, 흰연어, 은

—— 잠비아 사우스루앙와 국립공원의 물웅덩이에 공생관계인 붉은부리소등쪼기새와 함께 있는 아프리카물소

이주하는 종들의 예

아메리카흰두루미	치타	장수거북	회색들소
검은집게제비갈매기	사자	향유고래	가젤
숲지빠귀	호랑이	매너티	코끼리
미국흰죽지	마게이	큰귀박쥐	비쿠냐
울버린	바키타돌고래	누	오릭스영양
슴새	영양	군주나비	카리부
물수리	철갑상어	블랙팬지나비	먹황새
청솔새	타폰	연노랑흰나비	홍학
검정뜸부기	붉은겨드랑이다이커	블루타이거나비	붉은가슴기러기
줄농어	검은등자칼	잠자리	개개비
참다랑어	황소상어	무당벌레	나사뿔영양
큰바다사자	고래상어	야크	산양
흰부리돌고래	바다거북	마운틴고릴라	엘크
청어	켐프바다거북	재규어	밴팅
표범	붉은바다거북	얼룩말	검은코뿔소

연어를 포함하여 이 해류에 의존하는 약 30종의 어류, 해양포유동물, 바닷새, 파충류, 무척추동물들이 멸종 위기에 처했다. 이 동물들의 이동 통로는 이들의 생존뿐 아니라 서태평양의 생태계 전체에 중요하다.

계산은 명확하다. 우리는 50억 에이커의 삼림지를 잃어왔다. 한때 지구 땅의 12퍼센트를 차지했던 열대림이 현재는 7퍼센트에 불과하다. 해양 회랑들은 온난화, 플라스틱, 선박 항로, 오염, 남획으로 위협받고 있다. 미국의 초원들은 아마존의 우림보다 더 빠른 속도로 사라지고 있다. 대평원은 2018년 한 해에만 210만 에이커가 사라졌다. 세계의 온대 초원들 중 거의 절반이 농업이나 산업적 용도로 전용되었다. 이산화탄소로 채운 이중유리창 기술은 많은 주목을 받을 만하다. 그러나 훼손되지 않은 생태계들의 손실, 이 생태계들이 배출하는 온실가스와 대기에 미치는 영향 역시 똑같이 언론의 관심을 받아야 마땅하다. 이것은 해결책을 구하고 있는 문제가 아니다. 해결책들은 이미 존재하기 때문이다. 이것은 사람들의 인식을 구하는 문제다.

야생화Wilding

—

이저벨라 트리

찰리 버렐은 스물세 살 때 조부모님에게서 3500에이커의 넵 캐슬 사유지를 상속받으면서 적자 상태의 낙농장과 경작할 수 있는 농장을 함께 물려받았다. 서식스주에는 진창을 나타내는 단어가 30개나 된다. slub, gawm, glubber, sleech, pug가 그중 일부다. 서식스 윌드 지방의 악명 높은 진흙이 여름에는 콘크리트, 겨울에는 죽 같은 상태가 될 때면 이 진창 탓에 농사는 고생스러워진다. 메마른 땅에서 수익을 내기 위해 버렐과 그의 아내 이저벨라 트리는 더 큰 신형 기계와 값비싼 인공 비료 및 제초제로 농사 방

___ 넵 캐슬 사유지의 황무지에서 풀을 뜯어 먹고 있는 다마사슴 세 마리. 최종 간빙기 동안 유럽 대부분의 지역에서 자생하던 다마사슴들은 빙하기 때 중동, 시칠리아, 아나톨리아의 레푸지아에서 살아남았다. 이들은 레반트에서 기원전 42만 년에 이미 고기를 공급했고, 서기 1세기에 영국 남부에 도입되었다.

법들을 강화하고 기반시설과 최신식 착유장에 투자했다. 두 사람은 농장의 산출량을 늘렸고 낙농장은 전국 10위 안에 들었다. 하지만 서식스의 진창 때문에 두 사람은 겨우내, 때로는 6개월이나 땅에 발을 들이지 못했다. 물론 수익은 나지 않았다. 2000년에 두 사람은 농업계와 환경보호론자들에게 반향을 불러일으키게 될 결정을 내렸다. 농장이 야생 상태가 되도록 그냥 놔두기로 한 것이다. 한때 농장이었던 땅이 무엇이 되고 싶은지 자연이 결정하도록 했다. 네덜란드의 생태학자 프란스 베라의 조언에 따라 두 사람은 오로크스와 유라시아 야생말인 타팬 등 한때 영국과 유럽을 누비던 거대 동물들을 대신하기 위해 자유롭게 돌아다니며 풀을 뜯는 초식동물들을 들여왔다. 두 사람은 사유지 둘레에 울타리를 치고 수 마일에 걸쳐 내부의 울타리들은 제거했다. 그 결과는 굉장했고 놀라울 정도로 수익성이 높았다. 이제 이곳에는 자생종 식물, 야생화, 가시덤불이 무성한 습지, 나비, 엑스무어 포니, 탬워스 돼지(정부가 허용하는 멧돼지와 가장 가까운 종), 붉은사슴과 다마 사슴, 잉글리시 롱혼이 산다. 농장에는 동물을 담당하는 직원이 한 명 있다. 늑대나 그 외의 최상위 포식자를 다시 데려올 수는 없기 때문에 동물들은 도살되어, 이저벨라의 표현에 따르면, 영국에서 "가장 윤리적인 고기"가 되어야 한다. 넵 캐슬 사유지는 나이팅게일, 희귀한 보라색 황제나비, 거의 사라진 멧비둘기, 다섯 종의 토종 올빼미가 풍부한, 영국 전체에서 가장 생물다양성이 높은 사유지들 중 하나가 되었다. 두 사람은 현재 글램핑, 캠핑, 야생생물 사파리가 포함된 수익성 있는 생태관광 사업을 운영하고 있다. 사유지를 교차하는 18마일에 걸친 일반인용 오솔길에서 야생생물들을 보거나 그들의 소리를 들을 수 있다. 이것은 재생, 자연의 근원적 토대, 인간이 자연과 연대할 때 나타나는 잠재된 풍요로움에 관한 이야기다.

_폴 호컨

웨스트서식스주에 있는 넵 캐슬 사유지의 고요한 6월의 어느 날이다. 이제 여름이라고 부를 직하다. 우리가 기다려온 때다. 감히 기대해도 되는지는 잘 모르겠지만. 그때 바로 저기, 한때 생울타리였던 덤불에서 틀림없이 그 가르랑거리는 소리가 들린다. 마음을 달래주는 매혹적이고 약간 멜랑콜리한 소리. 우리는 야생자두나무, 산사나무, 개장미, 검은딸기나무의 가장자리에서 물결치는 어린 참나무와 오리나무들을 지나 조용히 걸어간다. 녀석을 알아봤을 때의 전율에는 안도감이 섞여 있었고, 우리 둘 다 입 밖으로 내서 운명을 시험하는 짓은 하지 않았지만 승리감을 느꼈다. 우리의 유럽멧비둘기들이 돌아왔다.

남편 찰리에게 멧비둘기의 부드러운 울음소리는 아프리카의 덤불, 부모님의 농장을 뛰어다니던 어린 시절로 그를 다시 데려다준다. 아프리카는 바로 멧비둘기들이 떠나온 곳이다. 작은 비상근으로 3000마일을 날갯짓해서 서아프리카 깊숙한 곳, 말리, 니제르, 세네갈을 떠나 사하라 사막, 아틀라스산맥, 카디즈만의 웅대한 풍경을 지나고 지중해를 건너 이베리아반도까지 날아가 프랑스를 거쳐 영국해협을 건너왔다. 녀석들은 주로 어둠을 틈타 시속 최대 40마일의 속도로 매일 밤 300~450마일을 날아 5월이나 6월 초 영국에 도착한다. 동료 아프리카 철새인 나이팅게일과 마찬가지로 유럽멧비둘기들은 겁이 많기로 소문났다. 우리에게 녀석들이 이곳에 왔음을 알리는 건 울음소리다. 보통 이곳에 먼저 도착하는 뻐꾸기나 나이팅게일과 마찬가지로 유럽멧비둘기들은 아프리카의 포식자, 경쟁자들과 멀리 떨어진 곳에서 알을 낳아 새끼를 키우기 위해, 그리고 먹이를 구할 수 있는 낮이 긴 유럽의 여름을 이용하기 위해 이곳을 찾는다. 1960년대에 태어나 영국 시골에서 자란 우리 나이대의 사람 대부분에게 유럽멧비둘기는 여름의 소리를 상징한다. 녀석들의 다정한 노랫소리는 우리 잠재의식 깊은 곳 어딘가에 영원히 박혀 있다. 하지만 나는 우리보다 어린 세대들에게는 이런 향수가 없다는 걸 알아차렸다. 1960년대에 영국에는 25만 마리의 유럽멧비둘기가 있었던 것으로 추정된다. 오늘날에는 5000마리도 되지 않는다. 이런 식으로 가면 2050년에는 50쌍도 남지 않을 수 있고 그때부터는 영국에서 번식하는 종으로서는 멸종을 코앞에 두게 될 것이다. 지금은 크리스마스에 사랑하는 사람이 준 선물을 노래할 때(캐럴송 「Twelve Days of Christmas」의 가사로, 유럽멧비둘기가 선물 중 하나다—옮긴이) 캐럴을 부르는 이들 가운데 유럽멧비둘기를 보는 건 고사하고 울음소리를 들어본 사람도 거의 없다. 사랑스러운 라틴어 투르투르turtur(파충류와는 아무 관계가 없고 매력적인 가르릉 소리와 관련된 단어다)에서 유래한 이름의 의미는 우리에게 잊혔다. '멧비둘기들'의 상징, 부부간의 애정과 헌신을 비유하는 암수 한 쌍, 애절한 사랑의 노래는 사라졌고, 초서, 셰익스피어, 스펜서가 노래하던 새는 불사조와 유니콘의 왕국으로 자취를 감추고 있다.

잉글랜드 동남쪽 구석으로 지역이 축소되면서 서식스는 멧비둘기의 마지막 보루들 중 하나가 되었다. 그렇긴 하지만 우리 카운티에 있는 멧비둘기도 기껏해야 200쌍으로 추정된다. 주기적인 가뭄과 토지 이용의 변화, 휴식처의 상실, 심화되는 사막화, 아프리카에서 자행되는 사냥, 지중해의 사냥꾼 사격대들을 통과해야 하는 엄청난 도전 등 이동 경로에서 나타나는 문제가 분명 부분적으로 책임 있다. 몰타에서만 해도 계절마다 10만 마리의 멧비둘기가 목숨을 잃고 스페인에서는 한 해에 약 80만 마리가 죽임을 당한다. 하지만 이런 영향이 상당하긴 해도 영국에서 멧비둘기 개체군의 거의 완전한 붕괴를 설명하기엔 충분하지 않다. 번식기가 끝난 뒤 아프리카로 돌아가는 새에게 사냥꾼들이 여전히 총을 쏘는 프랑스에서는 1989년 이후 멧비둘기가 40퍼센트 줄었다. 상당히 감소되긴 했지만 우리와는 비교가 되지 않는다. 영국에서는 적어도 최근에는 멧비둘기에게 총을 쏘지 않기로 했다. 지난 16년간 유럽 전역에서 유럽멧비둘기의 수가 3분의 1 줄어 지금은 600만 쌍이 채 되지 않고, 2015년에는 국제자연보존연맹의 멸종 위기종 적색 목록에서 '관심 대상'이 아닌 '취약' 단계로 하락했다. 걱정스러운 감소세의 시작이다.

한편 유럽에서의 감소 곡선의 기울기에 비하면 영국의 개체 수 곡선은 거의 수직 낙하한다. 유럽멧비둘기가 영국에서 처한 곤경은 우리의 시골 지역이 거의 완전히 바뀐 데 근본 원인이 있다. 불과 50여 년 동안 일어난 일이다. 토지 이용의 변화, 특히 집약적 농업은 우리 증조부들이 알아보지 못할 정도로 경관을 바꾸어놓았다. 이런 변화는 현재 계곡과 언덕 전체를 덮고 있는 들판의 면적부터 농지에서 자생종 꽃과 풀들이 거의 완전히 사라진 데 이르기까지 경관에서 총체적으로 일어났다. 화학비료와 제초제가 멧비둘기들의 먹이인 작고 에너지가 풍부한 씨앗을 제공하는 둥근빗살괴불주머니, 별봄맞이꽃 같은 흔한 식물들을 모조리 없애버렸다. 그러는 와중에 습지와 관목들도 대거 없애고, 야생화 초원을 쟁기로 갈고, 자연 수로와 연못의 물을 빼고 오염시켜 멧비둘기들의 서식지를 완전히 파괴했다.

영국 저지대에서는 우연이건 혹은 계획적으로 남긴 것이건 자연의 작은 단편들이 자연적 과정들—자연계를 움직이는 상호작용과 활력—과 분리된 사막의 오아시스와 비슷하다. 우리는 제2차 세계대전이 끝난 뒤 40년 동안 그 전 400년 동안보다 더 많은 오래된 숲들(수십 개의 숲)을 잃었다. 전쟁이 시작된 때부터 1990년대까지 75만 마일의 생울타리를 잃었다. 산업혁명 이후 영국에서만 습지의 최대 90퍼센트가 사라졌다. 1800년 이후 영국의 저지대 황야의 80퍼센트가 사라졌고 그중 4분의 1에 해당되는 면적이 지난 50년 동안 없어졌다. 전쟁 이후 야생화 초원의 97퍼센트가 사라졌다. 이것은 끊임없는 일원화와 단순화로 우리의 경관이 독보리, 유채, 곡류, 제대로 관리되지 않은 채 흩어져 있는 숲과 자투리 생울타리들로 이루어진 패치워크가 된 이야기다. 이 숲과 생울타리들은 많은 종의 야생화와 곤충과 명금류에게 남아 있는 유일한 피난처다.

시골 지역의 변화는 유럽멧비둘기뿐 아니라 전체 새들에게 영향을 미쳤다. 왕립조류보호협회RSPB에 따르면, 1966년 영국에는 오늘날보다 새가 4000만 마리나 더 있었다. 하늘이 텅 비었다. 1970년에는 메추라기, 댕기물떼새, 유럽자고새, 옥수수멧새, 홍방울새, 노랑멧새, 종달새, 참새, 유럽멧비둘기 같은 '농지 조류'로 불리는 새가 2000만 쌍 있었다. 대부분 잡목림이나 생울타리에 둥지를 틀고 새끼에게 곤충을 잡아 먹이며 키우는 명금류였다. 1990년 그중 절반을 잃었다. 2010년에는 그 수가 다시 절반으로 줄었다.

우리의 하늘과 풍경에서 익숙하게 볼 수 있는 새들은 진정한 의미에서 탄광 속 카나리아, 더 크고 덜 가시적인 손실과 연결된 피해자들이다. 다른 모든 종—곤충, 식물, 균류, 이끼류, 박테리아 같은 덜 매력적인 형태를 포함하여—이 새들 이전에 새들의 전철을 밟아 같은 운명을 겪었다. 미국의 생물학자 에드워드 윌슨이 30년 전에 설명했듯이 생물의 다양성은 천연자원과 종간 관계의 복잡한 그물망에 의지한다. 전반적으로, 한 생태계에 더 많은 종이 살수록 생태계의 생산성과 회복력은 높아진다. 이것이 바로 생명의 경이로움이다. 생물다양성이 높아질수록 생태계가 지탱할 수 있는 생물량은 커진다. 생물다양성이 낮아지면 생물량은 기하급수적으로 감소할 수 있다. 그리고 더 많은 개별적인 취약종들이 무너진다. 데이비드 쾀먼은 『도도의 노래』에서 생태계를 페르시아 카펫과 비슷하다고 묘사했다. 큰 카펫을 작은 정사각형으로 자르면 작은 카펫들이 생기는 게 아니라 가장자리가 너덜너덜한 쓸모없는 조각이 잔뜩 나온다. 개체군 파괴와 멸종은 생태계 해체의 징후다.

이렇게 거의 상상도 하기 어려운 손실을 감안할 때 넵 캐슬에 유럽멧비둘기가 등장한 것은 기적에 가깝다. 예전에 집약적 경작지와 낙농장이었고 런던 중심부에서 44마일밖에 떨어져 있지 않은 면적 3500에이커의 우리 땅은 일반적인 추세를 거스르고 있다. 유럽멧비둘기들이 지금 이곳에 온 것은 우리가 이 땅에 영국에서는 처음으로 개척적인 재야생화再野生化 실험을 했기 때문이다. 유럽멧비둘기들이 찾아온 것은 우리와 이 프로젝트의 모든 관계자를 깜짝 놀라게 했다. 프로젝트가 시작되고 불과 1, 2년 뒤부터 이곳에서만 한두 마리 기록된 유럽멧비둘기의 울음소리가 들려오기 시작했다. 2005년에는 3마리, 2008년에는 4마리, 2013년에는 7마리, 2014년에는 11마리의 노래하는 수컷이 있었던 것으로 추정된다. 2018년 여름에는 20마리를 헤아렸다. 지난 2년 동안 우리는 가끔 전선줄이나 먼지투성이 길에 나와 앉아 있는 한 쌍을 우연히 발견했다. 멧비둘기들의 분홍색 가슴에 저녁노을이 어렸고 목에 있는 얼룩말 같은 작은 줄무늬는 아프리카를 암시해 이 새들이 불과 몇 주 전 코끼리들 위를 날아왔음을 상기시켰다. 유럽멧비둘기들이 넵에 군집을 형성한 것은, 그러지 않았다면 영국에서 멸종을 피할 수 없었던 추세를 뒤집은 소수의 예 중 하나다. 아마 영국 땅에서 유럽멧비둘기들에게 유일한 낙관적 징조일 것이다.

환경보호론자들은 넵의 성공의 열쇠가 "자기 의지적인 생태적 과정"에 초점을 맞춘 데 있다는 것을 깨닫기 시작했다. 재야생화는 자연이 주도권을 쥐게 놔둠으로써 야생을 회복하는 것이다. 그에 반해 종래의 영국 환경보존 활동은 목표와 통제 중심으로 현상을 유지하기 위해, 때로는 경관의 전체적인 모습을 유지하거나 종종 선택된 몇몇 종 혹은 선호되는 한 종의 인지된

___ 넵 사유지에서 산업적 집약 농업과 낙농업 관행들을 끝내자 완전히 다른 생태계가 등장했다. 전혀 목축을 하지 않아도 야생 목초지를 자유롭게 돌아다니며 풀을 뜯어 먹는 동물들에게서 해마다 75톤의 유기농 육류가 생산된다. 재야생화는 토양 복원, 산소 격리, 공기 정화, 희귀종과 꽃가루 매개충을 포함한 그 외의 야생생물들의 서식지 측면에서 엄청난 이익을 낳았다. 인간의 건강과 즐거움에 도움이 되면서 자연을 위한 공간이 탄생했다.

혜택을 위해 특정 서식지를 소소한 부분까지 관리하고자 인력으로 가능한 모든 것을 다 하는 식이었다. 물론 자연이 사라진 우리 세계에서 이런 전략은 중요한 역할을 해왔다. 이 전략이 없었다면 희귀한 종들과 서식지는 지구에서 완전히 자취를 감추었을 것이다. 그러한 자연보호구역들은 노아의 방주, 자연적 종자은행, 종들의 저장소다. 하지만 이곳들 역시 점점 취약해지고 있다. 비용이 많이 들고 소소한 부분까지 관리되는 이 오아시스들에서 생물다양성은 계속 감소하고 때로는 이 지역들이 설계될 때 보호하려 했던 바로 그 종들을 위협하고 있다. 이러한 감소를 막고 역전까지 시키려면 과감한 무언가가 일어나야 할 뿐 아니라, 빨리 일어나야 한다. 넵은 대안적 접근 방식을 제시한다. 자립적이고 생산적일 뿐 아니라 운영 비용이 훨씬 적게 드는 동적인 시스템이다. 이런 접근 방식은 종래의 조치들과 시너지 효과를 발휘할 수 있다. 이 방식은 적어도 문서상으로는 보존할 중요성이 없는 땅에 실시될 수 있다. 기존의 보호구역들에 대한 완충 장치가 될 뿐 아니라 보호구역들 사이의 가교와 징검다리가 되어 종들이 기후변화와 서식지 퇴화, 오염에 맞서 이주하고 적응하며 생존할 기회를 높일 수 있다.

19년 전 이곳에 야생을 복원하기 시작했을 때 우리는 과학이나 보존과 관련된 논란에 문외한이었다. 찰리와 내가 이 프로젝트에 착수한 것은 야생생물들에 대한 비전문적인 사랑에서 비롯되었고 또한 계속 농사를 짓는다면 어마어마한 돈을 잃을 것이기 때문이었다. 우리는 이 프로젝트가 영향력 있고 다면적인 활동이 되어 영국과 해외의 정책 입안자, 농민, 토지 소유자, 환경보호 단체, 그 외의 토지관리 NGO들을 끌어들일 것이라곤 짐작도 하지 못했다. 넵이 기후변화, 토지 복원, 식품 품질과 식량 안보, 작물 수분, 탄소 격리, 수자원 및 수질 정화, 침수 완화, 동물 보호, 인간의 건강 등 오늘날 가장 긴급한 문제들의 중심이 될 줄은 몰랐다.

넵은 더 야생 그대로의, 더 풍요로운 고장으로 가는 길의 작은 한 걸음일 뿐이다. 하지만 넵은 재야생화가 효과를 발휘할 수 있고 땅에 많은 혜택을 되돌린다는 것을 보여준다. 또한 경제적 활동과 고용을 창출할 수 있고 자연과 우리 모두에게 이익이 될 수 있으며 이 모든 일이 놀라울 정도로 빠른 속도로 일어날 수 있다는 것도 보여준다. 아마 가장 흥분되는 점은, 과도하게 개발되고 인구가 밀집된 이곳 영국 동남부의 황폐해진 땅에서 야생 복원이 실현될 수 있다면 어떤 곳에서도 실현될 수 있다는 점일 것이다. 우리에게 시도해볼 의지만 있다면 말이다.

초원 Grasslands

초원은 지구 육지의 탄소 저장량 가운데 약 15퍼센트를 차지하며, 온대림보다 더 많은 탄소가 저장되어 있는 것으로 보인다. 세계의 삼림들과 비교하면 초원이 더 많은 탄소를 저장하는데, 화재와 그 외에 탄소를 배출하는 과정들로부터 안전한 땅 밑에 최대 91퍼센트가 저장되어 있다. 가뭄이 잘 들고 화재에 취약한 지역에서 초원은 숲보다 더 안전한 탄소 흡수원이다.

초원의 탄소가 왜 땅 밑에 있는지 이해하려면 이 생태계들이 화재가 자주 나고 들소, 코끼리, 누를 포함한 많은 초식동물과 매머드, 글립토돈드, 땅나무늘보 같은 많은 멸종동물의 땅이라는 점을 생각하면 도움이 된다.

고도 1만 3000피트가 넘는 티베트 고원의 초원을 비추는 햇빛

수백만 년 동안 불이 나고 땅 위의 식물이 소비되면서 초원의 식물들은 생물량을 땅 밑에 보호하도록 진화했다. 전통적으로 생태학자들은 숲과 사막 사이의 강수량 중간 지역들에 초원이 나타난다고 설명하지만, 대부분의 초원에는 숲이나 울창한 관목지를 유지하는 데 충분한 수준보다 더 많은 비가 내린다. 교란에 의존적인 이런 초원들에서는 화재 및 대형 초식동물들의 존재가 나무의 침범을 막고 초본식물의 다양성을 유지한다. 불이 이산화탄소를 배출하고 초식동물들이 식물을 뜯어 먹는 건 사실이지만 어떤 탄소 손실도 일시적이다. 화재와 초식동물들은 대기로부터 이산화탄소를 흡수하는 풍부한 식물 재생을 자극하기 때문이다. 뿐만 아니라 초식동물들의

배설물과 화재로 생기는 숯도 토양 탄소 저장에 기여한다.

초원의 식물들이 탄소를 저장하는 방법은 대단히 흥미롭다. 대초원의 많은 목초는 땅 위의 부분들보다 땅속의 생물량에 훨씬 더 많은 탄소를 보유하고 토양 유기 탄소를 둘러싸고 있는 대단히 긴 뿌리를 가지고 있다. 특히 열대 초원과 아열대 초원들에서는 대부분의 풀이 땅속에 생물량의 대부분을 두고 있다. 겉보기에는 작은 이런 아주 오래된 초본들을 파보면 사실은 많은 것이 가지의 끝부분만 땅 위에 올라온 지하의 나무라는 걸 발견하게 된다. 초원의 많은 초본 및 관목들은 뿌리줄기 같은 여러 목적에 쓰이는 조직과 리그노튜버Lignotuber 같은 매우 특화된 기관을 포함한 땅 밑 저장기관들에 의존한다. 땅 밑의 이 조직들은 고농축 탄수화물을 저장하여 식물들이 화재, 방목, 가뭄 혹은 땅 위의 줄기와 잎이 제거되는 그 외의 교란이 일어나도 다시 싹이 날 수 있게 해준다.

열대 초원들은 생물량으로 헥타르당 약 30톤, 토양유기탄소로 헥타르당 77톤의 탄소를 저장한다. 온대 초원들은 생물량으로 헥타르당 약 9미터톤, 토양유기탄소로 헥타르당 156미터톤의 탄소를 저장한다. 전 세계 열대 초원의 면적을 2000만 제곱킬로미터, 온대 초원의 면적을 1000만 제곱킬로미터로 추정하고 침수 초원과 산지 초원을 더하면 전 세계 초원들의 총 탄소 저장량은 육지의 총 탄소 저장량 3조3000억 미터톤 중에서 4700억 미터톤을 차지한다.

초원 보존은 전 세계적으로 우선순위다. 세계의 많은 지역에서 초원은 숲보다 더 많이 감소되어왔다. 초원은 농지로 개간하기가 더 쉽고 게다가 인간이 자연적으로 일어나는 불까지 막거나 진압했기 때문이다. 많은 초원은 고유종들이 대거 집중되어 있는 생물다양성의 핵심 지역들이다. 유감스럽게도 나무를 심어서 초원의 탄소 저장량을 늘리려는 노력은 아주 오래전부터 내려온 초원들의 탄소 저장 능력과 생물다양성을 위험에 빠트린다. 나무를 심을 때의 또 다른 위험은 어두운 삼림의 임관층이 열 반사율이 높은 초원보다 더 많은 열을 흡수한다는 점이다. 이는 탄소 저장을 위해 초원에 나무를 심으면 생물다양성에 나쁘고 기후변화 완화에도 역효과를 낳을 수 있다는 뜻이다. 초원의 생물다양성뿐 아니라 목축민과 사냥꾼들의 생계 지원 능력 역시 적어도 탄소 저장 능력만큼 소중히 여겨져야 한다. 탄소 저장과 생물다양성의 보존을 촉진하려면 자연 초원을 유지하고 복원하는 것, 부적절한 식재를 피하는 것이 대단히 중요하다.

___ 브라질 판타나우에서 피라냐카이만 위로 날아온 줄리아길쭉나비*Dryas iulia*. 나비들은 종종 카이만 위에 앉아 눈에서 염분을 섭취한다.

2008년에 디자이너 세라 버그만은 시애틀대학과 노라의 숲Nora's Woods이라 불리는 도시 숲 사이의 컬럼비아가를 따라 1마일에 걸쳐 펼쳐진 주차장 중앙분리대를 꽃가루 매개자들에게 친화적인 꽃식물 회랑으로 변신시켰다. 도시화와 제초제로 벌과 나비, 나방, 그 외의 자연적 꽃가루 매개자들의 개체 수가 감소하는 것을 우려한 버그만은 이 곤충들이 서로 분리된 두 녹지 사이를 오갈 수 있는 연속적 통로를 만들기로 결정했다. 버그만은 곤충학자, 원예 전문가, 도시계획가와 상의한 뒤 통로를 따라 서 있는 집들의 주인을 참여시켰고, 꽃가루 매개자들의 재생 가능한 식량원으로 주차장 중앙분리대에 유지 비용이 낮은 화단을 조성하는 작업을 도울 학생과 자원봉사자를 약간 모았다. 이 프로젝트는 곧 인기를 얻어 시애틀과 전국의 환경보호 활동가, 생태학자, 도시계획가, 토지 소유자들을 끌어들였다.

버그만이 이해했던 대로, 꽃가루 매개자들은 전 세계에서 포위 공격을 당하고 있다. 꿀벌들의 벌집 군집 붕괴 현상과 군주나비의 급작스러운 감소가 대서특필되긴 했으나, 모든 곳의 꽃가루 매개자들이 서식지 파괴, 농업용 살충제, 침입종, 기후변화로 급속히 확대되는 위협에 시달리고 있다. 전 세계적인 평가에 따르면, 박쥐, 벌새처럼 꽃가루를 매개하는 척추동물 종의 16퍼센트가 멸종 위기에 처하는 한편 무척추동물 종의 40퍼센트 이상이 비슷한 운명에 직면해 있다. 모든 야생 꽃식물의 거의 90퍼센트가 적어도 어느 정도까지 꽃가루받이에 의지할 뿐 아니라 전 세계 식량 총 생산의 75퍼센트가 꽃가루받이에 의지한다. 사과, 당근, 아보카도, 아스파라거스, 체리, 블루베리, 호박, 양파, 해바라기, 감귤류, 견과류를 포함해 미국에서 소비되는 식품 세 입 중 한 입이 꽃가루받이에 직접 의지하는 것으로 추정된다. 지난 50년 동안 바이오 연료, 약품, 의류용 섬유에 사용되는 작물을 포함하여 꽃가루받이에 의존하는 농업 생산량은 300퍼센트 증가했다.

먼 거리를 이동하는 이주성 꽃가루 매개자들은 가뭄, 살충제, 서식지 퇴화 등의 위협에 특히 취약하다. 이동 회랑들(때때로 화밀 통로nectar trail라고도 불린다)의 복원과 보호가 이 종들의 생존에 중요하다. 연구를 통해 서식지 보호구역들 사이의 경관 수준의 연결성을 밝혀 꽃가루 매개자들의 번식지를 보호하고 회랑에서 연결이 약한 부분을 확인할 수 있는 한편, 보존 및 교육활동을 통해 이들을 보호하는 데 필요한 기초적인 일들을 할 수 있다. 연결성을 제공할 수 있지만 아직 개척되지는 않은 중요한 한 부문이 수천 마일의 도로, 전력 수송로, 전국을 교차하는 총 7000만 에이커 정도의 선하지線下地다. 현재 이 통로들은 안전을 확보하며 잡초를 없애기 위해 풀을 깎고 제초제를 뿌린 곳이 많지만 관리 관행을 바꾸면 꽃가루 매개자들에게 친화적이고 야생화, 자생종 풀, 광엽초본들로 가득 찬 서식지가 될 수 있다. 예를 들어 비영리단체인 군주나비보호재단Save Our Manarchs Foundation은 오마하 공공전력지구, 네브래스카 공공전력지구와 협력하여 주 내의 수백 에이커의 선하지에 자생 아스클레피아스 서식지를 복원하고 있다.

미국 서남부 국경 지역을 따라 꽃가루 매개자 회랑들에 자생 꽃식물을 복원하고 개울과 습지를 포함해 훼손된 강기슭 지역들을 치유함으로써 꽃가루 매개자들을 위한 믿을 만한 식량원과 수원을 다시 제공하려는 양국의 노력이 진행되고 있다. 민족식물학자이자 작가인 게리 내브핸은 화밀 통로를 되살리는 것이 생태계의 건강에 대단히 중요하다고 말하며 이를 "상향식 먹이사슬 복원"이라고 부른다. 야생 꽃가루 매개자들은 다양하고 생생한 식물 군락들에 의지하며, 식물 군락들은 생산적인 물 순환과 미네랄 순환, 토양 탄소 생성에 한몫한다. 한 가지 열쇠는 종종 농경지와 목초지의 가장자리를 따라 서 있는 생울타리에서 자라는 토종 다년생 관목들을 복원시키는 것이다. 이 관목들은 매우 다양한 꽃가루 매개자와 그 외 익충들의 이상적인 서식지 역할을 한다. 궁극적인 목표는 꽃가루 매개자들이 긴 여행을 완수하는 데 필요한 당분과 그 외의 영양분을 포함하여 북쪽에서 남쪽으로(그리고 그 반대 방향으로) 이주하는 데 필요한 꽃식물들이 이어지는 회랑을 만드는 것이다.

작은긴코박쥐, 군주나비 같은 많은 꽃가루 매개자는 대규모 생태계에서 식물과 동물을 서로 돕는 관계로 연결시키는 핵심종들이다. 개체 수가 너무 줄어 생존력이 없어지면 부정적인 생태학적 영향이 연속으로 발생해 속담처럼 지구의 위기를 예고해주는 탄광 속의 카나리아가 될 수 있다. 다행히

프랑스 피레네산맥의 작은모시나비*Parnassius mnemosyne*

우리는 조치를 취할 수 있다. 거리의 중앙분리대에 조성된 작은 꽃식물 정원이건, 송전선 아래에 10에이커의 초원을 복원하는 프로젝트건, 이동 회랑들 가장자리의 중요한 습지의 보호건 꽃가루 매개자들의 통로를 복원하고 지키기 위한 많은 선택지가 존재한다.

스코틀랜드 케언곰스 국립공원에 있는 에버네시 숲의 유럽적송들이 자라는 습지.

수세기 동안 습지는 토지와 연료 확보를 위해 물이 빠지고 건조되어왔다. 미국 중서부의 농민들은 18세기부터 경작지를 더 많이 조성하기 위해 대초원의 습지와 수렁들을 제거해왔다. 북유럽에서는 1000년 넘게 습지의 토탄들이 채취되어 오늘날까지 아일랜드와 러시아의 발전소들에 연료를 공급하고 있다. 1953년까지는 습지라는 용어가 존재하지 않아 습지에 대한 연구가 적었다. 습지들은 육상 생태계와 수상 생태계 사이의 틈에 해당되었다. 둘 다해당되기도 하고 둘 다 아니기도 하기 때문이다. 이제 우리는 습지가 대단히 가치 있고 지구에서 가장 다양한 생태계이며 가장 큰 육상 탄소 저장소들 중 하나라는 것을 알고 있다. 습지는 땅의 4퍼센트를 차지하고 초원보다 에이커당 6배 더 많은 탄소를 보유하고 있다. 이탄지만 해도 6500억 톤이라는 어마어마한 양의 탄소를 보호한다. 현재 대기는 8850억 톤의 탄소를 보유하고 있다.

3000만 년도 더 전에 식물들이 덥고 습한 땅을 뒤덮었다. 식물들은 무성하고 풍요롭게 자랐다. 계절의 구분도 거의 없었다. 습한 공중에는 날개 폭이 거의 30인치에 이르고 잠자리와 동류인 메가네우라를 포함하여 날아다니는 거대 곤충들이 득실거린 반면 땅에는 미끄러지듯 기어다니는 5피트 길이의 지네들이 넘쳤다. 습지림이 북아메리카, 중국, 유럽의 전역을 지배했다. 석탄기라 불리는 이 시기에는 광합성이 엄청나게 이루어졌고 화석연료 대부분이 만들어졌다. 정원과 삼림지에는 거대한 조상들의 잔재인 쇠뜨기, 이끼, 양치식물 등 그 시대부터 현존하는 일부 식물이 남아 있다.

습지는 지구에서 가장 다양하고 생산적인 서식지이자 탄소, 다양성, 생물체의 보고다. 토양, 기후, 늪의 깊이, 생태계에 따라 습지의 변형된 형태들이 무한히 존재한다. 습지는 계절 습지일 수도, 영구 습지일 수도 있고 민물일 수도, 염분을 함유했을 수도 있으며 무수한 모양과 형태, 장소로 나타난다. 알칼리성 습원, 산성 습원, 이탄지, 물웅덩이, 황야, 진창, 물이끼로 덮인 소택지, 개펄, 맹그로브, 수렁, 늪, 소택성 호수, 감조습지, 소택지, 건천, 범람원, 오아시스, 우각호가 있다. 습지는 여름의 북극 전체에 흩어져 있는 무수한 산성습원부터 남아메리카에 있는 면적 5만4000제곱마일의 판타나우에 이르기까지 다양하다. 습지들은 철새에겐 먹이 터이고, 비버, 나무늘보, 수달, 카피바라에겐 피난처이며, 산란하는 어류, 연체류, 갑각류에겐 성육장이고, 백로, 왜가리, 두루미에겐 연못, 나아가 악어, 개구리, 뱀, 거북에겐 은신처다.

일부 대규모 습지에서는 포화 토양에 고인 물들이 저산소 환경을 조성해 물이끼와 그 외의 식물들이 수세기에 걸쳐 천천히 분해되어 토탄을 형성한다. 세계에서 가장 넓은 이탄지들 중 일부가 캐나다에서 발견되는데, 그중에는 프랑스 면적의 2배인 43만 제곱마일이 넘는 곳들도 있다. 북부의 이탄지들은 침수된 광대한 함몰 지역들을 형성한 연속적인 강력한 빙하세굴 시대에 의해 형성되었다. 이탄지의 유형은 파타고니아 안데스산맥의 아고산대 이탄 늪부터 인도네시아의 이탄 삼림까지 다양하다. 인도네시아의 이탄 삼림의 깊이는 50피트가 넘는다. 이탄 삼림을 팜유 농장으로 바꾸려면 물을 빼고 남은 토양을 말리기 위해 수로들이 필요한데, 그 과정에서 탄소가 추가적으로 배출된다.

국지성 호우가 내려 유출량을 초과하는 곳에서는 습지들이 강과 호수가 하지 못하는 기능을 한다. 물이 천천히 흘러 토양으로 스며들어서는 수일, 수개월, 수년 동안 고여 있다. 이 물은 보이지 않게 여과와 정화 기능을 한다. 식물들이 질산염, 인산염을 포함해 상류의 농장에서 흘러온 오염물질들을 흡수하여 하류에 미치는 영향을 완화함으로써 멕시코만에서 나타나는 것과 같은 데드존을 막는 데 도움이 된다. 멕시코만에서는 질소를 먹이 삼아 성장하는 조류가 번성하여 해양생물들이 죽는다. 강우가 쏟아지는 시기에 습지는 극심한 홍수와 토양 침식을 막는 데 도움이 된다. 가뭄이 들 때는 물을 저장하는 습지의 능력으로 개울과 강의 유수량이 유지될 수 있다. 두 경우 다 습지의 복원은 수로, 댐, 방벽, 제방, 홍수벽 등 강철과 콘크리트로 된 기반시설을 건설하는 것보다 비용이 적게 들고 더 효과적이다. 물의 남용뿐 아니라 물이 포집되지 않아도 물 부족은 발생한다.

습지들은 전 세계에서 계속 위협받고 착취되는 중이다. 지난 세기에 습지의 65퍼센트 이상이 사라졌다. 그러나 세계에 남아 있는 습지들을 보호하기 위해 노력하는 국제 보존 기관과 조직들이 있다. 1971년 이란의 람사르에서 습지에 관한 협약이 수립되어 습지 보존을 위한 조약이 조인되었다. 현재 람사르 목록에는 국제적으로 중요하다고 여겨지는 2400개 이상의 습지가 등재되어 있다. 이 습지들은 보존구역, 보호구역, 둑, 늪과 호수들이며, 보츠와나의 오카방고 삼각주, 프랑스의 카마르그, 네덜란드의 바덴해, 플로리다의 에버글레이즈 등이 포함된다. 그러나 수학적으로는 여전히 손실 쪽에 위치해 있다. 습지들을 숫자, 유형, 생물다양성, 기능으로 추상화할 때 습지에 의존하는 인간 공동체들을 간과해서는 안 된다. 예를 들어 판타나우가 없다면 열대 지방에 내리는 비가 곧 땅을 뒤덮어 하류에 범람을 일으킬 것이다. 우기에는 판타나우 범람지의 약 80퍼센트가 물에 잠겨 많은 식물과 동물, 조류에게 영양분을 공급한다. 선주민 사회부터 지역사회, 관광업계까지 적어도 270개의 공동체가 습지에 의지하지만 그 모든 공동체가 판타나우를 유지시키는 것은 아니다. 많은 새 공동체가 줄에 매지 않은 소들의 방목, 글리포세이트를 사용한 대두 농사, 남획을 통해 습지와 주변 땅을 황폐화시키고 있다. 2020년에는 판타나우—사바나, 숲, 관목지—의 약 3분의 1이 불길에 휩싸였다. 세계 최대의 재규어 보호지구인 엔콘트로 다스 아구아스 주립공원 같은 보존구역들도 거의 완전히 파괴되었다. 브라질 정부는 거의 손을 놓고 있었다.

그와 동시에 전 세계에서 습지의 복원도 이루어지고 있다. 습지 복원은 가장 성취감을 안겨주는 보존활동 중 하나다. 일리노이주에서는 습지 이니셔티브Wetlands Initiative라는 단체가 호수였던 땅에서 배수 토관(지하 배수관)을 제거하고 있다. 2001년에는 자원봉사자와 직원들이 한 세기의 대부분

기간에 농지였던 딕슨 물새 보호지구Dixon Waterfowl Refuge에서 매일 900만 갤런의 물을 일리노이강으로 빼내는 40마일의 토관 망을 제거하기 시작했다. 농장들을 위해 배수되었던 헤네핀 앤드 호퍼 호수는 일단 배수 토관이 제거되자 석 달 만에 다시 물이 찼다. 오늘날 딕슨 물새 보호지구는 수천 마리의 철새 회유지 역할을 한다. 2018년에 시민 과학자와 전문가들이 일주일 동안 보호지구를 샅샅이 뒤져 915종의 식물, 조류, 무척추동물, 곤충, 파충류, 양서류, 균류, 포유류, 거미, 진드기, 어류를 확인했다. 한때 옥수수밭이었던 곳이 다양한 야생생물의 집합소가 된 것이다. 이 사례는 되살리기의 기본 원칙을 분명하게 보여준다. 이 원칙이 자연의 기본 설정이다. 우리가 우리 환경을 태우고, 상처 내고, 오염시키고, 잘라내고, 배수하는 것을 멈추는 대신 생물체들을 위한 조건들을 조성하면 어마어마하게 다양한 생물체가 예외 없이 전부 되살아난다.

딕슨 물새 보호지구에서 헤아린 서식 동물들 중에는 날개 폭이 9피트에 이르는 미국 펠리컨, 선명한 파란색의 유리멧새, 거의 선사시대부터 살아온 도가머리딱따구리도 있다. 비행기 조종사와 등반가들은 와이오밍주에 있는 해발 1만3775피트의 그랜드티턴산 상공에서 나선형으로 활공하는 미국 펠리컨들을 목격했다. 이 새들은 상승 온난 기류를 타고 그 높이까지 올라갔다가 잠시 후 강하한 뒤 다시 날아 올라간다. 왜 그러는 걸까? 그 이유는 아무도 모른다. 그저 그걸 즐기는 것처럼 보인다.

자연 최고의 물 복원 기술에는 윤기 나고 기름기 많은 털가죽과 끌처럼 생긴 앞니가 함께한다. 비버들은 연어 치어, 거북, 개구리, 새, 오리들을 위한 수상 서식지와 습지를 만드는 핵심종이다. 공정하게 말하면 비버는 대형 설치류이며, 비버처럼 바쁘거나 열정적이라는 상투적 문구는 이 포유동물을 정확히 묘사하는 말이다. 스스로의 필요에 의해 땅을 변화시키는 면에서는 인간 다음으로 비버가 으뜸이다.

비버들은 정교하고 숙련된 엔지니어로, 끊임없이 댐과 운하, 가족이 살 굴을 만든다. 비버는 굴을 파기 전에 먼저 댐을 건설해야 한다. 댐은 코요테, 곰 같은 포식자들로부터 안전한 깊은 물속의 피난처를 마련해준다. 비버들은 자동적으로 날카로워지는 이빨과 근육이 발달한 턱으로 나무와 묘목, 베어낸 나뭇가지들을 갉은 뒤 물건을 집을 수 있는 앞발을 이용해 가느다란 울타리 기둥처럼 하천 바닥에 박아넣는다. 막대와 기둥이 설치되면 유연한 나뭇가지와 관목들을 십자 형태로 엮는다. 그런 뒤 풀, 잡초, 진흙을 이용해 구멍과 갈라진 틈을 메워 댐에 물이 새지 않게 한다. 높이가 최고 10피트에 이르는 비버들의 굴은 반구형이고 입구가 물속에 숨겨져 있으며 대개 완성된 연못의 한가운데에 위치한다. 굴 안에는 어린 새끼와 한 살배기들로 이루어진 대가족이 살고, 영양분이 많은 가느다란 나뭇가지들을 저장해 얼음으로 덮인 연못에서도 한겨울을 날 수 있다. 비버 가족은 나무껍질의 녹색 형성층을 옥수숫대의 옥수수처럼 아작아작 먹고 살며, 부식으로 잎, 잔가지, 백합의 덩이줄기, 뿌리들을 먹는다.

비버들은 근시로 악명이 높아 가까이서 보면 꼭 안경이 필요할 것 같다. 눈꺼풀이 투명하며 수경처럼 망막을 덮고 있어서 물속에서는 더 잘 볼 수 있지만 땅에서는 날카로운 후각에 의지한다. 비버들은 항상 인간과의 접촉을 피하고 사람 눈에 띄기 전에 사라지므로 비버에게 가까이 다가갈 기회는 별로 주어지지 않는다. 비버들은 조용히 물속으로 잠수하거나 굴로 헤엄쳐 간다. 물속에서는 최고 15분까지 숨을 참을 수 있다. 놀라거나 겁을 먹으면 비늘로 덮인 노처럼 생긴 꼬리로 연못 수면을 여러 번 찰싹찰싹 때려 멀리 떨어진 비버 군체에서도 들릴 만한 귀청이 찢어질 듯한 소리를 내면서 야단법석을 떤다. 그러면 그 소리를 들은 멀리 있던 비버들도 잠수하여 연못이나 굴로 사라진다.

하지만 한 포식자 부류는 연못과 굴, 꼬리로 물을 치는 비버의 행동에도 굴하지 않았다. 바로 모피를 얻으려고 덫을 놓는 사냥꾼들이다. 유럽의 아메리카 식민지화 이전에 북아메리카 비버*Castor canadensis*의 개체 수는

6000만~4억 마리로 추정됐다. 유럽에서 비버의 생가죽으로 만든 모자와 옷이 유행했던 17세기부터 19세기까지 비버들은 끊임없이 덫에 붙잡혀 거래되었고, 1900년경이 되자 미국 동북부에서는 비버를 찾아볼 수 없게 되었다. 미국 어류 및 야생동물국이 개입하여 더 이상의 포획과 도살을 금지했을 즈음 비버의 총 개체 수는 전국적으로 10만 마리에 불과했던 것으로 추정된다. 당시 두 종의 비버가 멸종을 피했다. 북아메리카의 북미 비버와 최근 스코틀랜드와 영국에 재도입된 북유럽의 유라시아 비버*Castor fiber*다. 오늘날 북아메리카의 비버는 1000만~1500만 마리로 추정된다.

수십 년 동안 비버들은 파괴적이고 나무를 죽이는 골칫거리로, 박멸되어야 한다고 여겨졌다. 박멸 노력은 여전히 계속되고 있지만 지난 20년 동안 비버에 대한 이해에 뚜렷한 변화가 나타났다. 생태학자와 과학자들은 정반대의 결론에 도달했다. 비버들이 서식지, 범람원, 어류, 대수층, 야생생물, 개울, 간단히 말하면 생태계 전체의 복원자라는 것이다. 비버스 노스웨스트Beavers Nortwest의 이사 벤저민 디트브레너는 비버가 만든 댐 뒤편에서 개울과 강의 유속이 느려져 지하수 함양량이 상당히 증가한다는 것을 발견했다. 이 과정은 개울들에 계속 물이 더 가득 차고 더 오래 흐르도록 해준다. 뿐만 아니라 퇴적물과 개울 바닥 아래의 다공성 공간을 지나면서 물이 차가워진다. 결국 하류에서 표면 유출로 다시 나타나는 차가운 물은 생존을 위해 산소가 풍부한 물에 의지하는 연어 치어와 그 외의 수생 무척추동물들에게 매우 중요하다. 기후변화로 캐스케이드산의 눈덩이로 덮인 들판이 줄어들면서 디트브레너와 같은 과학자들은 비버와 그들의 댐 건설이 생태계에 주는 도움이 물 손실을 일부 벌충할 수 있기를 바란다.

워싱턴주의 연구자들은 비버의 보존을 특히 연어 서식지의 복원에 적용하고 있다. 이들은 도시 환경에서 소위 골칫거리 비버를 잡아 고지대 강에

서식하게 한 뒤 비버들이 생태계에 미치는 영향을 측정했다. 미국 해양대기청National Oceanic and Atmospheric Administration의 생태계 분석가 마이클 폴록은 스틸라과미시강 분지의 비버들이 사는 연못들이 한때 710만 마리의 은연어 치어들에게 중요한 겨울 서식지를 제공했지만 비버의 개체 수가 줄면서 돌보지 않는 댐들이 무너지고 연못들은 물이 빠지거나 사라졌으며 은연어 치어의 수는 100만 마리로 급감했다고 추정했다. 은연어들에게는 치어를 포식자로부터 보호해주고 풍부한 식량을 공급하던 깊은 웅덩이와 풍요로운 강가 식물들이 부족해졌다. 비버가 짓는 댐들이 제공하는 의외의 혜택 덕분에 비버들은 지구의 콩팥이라 불린다. 상류의 측벽들에 토사가 쌓여 제초제와 비료 같은 유독한 물질을 모으고 미생물군들이 이 물질을 분해하여 독성을 없앤다. 따라서 비버는 지하수위의 상승, 우수 유출량의 감소와 유지, 연어뿐 아니라 다른 종들의 서식지 제공, 개울 바닥의 침식과 하각 감소, 하안 식생 증가 등의 혜택을 준다. 비버들의 비밀스런 생활을 다룬 결정적인 책의 저자인 환경 저널리스트 벤 골드파브는 "비버들이 지표수를 집수하고 지하수면을 상승시킴으로써 기후변화로 인한 가뭄이 닥쳐도 수로들에 계속 물이 흐르게 한다. 비버가 사는 습지들은 범람하는 물을 분산시키고 들불의 맹공격을 늦춘다. 오염물질을 여과하고 탄소를 저장하며 침식된 지형을 되돌린다. 또한 인간의 기반시설은 대체로 생물체에 해로운 반면 비버는 연어부터 잎벌, 도롱뇽에 이르기까지 생물들을 위한 물속 요람을 만든다. 비버들은 우리가 입힌 상처를 치유한다.

러시아 캄차카반도에 있는 레카 주파노바강의 캄차카불곰

생물지역은 우리의 정치체계와 금융체계를 구성하는 카운티, 주, 국가가 아니라 독특한 경관과 생태계로 특징지어지는 지리적 지역들을 나타내기 위해 1970년대에 환경운동가와 과학자들이 대중화시킨 개념이다. 생물지역주의는 생태계와 물리적 시스템들 간의 공간적, 생물학적 역학을 밝히는 한 방법으로 자리 잡았다. 생물지역 지도는 교외의 지역명과 정치적 경계를 식별하는 추상적인 파스텔 색들로 덮여 있지 않다. 새나 위성들은 이런 지형을 구별하지 못한다. 최초로 지명된 생물지역들 중 하나는 오리건주 북부부터 대륙분수령과 북아메리카에서 가장 생물다양성이 높고 생태학적으로 풍부한 땅인 알래스카의 코퍼강 삼각주까지 쭉 뻗어 있는 캐스캐디아다. 원 어스One Earth의 연구자들에 따르면 별개의 이름을 가진 185개의 생물지역이 있다. 생물지역들이 정치를 대체하려는 것은 아니다. 그보다는 생물지역들을 이해하면 생태학적 관리와 조화되는 정치적, 문화적 체계가 만들어진다. 전 시애틀대학 교수 데이비드 매클로스키가 생물지역으로서의 캐스캐디아를 처음 설명한 사람이다. 그는 캐스캐디아를 폭포수의 땅이라고 묘사했다. 생물지역의 지리적 특성은 물리적 요인과 생물학적 요인 둘 다에 의해 설명되지만 문화, 관습, 전통의 보존이 자생종 나무, 식물, 동물을 살리는 것만큼 중요하다.

생물지역을 지정한 데는 세 가지 목표가 있다. 무엇보다 주민들로 하여금 자신이 사는 곳에 관해 확인하고 알게 하는 것이다. 거리 번호와 쇼핑몰 너머에 대체로 도시와 지역사회에 알려지지 않은, 지역의 삶을 지원하는 세계가 있다. 신선한 물은 어디에서 오는가? 수원은 무엇인가? 신선한 로컬 푸드는 어디에서 오는가? 인간 공동체는 지역에 어떤 영향을 미치는가? 그리고 그 영향은 해로운가, 아니면 지속 가능성에 도움이 되는가? 일단 이런 문제들이 확인되면 숲이건, 어류건, 동물군이건 황폐해진 자연계를 관리하고 되살리는 것이 생물지역 공동체의 목표가 된다.

다음 목표는 가르치고 배우는 것이다. 어떻게 하면 인간에게 필요한 것들이 지역의 수용력과 조화를 이루며 충족될 수 있는가? 고갈되고 있는 대수층에 더 깊은 우물을 뚫고 있는가? 댐이 물고기들의 이동을 방해하고 서식지를 해치고 있는가? 산업적 공해가 하류의 해양 환경들을 파괴하고 있는가? 석탄 화력발전소에서 배출된 수은이 바람을 타고 작물과 사람들에게 축적되고 있는가? 생물지역들은 가장 넓은 의미에서의 공동체를 강조함으로써 인간에게 필요한 것들이 어떻게 충족될 수 있는지 밝히고 이해를 돕는다.

세 번째 목표는 재거주reinhabitation 개념을 탐구하는 것이다. 식물, 동물, 숲, 황야, 생물권의 경우 남아 있는 것들을 구하는 데 초점을 맞추기보다 어떻게 하면 장소가 기반이 된 개념과 구상들로 환경을 되살려 모든 생물계의 욕구가 충족되고 존중되며 증대될 수 있도록 하는지가 문제다. 본질적으로 이는 어떻게 더 많이 만들어낼 것인가의 문제다. 더 많은 생물, 더 많은 깨끗한 물, 더 많은 물고기, 더 많은 나무, 더 많은 초원, 더 많은 습지, 더 많은 야생화 초원, 더 많은 회복력.

생물지역을 만들려면 그 지역 전체에 대한 이해가 필요하다. 하나의 공동체로서 일하고 일반인들이 주축이 되어야 한다는 뜻이다. 생물지역들은 측정할 수 없는 것은 관리할 수 없다는 격언에 동의하며 일련의 새로운 측정 기준을 정하기 시작했다. 오늘날까지 우리는 생물권 측면에서 지구에 어떤 일이 일어나고 있는지를 판단할 적절한 척도가 없었다. 기후, 물. 생물다양성에 대한 유용한 측정 기준들은 살고 있는 곳과 연결될 때 의미가 있다. 우리가 사는 곳은 우리가 가장 쉽게 행동할 수 있는 곳이다. 사람들이 지역과 더 넓은 세계에 미치는 영향의 대부분은 쓰레기와 재활용품들이 수거되는 길가에 숨겨져 있거나 가려졌거나 잊혔다.

2019년 비영리 기구 에코트러스트의 설립자 스펜서 비브가 연어 국가Salmon Nation를 세웠다. 그는 이 국가를 민족국가와 대비시켜 '자연국가nature state'라고 불렀다. 비브가 인정하듯이 이 국가는 아이디어이기도 하고 장소이기도 하다. 자연국가는 전통적인 정치적 경계들이 제대로 기능하지 않는다 해도 이들을 해체하기보다 정치적 경계를 초월하는 정신과 행동의 상태를 만들려고 한다. 인간의 삶이 계속되려면 깨끗한 공기와 물, 건강한 토양, 비교적 안정적인 기후가 필요하다. 자연에서 배우고 자연을 대신해서 행동하는 것은 이념과 관련된 문제가 아니다. 생물지역 역시 마찬가지다. 연어 국가는 야생 연어라는 한 핵심종의 이주 패턴으로 표시되며, 북부 캘리포니아의 해안과 내륙에서부터 브리티시컬럼비아주 서부를 거쳐 알래스카주 알류산 열도의 제일 서쪽 끝에 있는 애투섬까지 쭉 이어진다. 그런데 왜 하필 연어일까? 연어는 바다와 개울의 카나리아, 환경의 건강을 알려주는 지표이기 때문이다.

연어 국가는 긍정적인 변화를 불러일으키고 있는 수천 명의 공동체 지도자로 구성된 자율 조직 집단인 '레이븐스Ravens' 네트워크를 형성하고 있다. 이들은 '예술가, 음악가, 재생 농업과 목축을 하는 농축산민, 삼림 복원 관리자, 공동체 어부, 의사, 재생에너지 및 친환경 건물의 지지자, 소형 주택 건설자, 선주민 지도자, 자선가, 투자가, 교사, 과학자, 선도적인 블랙체인 엔지니어'를 포함한 비영리 및 영리 목적의 사회적 기업가들이다. 연어 국가의 목적은 이 책의 독자 대부분이 기후위기와 관련해 개인의 생활보다 더 광범위한 무언가에 소속되려 하는 것과 같은 이유로 레이븐스를 더 응집력 있게 연결시키는 것이다. 혼란과 붕괴의 시대에 우리는 서로를 찾는다. 빌 비숍은 "예전에는 사람들이 공동체의 일원으로 태어났고 개인으로 자신의 자리를 찾아야 했다. 지금은 사람들이 개인으로 태어나고 공동체를 찾아야 한다"고 썼다. 스펜서 비브는 40년 동안 환경 문제에 헌신하면서 끊임없이 공동체를 구축·재구축해왔으며 문화를 변화시키고 "사람과 지구에 관한 새로운 신화를 향한 인간의 상상력"을 촉발시키는 담화를 활성화시켰다.

야생의 존재들Wild Things

—

칼 사피나

생태계에 대한 칼 사피나의 글들은 문학으로 평가된다. 유려하고 박식하며 읽기 쉽고 시적이다. 그리고 놀랍다. 가장 귀중한 사피나의 저서 두 권은 『소리와 몸짓: 동물은 어떻게 생각과 감정을 표현하는가?』와 『푸른 바다를 위한 노래』다. 훌륭한 생태학 저서의 기준은 독자가 지구와 이곳에 사는 생물들을 새로운 눈으로 바라보게 하고 생물계의 생존에 중요한 유대감, 공감을 느끼게 하는가다. 동물의 인지와 심지어 예지에 관해 글을 쓰는 세계적인 생태학자 사피나는 동물들이 감정과 생각을 갖고 있다는 개념을 넘어선다. 그는 동물들이 우리와 마찬가지로 의식하고 감정을 느끼는 존재이며 우리에게 알려지지 않은 수준의 지능을 가지고 있다고 생각한다. 숲에 사는 작고 눈에 띄지 않는 개똥지빠귀인 비어리가 다가오는 허리케인의 강도를 컴퓨터 모델보다 더 잘 예측할 수 있을까? 20년간의 연구 결과 그 답은 '그렇다'로 보인다. 허리케인의 강도는 비어리가 북아메리카 동부의 숲에서 남아메리카의 월동지로 이주하는 시기로 예측된다. 사피나는 인간의 박식함과 대개 부족하다고 여겨지는 동물세계의 정신능력에 대해 전경-후경의 인식에 따라 전혀 다른 형상을 보게 되는 현상과 비슷한 반전을 제시한다. "자연에는 지배적인 분별력이 있고 종종 인간에게는 해로운 무분별이 존재한다. 우리는 모든 동물 가운데 "가장 자주 비이성적이고 왜곡하는 경향이 있으며 망상을 품고 걱정이 많다". 인간이 아닌 생물들의 인식에서 인간

___ 지구상의 마지막 북부흰코뿔소 수컷인 수단이 죽자 조지프 와치라가 작별 인사를 하고 있다. 이 사진은 케냐 중부의 라키피아 카운티에 있는 올 페제타 관리단의 에이미 바이탈리가 찍었다. "나는 2009년 체코의 드부르 크랄로베 동물원에서 처음 수단을 보았다. 나는 그 순간을 정확히 기억할 수 있다. 수단은 벽돌과 쇠로 된 울타리에서 눈에 둘러싸여 크레이트 훈련을 받고 있었다. 거의 400마일 떨어진 남쪽의 케냐로 그를 데려다줄 거대한 박스 안으로 걸어 들어가는 법을 배우는 중이었다. 수단은 천천히 눈 냄새를 맡았다. 수단은 온순하고 거대했으며 초세속적이었다. 나는 내가 수백만 년에 걸쳐 진화하고 동류들이 우리 세계의 대부분 지역을 돌아다녔던 고대의 존재(화석 기록들은 코뿔소의 혈통이 5000만 년이 넘는다고 제시한다) 앞에 있다는 것을 알고 있었다. 그 겨울날, 수단은 지구에 살아 있는 불과 여덟 마리의 북부흰코뿔소들 중 한 마리였다. 한 세기 전에는 아프리카에 수십만 마리의 북부흰코뿔소가 있었다.

과 비슷한 특성들을 밝히는 사피나의 재능은 우리가 늑대에게 총을 쏘거나 고래를 작살로 잡거나(일본과 노르웨이, 아이슬란드에서는 아직도 행해지는 일이다) 숲에서 영장류들을 쫓아내 동물원의 콘크리트 우리에서 살게 하거나 코요테를 독살했을 때 일어나는 일들의 차원을 바꿔놓는다. 사피나는 이런 노력으로 맥아더 천재상부터 퓨, 구겐하임, 국립과학재단의 보조금까지 수많은 상과 연구비를 받았다. 생물세계에 대한 엄격한 과학적 지식이 뒷받침된 그의 생생한 묘사는 생물다양성의 중요성을 일깨웠다. 생물다양성은 경이로움과 경외심을 불러일으키고 사람들을 매료시키기 때문이다.

_폴 호컨

1976년 6월, 학부생이던 나는 밤새 차를 몰아 동트기 직전에 뉴저지주의 아일랜드 비치 주립공원에 도착했다. 쏙독새들이 쏙독쏙독 울음소리로 새벽을 채우는 동안 나는 두 사람과 판지 상자를 기다렸다. 우리는 배를 타고 습지 섬으로 들어갔고 그곳에서 마침내 동료들이 상자를 열었다. 나는 약간 얼떨떨한 상태의 솜털이 보송보송한 새끼 새 세 마리와 눈이 마주쳤다. 이 새들은 살충제 때문에 미국 전역에서의 종 멸종 사태를 되돌리기 위해 야심차게 시도해서 지금 막 방생될 예정인, 최초로 인공 번식된 송골매 집단의 일부였다. 4년 전에 DDT 및 관련 살충제의 사용이 금지되면서 송골매를 비롯한 많은 새에게 좀 덜 치명적인 환경이 마련되었다. 우리는 특별히 만든 탑에 이 새끼 새들을 두었다. 내가 할 일은 새들의 깃털이 다 날 때까지 몇 주 동안 돌보는 것이었다. 우리 중 누구도 재야생화가 잘 진행될지 그러지 못할지 알지 못했다. 아니, 내가 잘해낼지 알 수 없었다.

상황은 나아지기도 하고 나빠지기도 했다. 2020년 유엔의 한 자문위원회는 곧 발표할 보고서의 요약본을 내고 국제자연보전연맹이 '위협'이나 '위기' 단계로 평가한 종들의 비율에 근거해 이번 세기에 100만 종이 멸종에 직면했다고 개략적으로 추정했다. 스탈린이 했다는 말처럼, 100만의 죽음은 통계일 뿐이다. 마더 테레사조차 "만약 내가 군중을 본다면 나는 절대 행동하지 않을 것이다"라고 말했다. 이러한 감정적 압도, 사람을 무력하게 만드는 영혼의 쓰나미는 "정신적 마비"라고 불린다. 그러나 마더 테레사는 "만약 내가 한 사람을 본다면 나는 행동할 것이다"라고 덧붙였다.

보존과 환경운동이 무언가에 무기력하다면 집단 통계가 진짜 비극을 가리고 숫자가 우리를 무감각하게 만든다는 것을 기억하지 못하기 때문이다. 각 종은 개별적으로는 각자의 비극적 오페라를 노래할 목소리가 부족하다. 하지만 문제들이 일제히 발생하면 종들은 하늘을 어둡게 덮건, 풀들을 바

___ 날개 폭 7.5피트에 머리에 붉은 반점이 있고 노란 눈을 가진 아메리카흰두루미는 북아메리카에서 가장 희귀하고 큰 새다. 아메리카흰두루미는 농사로 인한 습지 감소 및 고기와 깃털을 얻기 위한 무분별한 사냥으로 1938년에는 열다섯 마리밖에 남지 않았다. 지금은 철새와 포획 사육되는 개체까지 모두 500마리가 넘어 현재까지 가장 성공적인 복원 프로젝트들 중 하나로 꼽힌다.

스락거리건, 물속 바위들 사이에서 평화를 지키건 크고 겸손한 생물들이 처한 고난을 노래한다. 모든 곳에서 눈제가 웅성거린다. 원숭이, 코끼리, 호랑이, 사자, 기린—노아의 방주를 표현한 모든 그림에 등장하는, 두 마리씩 구원할 가치가 있다고 여겨진 동물들—을 우리는 한 마리씩 지옥으로 보낸다. 수십억 명의 인간이 세상을 집어삼키면서 우리가 그들의 홍수가 되었다.

보존의 가장 골치 아픈 역설은 '가장 인기 있는' 종들이 멸종을 향해 가고 있다는 것이다. 판다, 코끼리, 사자, 호랑이 등 가장 카리스마 있는 동물들이 야생에서 멸종 위기에 처했다. 종들은 희귀해질 때까지 멸종 위기종 목록에 등재되지 않기 때문에 전면적으로 일어나는 광범위한 감소를 미리 알아차려야 한다.

통계를 무시할 수는 없지만, 적어도 우리는 현재 100만 종이 위험에 처했다는 두루뭉술하고 사람을 무감각하게 만드는 통계를 좀더 구체적인 숫자들로 분해하기 시작할 수 있다. 포유동물의 5분의 1이 멸종 위기에 처했다. 조류 종은 8분의 1에 해당되는 1450종 이상이 멸종 위기에 처했다. 가장 많은 종이 멸종 위기에 처한 새는 앵무새다. 400여 앵무새 종 가운데 절반가량이 감소했는데, 농업이나 벌목, 판매를 위한 포획, 식량으로 이용하기 위한 사냥, 작물에 해를 끼친다며 도살한 것이 그 원인이다. 독립생활을 하는 회색앵무는 야생에서 멸종에 직면했고 행동권의 일부에서는 예전 개체 수의 1퍼센트까지 줄어들었다. 북아메리카에서는 1970년 이후 조류의 거의 30퍼센트가 사라졌으며, 이런 추세는 유럽에서도 거의 같을 것으로 보인다. 다섯 종의 새는 야생에서는 멸종되고 포획 사육 상태로 남아 있다. 하지만 이들의 운명은 어떻게 될까?

그 방주에 대해 생각해보자. 방주에는 자리가 충분하지 않다. 전에는 흔하던 종들이 희귀해지고 있다. 북아메리카에서만 해도 20개의 흔한 조류 종—종마다 50만 마리가 넘는다—의 개체 수가 지난 40년 동안 50퍼센트 이상 감소했다. 내가 어릴 때 모든 조림지에서 흔했던 콜린 메추라기는 심지어 풍부한 서식지에서도 80퍼센트 넘게 줄었고, 19종의 미국 물새는 1970년 이후 절반으로 감소했다. 전 세계의 퍼핀과 그 외의 바닷새들은 1950년 이후 70퍼센트 감소했다. 내가 1976년에 울음소리를 들었던 쏙독

새들은 70퍼센트 줄었다.

1000종 정도 되는 전 세계의 상어와 가오리 가운데 4분의 1이 '취약' 단계에서 '위급' 단계로 간주되며, 안전하다고 여겨지는 비율은 척추동물 부류에서 가장 낮은 23퍼센트뿐이다. 귀상어, 청상아리, 청새리상어는 내가 처음 바다에 가기 시작했을 때는 몹시 풍부했지만 나는 이들이 수프를 걸쭉하게 만들기 위해 점점 사라지는 것을 지켜보았다. '대량 폐사 사태'로 수천 마리가 목숨을 잃는 일은 점점 늘어난다. 2015년 카자흐스탄에서는 이상 열기와 습도로 인해 무해한 박테리아가 치명적이 되면서 일주일 만에 전 세계 개체 수의 60퍼센트에 해당되는 20만 마리의 사이가산양을 죽음으로 몰아넣었다. 오스트레일리아에서는 최근 발생한 화재들로 코알라, 오리너구리 같은 상징적인 종들이 급격히 감소함에 따라 야생생물의 피해가 엄청날 것으로 보인다. 지난 몇 년 동안 수온 상승과 관련된 먹이 감소로 알래스카에서 미국 서부 해안까지의 지역에서는 퍼핀, 슴새, 풀머갈매기, 세가락갈매기, 작은바다쇠오리, 갈매기, 수십만 마리의 바다오리가 집단 아사했다. 과학자들이 기록한 바에 따르면 1800년대 말 이후 포유류, 조류, 어류, 양서류, 파충류, 해양 무척추동물을 포함한 2400개 이상의 동물 개체군에 영향을 미친 700건이 훨씬 넘는 대량 폐사 사태가 발생했다.

많은 사람이 여름에 가로등 주위를 빙빙 돌던 나방 떼를 기억할 것이다. 종종 박쥐들이 이 환한 뷔페로 내려오곤 했다. 지난여름 롱아일랜드에서 한 친구가 "가로등 좀 봐"라고 말했다. 가로등에는 한 마리의 곤충도 보이지 않았다. 독일의 과학자들은 날곤충이 약 80퍼센트 감소했다고 기록했고, 푸에르토리코의 루퀼로 우림의 연구자들은 놀랍게도 지상 곤충의 98퍼센트, 임관층에 사는 곤충의 80퍼센트가 사라졌으며 그와 함께 곤충을 먹는 새, 개구리, 도마뱀의 수도 급격히 줄었다는 것을 알게 되었다. 현재 과학자들은 농사와 온난화로 인한 전 세계의 나비, 벌, 곤충들의 급격한 감소와 포유류, 조류보다 8배 빠른 멸종률에 대한 문서들을 작성하고 있다. 과학자들은 이례적인 절박감을 느끼며 이런 현상이 미칠 영향은 "조금도 과장하지 않고 재앙 수준"이라고 말한다.

세계 역사에서 지금 인류는 스스로를 지구의 나머지 생물들과 공존할 수 없게 만들었다. 우리는 도가 너무 지나쳤다. 인간이 이렇게 기억되길 원하진 않는다고 생각한다. 큰 그림을 보지 않고 살아 있는 존재의 기적을 유지하거나 파괴하는 자신의 역할에 대해 무신경하다면 우리는 계속해서 이런 일을 자행할 것이다. 한편 큰 그림은 우리를 무감각하게 만들 수 있다.

다행히 누구도 큰 그림과 씨름하지 않아도 된다. 지난 40년간 나는 여러 번 자리를 옮기는 와중에도 내 사무실 어딘가에 간디의 말을 붙여놓았다. 간디는 "우리 각자가 하는 일은 대수롭지 않아 보인다. 하지만 그 일을 했다는 것이 가장 중요하다"라고 말했다. 그 일은 사소하고 국지적인 무언가일 수도 있고 어쩌면 중요한 무언가일 수도 있다. 매를 다시 하늘로 돌려보내는 것과 같은 일을 도울 수도 있고 미국 어류 및 야생동물국의 국장이 될 수도 있다. 제이미 래파포트 클라크라는 여성은 결국 두 가지를 다 했다. 가장 소박하게 시작한 개인의 노력에서 중요한 일들이 구체화될 수 있다.

우리가 동물들을 그 영원한 빈 공간으로 몰아넣지 않기로 집단적으로 결정하면 효과는 나타난다. 미국 멸종 위기종 보호법에 따라 보호를 받은 해양 포유동물과 바다거북 개체군의 4분의 3 이상이 상당히 증가했다. 물수리들은 내가 어릴 때 DDT 때문에 지도에서 거의 지워졌지만 이제 많은 물수리가 6피트의 날개를 펼치고 만과 강 위를 날아오른다. 농장들이 인접한 서식지들을 유지하자 나방과 나비가 증가했다. 보존 노력은 24종 이상의 조류, 설치류부터 고래에 이르기까지 다양한 포유류, 그 밖에 수십 종의 동물들이 거의 분명히 사라질 뻔했던 상황을 되돌렸다.

전 세계의 환경보존 활동가들은 타조, 코뿔소, 대형 고양잇과 동물들, 곰, 유인원, 왜가리, 사슴, 영양, 수달, 사향 소, 앵무새, 나비 등 많은 동물 개체 수를 안정화시키기 위해 노력하고 있다. 깃털을 노리는 사람들 때문에 둥지 장소인 북태평양의 섬에서 한때 멸종되었던 짧은꼬리알바트로스를 집중 보호하자 6마리가 다시 발견되었다가 4000마리 넘게 늘어났다. 세계에서 가장 희귀한 두루미인 북미에 사는 아메리카흰두루미는 1938년에 성체 15마리라는 최저치를 기록했다. 오늘날에는 포획 사육과 독립생활을 하는 여러 개체군을 포함한 철저한 보존 노력에 따라 성체가 최대 250마리에 이르고 총 개체수는 그 2배 정도다.

1985년에 나는 캘리포니아 콘도르가 사라지기 전에 보려고 뉴욕에서 캘리포니아로 갔다. 6마리의 캘리포니아 콘도르가 야생에 남아 있었다. 하지만 콘도르는 포획되어 잘 번식했다. 오늘날 캘리포니아, 그랜드캐니언 지역, 멕시코 바하반도에는 자유롭게 날아다니는 콘도르가 300마리 넘게 있다. 1973년에 미 의회가 멸종 위기종 보호법을 통과시키지 않았다면 어떤 콘도르도 하늘로 날아오르지 못했을 것이다. 미국의 흰머리수리는 1960년에 캐나다 남부에서 대략 400쌍이 번식하던 데서 오늘날에는 약 1만4000쌍으로 회복되었다. 이들은 2007년 이후 멸종 위기 생물 목록에서 제외되었다. 갈색사다새들은 40년 동안 700퍼센트 이상 증가했고, 1967년 멸종 위기 생물 목록에 등재되었던 미국 악어가 지금은 풍부하다. 아마 역사상 가장 무분별하게 살육당한 생물일 아메리카들소는 6000만 마리에서 1900년에는 옐로스톤에 고작 23마리의 야생들소만 남았을 정도로 급격하게 줄었다. 오늘날에는 3만 마리가 넘는다.

더 공들인 다른 회복 사례들은 덜 알려져 있다. 긴칼뿔오릭스라 불리는 북아프리카의 대형 영양은 1930년대에 개체 수가 수만 마리 감소하여 1990년대 초에 야생에서 멸종했다가 최근 차드에 재도입되었다. 밀렵으로 1960년의 개체수에서 98퍼센트 감소했던 검은코뿔소는 한 아종이 사라지긴 했지만 적극적인 보존 노력으로 지금은 개체 수가 2배로 늘어나 약 5000마리가 되었다. 쇠고래는 수렵으로 대서양에서 멸종되었고 아마 아시아 북태평양 지역에 150마리만 남아 있었던 것으로 보이지만, 북아메리카 서부 해안을 따라 극적으로 회복되었고 바하 캘리포니아부터 알래스카까지의 해안에서 종종 목격된다. 대서양의 혹등고래들도 매우 잘 복원되어 나는 개를 데리고 뉴욕주 롱아일랜드의 해안을 달릴 때 종종 이 고래들을 본다.

그 모든 성공 사례에 다 참여하여 일한 사람은 없다. 사례별로 누군가가 일했고 그 점이 차이를 만들어냈다. 우리가 좀더 세부적으로 생각하고, 더 구체적으로 말하고, 유의미할 수 있는 것에 초점을 맞추고, 남아 있는 많은 아름다운 것을 주의 깊게 지켜본다면 우리 모두에게, 세계의 종들이라는 대의에 도움이 될 것이다. 아름다움은 우리의 가장 깊은 관심과 가장 큰 희망을 가장 잘 포착하는 유일한 기준이다. 아름다움은 독립생활을 하는 생물들의 존속, 적응, 인간의 존엄성까지 포괄한다. 실제로 아름다움은 중요한 것들이 존재하기 위한 단순한 시금석이다.

이제 남아 있는 야생 지역들에서 멸종 위기 종과 야생생물들을 그들을 위해, 인간이 아닌 모든 것과 모두를 위해, 아름다움과 아름다움이 의미하는 모든 것을 위해 이기적이지 않고 사심 없이 돌봐야 한다. 우리가 습관적으로 실현성을 호소할 때 무시할 수 없는 주장, 자주 거론되어야 하는 주장은 이것이다. "우리는 신성한 기적 속에 살고 있다. 우리도 그에 맞춰 행동해야 한다."

4. 땅

Land

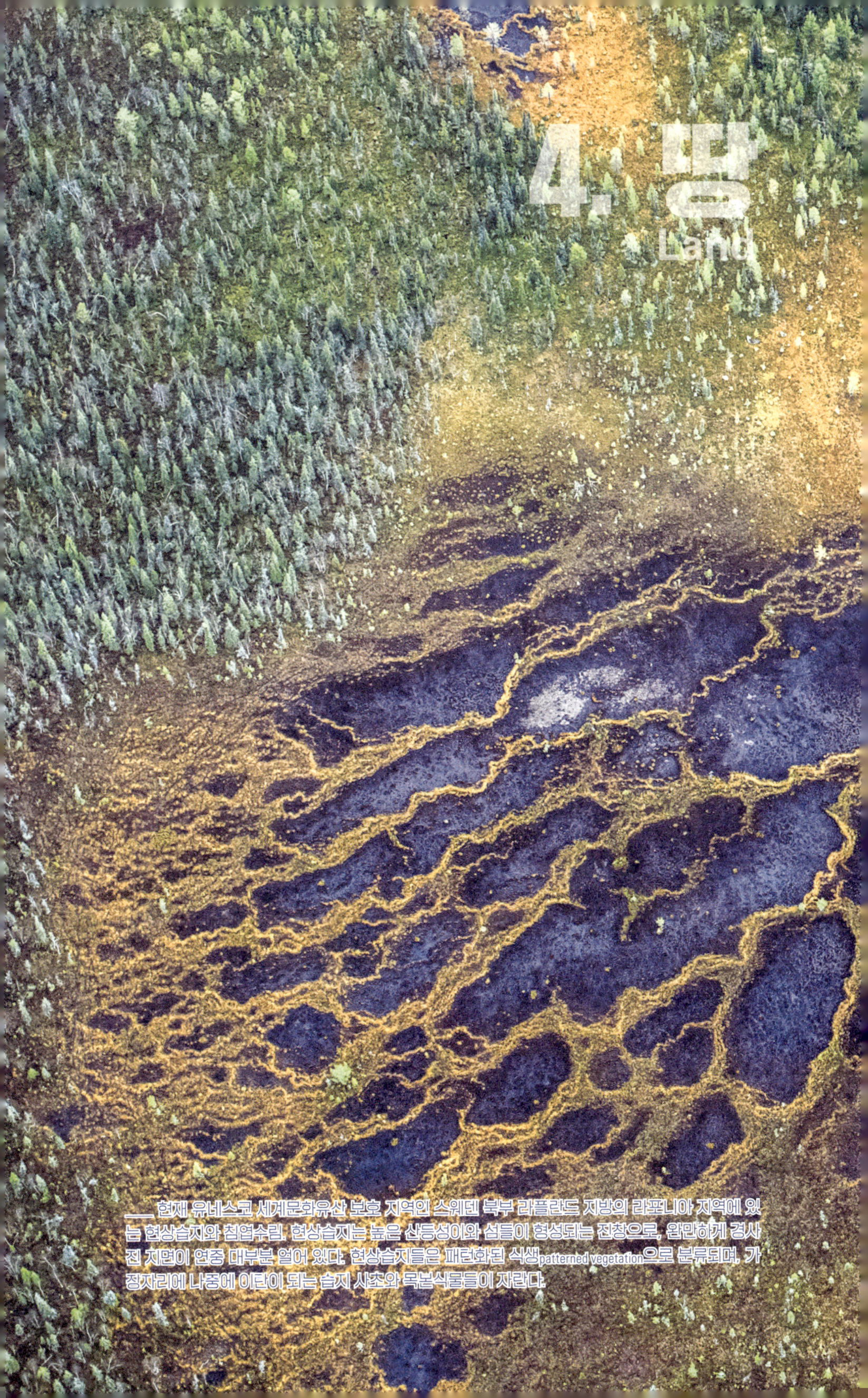

___ 현재 유네스코 세계문화유산 보호 지역인 스웨덴 북부 라플란드 지방의 라포니아 지역에 있는 현상습지와 침엽수림. 현상습지는 높은 산등성이와 섬들이 형성되는 진창으로, 완만하게 경사진 지면이 연중 대부분 얼어 있다. 현상습지들은 패턴화된 식생patterned vegetation으로 분류되며, 가장자리에 나중에 이탄이 되는 습지 사초와 목본식물들이 자란다.

영어로 땅land은 토양, 육지, 집, 생활 방식, 나라, 사람 등 많은 것을 나타낸다.

알려진 가장 최초의 토양은 37억 년 되었다. 지구가 생기고 불과 8억 년밖에 지나지 않았을 때였다. 토양은 산성비로 암석이 화학적으로 풍화되면서 생겨났다. 토양은 약간의 탄소를 함유하여 생명을 암시했다. 약 30억 년 뒤, 조류가 바다에서 땅 가장자리의 민물로 옮겨왔다. 그다음 단계는 엄청났다. 조류가 희박한 공기로 광합성을 하여 당분을 생성함으로써 햇빛의 에너지를 가두었다. 당시 많은 유형의 조류가 있었지만 한 집단이 육생식물로 진화했다. 1억 년 뒤 이 식물들에 잎과 뿌리가 생겼다. 균류들이 초기의 가까운 동지였다. 균류들은 바위에서 양분을 수집하여 식물과 탄소로 교환했다. 이는 서로 다른 종들이 상호작용하여 둘 다 이익을 얻는 협력관계인 상리공생의 일례였다. 식물과 미생물들이 성장하고 죽으면서 유기 퇴적물이 쌓였다. 이것이 현재 우리가 알고 있는 토양의 시작이다. 토양은 육지의 모든 생물의 80퍼센트를 살아가게 해주는, 영양소가 가득한 매체다.

식물은 진화하여 더 복잡해졌다. 엽상체, 침상엽, 포엽이 태양으로부터 더 많은 에너지를 모았다. 죽은 뿌리들이 유기물질을 생성하고 물이 지나갈 통로를 만들었다. 박테리아들이 뿌리층에 서식했다. 뿌리가 분비한 당분들이 지표 밑의 생물군에 영양을 공급하여 박테리아가 식물이 이용하는 미네랄의 양분 유효성을 상승시키도록 에너지를 제공했다. 균류의 사상체들이 식물과 협력하는 균근망이 되어 양분과 물, 정보를 뿌리에 보내고 에너지를 얻는다. 토양 생물이 많아지면 용수력이 높아져 식물 종의 범위와 다양성이 더 확대된다. 광합성으로 빛을 흡수하는 식물들은 지구의 땅을 변화시키고 점점 더 다양해지는 생물들을 지원했다. 벌레부터 개미에 이르기까지 육상 무척추동물들이 퍼져나갔다. 초식동물들이 굴을 파서 토양을 미세하게 공기가 통하는 매체로 섞어놓았다. 아프리카 쇠똥구리들이 밤에 나타나 자기 몸무게의 50배나 되도록 똥을 둥글게 빚어 굴속에 굴려 넣었다. 굴을 파는 유기체와 분해하는 유기체들이 토양의 비옥도를 더하고 구조를 발전시켰다. 대형 척추동물 종들의 분뇨는 토양의 비옥도를 개선시켰다. 땅의 투과성이 더 높아지고 더 많은 빗물을 보존하여 더 큰 식물들이 살 수 있도록 했고, 그리하여 대기에서 더 많은 탄소를 포집·저장했다. 식물과 나무들은 수증기를 발산하여 땅을 식히는 안개, 구름, 비를 만들어내 지구의 수문학을 바꿔놓았다.

지난 2000년—지질학적 연대의 작은 부분—동안 도시, 농업, 삼림 파괴는 자연적 탄소 순환을 극적으로 바꿔놓았다. 불, 건물, 산업, 농업으로 삼림이 도태되었다. 쟁기가 등장하면서 토양이 공기에 노출되었고 토양의 탄소가 산화되어 다시 이산화탄소가 되었다. 살아 있는 생태계들이 쉽게 침식되는 생명 없는 흙으로 바뀌었다. 산업적 농법으로 토양의 탄소 함유량이 평균 3퍼센트에서 1퍼센트로 감소했다. 살충제와 제초제가 토양 속의 생물들을 몰살시켜 전 세계의 땅이 사막으로 전락했다. 새, 나비, 벌레, 그 외의 생물들의 먹이도 부족해졌다. 땅은 고통받았고 땅에 의존하는 사람들도 고통받았다. 바로 이 점에 원인과 치유법이 다 있다. 땅은 사람처럼 회복력이 있다. 재생농업과 퇴화된 땅의 복원은 탄소의 손실과 토양의 건조화를 되돌린다. 우리는 더 많은 탄소를 포집하고 더 많은 산소를 배출하는 농법으로 옮겨갈 수 있다. 농장, 땅, 초원을 되살렸을 때의 이점은 헤아릴 수 없이 많으며 지구 모든 곳의 모든 사람과 모든 종에게 유익하다.

___ 노스캐롤라이나주 스탠리 카운티의 한 생산자가 옥수수를 심기 몇 분 전에 피복작물을 밀어서 평평하게 눕히고 있다. 이러한 진압 작업으로 생긴 '모포 같은' 결과는 장기적인 잡초 방제, 수분 유지를 하며, 토양 미생물의 먹이를 제공한다.

우리는 지구의 표면보다 달 표면에 관해 더 많이 알고 있다. 달은 알려진 광물 조각들로 이루어진 반면 토양은 수조 개의 살아 있는 다양한 유기체로 자체 생태계를 구성하고 있으며 그중 대부분이 아직 밝혀지지 않았다. 수억 년 전에 생물학적 체계들이 토양권을 형성하기 시작했다. 토양권은 암석, 식물, 대기, 물이 만나 함께 토양을 만드는 외층이다. 그 이후 줄곧 생물은 진화되어왔다. 건강한 흙을 1티스푼 뜨면 지구에서 가장 복잡한 생물계들 중 하나를 가진 것이다. 이 생물계가 산업적 농업으로 150년도 안 되는 기간에 퇴화되었다. 1850년 이후 인간의 활동으로 인한 모든 이산화탄소 배출량의 약 35퍼센트는 농사와 삼림 파괴에 의해 발생했다.

전 세계에서 1500만 명의 소규모 자작농과 수만 명의 농민과 목축업자들이 손실된 토양 건강을 회복시키고 땅을 복원하며 농업과 식량을 되살리는 농법들을 채택하고 있다. 재생 시스템에는 혼농임업, 농업생태학, 임간축산, 무경운無耕耘 농업, 진정한 유기농, 윤환방목이 포함된다. 구체적인 기법으로는 무경운 농법, 복잡한 피복작물, 프레리 스트립스prairie strips(곡물을 재배하는 들에 야생초 등을 긴 띠 모양으로 심어 초원을 조성해놓은 곳-옮긴이), 다년생 작물, 가축과 작물의 접목, 작물 다양화 등이 포함된다. 그 결과들 중 하나는 대기의 이산화탄소를 격리하여 건강한 토양의 탄소 함유량이 상당히 증가한 것이다. 재생농업이 전반적인 되살리기의 전형이자 견본이 되었다. 재생농업은 농사를 생물, 생물학적 다양성, 인간과 동물의 건강, 식물의 생장력, 꽃가루 매개자들의 생존력을 촉진시키는 한 방법으로 바꾸었다.

'재생농업'이라는 용어는 40년 전에 유기농업 지지자인 로버트 로데일이 고안했지만, 그 기원은 선주민들의 농업에 있다. 미국, 아프리카, 아시아에서는 땅이 수천 년 동안 계속 경작되어왔다. 가장 오래된 경작 형태들 중 하나는 마야의 농민들이 숲에 만드는 밭인 '밀파milpa'를 이용해 농사를 지은 것이다. 중국, 일본, 한국, 인도에는 4000년을 이어져 내려온 농업 전통들이 있다. 재생농업 관행은 서아프리카에서 잘 관리되고 있다. 이곳에서는 목탄과 녹색 폐기물을 이용하여 영양소가 부족한 우림의 토양보다 3, 4배 더 비옥하고 내구성 있는 '검은 흙'을 만든다. 아프리카 선주민들의 농사 지식은 아메리카 남부의 백인 농장들에서 노예들에 의해 이용되었다. 이 관행들이 조지 워싱턴 카버의 관심을 끌었다. 그는 이 방식들을 과학적으로 연구하고 지식을 공유하여 1900년대 초에 미국에서 재생농업의 창시자가 되었다.

오늘날에는 재생농업 이론과 방식에 관한 학습, 실험, 협력이 폭발적으로 증가하고 있다. 여기에는 산출량이 높은 잡종 종자(스스로 번식하지 않는)를 장려하는 산업적 농업 및 소위 녹색혁명이 입힌 피해와 화학비료 및 제초제의 사용 증가가 적지 않은 역할을 했다. 작물 다양성, 미생물, 토양화학, 가축과 작물 재배를 통합한 시스템의 증가로 볼 때 재생농업은 신생 기술이라고 불릴 만하다. 재생농업은 스마트폰보다 더 복잡하고 인터넷보다 더 많은 상호작용을 포함한다. 또한 어떤 기계나 장치보다 움직이는 부분들, 즉 생물학적 부분이 많다. 이 생물학적 부분들은 말하자면 부품이 아니라 다면적인 시스템 내의 살아 있는 구성 요소들이다. 재생농업은 복잡하고 미묘하지만 명확하게 정의된 원칙들을 바탕으로 하고 있으며 전 세계 농민과 목축업자들이 시행할 수 있다. 중요한 점은, 재생농업의 산출량이 관행 농업과 같은 정도이거나 더 많으며, 토양의 회복력과 생산성 향상으로 앞으로 더 많은 수익을 낼 수 있다는 것이다.

재생농업의 주된 결과로 탄소 격리를 강조하면 재생농업의 전체적인 영향이 가려진다. 재생농업 관행들이 단계적으로 도입되어 세계의 농장과 초원의 4분의 1에서 시행되면 다음 30년 동안 온실가스 550억 톤을 흡수해 보유할 것이다. 재생농업의 이러한 측면은 산업적 농업 기업들의 관심을 끌었다. 이 기업들은 탄소 배출권을 판매하여 재생농업에서 이익을 얻을 방법을 발견했다. 앤호이저부시, 바이엘-몬산토, 카길, 그 외의 기업들이 선호되는 기후 해결책으로 이 용어를 채택하여 혼란을 일으키고 있다. 재생농업은 좋은 평판을 위해 선별하는 메뉴가 아니라 토양, 농업, 작물에 대한 총체적 접근 방식이다. 역사상 가장 많이 팔리고 가장 파괴적 농약인 글리포세이트의 특허를 받은 바이엘-몬산토가 탄소 격리를 홍보하는 것은 모순적이다. 제초제는 항생제로, 그러니까 정당한 사유로 특허를 받았다. 그러나 제초제는 미생물들을 죽이고 그리하여 토양의 탄소를 감소시킨다.

산업적 농업과 재생농업의 차이를 이해하는 간단한 방법이 있다. 산업적 농업은 식물들에게 화학적 형태의 질소, 인, 칼륨을 공급한다. 재생농업은 토양과 토양의 미생물들에게 양분을 공급하고 토양은 식물들에게 양분을 공급한다. 산업적 농업은 식물, 토양, 곤충으로 구성된 복잡한 생태계를 단일경작, 레이저 유도 트랙터, 농약 분무기, 화학물질 투입으로 대체하여 산출(작물)을 얻는다. 토양 비옥도가 떨어지면 작물 수확량을 유지하기 위해 더 많은 투입이 요구된다. 토양이 황폐해지면 식물의 건강도 악화되어 작물들이 해충에 더 취약해진다. 제초제가 더 많이 사용되면 자연 포식자들이 사라진다. 살충제, 제초제, 비료, 살균제, 항생제는 토양, 농민과 그들의 가족, 가축, 야생생물들에게 큰 피해를 입힌다. 미국 농민들의 암과 파킨슨병 발병률과 자살률은 세계의 직업군 가운데 가장 높은 축에 속한다. 산업적 농업은 기후에도 큰 타격을 준다. 지구의 온실가스 배출량의 약 6분의 1이 농업 부문에서 발생한다.

과학자들은 앞으로 수십 년 동안 얼마나 많은 탄소가 토양에 격리될 수 있는지 논쟁을 벌이지만 농민들에겐 그리 의미 없는 논쟁이다. 농민들은 그들의 토양에 더 많은 물을 받아 저장하고, 비용을 줄이고, 침식을 막고, 빚에서 벗어나고, 더 건강한 식물과 동물을 생산하여 가족을 부양하기 위해 재생농업 관행으로 옮겨가고 있다. 다음은 재생농업의 기본 원칙과 기법들이다.

토양의 탄소 복원: 토양 표면에서 깊이 6~7인치 부분은 계절에 따라 들어왔다 나갔다 하는 유형의 불안정한 탄소liable carbon를 함유하고 있다. 흡수된 탄소는 더 아래에 있고 대기 중으로 그렇게 쉽게 빠져나가지 않는다.

탄소로 가득 찬 삼출물이라는 뿌리 당분이 토양으로 방출되어 미생물들의 먹이가 된다. 토양 속의 박테리아, 균류, 원생동물, 조류, 진드기, 선충, 벌레, 개미, 유충, 곤충, 딱정벌레, 들쥐가 서로의 먹이가 되고, 번식하고, 물질대사로 노폐물을 생성하며, 미네랄을 가용화하여 땅 위의 식물들이 양분을 이용할 수 있게 한다. 토양은 상품이 아니라 공동체다. 황폐해진 농지와 초원의 탄소 함량은 평균 1퍼센트다. 우리는 탄소에 토양을 얼마나 높이 축적할 수 있을까? 그것은 모른다. 오하이오주 캐롤에 있는 데이비드 브랜트의 농지는 1978년에 0.5퍼센트 이하의 탄소 함량으로 시작했지만 현재 그의 재생농업 농지는 부근 식림지의 6퍼센트 수준보다 높은 8.5퍼센트의 탄소를 보유하고 있다.

교란 제한: 토양의 기계적 교란, 특히 경운耕耘을 가능한 한 줄여야 한다. 논밭을 갈면 토양의 구조를 파괴하여 광물 입자들의 집합체와 공기와 물이 축적되는 작은 구멍들을 헤집는다. 또한 이로운 균류를 포함하여 취약한 미생물 군집들을 파괴한다. 제초제, 살충제, 합성 비료 같은 화학적 교란 역시 토양 속의 생물학적 삶을 파괴할 수 있다. 무경운 시스템과 경운을 줄인 시스템은 토양이 진화하고, 쌓이고, 범위와 복잡성이 확장되게 할 수 있다. 땅을 반복적으로 갈면(주로 잡초가 자라지 않게 하기 위해) 토양 생물이 햇빛과 비바람에 노출되고 메말라 죽어서 추가적인 온실가스를 발생시킨다. 미생물들은 소화과정의 일부로 자연적으로 이산화탄소를 배출하지만 반복적인 경운은 분해를 일으켜 저장되어 있던 탄소를 하늘로 배출한다.

토양 피복: 피복작물들은 겨울에는 토양을 보호하고 여름에는 토양을 서늘하게 해준다. 피복작물을 재배하는 의도는 풍식과 물 침식으로부터 토

양을 보호하기 위해 가능한 한 오래 토양 표면을 푸르게 유지하자는 것이다. 광합성은 태양에너지가 토양으로 들어가는 과정이다. 벌거벗은 땅은 뜨거워질 수밖에 없어 토양을 건조시키고 미생물들을 죽인다. 사막, 해변, 바위투성이 비탈을 제외하면 자연에서는 벌거벗은 땅을 좀처럼 보기 힘들다. 피복작물은 또한 폭풍우의 충격을 완화시켜 물이 땅에 부드럽게 닿는다. 피복작물의 뿌리는 토양을 비옥하게 하고 미생물 균총에게 삼출물을 공급한다. 피복작물은 식물들이 이용할 수 있도록 질소를 고정시켜 칼륨, 인을 포함한 미네랄로 전환시킨다.

오늘날 농민들은 엄청나게 다양한 피복작물을 이용하고 있다. 무지개콩, 메밀, 질경이, 치커리, 해바라기, 김의털, 다이콘 무, 코디액 겨자, 에티오피아 양배추, 던데일 완두콩, 동부콩, 랑그도크 베치, 헤어리 베치, 풀완두, 진홍토끼풀, 자주개자리, 겨울에 파종하는 호밀, 잠두, 아마, 검은귀리, 이집트콩, 퍼플탑 순무, 녹두 등 채소밭에 더 가까워 보이는 식물들의 축제다. 미국 원래의 장초 초원에는 200종이 넘는 식물이 있었다.

____ 이 토양의 짙은 색깔은 건강한 토양이 어떤 모습인지 알려준다. 다양한 작물, 풀, 피복작물들이 섞여 토양에 양분을 공급하고 돌보는 보호막을 만든다.

토양의 수화: 농부들에게 가장 중요한 문제는 하늘에서 얼마나 많은 수분이 떨어지느냐가 아니라 얼마나 많은 수분이 땅에 스며드는가다. 토양은 그 속에 사는 미생물을 잃으면 구조가 무너진다. 다공성이 불투과성으로 바뀌는 것이다. 토양이 빗물이나 관개용수를 흡수하는 비율은 침투율이라 불린다. 비옥하고 잘 바스러지는 토양 구조는 글로말린이라는 끈적거리는 물질에 의해 형성된다. 탄소가 풍부한 단백질인 글로말린은 균류와 수세기 이상 토양에 남아 있는 부식산이 생성한다. 관행농법으로 경작되는 땅에서는 글로말린이 부족해서 침투율이 시간당 0.25인치 정도로 낮을 수 있다. 그보다 많은 물은 고이고 흘러넘쳐 침식을 일으킨다. 재생농업을 하는 농민들은 물 침투율이 시간당 0.5인치에서 15인치로 늘어나 10~30배 증가했다고 보고한다. 이런 탄소 스펀지들은 토양을 지하 저장소로 만든다.

지구온난화의 결과로 대기는 더 많은 물을 함유하고 폭풍우는 더 맹렬해졌다. 가능한 한 많은 물을 포집하는 능력은 홍수와 침식을 막는 데 매우 중요하다. 오클라호마주에서는 관행농법으로 생산되는 밀 1파운드마다 3파운드의 토양이 침식으로 손실된다. 수분 보유력이 향상되면 식물이 더 많이 성장하고, 그러면 광합성으로 포집되는 탄소가 늘어난다. 탄소가 더 많이 격리되면 토양유기물이 늘어난다. 유기물이 증가하면 더 많은 물을 보유하게 되고, 이는 사람과 동물에게 더 많은 식량이 생산된다는 의미다. 토양수분은 또한 농민들에게 변덕스러운 강우 및 가뭄 패턴에 대처하는 데 필요한 더 높은 회복력을 제공한다. 그 외에 또 다른 이점이 있다. 지표면 온도의 약 80퍼센트가 수권에 의해, 그러니까 대기 중과 지표에 있는 모든 물의 합계에 의해 결정된다. 지난 2세기 동안 지구는 메말라왔다. 삼림 파괴, 산업적 농업, 과도한 방목, 온도 상승은 땅을 건조시켜 표면 온도를 높였다. 재생농업은 주위 환경의 온도를 낮춘다. 표면 온도가 섭씨 1도 이상

___ 앨라배마주 터스키기대학의 조지 워싱턴 카버. 카버는 미국 재생농학의 개척자다. 오늘날의 재생농업 농민들처럼 그는 윤작, 질소를 고정시키는 콩과식물, 단일경작으로 황폐해진 땅에 토양 건강을 회복시키는 방법을 이용해 토양 건강을 개선시키는 기법들을 고안함으로써 '앞으로 나아가는' 농학을 만들었다. 그는 2000년 이상 거슬러 올라가는 아프리카 선주민들의 농사 지식과 관행들에 의지했다.

낮아질 수 있어 식물 성장에 도움이 되며, 맨땅보다 토양 온도가 훨씬 낮아질 수 있다.

토양에 생물 투입: 자연은 동물 없이는 절대 '농사를 짓지' 않는다. 하지만 현대 농업의 특징들 중 하나는 작물과 동물의 분리다. 수천 년 동안 작물과 동물은 짝을 이루어왔다. 모든 농장이나 목초지나 논에 말, 소, 양, 염소, 거위, 닭, 오리나 (특히 아시아에서) 물고기가 있었다. 목초지들을 빠르게 순환하는 적응형 방목의 생태학적 이점은 실무자들에게 다년간 잘 알려져 있었다. 방목은 식물의 성장을 자극하여 더 많은 탄소를 토양으로 보낸다. 논밭과 목초지에서도 마찬가지다. 가축에게만 해당되는 이야기도 아니다. 건강한 농지는 융합되어 살아가는 새, 꽃가루 매개자, 포식자 곤충, 지렁이,

미생물에게도 서식지를 제공한다.

오늘날에는 작물과 동물을 때로는 수 마일이나 물리적으로 떼어놓았다. 그 결과 영양소 순환이 악화된다. 물고기는 더 이상 종래의 논에서 살지 못한다. 살충제가 도입되기 전에 물고기들은 조류와 곤충을 먹고 농작물에 천연비료를 공급했다. 가축들은 땅의 풀을 뜯어 먹었고 논밭에 거름과 요소를 공급했다. 재생농업에서는 단시간 고밀도 방목mob grazing이나 순환 방목 기법들이 토양 탄소와 비옥도를 증가시킨다. 전통적인 형태의 목축도 이렇게 할 수 있다. 주의를 기울여 관리한 방목이 효과적인 이유는 반추동물에게 씹어 먹히는 풀보다 삼출물 생산을 더 잘 자극하는 것은 없기 때문이다. 이는 뿌리에게 성장하라는 강력한 호르몬 신호를 보낸다. 가축을 기르고 싶지 않은 농부라면 벌레와 지렁이를 이용해도 토양 비옥도와 탄소 격리에 두드러진 변화가 나타날 것이다. 피복작물과 가축 방목을 합하면 매년 소비되는 4600억 파운드의 질소 비료 대부분을 대체할 수 있다. 질소 비료 대부분은 결국 개울과 강, 바다의 데드존들을 오염시킨다.

토양의 건강이 식물의 건강이고 인간의 건강이라는 것을 인식하기: 토양이 건강하지 않으면 식물이 건강할 수 없다. 그리고 식물이 건강하지 않으면 인간의 건강도 있을 수 없다. 미네랄, 미소 식물, 식물성 생리활성 물질은 인간의 안녕에 필수적이며 결핍되면 만성질환을 일으킬 수 있다. 당신이 영양가 있는 식사를 한다 해도 토양에 필수 미네랄이 부족하면 당신이 먹는 식물들에 충분한 필수 미네랄이 들어 있지 않을 것이다. 식물들은 미네랄의 가용성을 높여 식물이 이용할 수 있게 만드는 토양 미생물들에게 의존한다. 또한 식물은 스트레스를 이용해 영양분이 더 충분히 풍부해진다. 인간과 마찬가지로 스트레스는 식물이 변화하고 적응하도록 자극한다. 뿌리가 물이나 미네랄이나 양분을 찾아 더 깊이 뻗게 하거나 해충에 강해지도록 잎의 화학 조성을 바꾼다. 관행 농업은 그 반대다. 식물이 빨리 성장하기 위해 필요한 모든 것이 칼륨비료, 과인산비료, 질소비료의 형태로 땅 표면 아주 가까이에 제공된다. 토양은 거의 척박한 상태이고 식물들이 서 있게 하는 매체일 뿐이다. 식물들은 스트레스를 덜 받아 종종 튼튼해 보이지만 사실은 약하고 벌레, 균류, 녹병에 취약하다. 제초제, 주로 유력한 발암물질인 글리포세이트로 경쟁이 사라진다. 관행농법으로 재배된 작물들은 더 빨리 자라고 뿌리가 더 얕으며 영양분이 적을 것이다. 실상은 단순하다. 화학적으로 의존하는 식물들은 건강한 식량을 생산하지 않는다. 극도로 가공된 식품은 건강한 아이들을 길러내지 않는다. 항생제와 의약품은 건강한 동물을 길러내지 않는다. 우리가 먹는 과일과 채소들은 50년 전보다 영양분이 상당히 줄어들었다. 식품들이 질적으로 저하되기 때문에 인공적으로 '영양분이 강화'된다. 1965년에는 미국 인구에서 만성질환을 앓는 사람이 4퍼센트였지만 지금은 3분의 2로 늘어났다. 현재 우리 아이들의 46퍼센트가 만성질환을 가지고 있다.

진정한 재생농업이 노력 없이도 식물과 인간의 영양을 향상시키는 이유는 간단하다. 자연과 싸우지 않기 때문이다. 재생농업은 자연과 보조를 맞춘다. 재생농업은 우리의 식품, 영양, 안녕의 원천이기 때문에 되살아난 사회의 중심에 있다. 전체 기후 영향의 3분의 1이 우리의 식량 및 농업 시스템에서 나오고 인간의 질병 대다수도 여기서 나온다. 되살리기의 기본 원칙은 더 많은 생명을 만드는 것이다. 우리는 여기서부터 시작해야 한다.

___ 미주리주 러커에 있는 면적 1620에이커의 그린 패스처 농장의 그레그 주디. 주디는 유전적으로 풀을 먹고 자라고 목축 사육에 특히 적합한 영국종인 사우스 폴South Poll 소들에 관한 전문가다. 주디는 소들에게 호르몬을 주입하지 않고 기생충 약을 먹이지도, 파리를 쫓기 위해 귀에 다는 살충제 태그를 사용하지도 않는다. 대신 이 농장에는 자연적인 파리 구제를 위해 450개의 제비 둥지가 있다. 관행 농법으로 농장을 운영하다 거의 파산할 뻔한 주디는 이제 다른 농민들이 토양과 가축을 튼튼하고 건강하게 만들도록 돕는 방목 강의를 하고 있다.

노스다코타주의 가족 농장으로 차를 몰고 가던 재생농업 농민 게이브 브라운에게 한 가지 생각이 떠올랐다. 작물이 자라는 동안 논밭에 소를 방목하면 어떨까?

평소에 브라운은 농장의 목초지에서 소떼를 키우다 늦가을에만 논밭으로 데려와 토양이 살아 있는 식물로 계속 덮이도록 추수 후에 파종한 피복작물들을 뜯어 먹게 했다. 피복작물들이 겨울 동안 가축들에게 먹이를 공급하고 가축의 배설물로 된 거름이 토양에 양분을 제공했다. 이 방법은 토양의 건강을 계속 향상시키려는 브라운의 노력들 중 일부였다. 1990년대 중반에 연이어 재해가 발생한 뒤 브라운은 관행농법을 버리기로 결정했고 대신 대초원의 생태계에서 영감을 얻었다. 그는 농지에 일 년 내내 피복작물을 키워 벌거벗은 땅을 없애고 식물들과 닭, 돼지를 포함한 동물들을 다양하게 섞어 길렀다. 그는 풀을 뜯어 먹은 뒤 떠나는 들소 떼의 행동을 모방하여 목초지에 에이커당 생체중 5만 파운드의 밀도로 소들을 기르고 하루에 한 번 작은 방목지들을 옮겨다니게 했다. 그러나 캐나다를 방문한 뒤 그는 밀도를 에이커당 50만 파운드로 급격히 올리고 여름 동안 경지의 일부분에 소들을 방목하기로 결정했다. 그는 옥수수나 밀을 심는 대신 피복작물을 이용해 가축들을 먹이고 키움으로써 피복작물을 환금작물로 바꾸었다. 그는 이 방법이 굉장히 비정통적인 생각이라는 것은 알고 있었다. 하지만 시도해보았고, 효과가 있었다. 토양이 계속 개선되었다.

이때 브라운은 전체 농장 운영에 가축들을 통합시키는 것이 진정한 재생을 이루는 데 중요하다는 사실을 깨달았다.

어떤 면에서 브라운은 농업을 그 근원으로 되돌리고 있다. 가축 종들은 수천 년 전에 길들여졌고, 가축의 배설물을 비료로 쓰는 등 이후 수세기 동안 전 세계적으로 작물 재배가 가축 사육과 긴밀하게 연결되었다. 오늘날 많은 전통문화와 선주민 문화에서 가축과 작물은 다양하게 조합되어 함께 길러진다.

역사적으로 농민은 헛간에서 소수의 소나 돼지를 길렀다. 트랙터가 등장하기 전에는 밭에서 말과 황소를 이용해 농사를 지었다. 1970년대에 북미에서 국가의 농업 정책이 전문화를 장려하면서 농업은 변화하기 시작하여 농민들이 가축과 작물 중 어느 한쪽을 선택하면서 둘은 분리되었다. 이러한 분리는 한편으로는 옥수수, 대두 같은 매우 집약적인 단일경작 시스템으로, 다른 한편으로는 비육장, 감금식 사육을 포함한 산업적인 육류 및 유제품 생산으로 이어졌다. 두 시스템 모두 산출량을 최대화하고 획일적인 상품들을 가능한 한 효율적이고 저렴하게 시장에 공급하도록 설계되었다. 곧 문제들이 나타났다. 상품 농업이 환경과 인간의 건강에 입히는 피해의 증거가 늘기 시작하면서 땅에 활력을 회복시키고 건강에 좋은 식품을 제공하는 유기농법과 총체적 농법들에 중점을 두는 반대 움직임이 나타났다. 많은 유기농 농민이 자연에서 힌트를 얻어 다양한 작물을 재배하고 토양에 퇴비를 주었다.

지난 20년 동안 농지에 가축과 작물을 다시 통합하는 것에 대한 관심이 되살아났다. 이런 움직임은 부분적으로는 토양미생물학에 대한 이해의 중요한 발전에 자극을 받았고 새로운 세대의 농부와 농업 전문가들이 주도했다. 이는 토양을 개량하고 생물학적으로 풍부하게 하는 재생농업 목표로의 전환의 일부분으로, 자기 농지의 황폐해진 땅을 복원시킨 게이브 브라운의 여정으로 요약된다. 연구들은 식물의 지상 부분 및 가축 관리, 탄소 저장 증가 및 지하에서의 순환 사이의 많은 관계를 밝혀 지식을 심화시키고 목표들을 확장해왔다. 재생농업이 탄소 격리와 토양 건강에 미치는 이점들에 대한 오스트레일리아의 토양학자 크리스틴 존스의 연구는 브라운이 자신의 농지에서 가축의 좀더 적극적인 역할을 받아들이고 탄소 순환 개선을 목표로 삼도록 직접적인 영감을 주었다.

가축과 작물 재배를 통합시킨 예는 닭이 논밭에서 모이를 쪼아 먹거나 과수원에 소, 포도밭에 양, 목초지에 여러 초식동물을 섞어 방목하는 경우를 들 수 있다. 미국에서 작물과 가축을 접목시킨 역사를 검토해보면 한 해의 다른 시기들에 가축과 작물이 같은 농지 점유하기, 농지에 일년생 사료 작물과 다년생 사료 작물을 해마다 번갈아가며 재배하기, 방목과 작물 생산을 위해 같은 농지에 일년생 작물과 다년생 작물을 간작으로 재배하기 등의 다양한 관리 방법을 보여준다. 이런 통합된 시스템에는 칠면조, 오리, 돼지, 토끼, 양, 염소, 말, 타조, 라마, 심지어 물고기까지 많은 유형의 동물이 이용될 수 있다. 중국에서는 양어지에 오리, 거위, 닭을 놓아 어류 생산을 거의 두 배로 늘렸다. 동남아시아에서는 종종 소와 염소가 고무나무, 야자나무, 코코넛나무 등 조림지의 나무들 아래에서 풀을 뜯어 먹고 잡초를 없애는 한편 토지를 비옥하게 한다.

가축과 작물 재배의 통합은 목초지에서도 이루어진다. 버지니아주에 있는 조엘 샐러틴의 폴리페이스 농장에서는 신중하게 짠 순서에 따라 소, 닭, 돼지, 토끼, 칠면조들이 농장의 목초지들을 순환한다. 소들은 겨울에는 외양간에서 건초를 먹고, 소똥은 나무 부스러기, 옥수수와 섞여 퇴비로 만들어진다. 봄에 소들을 목초지로 보내면 돼지들이 외양간의 퇴비를 파헤쳐 공기를 통하게 한다. 그 뒤 탄소가 풍부한 퇴비가 목초지에 뿌려진다. 소들을 다음 목초지로 옮기고 나면 닭과 칠면조, 심지어 토끼까지 소가 지나간 목초지로 옮겨 그곳을 위생적으로 만들고 이들의 분변을 재활용한다. 오스트레일리아의 뉴사우스웨일스주에 있는 에릭 하비의 길가이 농장에서는 5000마리의 양과 600마리의 소가 '플러드flerd'라는 단위로 통합되어 있다. 하비는 양과 소들의 서로 다른 사료작물 선호와 방목 행위뿐 아니라 분뇨의 구성까지 식물의 초세와 다양성, 밀도에 도움이 되도록 이용하여 10년도 채 되지 않아 길가이 농장의 식물 종을 7종에서 136종으로 늘렸다.

가축들을 농장의 생산에 통합하면 사업 전체에 영양소의 균형 증가를 비롯해 많은 장점이 있다. 예를 들어 가금류의 분뇨에는 식물에 필요한 질소가 풍부하다. 분뇨와 퇴비를 뿌리면 토양 속의 생물학적 활동이 향상되고, 그러면 질소 순환, 토양 구조, 용수력이 향상될 수 있다. 텍사스주에서 5년에 걸쳐 진행된 육우와 목화를 통합한 시스템에 관한 연구는 목화만 계속 재배한 밭들보다 사료작물과 목화를 통합한 밭들에서 유기탄소, 토양의 안전성, 미생물 활성도가 높은 것으로 나타났다. 오스트레일리아에서는 작물과 가축의 통합이 농민들이 생산성을 향상시키고 지속 가능성을 증가시키며 기후변화 및 시장 변동과 관련된 위험을 줄이는 데 도움을 주고 있다. 한 연구에서는 사료작물과 수확의 이중 용도로 곡물을 이용하면 가축과 작물의 생산성을 25~75퍼센트 증가시킬 수 있는 것으로 나타났다. 작물과 가축의 통합은 또한 경관의 다양한 모자이크를 형성해 야생생물의 서식지를 향상시킨다.

이러한 이점들에도 가축과 작물의 통합은 두 시스템이 다른 유형의 농업을 나타내기 때문에 혼합해서는 안 된다는 기존 농민들의 완고한 믿음을 포함하여 시행상의 과제들을 안고 있다. 기후변화 활동가들 사이에서는 가축들의 온실가스 생성, 특히 장내 발효라고 불리는 소화 과정에서 메탄의 배출과 관련해 이 방식에 이견을 제시한 이들이 있었다. 하지만 EPA에 따르면 2016년 미국 전체의 온실가스 생성에서 가축의 직접 배출이 차지하는 비율은 2퍼센트에 불과했다. 또 다른 장애물은 원칙적으로 유축농업에 반대하는 일부 소비자의 문화적 태도다. 마지막으로, 많은 농민이 작물과 가축을 능숙하게 통합하는 데 필요한 경험이 없거나 훈련을 받지 않았다.

이러한 과제들을 극복하는 한 가지 유인책은 수익성이다. 게이브 브라운의 농장에서는 토양 건강이 개선되어 토양 탄소량이 증가하자 운영 순익이 상당히 늘어났다. 동물들이 이 성공의 핵심 구성 요소였다. 브라운은 여행을 하면서 농장의 수익성이 부족하다는 동료 농민들의 한탄을 자주 듣는다. 브라운은 "그런 농민들에게 생산 모델을 물어보면 대개 가축을 전혀 기르지 않는다는 것을 발견한다. 나는 모든 농장 운영자에게 동물이 제공하는 많은 이점을 이용하라고 독려한다"고 썼다.

황폐화된 땅의 복원Degraded Land Restoration

___ 오스트레일리아 서부의 야라야라 생물다양성 회랑 프로젝트Yarra Yarra Biodiversity Corridor Project는 토지를 복원하여 200킬로미터의 회랑을 만들어 기존의 자연보호구역들을 연결시키는 것을 목표로 한다. 2008년 이후 1만4000헥타르에 3000만 그루가 넘는 토착종 나무와 관목을 심었다. 회복된 지역의 90퍼센트 이상이 1900년대에 개간된 곳들이고 더 이상 전통적 농업에 적합하지 않다. 앞 페이지의 사진에서는 최초의 조림지들 중 하나에서 복원이 진행되고 있다. 적극적으로 관리하면 관목과 풀이 서서히 다시 상층목들에 합류할 것이다. 더 밀집되고 가까운 식재열, 곡선과 등고선 모양의 식재열 배열, 온종일 양들을 못 들어오게 하기 등 묘목과 하층 식물이 동시에 성장하도록 촉진하는 기법들이 새로운 곳에서 시행되고 있다.

빌 제디크는 어느 날 뉴멕시코주 서부의 한 목장에 있는 침식된 개울 바닥을 걷다가 깊은 도랑을 가로질러 뻗어 있는 가시철조망 울타리 아래를 지나갔다. 그의 머리 몇 피트 위로 울타리 기둥이 대롱거렸다. 목장 주인에게 물어보니 그 울타리는 60년 전에 설치된 것이고 기둥은 원래 바닥에 박혀 있었다. 이는 얼마나 짧은 기간에 얼마나 많은 침식이 일어났는지 알려주는 표시였다.

서남부의 많은 지역이 비슷하게 황폐해진 상태라는 것을 직접 체험해서 알고 있던 제디크로서는 놀랄 일도 아니었다. 10년 전, 미 산림청에서 야생 생물 학자로 일하다 은퇴한 제디크는 새로운 임무에 착수했다. 손상된 개울들을 건강하게 복원시킬 방법을 찾는 것이었다. 제디크는 수로에서 많은 문제를 목격했다. 한때 굽이쳐 흐르는 개울이던 곳이 깊은 고랑이 되었고 헤드컷(가파른 수직 낭떠러지)들 때문에 물이 빠진 건조한 초원이 개울 바닥까지 뻗어 있었다. 한때 완만하게 경사진 배수로였던 곳들은 20피트 깊이의 헤드컷과 도랑이 되었고 형편없이 설계된 흙길과 개울의 다리들이 물의 자연스러운 이동을 방해해 광범위한 침식을 유발한 것이다. 이런 문제들로 지하수면이 낮아지고 식생이 바뀌면서 비버, 야생 칠면조 등의 서식지가 흐트러지기 시작했다. 침식은 개울들이 가파른 도랑이 되고 저수조에 토사가 쌓여 막히면서 가축들에게도 영향을 미쳤다. 하지만 개울만의 문제는 아니었다. 제디크는 지역의 방목장과 숲들도 황폐화된 것을 보았다.

기후변동에 관한 정부 간 협의체에 따르면 지구의 얼지 않는 땅의 약 25퍼센트가 인간으로 인해 황폐화되어 생계를 땅에 의지하는 30억 명의 사람에게 영향을 미친다고 한다. 세계의 황폐화된 땅의 40퍼센트가 빈곤율이 높은 지역들에 위치한다. 수많은 사람이 이주했지만 10억 명이 가난으로 인해 그곳에서 빠져나오지 못하고 있는 것으로 추정된다.

토양 침식은 토지 황폐화의 가장 흔한 유형이다. 자연적 경관에서는 풀, 식물, 관목, 나무가 바람, 비, 녹은 눈의 침식 작용에 대한 완충재 역할을 한다. 경작, 과도한 방목, 벌채나 개간으로 이런 보호 작용이 방해받거나 제거되면 토양은 악천후에 노출된다. 태풍 한 번으로 밭고랑은 도랑이 되어버릴 수 있다. 또한 작물에 화학비료와 살충제를 주는 것도 토지 황폐화의 원인이다. 화학비료와 살충제는 미생물들을 해치고 지하의 토양입자들을 결속시키는 영양소 순환을 손상시킨다. 토양이 농지에서 소실되면서 인, 질소, 칼륨 같은 식물들의 필수 영양소도 함께 소실된다. 토양 손실과 기후변화가 결합해 작물 산출량을 감소시키며, 취약한 지역들에서 특히 더 그러하다. 이러한 손실은 인간의 이주, 갈등 심화, 정치적 불안에도 영향을 미친다. 인간은 토지 이용을 통해 아마 수천 년 동안 탄소를 배출해왔을 것이다. 농업, 임업, 그 외의 토지 이용으로 배출된 온실가스가 2018년 전 세계 온실가스 배출량의 22퍼센트에 이르렀다.

토지 황폐화는 건조한 땅에서 더 심각하다. 건조한 경관은 모든 토지의 약 40퍼센트를 차지하며 거의 20억 명에 이르는 사람의 삶의 터전이다. 그중 대다수가 가난하게 살고 있고 가뭄의 영향에 취약하다. 건조한 지역들은 대개 토양에 영양소가 부족하고 유기물이 결핍되어 있어 적절하게 관리하지 않으면 침식되기 쉽다. 건조지 황폐화의 주된 원인은 과도한 가축 방목, 나무 제거, 경간, 바이오 연료 생산이다. 토양을 붙잡아두는 식물들이 꾸준히 사라지고 기후변화로 강우량이 줄면서 이 지역들은 계속 침식되어 사막이 될 위험에 처할 것이다.

뉴멕시코주 대부분의 지역은 더 넓은 서남부 지역과 마찬가지로 가뭄에 잘 견디는 식물들과 낮은 연 강수량을 보이는 게 특징인데, 여름의 강력한 폭풍이 강수량의 약 절반을 차지한다. 토양은 얕고 지피식물은 쉽게 교란된다. 미 산림청과 서남부 사막 지역에서 경력을 시작한 미국의 환경보호활동가 알도 레오폴드는 이 지역의 생태를 "일촉즉발의 상태"라고 묘사했다. 소떼와 양떼가 수십 년 동안 지역의 목축지들을 혹사시키고 고지대에서 심한 벌목이 이루어지면서 1950년대에 이르러 땅에 "방아쇠가 당겨졌다". 예를 들어 주의 한가운데를 200마일가량 흘러가는 상당한 규모의 하천이던 리오 푸에르코 지류는 한때 뉴멕시코주의 곡창지대로 알려져 있었다. 그러나 오늘날에는 강줄기를 따라 대부분의 지대가 침식해 30피트의 도랑이 되었고 지역에서 가장 유사량이 큰 수로 중 하나가 되었다.

이런 추세에 대응하고 훼손된 개울의 치유를 돕기 위해 빌 제디크는 수로에 설치하는 작고 주의 깊게 설계된 구조물들을 활용한 복원 기법들을 개발했다. 크건 작건 수로들이 침식되면 대개 직선으로 펴지면서 아래쪽으로 깎여나가 자연적인 만곡부를 잃는다. 갑작스런 폭우로 범람이 일어나면 특히 파괴적일 수 있다. 돌과 목재로 이루어진 제디크의 구조물들은 유속을 늦추고 개울들이 치유되기 시작하도록 한다. 그의 많은 고안품은 흐르는 물을 일부러 수로의 한쪽에서 다른 쪽으로 보낸다. 그는 이 기법을 "유도된 곡류曲流"라고 부른다. 그의 구조물들은 침식된 고지대로부터 밀려들어오는 유사流沙들을 포착하고, 유사는 새로운 범람원을 조성하여 개울에 안정성을 더한다. 사초, 골풀 등이 새로운 유사를 영양소 공급원으로 삼아 물속과 둑에 뿌리를 내린다. 제디크는 모든 작업에서 자연의 과정을 길잡이로 삼았고, 이를 "개울처럼 생각하기"라고 불렀다. 이러한 접근 방식은 어류의 서식지 개선, 야생생물과 가축을 위한 더 많은 식물, 지하수 함양을 위한 건조 초원들의 복원, 도로의 마모 감소, 모든 사람을 위한 더 건강한 하천 유역을 포함하여 재생과 관련된 많은 이점이 있다.

제디크는 황폐화된 공유지와 사유지를 복원하려는 급증하는 전문가, 환경보존 활동가, 과학자, 농민 집단의 일원이다. 수년 전까지만 해도 자연과 야생생물 옹호자들은 부실한 토지 관리로 야기된 환경 훼손에 대응할 때 자유방임적 접근 방식을 신봉했다. 그들은 대개 인간의 활동을 억제하거나 완전히 제거하는 쪽을 선호했다. 최근에는 전 세계적으로 황폐화의 규모가 커지면서 많은 사람의 관심이 복원으로 옮겨갔다. 종종 선주민, 농민, 목장

주인들이 주축이 되어 과학적 연구로 뒷받침된 현장의 혁신가들은 전통적인 선주민들의 관행에 대한 새로운 관심에 고무되어 피복작물을 이용한 토양 보호, 농업 환경에 다양한 식물과 동물의 통합, 재조림 등 토지 복원 도구들을 극적으로 확장시켰다.

황폐화된 토지를 복원하는 가장 간단한 조치는 자연적 재생에 대한 제약들을 없애는 것이다. 예를 들어 가축들의 과도한 방목을 중단하면 풀과 다른 식물들이 다시 자라기 시작할 수 있다. 마찬가지로, 남획으로 받는 압박이 없어지면 해양의 수산자원도 늘어날 수 있다. 자연의 기본 설정은 재생이다. 망가지는 것은 땅이 아니라 우리와 땅의 관계다. 자연은 영겁의 세월 동안 홍수, 화재, 허리케인, 화산 폭발, 심지어 가끔씩 일어나는 소행성의 충돌 등의 교란에서 회복되어왔다. 자연은 스스로 회복한다. 자연적 과정에 인간이 가하는 제약을 밝히는 것이 종종 땅을 회복시키는 가장 비용효율이 높은 조치다. 자연적 복구능력이 심각하게 손상되고 깊은 도랑이 생긴 하천이나 제멋대로 자란 숲 등 재난이 일어날 위험이 있는 곳에서는 복구에 인간의 도움이나 개입이 필요할 수 있다.

모든 토양 회복 전략들의 공통점은 토양 탄소의 재구축이다. 이는 생물이 살기에 적합한 조건들을 조성함으로써 자연적 과정들을 복원하는 데 핵심적일 뿐 아니라 한 세대 만에 기후위기를 끝내는 데 상당한 기여를 할 수 있다. 한 주요 연구에 따르면, 토양 탄소는 모든 재생력 있는 기후 해결책의 4분의 1을 나타낸다. 그 4분의 1 중에서 40퍼센트가 기존 토양 탄소의 분해를 막는 것과 관련되고 60퍼센트는 감소된 저장량을 재구축하는 것과 관련되어 있다. 우리는 우선 토지 황폐화를 일으키는 행위를 끝내고 자연적 재생에 대한 제약들을 제거함으로써 이 방향으로 큰 걸음을 내디딜 수 있다.

영국에서 혼합 채소들과 동물 배설물로 만들어지는 산업적 퇴비

앨버트 하워드 경은 서른두 살 때 인도 정부에 제국 경제식물학자로 파견되었다. 그는 케임브리지와 로담스테드 실험연구소에서 쌓은 식물학, 진균학, 농업 훈련으로 대영제국 도처의 직책들에 임명되었고 눈에 띄게 출중한 성과를 보였다. 그러다 인도의 마디아 프레데시주에서 인생을 바꿔놓는 경험을 했다. 하워드는 자신이 그가 장려하고 있던 농법보다 현저하게 더 뛰어난 고대 선주민들의 기법으로 농사를 짓고 있는 농민들에게 '과학적인' 농법을 가르치고 있다는 것을 깨달았다. 고대 선주민들의 핵심 농법은 주로 숲의 생태를 따라한 퇴비화 기법을 기반으로 했다.

퇴비는 유기물이 썩고 분해된 것이다. 여러분이 원시 상태의 숲 바닥에서 보는 것이 퇴비다. 자연에서는 모든 폐기물이 식량이 된다. 하지만 도시에서 자연 폐기물이 항상 나올 수 있는 건 아니다. 유기 폐기물은 산소가 결핍된 매립지에 묻히면 강력한 온실가스인 메탄이 된다. 숲의 처리 방식은 다르다. 나무들에서 잎, 침상엽, 솔방울, 씨앗이 떨어져 쓰레기가 된다. 여기에 새들과 먹이를 뒤지고 다니는 포유동물들의 배설물이 더해진다. 이들이 합쳐져 나무껍질, 수지, 셀룰로오스, 테르펜, 복합탄수화물을 소화하고 부엽토로 분해하는 분해자들인 벌레, 박테리아, 원생동물, 균류 군집의 영양소가 된다. 부엽토는 아래의 토양에 영양분을 공급하여 위의 나무들이 더 성장하게 하는 비옥한 검은색 혼합물이다. 이런 순환은 유기농업이건, 바이오다이내믹 농업이건, 재생농업이건 지속 가능한 모든 농법의 기초가 된다.(작물들은 미국 농무부의 유기농 인증을 받을 수 있고 이 원칙에 부합되지 않을 수도 있다.) 건강한 농업에는 성장과 풍요로움을 위해 죽음과 부패가 필요하다. 하워드는 영국과 유럽의 농지 대부분처럼 한때 숲이었던 땅에 있는 농지라면 농업 시스템이 숲과 유사해야 한다고 믿었다. 그는 현대 농학이 '자연의 작용들'의 이해를 방해한다는 것을 깨달았고 산업화된 농업을 옹호하는 사람들을 "실험실의 은둔자"라고 불렀다.

캘리포니아 삼나무숲이나 캐스케이드나 아마존 같은 원시의 숲에 들어가본 사람이면 누구나 자기조직적이고 지속성 있는 어마어마하게 많은 생물을 경험한다. 하워드는 산업적 농업이 정반대라는 것을 알게 되었다. 하워드 혼자 이런 사실을 발견한 건 아니었다. 그의 아내 게이브리얼 마타에이 하워드는 인도에 파견된 두 번째 제국 경제생물학자였고 부부는 모든 연구를 함께 하여 같은 결론을 도출했다. 아시아, 아프리카, 남북 아메리카의 농민들은 수천 년 동안 재생력 있고 지속 가능한 형태의 농업을 알고 실행해왔다. 원리는 동일했다. 땅이 생산한 모든 것을 그 땅으로 돌려보내라는 것이다. 퇴비는 이런 오래된 농업의 순환을 완성하기 위한 열쇠이자 교량이며 통로다.

퇴비는 대부분 버리는 것들로 이루어진다. 여기에는 음식물 쓰레기와 남은 음식이 포함되는데, 생산되는 모든 식품의 약 3분의 1이 소비되지 않고 농장이나 가공용 기계나 가정에서 버려진다는 것을 감안하면 퇴비의 주 공급원이라 할 수 있다. 여기에 꼬투리, 겉껍질, 잘라낸 부스러기 같은 식품 가공 부산물들이 더해진다. 유축농업을 하는 농가에서는 가축의 배설물이 주축을 이룬다. 도시에서는 음식물 쓰레기에 더해 나뭇잎, 잘라낸 풀, 짚, 나뭇조각, 톱밥을 사용할 수 있다. 잘게 조각나고 콩기름 잉크로 인쇄된 마분지와 인쇄물 형태라면 종이도 넣을 수 있다.

퇴비화 과정은 숲에서처럼 적극적일 수도 있고 소극적일 수도 있다. 농장의 퇴비는 보통 구덩이에서 혹은 바람골windrow이라 불리는 좁고 긴 더미에서 만들어진다. 소극적 기법으로는 구덩이에 자연 폐기물들을 동물 배설물, 약간의 수분 그리고 아마 약간의 피나 골분을 켜켜이 넣으며 여러 층 쌓고 덮은 뒤 10~12주 동안 부숙되도록 한다. 이 방법의 변형은 지면에 퇴비 재료를 놓고 여기에 동물 오줌에 젖은 깔짚 같은 새로 배출된 유기 폐기물을 매일 혹은 매주 더해주는 것이다. 분해된 퇴비를 새 퇴비 더미의 맨 위에 뿌려 미소 식물과 미생물을 주입할 수도 있다. 적극적인 방법으로는 온도 상승과 산화를 가속화하기 위해 퇴비를 뒤집고 공기를 통하게 하는 기계적인 방법이 포함된다. 시에서는 퇴비화가 모두 바람골을 이용해 이루어지며, 북부 기후에서는 충분한 온기를 유지하기 위해 때때로 실내에서 작업한다.

농민과 원예사들은 퇴비를 만드는 데 쓸 수 있는 물질의 대다수를 이용하지 못한다. 자립적인 숲의 생태계와 달리 중앙집중화된 농업은 농산물을 원산지에서 멀리 떨어진 교외지역과 도시로 보낸다. 그곳에서는 먹지 않은 식품에 잠재적으로 내재되어 있는 에너지와 탄소가 거의 모두 영양소 순환에서 빠져나간다. 미국에서는 음식물 쓰레기의 96퍼센트가 매립되거나 소각되어 4퍼센트만 퇴비로 만들어진다. 이는 미국에서 2018년 퇴비에 사용할 수 있는 물질 5000만 톤 이상이 소각되거나 태워졌다는 뜻이다.

2009년 샌프란시스코시가 미국에서 처음으로 모든 유기물의 분리수거를 요구했고, 오늘날 이 도시는 매립지 쓰레기의 80퍼센트 이상을 전용하여 매년 수십만 톤의 유기물을 퇴비로 만든다. 샌프란시스코의 퇴비화 정책의 성공은 1921년에 주로 이탈리아 이민자들로 구성된 한 집단이 청소부보호협회Scavenger Protective Association를 결성했을 때 시작되었다. 가정에서는 말이 끄는 수레에 쓰레기를 수거해가는 이 청소부들에게 보수를 지급하고 청소부들은 호텔과 하숙집들에서 유기물질을 싣고 가는 권리에 대해 돈을 냈다. 이런 곳들에서 나오는 질 좋은 음식 찌꺼기와 남은 음식들은 도시 외곽의 양돈인들에게 좋은 값을 받고 팔 수 있었다. 도시가 커지면서 이 청소부조합은 경쟁관계의 청소부들과 힘을 합쳤고 몇 번 제휴를 반복하다가 지금의 리콜로지Recology를 설립했다. 리콜로지는 1932년 이후 도시의 쓰레기 수거에 대한 독점권을 보유해온 사기업이다. 이 직원 소유 기업은 10억 달러 규모의 회사가 되었고 지역 농장들과 내파 밸리와 소노마 밸리의 포도주 양조장들에게 퇴비를 공급하여 영양소 순환의 끊어진 가닥들을 다시 연결시킨다.

도로변에서 퇴비 재료를 수거해가지 않는 지역에서는 시민 활동가들이 공동체 퇴비장을 마련하고 지역 농장, 도시 정원들과 협력하는 픽업 서비스를 만들어 빈틈을 메우고 있다. 귀중한 영양소가 빠져나가고 있는 곳에서는 이들을 발견하기 위한 비즈니스 사례가 만들어진다. 현재 말과 수레 대신 밴과 재사용 가능한 플라스틱 통을 구비한 새로운 청소부 및 퇴비 활동가들이 도시 전체에 서비스를 제공할 수 있게 되었다.

토양 생물을 어떻게 보살피고 풍요롭게 하건 토양에 영양을 공급하는 원칙이 농업의 핵심이자 재생의 기반이다. 토양에 영양이 공급되지 않으면 그 결과는 인간이 영양을 공급받지 못했을 때와 비슷하다. 바로 죽음이다. 식물의 질병은 병약한 작물, 부실한 산출량, 감염으로 경험된다. 앨버트 하워드 경은 질병을 독으로 죽여야 하는 벌레나 유기체가 아니라 추적해야 하는 단서라고 불렀다.

지구의 광대한 초원에 얕은 층의 유기 퇴비를 뿌리면 기후위기를 해결할 수 있을까? 캘리포니아대학 버클리캠퍼스의 과학자들에 따르면, 퇴비 0.5인치를 거의 6000만 에이커에 달하는 캘리포니아 방목지의 5퍼센트에만 뿌려도 주의 농업과 임업 부문이 1년 동안 배출하는 온실가스를 상쇄할 수 있다고 한다. 과학자들은 퇴비가 식물의 성장을 상당히 증진시키고 토양의 용수력을 향상시키며 대기 중 탄소의 지하 격리를 활성화시킨다는 것을 발견했다.

퇴비가 토양에 주는 도움은 잘 알려져 있지만 그 외에도 쉽게 측정될 수 없는 긍정적인 결과들을 가져온다. 인간은 현재 '초유기체upra-organism'임이 확인되었다. 우리의 장내 미생물군에 우리의 체세포보다 2배 많은 유기체가 있기 때문이다.

토양 유기체들이 주는 도움도 마찬가지로 저평가되고 있다. 인간의 몸에 있는 균류, 박테리아, 고세균류, 원생동물의 복잡한 집합체는 소화력과 면역력에 영향을 미치고 질병을 막아주며 뇌 건강을 다스리고 필수 호르몬 생성을 증가시킬 뿐 아니라 그 외에도 많은 일을 한다. 토양도 마찬가지다. 미생물의 다양성, 수, 기능은 대체로 알려져 있지 않다. 프로바이오틱스가 영양을 공급하고 장 건강을 향상시키는 것처럼 퇴비도 토양에 같은 일을 한다. 퇴비는 거의 모든 사람을 그들이 참여할 수 있는 기후 해결책과 연결시켜주는 기회다.

지렁이 양식Vermiculture

___ 공중에서 촬영한 애프리콧 레인 농장의 과수원, 캘리포니아 주 벤투라 카운티의 무어파크

초보 농사꾼 몰리 체스터와 존 체스터는 그들의 땅을 되살려야 했을 때 보잘것없는 파트너에 의지했다. 바로 지렁이다.

2011년에 체스터 부부는 130에이커의 과수원과 목초지로 이루어진 애프리콧 레인 농장을 인수했다. 벤투라 카운티에 있는 이 농장은 로스앤젤레스에서 서북쪽으로 차로 한 시간 거리에 있다. 다큐멘터리 「가장 큰 작은 농장The Biggest Little Farm」에서 시간 순서대로 기록된 그들의 여정은 농장의 황폐해진 토양에 가능한 한 빨리 생물학적 건강을 회복시키는 힘든 과제로 시작되었다. 큰 도약을 이루는 데는 지렁이, 특히 지렁이 똥이 한몫했다. 부부는 헛간에 있는 40피트 길이의 퇴비통에 지렁이 똥을 모았다. 그리고 소의 배설물을 포함해 농장에서 나오는 유기 폐기물을 이 통에 넣어 많은 줄지렁이에게 먹였다. 줄지렁이들은 행복하게 유기물을 씹어 먹고 영양소와 이로운 미생물들이 가득한 똥을 쌌다. 그러면 체스터 부부는 지렁이 퇴비를 물에 담그고 미생물들을 위해 당분을 약간 더한 뒤 이렇게 만들어진 '차'를 농장의 관개 시스템에 직접 부어 영양분이 풍부한 이 혼합물을 농지 전체에 퍼뜨렸다.

체스터 부부가 한 일은 지렁이를 이용해 유기물의 분해를 돕는 지렁이 양식의 예다. 지렁이의 도움을 받아 퇴비를 만드는 일은 전 세계의 많은 문화에서 오랜 역사를 지니고 있다. 말 그대로 흙을 갈아엎는 지렁이들의 능력은 가장 유명한 지렁이 숭배자인 찰스 다윈을 포함해 농민과 과학자들을 매료시켰다. 다윈은 그의 마지막 책에서 거의 40년 동안 주로 집 뒷마당에서 수행한 연구로부터 나온 결과들, 지렁이들이 끊임없이 먹고 움직이면서 만드는 새로운 흙의 양에 대해 보고했다. 그는 바닥에 놔둔 돌과 약간의 석탄이 그 주변의 흙이 위로 올라오면서 서서히 사라지는 것을 목격했다. 다윈은 지렁이들의 소화 과정의 결과로 지렁이의 똥이 토양을 비옥하게 만든다고 추정했다. 이 이론은 그 전까지 이 하등한 무척추동물을 해충이라고 생각했던 대중의 태도를 바꿔놓았다.

오늘날 우리는 지렁이들이 다양하고 중요한 방식으로 우리를 도울 수 있다는 것을 알고 있다. 흙속에 지렁이가 존재한다는 것만으로도 재생농업에 적절한 환경이라는 강력한 신호다. 지렁이들은 너무 뜨겁거나 차갑거나 건조하거나 산성이거나 알칼리성인 토양을 견디지 못하고 식물과 마찬가지로 충분한 양의 산소와 물을 필요로 하기 때문이다. 반면 살충제는 지렁이 개체군에 막대한 피해를 입힌다. 먹이로 말하자면, 지렁이들은 유기물은 뭐든 먹으며 종종 자기 몸무게의 반을 하루 만에 먹어치운다. 지렁이들은 빨리 번식한다. 적절한 조건하에서는 지렁이 개체군이 엿새 만에 2배로 늘어날 수도 있다. 지렁이 똥에는 식물 성장에 필수인 인과 질소 등 지렁이들이 유기물을 먹고 배출한 영양소가 가득하다. 지렁이 똥은 수용성이라서 식물의 뿌리가 이 영양소들을 쉽게 이용할 수 있다. 특히 지렁이들이 흙속으로 파고 들어가서 똥을 남기기 때문에 더 그러하다. 한 연구는 재생농업 시스템에서 지렁이가 있으면 작물 수확량이 평균 25퍼센트 증가한다고 밝혔다.

지렁이들은 흙 속으로 파고 들어가면서 단단하게 다져진 토양을 느슨하게 하여 물과 산소가 지나갈 무수한 통로를 만든다. 지렁이들이 있는 토양은 그렇지 않은 토양보다 10배나 빨리 물이 빠져서 농지의 범람을 막는 데 도움이 된다. 지렁이들은 토양에서 독소, 해로운 박테리아, 납, 카드뮴 같은 중금속을 제거하며, 지렁이 똥에는 금속이 없다. 다윈이 알게 된 것처럼 지렁이들은 끊임없이 땅을 휘저어 목초지와 숲을 포함한 표토를 확장하고, 표토에서 동물 배설물, 식물 조각, 낙엽을 활발하게 분해한다. 지렁이들은 또한 새를 포함한 포식자들의 먹이로 대규모 생물 순환의 일부가 된다.

재생력 있는 정원, 농장, 목장의 건강과 생산성을 증진시키는 데 더해 지렁이 양식은 중요한 온실가스 배출원인 매립지로 가는 유기물의 양을 줄인다. 토양에서 지렁이 똥은 탄소와 단단히 결합하여 배고픈 미생물들이 분해하기 더 어렵게 만든다. 또한 지렁이들이 미생물을 먹어치워 분해 과정에서 생성되는 온실가스를 줄임으로써 기후 상황에 도움을 줄 수 있다는 최근의 연구 결과가 있다. 이 점은 지구온난화로 토양의 온도가 올라감에 따라 미생물이 더욱 활발해지고 그에 따라 추가적인 이산화탄소를 배출하기 때문에 중요하다. 지렁이들은 온실가스 증가를 둔화시킬 뿐 아니라 토양의 재생에도 도움이 될 수 있다.

소투스산맥 기슭의 세이지브러시 대초원 지대에 내리는 소나기. 아이다호주 클라크 카운티

사람들은 비를 내릴 수도 있고, 지구의 열을 식힐 수도 있고, 땅을 다시 수화水和시킬 수도 있고, 사막을 녹지로 만들 수도 있다. 이 모든 일은 상상력에서 시작된다.

그리고 미생물 얘기를 해보자. 토양 속에 있는 미생물들 말고 하늘에 있는 미생물들. 비, 싸락눈, 진눈깨비, 눈 등 우리 머리 위에 떨어지는 박테리아(박테리아 무리). 이것은 물의 순환이라 불리며, 땅과 바다에서의 증발로 시작되고 기체인 수증기를 생성한다. 수증기는 대기로 올라가면 차가워진다. 구름을 만들려면 미세 입자들이 필요하다. 이 입자들이 씨앗 역할을 해 그 주변에서 물방울과 얼음결정이 형성된다. 수십 년 동안 과학자들은 이 입자들이 먼지처럼 비활성 무기물이라고 생각했다. 연구자들은 박테리아가 4마일 높이까지 기류를 타고 대기를 이동한다는 것을 알고 있었지만 극심하게 건조한 상태, 자외선, 강추위 때문에 미생물들이 활기가 없어질 것이라고 가정했다. 하지만 박테리아는 지구상에서 가장 회복력이 강한 유기물에 속한다. 박테리아들은 용암 분출구, 열수 웅덩이, 유독성 폐기물 등 극한의 환경에서도 번성할 수 있다. 심지어 금성에도 존재할 수 있다. 밝혀진 것처럼, 박테리아들은 빗방울과 눈송이에서도 살아 있다.

연구자들은 구름을 만드는 박테리아에 얼음이 생성될 수 있게 하는 단백질이 있다고 판단했다. 스키장에서 눈을 만드는 데 사용하는 단백질과 비슷하다. 자연은 하늘에서도 같은 일을 하고 있다. 사실 이 박테리아들은 먼지 입자보다 더 따뜻한 온도에서 물을 응결시키고 얼린다. 연구들은 한국, 몬태나주, 루이지애나주, 프랑스, 심지어 남극 대륙을 포함한 세계의 모든 지역에서 구름을 만드는 박테리아를 발견했다. 와이오밍주 상공의 구름 속 얼음결정의 3분의 1이 유기물로 형성되었다. 아마존 산림 위의 구름과 옅은 안개는 바이오 입자bioparticle로 가득 차 있다. 세균성 유기체 하나가 1000개의 얼음결정의 원천이 될 수 있다. 이 미생물들의 DNA를 연구하는 과학자들은 전에는 비와 얼음 생성과 연관되지 않았던 종을 포함해 새로운 변종들을 발견했다. 구름 속의 물에 대한 한 연구는 2만8000개의 박테리아 종을 직접적으로 밝혔다.

이러한 발견들은 지구의 열을 식히고 다시 수화하기 위한 잠재적인 돌파구다. 그 이유는 다음과 같다. 구름을 만드는 이 박테리아들이 식물에서 나왔고, 이는 지역의 식생을 관리하면 구름 생성을 자극할 수 있음을 나타낸다. 이런 연결점을 처음 찾은 과학자들 중 한 명이 러셀 슈넬이었다. 그는 케냐 서부의 차 농장들에 기록적인 양의 우박을 동반한 폭풍이 계속 찾아오는 이유를 알고 싶었다. 그는 차나무 잎에 있는 미생물들이 우박의 한가운데서 발견된 박테리아와 동일하다는 것을 알게 되었다. 식물의 미생물들이 바람에 실려 하늘 높이 올라가 우박의 종자 입자가 된 것으로 보였다. 이것은 순환 과정이었다. 강우로 인해 숙주식물로 되돌아간 박테리아는 신속하게 증식하여 다시 위로 올라간다. 이 과정은 바다에서도 이루어져 조류의 박테리아들이 용승 해류에 실려 수면으로 이동하고 이곳에서 폭풍우에 의해 뒤섞여 파도 비말이 되어 바람을 타고 대기로 올라간다.

이는 중대한 의미를 지닌다. 식물들이 땅에 강우를 일으키는 미생물을 제공한다면, 식물이 부족할 경우 지역적으로 눈비가 감소할 것이라는 말이 된다. 과도한 방목을 하거나 식물이 풍부하던 생태계를 지피식물이 거의 없는 단일작물 경작지로 전환하여 식물을 없애면 가뭄이 들기 좋은 조건들이 형성될 수 있다. 반대로, 식물들을 복원하면 강우가 증가할 수 있다. 이런 시나리오에서라면 기후변화로 더 뜨겁고 건조해진 환경에서 사막이 확장되는 상황에 대해 약간의 희망이 싹튼다. 구름의 종자가 되는 박테리아들을 의도적으로 식물에서 배양하여 바람에 실려 위로 올라가게 할 수 있고, 하늘로 올라간 박테리아들은 수증기를 응결할 것이다. 그리고 뒤이어 내리는 비와 눈은 아래의 땅에 녹지를 만들 것이다.

이런 가능성은 소규모 물의 순환에 의해 생긴다. 자연에서 수분의 흐름은 보통 대규모 순환으로 묘사된다. 땅에 비나 눈을 내리는 구름·강에서 바다로 흘러가는 물·해수면에서 대기로 올라가 구름으로 응축되는 수증기·땅 위를 떠가며 다시 비를 내리는 구름. 하지만 땅에 떨어지는 강우 중 해양에서 온 것은 40~60퍼센트뿐이고 나머지는 땅 자체에서 온다. 중국은 수분의 80퍼센트를 대륙 서쪽에서 얻는다. 호수, 식물, 나무, 토양에서 수분이 증발되어 머리 위에 구름을 만든다. 종종 이 수분은 원래 발생했던 지역의 땅으로 다시 떨어진다. 땅이 녹색 식물로 덮여 있고 토양이 탄소가 풍부한 스펀지 같다면 비와 눈이 흡수될 것이다. 그리고 물이 증발하여 대기로 되돌아가 다시 구름을 형성할 것이다.

화석연료의 연소가 기후변화에 미치는 영향 등 인간이 대규모 물의 순환을 방해하는 행위들은 심각하며, 관련된 증거는 많다. 하지만 소규모 물의 순환을 방해해도 생태계와 일상생활을 중대한 방식으로 위태롭게 만들 수 있다. 삼림 파괴, 과도한 방목, 산업적 농업 관행은 종종 국부적인 물의 순환을 허물어뜨릴 수 있다. 그 결과에는 장기화된 가뭄, 지하수면 하강, 심각한 홍수, 폭염 등이 포함된다. 예를 들어 서아프리카에서 네덜란드의 과학자 휴버트 사브나이에는 우림에서 증발된 수분이 바다에서 유래된 강우량을 꾸준히 대체하여 내륙으로 더 들어가면 전체 강우량의 90퍼센트에 이른다는 것을 발견했다. 이런 현상은 땅을 위험에 빠트린다. 수년간 숲이 벌채되면서 내륙 지역은 점점 더 건조해져왔다.

이런 붕괴들에는 기회가 있다. 소규모 물의 순환은 토양, 식물, 나무의 탄소 저장량을 회복시키는 많은 방법을 이용해 복구될 수 있다. 건강하고 탄소가 풍부한 토양은 많은 물을 저장할 수 있다. 탄소 농도가 상승하고 그와 함께 미생물 군집이 증가하여 식물의 성장을 촉진할 수 있고, 그러면 수증기를 생성하는 증발이 늘어나고 구름이 많아진다. 비와 눈은 물을 다시 토양과 개울로 돌려보낸다. 온도가 내려간다. 반면 벌거벗은 땅은 수증기를 거의 생성하지 않는다. 이런 땅은 태양복사열을 직접 흡수하여 온도가 올라가고, 먼지를 일으키지만 비는 거의 생성하지 않는다.

비를 내리게 하는 열쇠는 상상력이다. 다시 수화된 땅을 머릿속에 그려보자. 시원한 흙. 결핍보다 풍요로움을 상상하자. 우리는 결핍을 생각하는 사람들로 훈련받아왔다. 우리는 풍요로움을 간과한다. 우리에겐 이용할 수 있는 엄청난 양의 햇빛, 산소, 질소, 이산화탄소, 토양, 식물, 물이 있다. 풍요로움은 어디에나 있다. 시각을 바꾸면 된다. 예를 들어 증발은 보통 '손실', 우리가 최소화하려고 하는 무언가로 여겨진다. 하지만 관점을 바꾸면 증발은 강우의 '원천'으로 볼 수 있다. 증발은 풍요로운 무언가다. 땅에 떨어지는 물의 3분의 2가 소규모 물의 순환으로 생성된다. 이 사실이 가뭄에 어떤 의미를 지니는지 생각해보라. 가뭄은 지구온난화로 증폭되는 세계적 규모의 날씨 패턴과 관련되어 있다. 하지만 이것은 대규모 물의 순환이다. 작게 생각하라. 구름의 종자가 되는 박테리아가 한바탕 부는 바람에 하늘로 올라갈 때 여러분이 농지나 초원에 서 있다고 상상해보라. 수증기가 물이 된다. 구름으로 응결되어 비가 되어 내린다.

이집트의 시나이 사막을 다시 녹지화한다고 상상해보자. 이것은 네덜란드의 과학자이자 시나이반도의 상반부를 갈색 지대에서 농지, 숲, 동물, 식물로 가득 찬 녹색 지대로 바꾸려는 회사인 웨더 메이커스Weather Makers의 공동 설립자인 티스 반 데어 호븐의 꿈이다. 시나이 사막은 수세기 전에는 생물들로 푸르렀지만 땅을 황폐화시키는 사람들의 활동이 큰 피해를 입혀 결국 사막이 되었다. 웨더 메이커스의 계획은 지중해 해안의 호수에서 사막의 활력을 회복시킬 퇴적물들을 퍼와 땅에 뿌려서 새로운 농업활동을 촉진하고 토양을 쌓는 것이다. 습지가 복원될 것이다. 나무가 자라고 식물들이 퍼져나갈 것이다. 산에 안개 집수 장치를 설치하여 수분을 모을 것이다. 증발이 구름을 형성하고 해풍의 방향을 바꾸어 물을 불러올 것이다. 온도가 내려갈 것이다. 녹지가 확대될 것이다. 가능한 일이다.

우리 미래는 미리 결정되어 있지 않다. 바뀔 수 있다. 푸를 수 있다. 풍요로움과 생명으로 가득 차 번창할 수 있다. 하지만 그러려면 먼저 우리가 그런 미래를 상상해야 한다.

___ 웨스트버지니아주 워든스빌의 프라이 양계장에서 촬영한 농촌 기업가활동 및 경제개발연구소Institute for Rural Entrepreneurship and Economic Development 연구원인 조지프 캡(왼쪽)과 양계업자 조시 프라이의 모습. 캡은 프라이가 닭의 배설물로 생산한 바이오차 제품 판매를 돕고 있다.

2012년에 오스트레일리아의 농부 더그 파우는 기후변화를 되돌리기 위해 떠올렸던 한 비정통적인 아이디어를 테스트해보기로 결정했다. 바로 그가 기르는 소들에게 바이오차를 먹이는 것이었다.

바이오차는 강화된 숯의 한 유형이다. 바이오차는 나뭇조각, 볏짚, 풀, 심지어 땅콩껍질 같은 유기물들을 보통 특수 설계된 가마에서 산소가 거의 없는 밀폐된 상태로 화씨 930도 이상의 온도에서 천천히 구워 만든다. 이 과정은 열분해라 불리며, 그 결과 탄소가 풍부하고 잘 분해되지 않는 가볍고 안정적인 결정체가 나온다. 바이오차는 생물학적으로 분해되지 않고 수천 년 동안 지속될 수 있다. 바이오차는 주로 토양, 특히 황폐화된 지역과 자연적으로 척박한 곳들의 토양 기능을 개선하기 위해 첨가제로 사용된다. 대표적인 예로 최근 고고학자들은 남아메리카 아마존 분지의 토착 문화들이 영양소가 빈약한 토양에 엄청난 양의 바이오차를 수천 년은 아니더라도 수백 년 동안 주입했다는 것을 알아냈다. '테라프레타'라고 불리는 이 탄소가 풍부한 검은 흙은 농업 생산성을 증진시켜 800만~1000만 명으로 추정되는 지역 인구를 먹여 살리는 데 기여했다. 이 토양은 오늘날에도 여전히 영양이 풍부해서 종종 파내어 브라질의 시장들에서 화분용 영양토로 팔린다.

그러나 바이오차는 비료가 아니다. 그보다는 견고한 구조와 잘 썩지 않는 성질 덕분에 미생물, 미네랄, 물 분자를 포함한 재생의 필수 요소들을 위한 이상적이고 장기적인 집이 된다. 유기물이 열분해되면서 바이오차에 이전의 세포들로부터 빈 방들이 만들어지고 식물의 모든 부분에 물과 영양분을 운반해줄 터널 같은 통로들이 생긴다. 이 빈 방들의 순전한 부피는 이로운 균류의 미세한 사상체를 포함해 영양소와 미생물들이 들어올 공간이 많다는 것을 의미한다. 미생물들은 서로를 지원하기 위해 모이는 것을 좋아하고, 이 방들이 이를 촉진한다. 식물의 건강과 성장은 식물의 뿌리, 미생물, 균류들 사이의 복잡한 '물물교환' 체계에 의지하는데, 뿌리는 지상의 광합성으로 생성된 탄소를 균류와 미생물이 공급하는 필수 미량 무기질과 교환한다. 바이오차는 이들이 모일 장소를 제공한다. 추가적 이점으로, 바이오차는 음전하를 가지고 있어 칼륨과 칼슘처럼 양전하를 띠는 미네랄들을 끌어당긴다. 또한 빈 공간들에 물을 쉽게 저장하여 식물들이 이 필수 액체를 이용할 수 있게 하고 가뭄 동안 완충액 역할을 한다.

바이오차는 미생물과 지렁이들이 거의 소화할 수 없어서 그러지 않았다면 자연적으로 순환되어 대기로 들어갔을 탄소를 오랫동안 '가두어' 기후변화를 되돌리는 데 도움이 될 수 있다. 예를 들어, 가지치기로 잘라낸 가지나 깎아낸 잔디를 그냥 매립지에 묻으면 시간이 지나면서 분해되어 메탄과 그 외의 온실가스들을 배출할 것이다. 그러나 이런 유형의 생물 폐기물이 바이오차로 전환되어 토양에 첨가되면 탄소가 수세기 동안 대기로 나가지 못할 것이다. 바이오차를 광범위하게 생산해 토양에 적용하면 지구의 온실가스 배출량을 연간 2퍼센트 줄일 수 있다. 열분해 과정은 또한 재생 가능 에너지의 한 형태인 바이오 연료로 전환할 수 있는 기체 및 액체 부산물을 생성한다. 산업적 낙농장과 가축 사육장에서 나오는 막대한 양의 동물 배설물을 포함해 바이오차의 원료로 사용할 수 있는 폐기유기물은 많다. 바이오차 시스템은 유연하고 효과적이며 용도에 따라 조절될 수 있다. 원료에 따라 각각 고유의 특성을 지닌 서로 다른 유형의 바이오차가 생성되며, 전통적인 구덩이부터 첨단 가마에 이르기까지 이 물질을 생성하는 방법도 다양하다. 토양에서 바이오차의 효과를 가속화하기 위해서는 퇴비 같은 전통적인 유기물을 추가로 섞은 뒤 투입하고 미생물과 균류를 끌어들이기 위해 물이나 영양소가 풍부한 액체로 축여주는 것이 가장 좋다.

어떤 원료가 사용되건, 바이오차가 어떻게 생성되고 준비되건 그다음 과제는 동일하다. 바로 바이오차를 땅속에 효과적이고 경제적으로 투입하는 것이다. 정원이나 작은 농장 규모에서는 보통 삽이나 괭이, 그 외의 도구로 땅을 파헤쳐 직접 표토에 바이오차를 섞는다. 좀더 넓은 지역에서는 거름 살포기나 파종기, 트랙터를 가장 흔하게 사용한다. 하지만 토양에 빨리 섞이지 않으면 풍식과 물 침식으로 바이오차의 최고 30퍼센트를 잃을 수 있으며, 초목이 없는 벌거벗은 땅이라면 특히 더 그러하다. 기계로 뿌린 뒤 얕게 쟁기질을 해주면 바이오차가 가장 잘 섞이지만 그 결과 토양에 가해지는 교란은 우리 발밑의 미생물 세계에 부정적인 영향을 미칠 수 있다. 아니면 무경운 혹은 키라인Keyline 쟁기를 이용해 바이오차를 땅에 섞어 넣을 수도 있다. 키라인 쟁기는 지나가면서 토양에 좁은 고랑을 내고 바이오차를 뿌린 뒤 견인식 원판을 이용해 덮어준다. 이 기법의 단점은 파종기를 사용할 때보다 뿌리는 바이오차의 양이 적다는 것이다. 또한 이들 각 기법에는 연료비, 인건비, 자원 비용을 포함한 금전적 비용이 들어가기 때문에 농장이나 목장 규모에서는 사용이 제한될 수 있다.

더그 파우의 소들이 참여한 것이 이 지점이다.

오스트레일리아 서남부에 있는 자신의 작은 농장에서 기후변화를 되돌리는 데 도움이 되길 바랐던 파우는 목초지에 바이오차를 적용하기로 결정했지만 이 물질을 땅에 섞는 데 필요한 기계가 없었다. 이에 그는 새로운 전략을 떠올렸다. 바이오차를 소들에게 먹이는 것이다. 파우는 로마 시대부터 질병을 물리치기 위한 한 방법으로(숯은 독소를 흡수할 수 있다) 가축에게 약간의 숯을 먹였다는 것을 알고 있었다. 그래서 그는 통에 바이오차와 당밀을 섞은 뒤 소들 앞에 놔두었다. 소들은 이 먹이를 잘 먹었다. 동물의 소화관에 영향을 받지 않는 것으로 보이는 바이오차는 이후 소의 배설물로 목초지 전체에 효과적으로, 그리고 본질적으로 돈을 들이지 않고 뿌려졌다. 작업의 마무리는 쇠똥구리가 했다. 쇠똥구리들은 오스트레일리아에 자생하지 않아서 파우는 수십 년 전에 도입되었던 아프리카 토착종을 이용해야 했다. 쇠똥구리들은 짝을 지어 신속하게 똥을 처리하여 땅속에 묻었고 이로써 모든 바이오차도 함께 묻혔다.

파우는 농업 연구가들과 협력하여 3년에 걸쳐 이 새로운 전략을 반복해서 실행했다. 그는 이 시기에 농장의 토양이 상당히 개선된 것을 목격했고,

이러한 관찰은 과학자들에 의해 뒷받침되었다. 그들은 연구 논문에서 "예비 조사에서 나온 결과는 이 전략이 토양 특성을 개선하고 농민의 수익을 증가시키는 데 효과적이라고 제시했다"라고 썼다. 바이오차는 소의 장과 똥에서 영양소를 얻었고, 소화되는 동안 분해된 증거는 거의 없었다. 그리고 쇠똥구리가 바이오차와 똥의 혼합물을 땅속 15인치 깊이까지 옮겼다. 과학자들은 또한 이 접근 방식의 비용과 이익에 대한 재무 분석을 하여 "바이오차 활용 방식이 매우 신속하게 상업화될 수 있다는 매우 긍정적인 초기 증거가 제시되었다"는 결론을 내렸다. 파우는 바이오차뿐 아니라 쇠똥구리의 신속한 활동이 똥 속의 질소가 지구온난화의 또 다른 범인인 아산화질소가 되지 않도록 막았다고 언급했다.

소들에게 바이오차를 먹이면 또 다른 중요한 이점이 있을 수 있다. 동물들이 배출하는 강력한 온실가스인 메탄의 감소다. 세계에는 약 10억 마리의 소가 있고, 집합적으로 이 소들은 가축 부문에서 발생하는 모든 온실가스의 70퍼센트를 생성한다. 그중 대다수가 소의 장에서 발효로 생성되어 트림으로 배출되는 메탄이다. 소들에게 오일시드나 양조 찌끼나 해초를 먹이는 등 이런 유형의 메탄 배출을 감소시키기 위한 다양한 전략이 연구되어 왔다. 2012년에는 베트남의 한 연구 집단이 소의 사료에 약간의 바이오차를 첨가해보았다. 그러자 메탄 배출량이 10퍼센트 이상 감소했다. 현재 이 분야에서 바이오차의 잠재력을 판단하기 위한 더 많은 연구가 진행되고 있다. 한편 2019년 학술 논문들을 광범위하게 검토한 한 저서의 저자들은 사료 첨가제로서의 바이오차가 동물의 건강을 향상시키고 영양 손실과 온실가스 배출을 줄이며 토양의 유기물 함량과 비옥도를 증대시킬 잠재력이 있다는 결론을 내렸다. 이들은 "다른 좋은 방식들과 더불어 바이오차를 함께 먹이면 축산업의 지속 가능성을 향상시킬 가능성이 있다"고 썼다.

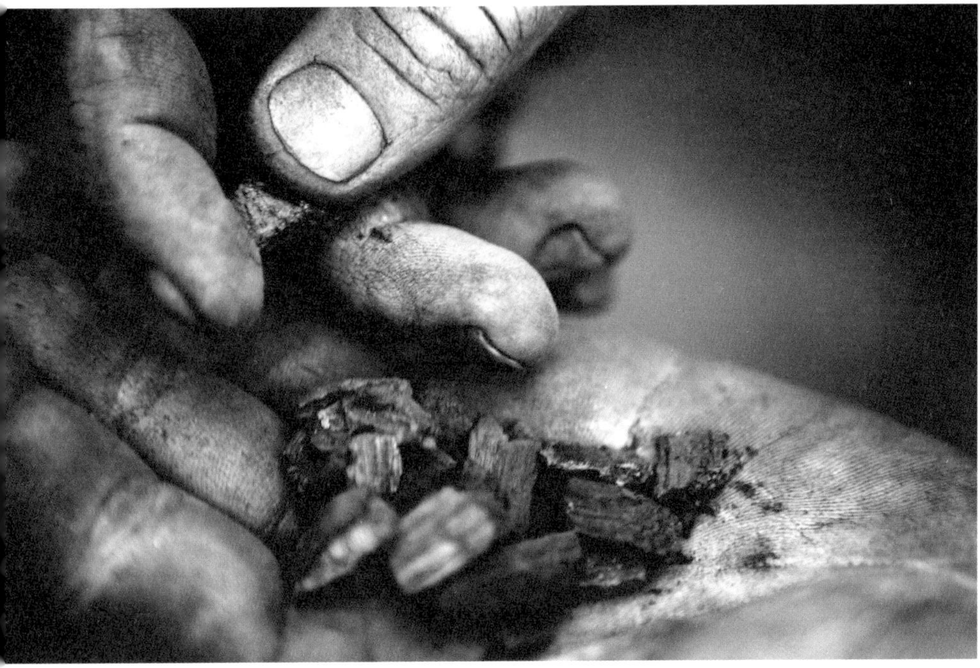

___ 웨스트버지니아주 워든스빌에 있는 조시 프라이의 농장에서 닭의 배설물과 나뭇조각들로 만든 바이오차

파우가 자신의 농장에 바이오차를 사용한 사례는—그는 바이오차로 아보카도도 길렀다—재생에 기여하는 이 '검은색 금'의 힘을 입증한다. 그는 (1)농업 생산성을 증가시키고 (2)농장 비용을 줄이고 (3)토양 건강과 회복력을 개선시키고 (4)폐기물을 자원으로 전환시키고 (5)탄소를 격리하여 기후위기 해결에 기여하고 (6)가축들이 배출하는 메탄과 온실가스를 잠재적으로 줄이고 (7)자연과 협력하여 건강한 식품을 생산할 수 있었다. 인터뷰에서 파우는 "가능한 한 자연계를 모방하는 것은 어려울 필요가 없고 분명 경제적일 수 있다. 최근 우리 나라의 숲들에 일어난 처참한 화재들로 보건

대, 그리고 숲 바닥의 불씨들을 줄이기 위해서는 아마 이용 가능한 막대한 양의 가연성 물질을 농업용으로 전환하거나 전용해야 할 것이다. 이 물질들을 농업에 적용하면 우리의 귀중한 토양 탄소를 신속하게 재구축할 수 있을 것이다"라고 말했다.

최근 바이오차의 활용 분야가 농업을 넘어 빠르게 확장되고 있다. 예를 들어, 바이오차를 콘크리트에 첨가하면 균열을 줄이고 침식 저항성을 증가시키며 더 유연한 물질이 만들어진다. 콘크리트는 물 다음으로 세계에서 가장 상업적으로 많이 사용되는 물질이다. 콘크리트는 석회석, 점토, 그 외의 물질들을 매우 높은 온도에서 구워 만들어지며 그 과정에서 많은 에너지를 소비한다. 매년 200억 톤이 넘는 콘크리트가 만들어져 지구 온실가스 배출량의 5퍼센트를 차지한다. 이는 콘크리트가 바이오차(바이오차 제품은 때때로 '숯크리트charcrete'라고 불린다), 특히 규제적인 이유로 농업에서 사용이 허용될 수 없는 공급 원료(예를 들어 식품, 침전물, 인간의 배설물)의 중요한 용도가 될 가능성이 있다는 뜻이다. 바이오차 지지자인 앨버트 베이츠와 캐슬린 드레이퍼에 따르면, "우리의 시멘트와 모르타르의 10퍼센트를 규산염에서 탄소로 바꾸면 연간 온실가스 배출량의 또 다른 1퍼센트가 상쇄될 것이다".

바이오차의 또 다른 산업적 용도로는 고속도로와 포장도로, 건물 내부 자재, 기와, 절연과 습도 조절, 회반죽, 배터리, 재활용 가능한 플라스틱, 스포츠 의류, 종이, 포장재, 타이어, 가정용품, 방향제, 집배수 필터, 전자기방사선 흡수, 3D 프린터 잉크, 화장품, 페인트, 약품 등이 있고 그 외에도 많다. 최초 사용 후 가능할 경우 바이오차를 다른 유용한 제품으로 재활용할 수 있고 혹은 바이오차가 원래 나왔던 곳인 토양의 개량제로 사용하여 순환을 끝낼 수도 있다.

생물학적 원칙들과 생명 증진에 초점을 맞춘 바이오차는 실천인 동시에 하나의 태도이기도 하다. 숯 전문가 데이비드 얘로의 설명처럼, 21세기에 우리 과제는 농업 그리고 전반적으로 우리 삶을 안티바이오틱(미생물 억제)에서 프로바이오틱(미생물 촉진)으로 바꾸는 것이다. 그는 “이러한 관계의 반전은 미생물을 적이 아니라 동지로 존중한다. 깨어 있는 재배자들은 미생물들을 뿌리 뽑는 게 아니라 미생물을 시작으로 이로운 유기체들의 폭발적 개체 수 증가를 촉진한다”라고 썼다. 바이오차가 돕는 토양 재생은 지구 생물체들을 지원하고 확장하는 방식으로 탄소 포집과 격리를 가속화할 수 있다.

개개비의 울음소리Call of the Reed Warbler

—

찰스 매시

찰스 매시는 흔치 않은 세 가지 자질을 겸비했다. 그는 농부이자 학자이며 현자다. 오스트레일리아 동남부에서 자란 그는 젊었을 때 관행 농업을 교육받았다. 혹은 그의 표현대로라면 아버지, 친구, 이웃들이 사용했던 지배적인 산업적 기술들로 "인도되었다". 그는 수십 년 동안 근면하게 농사를 지은 뒤 자신이 자연 자체, 그러니까 생물계, 생태계, 토양생물학, 에너지 흐름, 토양과 생물계에 퍼져 있는 생물체들의 네트워크에 관해 거의 알지 못한다는 것을 깨달았다. 더구나 그는 1만2000년 이상 그곳에서 살아온 이웃의 선주민인 응가리고 부족이 경작하고 가축들을 방목하는 땅에 관해 무엇을 알고 있는지 물어본 적도 없었다. 매시는 스노이산맥에 있는 4500에이커의 방목지에서 메리노 양을 기르며 매우 성공한 목축업자가 되었지만 35년간 농사를 지은 뒤 2012년 캔버라의 학교로 돌아가기로 결심했고 호주국립대학에서 인간생태학 박사학위를 받았다. 그는 선주민 원로들과 함께 일하며 불 생태학의 활용을 포함해 그들이 수천 년 동안 어떻게 '고장'을 되살려왔는지 배우기 시작했다. 매시는 재능 있는 작가이자 시인으로, 땅을 재생시키는 방법들에 관한 가장 명석하고 귀중한 책들 중 하나인 『개개비의 울음소리: 새로운 농업, 새로운 지구Call of the Reed Warbler: A New Agriculture, A New Earth』(2017)를 썼다. 오스트레일리아에서 이야기되는 것처럼, 이 책은 그 저자만큼 정직하고 진실한 진짜배기 책이다.

_폴 호컨

8월 하순의 어느 날 새벽 4시였다. 흙과 나무, 빛바랜 짚들 위에는 된서리가 두껍게 내려 있었다. 내가 농장의 헛간으로 걸어갈 때 머리 위로 은하수가 흘렀다. 맑은 하늘에서 별 하나하나가 또렷하게 진동했고 남십자성이 팔꿈치 같은 부분을 중심으로 천천히 돌고 있었다. 바스락거리며 풀들을 밟고 걸어가는 동안 캔들바크 유칼립투스*Eucalyptus rubida*의 우거진 나뭇가지들 어딘가에서 수컷 까치 한 마리가 부드럽고 듣기 좋은 밤 노래를 불렀다.

나는 이 맑은 밤의 세계에 대해 곰곰이 생각해보았다. 내 이야기는 고장에 관한 것이다. 내 고장에 관한 이야기. 가족이 다섯 세대 동안 살아왔고 내가 인생의 대부분을 보낸 고장. 하루 종일 맨발로 뛰어다니고, 새끼 양과 장난치고, 올챙이를 잡고, 무성한 관목들을 탐험하며 자란 고장. 이곳은 내가 자연의 세계를 발견하고 새, 포유류, 파충류, 그 외의 생물들과 이들이 사는 식물이나 지하의 집들에 대해 평생의 관심을 얻게 된 고장이다. 나는 이 고장에서 새들을 붙잡아 식별표를 달아 연구하고, 나비를 수집하고, 올빼미들과 미끄러지듯 움직이는 유대 동물들에게 불빛을 쏘았다. 왈라비와 캥거루를 추적하는 법과 페퍼민트 유칼립투스 나무*Eucalyptus Radiata*의 구멍에서 비밀스러운 쏙독새를 내보내는 법도 배웠다.

하지만 이곳은 내가 총과 라이플총으로 사냥하는 법, 가까운 강들에서 송어를 잡는 법(처음에는 벌레를 써서 잡다가 플라이낚시를 했다), 소젖 짜는 법, 나무를 베고 쪼개는 법, 양이나 황소를 죽이고 도살하는 법, 가축을 모는 법(양, 소, 염소), 말에 올라타 모는 법, 농장의 트럭, 트랙터, 오토바이를 운전하는 법, 디젤 엔진의 시동을 걸고 펌프를 작동시키는 법, 양털 깎는 기계를 (서투르게) 사용하는 법을 배운 고장이기도 하다.

친숙한 고장이긴 해도 나는 오랫동안 이 고장을 충분히 이해하지 못했다는 것을 깨달았다. 나는 이 고장에 엄청난 해를 가했다. 일부 작은 방목지에는 아마 최소 수천 년은 갈 피해를 입혔을 것이다. 이제 나는 우리가 고장을 유익하게 관리하고 육성하고 되살리고 싶다면 이곳이 어디서, 어떻게 시작되었는지, 무엇으로 이루어졌는지, 어떻게 작용하고 기능하는지, 우리 이전에 어떻게 관리되었는지, 어떤 유기체와 식물 들이 살고 있는지, 그들이 어떻게 기능하고 역할을 수행하는지 헤아려야 한다는 것을 알고 있다. 생태학적 깨달음의 여정에서 나는 오스트레일리아의 새로운 재생농업에 대해 놀라운 깨우침을 얻었다.

재생농업은 경관 관리, 건강에 유익한 음식과 해로운 음식, 현대의 산업적 농업과 서로 연결된 식품 시스템이 우리를 해칠 뿐 아니라 당황스럽게도 우리를 비만으로 만드는 동시에 굶주리게 하는 문제, 농촌사회와 도시사회의 기능 및 인간의 안녕, 평범해 보이는 농부가 경관을 되살린 행동들과 관련되어 있다. 농민 집단과 그 외의 사람들이 이 도발적인 문제에 답을 제시하고 있다. "원점에서 만들어진 그 해결책들에 대해 세계는 어떻게 느낄까?" 나는 이것이 우리 종이 지구에 존재한 이후 가장 위태로운 순간인 지금 인류가 맞닥뜨린 미래 생존의 문제라는 것을 깨달았다.

인류는 유기적이고 지속적으로 재생하는 경제에서 대단히 착취적인 경제로 변화해왔다. 이는 예수회의 뛰어난 생태 사상가 토머스 베리가 지적했듯이, 지금 우리는 계속해서 "자신을 탁월한 존재로 생각한다". 그러나 실제로 "우리는 더 이상 이런 존재에 속하지 않는다".

지표면의 38퍼센트를 차지하는 농업은 지구 땅의 최대 사용자이며 인류의 가장 큰 가공된 생태계다. 농업은 식물들을 기반으로 하고, 식물은 대기의 이산화탄소를 흡수해 광합성을 통해 당분을 만들고 저장한다. 그리고 이 식물들에게는 땅속에서 자라는 뿌리가 있기 때문에 건강한 농업은 막대한 양의 탄소를 장기간 매장할 잠재력이 있다. 게다가 건강한 농업이 더 오

___ 물고기를 잡으려 물속으로 뛰어들고 있는 개개비*Acrocephalus arundinaceus*

래 지속되는 탄소를 토양에 저장하는 한편 그러한 탄소의 손실을 최소화하면 물의 순환, 지구의 온도 조절에서 물의 순환이 수행하는 중요한 역할에 중대한 영향을 미친다.(지표면 온도의 85퍼센트가 지하수, 안개, 호수, 구름, 강, 해양을 포함한 지구의 모든 액체가 존재하는 영역인 수권에 의해 제어된다.) 문제는 전통적인 산업적 농업이 개간을 위해 풀과 나무를 불태우기, 화석연료(비료와 화학물질 형태로, 그리고 농기구의 동력으로)의 사용, 과도한 방목, 경운, 휴경 등의 관행을 통해 탄소를 저장하기보다 배출한다는 것이다.

이런 식일 필요는 없다. 생태학적, 사회적 개선을 불러오는 재생농업은 탄소를 배출하는 산업적 농업의 이 유해한 특징을 뒤집을 수 있다. 이를 위한 방법은 다양하지만 모든 방법은 식생 복구와 살아 있는 건강한 토양(즉 식물, 곤충, 박테리아, 균류, 그 외의 유기체들이 있는 토양)의 주입이 기반이 된다. 세계의 거대한 농지, 초원, 메마른 사바나, 건조 지역에 재생농업을 실행하면 기후변화에 중요한 한 해결책이 될 수 있다.

일전에 나는 손자 해미시를 태우고 녀석의 축구 경기를 보기 위해 시내로 운전하고 있었다. 가는 길에 우리는 트랙터를 타고 방목지에 글리세이트를 뿌리고 있는 농부를 지나쳤다. 아홉 살짜리 해비시가 당황한 표정으로 나를 돌아보며 물었다. "할아버지, 왜 사람들은 생물을 키우기 위해 생물을 죽이죠?" 그 순간 나는 말문이 막혔다. 그것은 심오한 질문이지만 단순한 답을 가진 문제였다. "생물을 키우기 위해 생물을 죽일 필요는 없다." 이 문제와 재생농업의 중요성을 이해하는 여정은 사실 내가 스물두 살 때 시작되었다. 나보다 마흔여섯 살 많은 아버지가 갑자기 중증 심장마비를 일으켰다. 나는 곧바로 대학을 떠나 집으로 돌아와서 농장 관리를 물려받았다. 나는 시간제로 학위를 마치긴 했지만 농장에서는 첫날부터 교육이 시작되었다.

농장에서 자랐다고 농장을 관리할 준비를 갖춘 건 아니었다. 육체노동에 단련되기까지 여러 해가 걸렸고 미숙한 젊음은 중요한 교훈들을 흡수하는 데 이상적이지 않았다. 나는 부지런히 관리 기술들을 배우기 시작했다. 아버지의 조언을 구했고 농무부의 공무원들을 끌어들였다. 학술 서적과 전문 서적을 읽었고 자주개자리, '개선된' 목초지, 반추동물 관리에 관한 아버지의 책들을 숙독했다. 또한 지역에서 가장 뛰어나고 진보적인 농부로 여겨지는 분들의 조언도 구했다. 10년도 되지 않아 나는 내가 생각하기에 모나로 지역의 유능한 가축 및 목초지 관리자가 되었다. 그 첫 몇 년 동안 나는 지배적인 서구식 산업적 농업의 접근 방식으로 인도되었다.

이후 20년에 걸쳐 '교육'을 받았음에도 불구하고 내가 실제로 아는 게 거의 없었다는 사실을 생각하면 정신이 번쩍 든다. 식물, 동물 생리학, 토양에 관해 대학에서 받은 교육, 여기에 더해 자연세계와 전체적인 인간 생태학에 대한 내 관심이나 훈련과 관계없이, 나는 완전히 다른 관리 접근 방식과 그에 수반되는 지식 체계가 존재한다는 것을 깨닫지 못했다. 이윽고 이런 무지는 사람을 무력하게 만드는 부채 증가로 이어졌고, 그러다 마침내 나는 새롭게 보고 생각하는 방식에 마음을 열 수 있게 되었다.

이 대안적 견해는 토양이 활기 없는 화학상자가 아니며 우리의 농지는 동적인 순환, 에너지 흐름, 상상을 초월하는 자기조직적인 기능들과 공진화된 생태계의 네트워크로 이루어진 복잡하고 살아 있는 존재라고 주장한다. 나중에 나는 그런 평행우주가 역설적이게도 가장 오래된 선주민들의 지식과 또한 가장 최신의 과학적 지식으로 이루어져 있으며 인간의 건강과 지대하게 관련되어 있다는 것을 알게 되었다. 더욱이 이런 접근 방식은 자본주의적 의미와 생태학적 의미 모두에서 똑같이(더 많이는 아니라도) 이익이 될 수 있다. 분명 이 접근 방식은 환경을 파괴하지 않으면서 세계에 식량을 공급할 수 있다. 나는 먼저 이 길을 걸어가 농업을 변화시키는 중이거나 이미 변화시킨 농부들을 찾아 널리 여행을 시작했다. 그리고 변화를 일으키는 이 농민들이 반체제적인 농업 반란에 앞장서고 있다는 것을 깨달았다.

최근 나는 재생농업을 하는 이런 농민들 중 한 명을 찾아갔다. 한때 오스트레일리아의 주요 경제학자들 중 한 명이던 데이비드라는 친구다. 우리는 차를 몰고 데이비드의 농장을 다니면서 그가 "자연 격리 농업" 기법을 이용해 되살린 개울과 작은 방목지들을 돌아보았다. 가뭄이 든 해였고, 양쪽에 있는 이웃들의 농지는 방목으로 흙밭이 되어 있었다. 녹색은 고사하고 어떤 풀이나 관목도, 어떤 유형의 생물다양성도 없었을 뿐 아니라 마을의 상류에서 데이비드의 농장으로 흘러오는 개울은 심하게 침식되어 있었다. 그러나 울타리 너머 데이비드의 방목지에 있는 똑같은 개울은 뚜렷한 대조를 이루었다. 침식이 복구되어 있었다. 개울이 바위틈을 졸졸 흘러 큰 웅덩이로 들어갔다. 그곳에는 커다란 갈대밭이 있고 개울 양쪽에 있는 데이비드의 방목지는 녹색 사료작물이 수백 미터 펼쳐져 있었다. 우리가 개울가에 서서 이런 변화에 대해 이야기하고 있을 때 갑자기 갈대밭에서 아름다운 새 소리가 들렸다. 모습은 보이지 않지만 개개비가 지저귀는 소리였다. 그 멋진 소리가 내 정신 깊숙이 파고들었다. 150년 넘게 유럽식의 잘못된 관리가 이루어진 뒤 처음으로 개개비가 이 계곡으로 돌아왔다는 것을 깨달았기 때문이다. 이 모든 것은 데이비드가 땅에 다시 한번 건강과 재생력을 회복시킨 덕분이었다.

나를 부르는 개개비의 노랫소리는 강력한 비유가 되었다. 데이비드처럼 재생농업을 하는 농민들은 지구와 교감하는 사고에 있어, 생각이 비슷한 도시의 형제자매들(이들은 건강한 식품, 인간과 사회의 건강, 그리고 지구와 자연계에 대해 마찬가지로 열정적이다)과의 관계에 있어 오스트레일리아와 전 세계에서 빠르게 힘을 얻고 있는 강력한 선봉대라는 것을 깨달았기 때문이다. 이러한 움직임은 경관, 인간, 인간사회를 우리의 진화사가 설계해놓은 원래의 건강 상태로 되돌리고 있다. 우리는 이 잠재적 격변의 시대에 들어서면서 어머니 대지와 인간사회에 일으킨 파괴를 되돌릴 수 있다. 총체적으로 이 농민들은 지구를 되살리기 위한 본보기를 제공한다.

5. 사람
People

많은 사람이 잘 지내고 있다. 하지만 좀더 광범위하게 살펴보면, 인류의 상당 부분이 불안하거나 상처받거나 두려움 속에 살고 있다. 사람들은 권리나 땅이나 생계나 소득이나 식량 안보나 기회의 상실에 직면한다. 이런 상실은 이주나 가난 등 취약한 삶을 더 악화시킬 수 있는 연쇄적인 고난을 불러온다. 어떤 사람들에게는 일상생활이 끊임없는 장애물, 심지어 모욕의 연속이다. 모욕에는 소외, 인종차별, 배제, 착취, 무례, 경멸이 포함된다. 아이들은 영양 부족, 나쁜 건강, 부실한 교육으로 일찍 세상을 떠나거나 성장이 저해된다. 전 세계 여성들은 그들에게 일어날 수 있는 일을 두려워하거나 일어난 일을 알렸을 때의 결과를 두려워하며 산다. 남성들은 목적도 미래도 없는 힘들고 보수도 적은 일을 하며 굴욕을 당한다. 수천 년 동안 거주하면서 사냥하고 식량을 찾아다니던 땅으로 돌아간 선주민들은 체포되거나 때로는 죽임을 당한다.

마오리족에게는 아오테이어러우어Aotearoa(뉴질랜드를 가리키는 마오리어)의 모든 공립학교에서 가르치는 '마나키탕아manaakitanga'라는 관습이 있다. 이 말은 다른 사람들에게 친절과 너그러움과 배려를 보여준다는 뜻이다. 여기에는 누군가를 보살피고, 보호하고, 환대하고, 도움을 주는 것이 포함된다. 이 단어의 핵심은 크든 작든 모든 사람에 대한 보살핌이다. 마나키탕아는 여러분이 만나는 모든 사람을 특별한 의미가 있고 소중하게 만들며, 개인보다 집단을 우선시한다. 손님, 낯선 사람, 다른 사람들이 자기 자신보다 더는 아니더라도 똑같이 중요하다. 마나키탕아는 지금 우리 삶에서 무엇이 빠져 있는지 지적한다. 바로 다른 사람들과의 유대감이다. 유대감에서 존경과 존중이 나온다. 유대감은 보편적으로 필요한 것이며 우리가 힘을 합쳐 기후위기를 종식시키려면 필수적인 특성이다.

___ (왼쪽에서 오른쪽, 위에서 아래) 콰도르 야수니 국립공원의 바메노 커뮤니티에 사는 와오라니족의 여성. 보츠와나 간지 지역의 칼라하리 사막에 사는 나로 산족의 남성. 에티오피아 다나킬 함몰지에 사는 아파르족의 여성. 네팔 랑탕 지역의 투만에 사는 따망족 여성. 시베리아 서북부 야말의 야르-살레 구역에 사는 네네츠족의 순록 목동. 인도 동북부 나갈랜드주 두엔상 지구에 사는 나가족의 창 부족 여성. 에콰도르 아마존의 란차마코차에 사는 자파로족의 남성. 에티오피아 오모 계곡에 사는 하메르족의 여성. 에티오피아 로어 오모 계곡에 사는 아르보레족의 남성. 에콰도르 아마존 야수니 국립공원의 바메노 커뮤니티에 사는 와오라니족의 남성. 서아프리카 세네갈 북부에 사는 풀라니족의 여성. 에콰도르 아마존 야수니 국립공원의 바메노 커뮤니티에 사는 와오라니족의 아이.

이 섹션에 나오는 단어와 주제는 여성, 선주민, 유색인종, 아동이다. 인류 역사의 이 시점에서 우리는 기후변화가 일으키는 가장 큰 피해를 견디고 있는 사람들, 굶주림과 빈곤을 견디는 사람들, 무엇이 변해야 하고 우리가 어떻게 변할 수 있을지의 문제를 직접 겪고 있는 사람들의 말에 귀 기울여야 한다. 우리는 기후에 대한 기술적인 해결책에 관해 많이 듣는다. 그러나 기후변화에 대한 포괄적인 해결책은 훨씬 더 광범위한 이해와 실천을 포함한다는 것을 알고 있는데 특권층의 의견에 떠밀려 그 목소리가 거의 들리지 않는 사람들이 있다. 이 글들은 그 목소리들의 일부를 반영한다. 그들의 말은 원칙에 입각하고 통찰력이 있으며 보편적이다.

지속 가능성이 가장 고도의 과학이라면, 우리는 수천 년 동안 한 지역에 살면서 생명체를 품는 그 지역의 힘을 파괴하지 않은 입증된 전력을 가진 사람들에게서 답을 구해야 한다. 그들은 당연히 선주민들이다.

_퍼트리샤 매케이브, 디네족의 사고의 지도자

우리는 창조주의 말을 들었다. "이곳은 너희 땅이다. 내가 돌아올 때까지 너희가 맡아라."

_토머스 반야카, 호피족의 원로

오스트레일리아의 선주민이 아닌 우리가 5만 년 동안 살아온 땅을 빼겼다고 상상한 뒤 그 땅이 우리 것이었던 적이 없다는 말을 들었다고 상상해보면 도움이 될 것이다. 우리가 세상에서 가장 오래된 문화를 가지고 있는데 그 문화가 쓸모없다는 말을 들었다면 어떨지 상상해보라. 우리가 이 합의를 거부하고 우리 땅을 지키다 다치고 죽었는데 역사책에서 우리가 싸우지도 않고 포기했다는 이야기를 들었다면 어떨지 상상해보라. 오스트레일리아 선주민이 아닌 사람들이 평시에나 전쟁 때나 나라를 위해 일했는데 역사책에서 무시당했다면 어떨지 상상해보라. 스포츠 분야에서 우리가 이룬 위업이 존경과 애국심을 불러일으켰는데 편견을 약화시키는 데 아무 도움도 되지 않았다면 어떨지 상상해보라. 우리의 정신적 삶이 부정당하고 조롱받는다면 어떨지 상상해보라. 우리가 부당함에 시달렸는데 우리 책임이라고 뒤집어쓰면 어떨지 생각해보라.

_ 폴 키팅, 오스트레일리아 총리

자생Indigeneity은 "특정한 땅이나 지역에서 자연적으로 발생하거나 나타난다"는 의미다. 이 말을 인간에게 적용하면 토종 식물과 동물 못지않게 특정 생물지역에 고유한 생래적 인간 문화를 의미한다. 말하자면, 선주민들은 그들의 언어와 정체성을 통해 자생의 의미와 정의를 판단한다. 식민지 개척자들이 지금의 미국이 된 땅에 처음 도착했을 때 그곳에는 아마 590개의 국가가 있었을 것으로 추정된다. 하지만 식민지 개척자들이 이해한 '국가'의 개념은 선주민들의 이해와 일치하지 않았다. 이 단어는 광대하고 중첩되며 다른 문화들로 구성되고 유동적인 통치 조직이 아니라 독립된 국가들로 사는 선주민들의 생각에 기여한다. 오늘날 5000개 이상의 토착 문화에서 거의 4억 명의 선주민이 세계에서 가장 오래된 언어를 쓰면서 살고 있다.

토착 문화들에 대한 무자비한 정복은 발견자 우선주의라고 불리게 된 15세기의 교황 칙령을 기반으로 했다. 아시아, 알케불란Alkebulan(아프리카),

___ 무스코기-크리크 부족의 픽시코 아키시타가 어머니 대지에 관해 이야기하며 눈물을 훔치고 있다. "이곳은 우리의 집입니다. 우리가 이 삶을 이런 방식으로 살겠다고 선택했기 때문에 이것은 원해서 하는 일입니다. 나는 미래 세대들을 위해 노력했습니다. 아직 이곳에 있지도 않은 사람들을 위해서요. 그렇게 해서 내 삶이 위험에 처한다 해도 괜찮습니다."

터틀 아일랜드(북아메리카), 아비아 얄라Abya Yala(남북아메리카), 오스트레일리아, 아오테이어러우어(뉴질랜드)에서 일단 땅에 깃발을 꽂으면 기독교 군주의 이름으로 그 땅에 대한 권리를 요구할 수 있었다. 선주민들의 반대 주장은 그들의 문화가 유럽의 기준을 충족시키지 못하면 불충분하다고 여겨졌고, 누구도 기독교도가 아니었기 때문에 누구도 그 기준을 충족시키지 못했다. 침입자들의 주권 요구를 더 복잡하게 만든 것은 소유에 대한 개념이었다. 선주민 부족 대부분이 땅을 소유물로 생각하지 않았고(지금도 그러하다) 자신들이 땅에 소속되었다고 생각했다. 이러한 이해의 차이—땅에서 분리된 개인 대 땅에서 거주하는 생물학적 공동체—는 터틀 아일랜드의 선주민들에게서 15억 에이커의 땅을 빼앗은 식민지 개척자들이 이용하는 핑계다. 이 땅들은 도둑맞은 땅이라 불린다.

발견자 우선주의는 1823년 대법원에 회부된 '존슨 대 매킨토시 사건'으로 미국의 법에 포함되었다. 대법원장 존 마셜은 "발견자 우선주의가 유럽 국가들에게 신세계의 땅에 대한 절대적인 권리를 부여한다"고 주장하며 선주민들의 땅을 빼앗는 판결문을 썼다. 이 '신세계'는 태곳적부터 그 땅을 돌봐온 토착민들에게는 전혀 새로운 세계가 아니었다. 토머스 제퍼슨은 발견자 우선주의가 국제법이라고 주장했다. 마셜 판사는 이 사건의 적용 범위에 해당되는 토지를 소유했고 판결로 득을 보았지만 이 재판을 기피하지 않았다. 두 사람의 입장은 나중에 루스 베이더 긴즈버그 대법관에 의해 되풀이 되었다. 2005년에 긴즈버그는 발견자 우선주의에 따라 오네이다족의 토지 소유권에 불리한 판결을 내리며 식민지화 이전에 선주민들이 "점유했던" 땅에 대한 소유권은 이 땅을 발견한 국가에 있으며 그 국가는 처음에는 영국, 그 뒤에는 미국이라고 주장했다. 2015년 프란치스코 교황은 교회의 '중대한 죄들'에 대해 모든 선주민에게 사과했다. 하지만 발견자 우선주의에 힘을 실어준 15세기의 교황 칙서는 가톨릭교회에 의해 무효화된 적이 없다.

선주민들은 날씨, 식물, 동물, 이주, 의학, 숲, 식량, 대양에 대한 상세한 지식을 갖춘 덕분에 수천 년 동안 땅과 바다에서 번성했다. 이들은 수천 년 동안 수집되어 비유로 각인되고 구전으로 끊임없이 전달된 이야기들에 담긴 자연계에 대한 발견들, 관찰과학을 실천했다. 선주민 부족들은 콜럼버스가 도착하기 오래전에 치열한 전쟁과 갈등을 겪었고, 이런 호된 시련으로부터 평화와 공존의 선진적인 메커니즘을 발달시켰다. 하우데노사우니Haudenosaunee 연맹의 다섯 부족의 민주주의 형성을 도운 피스메이커라 불리는 평화적 지도자들이 대표적인 예다.

베링해 연안의 유픽족, 유콘 준주의 틀링킷족, 그린란드의 이뉴잇족 등 일부 선주민 부족은 대부분의 사람이라면 금방 죽을 지역에서 산다. 유픽족은 생존을 위해 2년 전에 날씨를 예측하는 법을 배웠다. 이들은 해수, 얼음, 이끼, 바다표범, 안개, 모피, 어류, 갈매기, 카리부 등을 때맞춰 자세히 관찰하여 초기 기후학적 징후와 지표를 알아차리는 법을 익혔다. 그들의 삶이 날씨에 달려 있기 때문이다.

오늘날 선주민들은 세계 대륙의 약 4분의 1을 관리하고 전 세계의 생물다양성 보존구역으로 지정된 지역의 약 85퍼센트에 살고 있다. 언어 다양성이 가장 큰 지역들이 생물다양성이 가장 큰 지역들이기도 하다는 점이 주목을 받는다. 모국어는 사용자들에게 그들의 고향땅에 대한 복잡한 이해를 가르치고 안내한다. 이는 보고, 알고, 존재하는 다른 방식이다. 서구에서는 학생들이 사람, 식물, 동물, 종—생물 자체—을 서식지나 강, 초원이나 숲 바닥과 동떨어진 부분들로 분리하고 고립시키는 과학적 학습 방법에 빠져 있다. 이러한 과학 기법은 "자연에 대한 각성"이라고 자랑스럽게 불렸으며, 조작, 연구, 통제, 정확한 예측을 허용했다. 일리는 있었다. 모든 변수를 통제하거나 제거하지 않고 어떻게 실험을 할 수 있겠는가? 달리 어떤 방법으로 살충제나 합성 비료를 발견하거나 약을 제조할 수 있겠는가? 이 능력은 뛰어나고 불완전하며 위험하다. 통제에 대한 욕구에는 통찰력이 결여되어 있다. 이 기법은 장기적인 지속 가능성을 단기적 목적과 맞바꾼다. 정확하게 인지하고 측정하는 이 기법의 힘은 모든 존재에 퍼져 있는 상호 의존 관계를 가려버린다. 관계는 측정될 수 없다. 선주민들의 생물학적, 과학적 지식은 복잡하고 정교했다. 그 지식은 창조의 신성함에 대한 존중이 가득 담겨 있는 존재론으로, 수천 년 동안 축적된 상세한 관찰과 통찰력으로 뒷받침되고 언어와 관습에 새겨져 있을 뿐 아니라 기도로 공경하고 의례를 통해 기억하며 의식에서 칭송되었다. 그리고 우리가 대기를 진정시킬 수 있는 생물권과의 관계를 회복하려면 절대적으로 중요한 지식이다.

선주민들의 지식은 이를 지워버리려는 결연한 노력에도 불구하고 끈질기게 이어져왔다. 식민지화는 수세기 동안 강간, 폭력, 집단학살, 강탈을 부추겼다. 그런 폭력이 '용인될' 수 없다고 여겨지는 때와 장소에서는 식민지 개척자들이 선주민의 문화를 제거하려고 노력했다. 부모들에게서 아이를 떼어내 멀리 떨어진 기숙학교에 보낸 뒤 교복을 입히고 그들의 부족 언어 사용을 금지했다 아이들을 신병훈련소의 생도처럼 통제하고 그들의 문화와 역사를 비하하는 사고방식을 가르쳤다. 선주민의 문화를 없애려는 노력 외에도 아이들은 기숙학교와 선주민들의 고향에 들어온 일부 교회로부터 신체적, 성적 학대를 당했다. 터틀아일랜드의 디네족과 찰라기족, 오스트레일리아의 궁가리족, 아비아 얄라의 아구아루나족, 뉴펀들랜드주의 베어툭족, 그 외의 수천 개 문화가 전쟁, 질병, 추방, 학살에서 살아남은 것이 대단하다.

선주민의 문화들을 하찮은 존재로 만들고 불법으로 취급하며 쫓아내려는 노력은 21세기에도 여전히 남아 있다. 케냐의 체란가니 구릉과 마우숲

___ 데브라 앤 할랜드는 1200년대부터 지금의 뉴멕시코주에서 살아온 북미 선주민인 푸에블로족의 카와키아 부족에 정식 등록된 부족원이다. 할랜드는 미 하원 의원으로 당선된 두 명의 선주민 여성들 중 한 명이며, 나머지 한 명은 샤리스 데이비스다. 현재 할랜드는 미국의 54대 내무부 장관이며, 최초의 북미 선주민 출신 각료다.

의 셍그웨르족과 오기엑족은 강제로 쫓겨나고 '밀렵'을 했다며 고소당하는가 하면 심지어 야생동물 관리자들에게 죽임을 당하며 인권을 유린당하고 있다. 한때는 외국인들에게 산족들을 추적하여 죽이는 허가증이 발급되기도 했다. 산족은 이 지역에서 14만 년 전부터 살았지만 보츠와나에 있는 자신들의 땅에서 쫓겨나고 있다. 인도에서는 아디바시족이 호랑이 보호구역에서 쫓겨나고 있고 전통적으로 해오던 일인데도 석청 채취로 기소를 당한다. 카메룬의 바카족들은 대대로 내려오던 수렵지역에서 쫓겨나고 종종 체포되어 괴롭힘을 당한다.

전 세계의 선주민들은 대대로 살아온 땅을 착취와 종의 멸종으로부터 구하기 위해 애쓰고 있다. 아마존 분지 토착민 단체 조정기구COICA의 조정관으로 일했던 호세 그레고리오 디아즈 미라발은 "곤충과 동물들만 구하고 선주민들을 구하지 않는다면 심각한 모순이다"라고 말한다. 캐나다 선주민들은 앨버타주에서 채굴을 막기 위해 공원을 조성하고 있고, 디네족은 고임금 일자리를 잃는 것을 감수하고 그들의 보호구역 내에 있던 석탄 화력발전소를 폐쇄했다. 아마존에서는 카야포족, 와오나리족, 우루-에우-와우-와우Uru-Eu-Wau-Wau족, 그 외의 부족들이 벌목, 사냥, 채굴뿐 아니라 농사를 위해 그들의 땅을 완전히 파괴하려는 무장 침입자들을 상대하고 있다.

그들의 경계 태세는 30×30이라 불리는 전 세계적인 운동을 동지로 얻었다. 이 운동은 2030년 이전에 지구의 모든 땅과 물의 30퍼센트를 보호하는 것을 목표로 한다. 거의 모든 환경 보존 조직과 '자연과 사람을 위한 야심찬 연대High Ambition Coalition for Nature and People'를 결성한 57개국에서 이 운동을 채택했다. 이 운동의 성공은 선주민과 그들의 땅에 대한 공격을 멈추는 데 달려 있다. 이것은 인종차별을 당하는 문화, 정신적 충격에 고통받는 문화, 자신들의 언어를 되살리고 침해당한 주권을 되찾고 싶어하는 문화들을 복원하려는 노력을 지원한다는 뜻이다. 지구에 대한 특별한 가르침, 인간과 자연의 분리와 기후위기를 불러온 단절을 지우는 앎의 방식이 필요하다. 그러한 지식이 여기에 있다.

힌두 오우마루 이브라힘Hindou Oumarou Ibrahim

___ 이 지역에 마지막 남은 유목민들인 워다베 목축민들은 카메룬 북부에서 사헬을 지나 차드와 니제르로 이동한다. 힌두 오우마루 이브라힘과 동료 목축민들은 극히 건조한 땅에서 장마철이 오기 전 귀중한 자원인 물을 머리에 이고 하루에 수 마일을 걸어간다. 이브라힘은 수천 킬로미터에 이르는 여정을 더 성공적으로 마치기 위해 특정 지역들과 관련된 이미지 자료들을 도입했다. 그녀는 '차드의 선주민 여성들과 사람들의 연합'의 공동 설립자 중 한 명이다.

전통 지식과 기후과학은 둘 다 기후변화에 대처하기 위한 농촌들의 회복력을 구축하는 데 매우 중요하며, 선주민들은 기후변화를 완화하고 적응을 돕기 위해 그들의 지식을 공유할 준비가 되어 있다.

_힌두 오우마루 이브라힘

아프리카 사하라 사막 이남의 사헬 지대에 사는 유목민인 워다베족의 힌두 오우마루 이브라힘은 선주민들의 권리와 환경 보전을 지지하는 '차드의 선주민 여성들과 사람들의 연합Association of Indigenous Women and Peoples of Chad'을 공동 설립했다. 2016년 이브라힘은 파리협정 체결식에서 시민사회 단체들의 대표로 선출되어 기후변화에 대응하겠다고 세계에 약속했다. 차드에서 자란 농촌 여성으로서는 이례적으로 이브라힘은 수도에서 정규 교육을 받으며 여성들이 사회의 중요한 역할들에서 갖은 방식으로 배제된다는 것을 알게 되었다. 또 기후변화를 포함한 환경 문제에 대해서도 배웠다. 현재 이브라힘은 지구의 미래에 영향을 미치는 정책의 수립과 실천에서 선주민 여성들과 소외된 공동체들의 역할을 향상시키는 전 세계적인 운동의 리더다.

워다베족은 소를 기르는 유목민이며, 더 큰 풀라니족에 속한다. 이들은 가축에게 먹일 물과 풀을 찾아 한 곳에서 다른 곳으로 옮겨다니고, 때로는 1년에 1000킬로미터를 이동한다. 목축은 이브라힘의 부족들에게 자연과 조화를 이루며 살 수 있게 한다. 이브라힘은 자연과의 밀접한 관계에 대해 "우리는 서로를 이해합니다"라고 말한다. "자연은 식량과 물을 모을 수 있는 슈퍼마켓입니다. 또 자연은 어떻게 자연을 보호하고 자연이 어떻게 필요한 것들을 돌려주는지 잘 배울 수 있는 학교입니다." 이브라힘에 따르면 그녀의 할머니는 풍향, 구름의 패턴, 새들의 이주, 과일의 크기, 식물이 꽃 피우는 시기, 소의 행동 등 주위 환경을 면밀히 관찰하여 하루의 날씨뿐 아니라 앞으로 다가올 장마철이 어떨지도 예측할 수 있다고 한다. 이것은 그 땅에 살아야만 얻을 수 있는 심층적인 지식, 이브라힘이 기후변화를 연구하는 연구원들과 공유해야 한다고 생각하는 지식이다.

이브라힘은 자신의 공동체에 초대했던 한 과학자가 비가 오겠다는 그녀의 말을 듣고 깜짝 놀랐던 일화를 들려주었다. 이브라힘이 서둘러 소지품을 꾸리자 과학자는 하늘이 맑다며 이의를 제기했다. 이브라힘은 고개를 가로저었다. 그녀는 연구원에게 한 나이 든 여성이 곤충들이 알을 보호하려고 집으로 옮기고 있는 것을 알아챘다고 말했다. 그것이 신호였다. 곧 비가 세차게 쏟아졌고, 과학자는 나무 밑으로 몸을 피해야 했다. 폭풍이 지나간 뒤 이브라힘과 과학자는 전통 지식과 분석적인 기후 예측을 결합시키는 방법에 관해 진지한 논의를 시작했다. "그렇게 해서 저는 사람들이 기후변화에 적응할 수 있도록 더 유용한 정보를 주고자 기상학자들과 제 공동체와 함께 일하기 시작했습니다"라고 이브라힘은 말했다.

이브라힘은 지구온난화의 영향을 직접 경험했다. 그녀의 어머니가 태어났을 때 아프리카에서 가장 중요한 담수호들 중 하나인 차드호는 약 2만 5000제곱킬로미터의 면적에 물을 담고 있었다. 그러다 이브라힘이 태어났을 때는 1만 제곱킬로미터로 줄어들었다. 지금은 약 1500제곱킬로미터다. 물의 90퍼센트가 줄어든 것이다. 목축민, 어민, 농민을 포함해 4000만 명이 넘는 사람이 이 호수에 생존을 의지한다. 다른 지역들에서도 물이 부족해졌다. 그 결과 기후위기가 심화될수록 지역 내 갈등은 심화되었다. 이브라힘은 그녀의 부족이 살아남기가 점점 더 힘들어졌다고 말한다. 장마철이 더 짧아진 반면 가뭄은 더 길어졌다. 워다베족은 식량과 물을 찾아 더 먼 거리를 이동해야 하고 한곳에 머무는 기간은 더 짧아졌다. 비가 내릴 때도 강우 패턴은 변덕스러워졌고 홍수가 더 잦았다. 이브라힘은 소들이 받는 영향도 보았다. 소젖의 양이 줄었다. 이브라힘은 아침에 두 번, 저녁에 두 번씩 하루에 4리터의 젖을 짰던 때를 기억한다. 지금은 건조기에는 소 한 마리가 이틀에 1리터의 젖만 생산하고 장마철에도 하루에 단 1리터밖에 짤 수 없다. 이브라힘의 생애 동안 거의 전적인 감소가 일어났다.

기후변화는 이브라힘 부족의 사회적 구조에 큰 영향을 미치고 있다. 이브라힘에 따르면 이 부족에서는 전통적으로 남성이 가족을 부양하고 공동체를 보살피며, 이렇게 하지 못하는 남성은 위엄이 흔들린다. 그 결과 현재 일부 남성이 일자리를 찾아 도시로 향하고, 12개월이나 고향을 떠나 있기도 한다. 도시에서 일자리를 구하지 못하면 유럽으로 이주한다. 고향에 남겨진 여성들에게 이런 변화가 주는 스트레스는 엄청나다. 많은 여성이 가족의 건강을 위해 충분한 음식을 구하는 일을 비롯해 관례적인 역할을 수행해야 하는 데다 거기에 더해 남성의 책임이던 안전을 제공하는 일까지 떠맡아야 한다. 이브라힘은 이런 변화가 여성들에게 활기를 불어넣어 혁신자와 해결책을 만들어내는 사람이 되고 부족한 자원들을 공동체 전체를 위한 재생력 있는 자산으로 바꾸게 했다고 말한다. 이브라힘은 이 여성들을 자신의 영웅이라고 부른다.

이브라힘은 선주민들과 지구를 보호하고 비틀거리는 생태계를 복원하기 위해 과학과 기술, 전통 지식을 결합하는 방식을 지지하게 되었다. 그녀는 이 부분에서도 개인적인 경험이 있다. 2013년에 이브라힘은 자신의 공동체에서 수백 명의 사람을 모아 주민 참여형 3D 지도 제작 과정을 통해 지역 내 천연자원들의 목록을 만드는 프로젝트를 이끌었다. 이 프로젝트는 특정 자원이 위치한 정확한 지점과 연중 어떤 시기에 활용할 수 있는지 알고 있던 여성들에게 한층 힘을 실어주었다. 지도 제작 과정은 종종 그녀의 공동체 내 남성들에 대한 도전을 의미했다. 이브라힘은 "남성들이 지도에 표시할 모든 지식을 생각해낸 뒤 여성들에게 말했어요. '이리 와서 봐.' 여성들이 와서 지도를 보고는 말했죠. '음, 아니야, 이건 틀렸어. 여기는 내가 약초를 모으는 곳이야. 여기는 먹을거리를 모으는 곳이고.' 우리는 지도에 있는 지식을 수정했어요." 결과적으로 남성, 여성, 젊은이, 노인들이 산과 신성한 숲, 수원, 이동 통로, 그 외에 문화적, 환경적으로 중요한 장소들을 지도에 기록했다. 이 프로젝트는 정부 관리들의 관심을 끌었고, 관리들은 이 지도가 천연자원을 둘러싼 갈등을 완화하려는 노력에 도움이 될 것이라고 판단했다.

이 프로젝트는 이브라힘에게 동기부여를 해주었을 뿐 아니라 목소리를 낼 기회도 주었다. "사람들이 서서히 저를 지도자로 받아들였어요", 이브라힘은 말한다. "나는 우리 공동체에서 여성들을 보고 대하는 방식을 바꾸어 왔습니다."

세계 무대의 리더로서 이브라힘의 메시지는 분명하다. 선주민들이 보유한 지식이 지구 생명체들의 미래에 매우 중요하다는 것이다. 이브라힘은 과학적 지식이 나타난 지 200년 되었고 최근에는 기술이 방대한 데이터를 제공하지만 선주민들의 지식은 수천 년 이상 되었다고 지적한다. 이 지식은 존중받아야 한다. 기후위기에서 서로를 돕기 위해, 특히 대개 지구온난화의 최전선에 있는 선주민들을 돕기 위해 이 모든 지식을 결합시키는 것이 우리의 목표여야 한다. 공유에는 힘이 있다. 이브라힘은 선진국들도 화재, 홍수, 더 강력한 허리케인 등 기후변화의 영향을 직접 겪고 있다고 지적한다. 그녀는 우리의 모든 지식을 합쳐야 하고 선주민들을 중심에 두어야 한다고 주장한다. 의사결정자들은 그들이 하는 일을 바꿔야 하며, 우리는 그들을 격려하기 위해 우리의 집단적 지식을 공유하고 교육시켜야 한다. 시간이 얼마 없다.

아홉 명의 지도자에게 보내는 서한

—

네몬테 넨퀴모

네몬테 넨퀴모는 쿠라라이강과 나포강 사이에 위치한 에콰도르 동부의 오리엔테 저지대의 파스타자주에 사는 전통적인 와오라니 공동체의 일원이다. 이 공동체는 개척되지 않은 아마존 우림의 가장 넓은 지역들 중 하나를 차지하고 있으며, 그중 일부에는 외부 세계에 마지막으로 발견되어 접촉된 부족들 중 하나인 와오라니족을 제외하고는 인간의 발길이 거의 닿지 않았다. 다섯 개의 마을 공동체는 외부인들과의 접촉을 계속 거부하여 우림의 더 외진 지역들로 옮겨갔다. 면적 약 1만1000제곱마일인 이들의 영토와 그 주변에는 수백 종의 포유류, 800여 종의 어류, 1600종의 조류, 350종의 파충류가 서식한다. 이 특별한 생물다양성 집중 지역에 사는 동물로는 아마존강 돌고래, 아나콘다, 마모셋원숭이, 몽크사키원숭이, 나무늘보, 애기개미핥기, 창코박쥐, 킨카주, 재규어 등이 있다. 와오라니족은 그 깊이를 헤아릴 수 없을 정도로 방대한 생태학적, 식물학적 지식을 보유하고 있다. 약 5000명으로 이루어진 이 공동체는 다른 어떤 언어와도 관련이 없고 시조도 없이 언어학적으로 고립된 '와오테데도어WaoTededo'를 쓴다. 이들의 물질적, 정신적 삶은 나무, 숲과 불가분의 관계로 연결되고 통합되어 있다. 와오테데도어에서는 '숲'을 나타내는 단어와 '세계'를 나타내는 단어가 같다. 1990년대부터 이들의 땅은 정유회사들에 의해 개발되고 불법 벌목이 이루어지기 시작했다. 침입이 늘어나자 와오라니족은 조상 대대로 살아오던 땅에서 더 외지고 좁은 지역들로 물러나고 있다. 이런 상황은 2019년에 바뀌었다. 선교학교에서 초기 교육을 받은 네몬테 넨퀴모가 반기를 들고 활동가로 나서서 '선주민이 주도하는 세이보 연맹Indigenous-led Ceibo Alliance'을 공동 설립했기 때문이다. 이 연맹은 코판족, 시에코파이족, 시오나족, 와오라니족으로 구성되어 있다. 넨퀴모는 에콰도르 정부를 상대로 유전 탐사와 불법 벌목으로부터 50만 에이커의 아마존 우림을 보호할 것을 요구하는 소송에서 대표 원고를 맡았다. 2019년에 3명으로 구성된 에콰도르 재판부가 넨퀴모의 손을 들어주었고, 아마존 역사상 처음으로 중앙 정부가 국제법의 기준을 지켜야 하며 어떤 땅도 석유회사에 양도될 수 있게 되거나 양도되기 전에 정보에 입각한 공개 동의 절차에 참여할 것을 요구받았다. 이는 아마존 전체의 선주민들을 고무시킨 법적 판례였다. 넨퀴모는 2020년에 명망 있는 골드먼 상을 받았고 『타임』 지가 선정하는 세계에서 가장 영향력 있는 인물에 이름을 올렸다. 아래는 넨퀴모가 아마존강 유역의 9개 국가의 지도자들에게 보낸 서한으로 "서구세계에 보내는 나의 메시지: 당신들의 문명이 지구의 생명을 죽이고 있습니다"라는 문장으로 시작된다.

_폴 호컨

아마존강 유역의 9개 국가 대통령들과 지구의 약탈에 대한 책임을 공유하는 세계의 모든 지도자에게

우리 선주민들은 아마존을 구하기 위해 싸우고 있습니다. 하지만 지구 전체가 고통을 겪고 있습니다. 당신들이 지구를 존중하지 않기 때문입니다.

나는 네몬테 넨퀴모입니다. 와오라니족의 여성이며, 어머니이자, 내 부족의 리더입니다. 아마존 우림이 내 집입니다. 내가 이 편지를 쓰는 이유는 아마존이 여전히 맹렬하게 불타고 있기 때문입니다. 기업들이 우리 강들에 기름을 흘리고 있기 때문입니다. 광산업자들이 (지난 500년 동안 그랬던 것처럼) 금을 훔쳐가고 구덩이와 독성물질들을 남겨두었기 때문입니다. 땅을 불법으로 점유한 사람들이 소를 방목하고 농장을 가꾸며 백인들이 식량을 얻을 수 있도록 원시림의 나무들을 베어 쓰러뜨리기 때문입니다. 우리 부족의 노인들은 코로나바이러스로 죽어가고 있는데 당신들은 우리에게 전혀 도움이 되지 않는 경제를 부양하기 위해 우리의 땅을 쪼갤 다음 움직임을 계획하고 있기 때문입니다. 우리 선주민들이 우리가 사랑하는 것, 우리 삶의 방식, 강과 동물, 숲, 지구의 생명을 지키기 위해 싸우고 있기 때문입니다. 이제 당신들이 우리 말에 귀를 기울여야 할 시간입니다.

아마존 전역에서 사용되는 수백 개의 서로 다른 언어에는 모두 외부인, 이방인인 당신들을 가리키는 단어가 있습니다. 내가 사용하는 언어인 와오테데도어에서는 '코워리cowori'입니다. 이 단어가 꼭 나쁜 뜻일 까닭은 없습니다. 하지만 당신들이 나쁘게 만들었습니다. 우리에게 이 단어는 다음과 같은 의미를 지니게 되었습니다.(그리고 끔찍하게도 여러분의 사

회도 이런 뜻을 나타내게 되었습니다.) "자신이 휘두르는 힘에 대해 너무 모르는 백인과 그가 끼치는 피해."

당신들은 아마 당신더러 무지하다고 말하는 선주민 여성에게 익숙하지 않을 겁니다. 그리고 이런 식으로 의견을 전하는 것은 더 낯설 겁니다. 하지만 선주민들은 분명히 알고 있습니다. 당신들이 무언가에 대해 모를수록 그 무언가는 덜 소중하게 여겨지고 더 쉽게 파괴됩니다. 쉽다는 말은 죄의식 없이, 무자비하게, 어리석게, 심지어 정당하게 여긴다는 뜻입니다. 그리고 이것이 바로 여러분이 우리 선주민에게, 우리의 우림 지역에 그리고 궁극적으로 우리 지구의 기후에 하고 있는 짓입니다.

우리가 아마존의 우림을 알게 되기까지는 수천 년이 걸렸습니다. 우림의

방식과 비밀을 이해하고 우림과 함께 생존하고 번성하는 법을 배우는 데 말입니다. 그리고 제가 속한 와오라니족이 당신들을 알게 된 건 70년밖에 되지 않았습니다.(우리는 1950년대에 미국의 복음주의 선교사들에 의해 '접촉'되었습니다.) 하지만 우리는 뭐든 빨리 배우는 사람들이고 당신들은 우림만큼 복잡하지 않습니다.

당신들이 벌새가 꽃에서 꿀을 홀짝홀짝 마시듯 정유회사들이 우리 땅에서 석유를 조금씩 뽑아낼 수 있는 놀라운 신기술을 가지고 있다고 말할 때 우리는 당신들이 거짓말을 한다는 걸 알고 있습니다. 우리는 석유가 유출된 곳들의 하류에 살고 있으니까요. 당신들이 아마존이 불타고 있지 않다고 말할 때 우리는 위성사진 없이도 그 말이 틀렸다는 것을 증명할 수 있습니다. 우리는 조상들이 수세기 전에 가꾼 과수원들에서 퍼져나온 연기에 숨이 막히고 있으니까요. 당신들이 입으로는 기후해결책을 절실히 찾고 있다고 말하면서 계속해서 추출과 오염이 기반이 된 세계 경제를 구축할 때 우리는 당신들이 거짓말을 한다는 것을 알고 있습니다. 우리는 땅과 가장 가까워서 땅의 비명을 가장 처음 듣는 사람들이니까요.

저는 대학에 갈 기회가 없었고 의사나 변호사나 정치인이나 과학자가 될 기회가 없었습니다. 어른들이 제 스승이었습니다. 숲이 제 스승이었습니다. 그리고 나는 당신들이 길을 잃었고 곤경에 빠져 있으며(당신들은 아직 잘 모르지만) 당신들이 처한 곤경이 지구의 모든 형태의 생명에 위협이라는 것을 알 정도로는 충분히 배웠습니다.(그리고 나는 전 세계의 선주민 형제자매들과 힘을 합쳐 말합니다.)

당신들은 당신들의 문명을 우리에게 강요했습니다. 하지만 이제 우리가 어디에 있는지 보십시오. 세계적 팬데믹, 기후위기, 종의 멸종, 이 모든 것을 주도하는 광범위한 정신적 빈곤. 우리 땅에서 빼앗아가고, 빼앗아가고, 빼앗아간 그 모든 세월 동안 당신들은 우리에 대해 알려는 용기나 호기심, 존중이 없었습니다. 우리가 어떻게 보고 생각하고 느끼는지, 우리가 지구의 생명에 대해 무엇을 알고 있는지 이해하려 하지 않았습니다.

내가 이 편지로 당신들을 가르칠 수는 없을 겁니다. 하지만 내가 말할 수 있는 것은 이 문제가 이 숲, 이곳에 대한 수천 년의 사랑과 관련되어 있다는 겁니다. 가장 깊은 의미의 사랑, 숭배입니다. 이 숲은 우리에게 가만가만 걷는 법을 가르쳤습니다. 우리가 숲에 귀 기울이고 배우고 지켰기 때문에 숲은 우리에게 물과 깨끗한 공기, 영양, 집, 약, 행복, 의미, 모든 것을 주었습니다. 그리고 당신들은 단지 우리뿐 아니라 지구의 모든 사람, 미래 세대들에게서 이 모든 것을 앗아가고 있습니다.

지금은 동트기 직전, 아마존의 이른 아침입니다. 우리의 꿈, 우리의 가장 강력한 생각들을 공유하는 시간이지요. 그래서 저는 여러분 모두에게 말합니다. 지구는 여러분이 지구를 구하길 기대하지 않습니다. 지구를 존중하길 기대합니다. 그리고 우리 선주민들이 기대하는 것도 바로 그것입니다.

숲이 농장이다

—

라일라 준 존스턴

라일라 준 존스턴은 시인이자 행위예술가이며 디네족(나바호족)과 체체헤스타히스족(샤이엔족)의 계보를 연구하는 학자다. 존스턴은 북미 선주민 대학살을 불러온 폭력의 순환을 강조한 연구로 환경인류학 학위를 받으며 스탠퍼드대학을 우등으로 졸업했다. 아비아 얄라(남북아메리카)에 살던 선주민 90퍼센트가 노예화, 폭력, 질병으로 목숨을 잃은 것으로 추정된다. 존스턴은 뉴멕시코주 북부의 세대 간 정신적 외상과 민족적 분열을 치유하기 위해 노력하는 '타오스 평화 및 화해 위원회Taos Peace and Reconciliation Council'를 공동으로 설립했다. 또 디네타(나바호족의 고향)를 가로지르는 1000마일의 땅 밟기 기도인 '존재를 향한 우리의 여정Nihígaal bee Iiná' 운동에 참여한다. 이 운동은 디네족의 땅과 사람들을 착취하는 우라늄, 석탄, 석유, 가스 산업을 폭로한다. 또한 그녀는 토착민과 비토착민 음악인들을 모아 라코타족, 나코타족, 다코타족에게 블랙힐스의 보호 의무를 되돌려주길 기도하는 블랙힐스 단합 콘서트Blakc Hills Unity Concert의 주 기획자이기도 하다. 그리고 매년 9월에 전 세계 13개국에서 열리는 연례 아동 축제인 '재생 페스티벌Regeneration Festival'의 설립자다. 여가 시간은 사라질 위기에 처한 모국어를 배우거나 옥수수, 콩, 호박을 심거나 전통적인 정신적, 생태학적 지식을 보유한 어른들과 함께하며 보낸다.

_폴 호컨

자라면서 나는 내 조상들과 달리 내가 먹는 음식과 유대감이 없었다. 식료품점에서 사온 식품을 먹었고 식당에서 식사를 했으며 패스트푸드도 좀 먹었다. 인디언문제부Bureau of Indian Affairs가 짠 평범한 학교 급식 메뉴를 먹었고, 그건 쓰레기였다. 그들은 우리 선주민 아이들 모두에게 학교에서 우유를 마시게 했다. 우리는 유전적으로 유당소화장애가 있었는데 말이다. 대부분의 아이와 마찬가지로 나는 식민화된 미국의 식단을 먹으며 목숨을 부지했다.

내가 스물일곱 살 때쯤 한 어른이 와서 씨를 뿌릴 때라고 말했다. 참나무 숲에 다시 불을 내야 할 시간이었다. 청어 알과 청어 산란지를 위한 공간을 만들기 위해 갈조류들을 옮겨 심어야 할 시간이었다. 동쪽의 밤나무 숲을 이식하고 병에 걸려 전멸하지 않도록 간격을 두고 나무들을 심어야 하는 시간이었다. 사슴이 다시 찾아올 공간을 마련하기 위해 숲의 하층을 비워야 할 시간이었다. 오늘날 우리가 먹는 것보다 크기는 작을 수 있지만 영양은 더 풍부한 옥수수를 길러야 할 시간이었다. 사와로 선인장 씨앗을 거둬들여야 할 시간이었다. 다시 딸기를 따야 할 시간이었다. 미래 세대들이 더 많이 수확할 수 있도록 그 관목들을 다시 번식시켜야 할 때였다. 우리 선주민들이 구축하고 수천 년에 걸친 시행착오를 통해 완벽하게 만든 엄청나게 정교한 식량 체계를 되살려야 할 때였다. 우리 부족이 쓰는 언어에서 식품은 명사가 아니다. 동사다. 식품은 물건이 아니기 때문이다. 식품은 끊임없이 변화하는 동적이고 살아 있는 과정이다. 이런 활동들로 다시 뛰어들 시간이었다.

북아메리카의 토착민들은 얼간이라는 오래된 통념이 있다. 반쯤 벌거벗은 채 숲을 뛰어다니며 뭐든 눈에 띄는 것을 먹고 근근이 살아가는 원시적인 유목민이라는 것이다. 유럽인들이 우리를 이렇게 묘사했고 지금도 계속

이렇게 묘사한다. 너무 오래 그런 식이 되다보니 심지어 토착민들조차 그렇게 믿기 시작한다. 그러나 실제로는 터틀아일랜드의 선주민 부족들은 매우 조직화되어 있었다. 그들은 땅에 밀집되어 살고 땅을 광범위하게 관리했다. 그리고 이런 생활 형태는 식량과 많은 관련이 있었다. 왜냐하면 땅을 다듬고, 땅을 불태우고, 땅에 다시 씨를 뿌리고 땅에 형태를 만든 동기가 우리 부족들을 먹여 살리는 것이었기 때문이다. 우리 부족뿐 아니라 동물 부족들까지.

수천 년 전 땅에 무슨 일이 벌어졌는지 알고 싶다면 흙을 뚫고 들어가 토양 코어soil core를 채취하면 된다. 이 토양 기둥soil columns들은 깊이가 30피트에 이를 수 있으며, 이들을 이용해 특정 장소의 화석화된 꽃가루를 분석할 수 있다. 바닥에서 꼭대기까지 각 층의 연대를 측정하여 꽃가루가 언제 퇴적되었는지 판단할 수 있다. 이 토양 기둥 속의 화석화된 숯이 사람들이 어떻게 정기적으로, 광범위하게 땅에 불을 냈는지 보여준다. 현재 켄터키라고 불리는 곳에는 1만 년 전으로 거슬러 올라가는 토양 코어가 있다. 이 토양 코어는 이 지역이 1만 년 전부터 3000년 전까지는 주로 삼나무와 솔송나무 숲이었다는 것을 보여준다. 그 뒤 약 3000년 전에 비교적 짧은 시간 안에 숲 전체의 구성이 검은호두나무, 히코리, 밤나무, 참나무 숲으로 바뀌었다. 뿐만 아니라 꽃가루는 명아주, 섬프위드sumpweed 같은 식용작물을 재배했음을 보여준다. 3000년 전에 이주해온 사람들이 땅의 모습과 맛을 급격히 바꾸었다.

이런 경관들은 주민들이 위압적이지 않고 부드러운 방식으로 땅을 형성하는 인위적인, 즉 인간이 만든 푸드스케이프foodscape다. 마찬가지로, 아마존에는 토양 코어들이 무수하게 다양한 과일나무와 견과류 나무들이 있었음을 알려주는 식량 숲food forest들이 존재했다. 연구들은 인간이 지금 우리

___ 캘리포니아 요세미티 국립공원에 있는 쿡 메도의 단풍 든 큰떡갈나무*Quercus kelloggii*

가 아는 아마존 우림을 공동으로 만들었음을 보여준다. 이 연구들은 예전의 인간 거주지들 근처에서 발견된 토양 변형 기술인 테라프레타(오늘날에는 바이오차라고 불린다)를 이용했다. 테라프레타는 수천 년 동안 지속되는 매우 비옥한 심토를 생성한다. 우리의 가장 뛰어난 토양과학자들은 이제야 테라프레타가 어떻게 작동하는지 이해하기 시작하고 있다.

또 다른 예는 캐나다 브리티시컬럼비아주의 중앙 해안에 있는 벨라벨라다. 이곳에서는 하이차크브(헤일척족)족이 갈조류를 심고 재배했다. 이들의 갈조류 숲은 청어들이 알을 낳는 산란지를 제공한다. 청어 알은 그 생태계의 생물망에 매우 중요하다. 인간이 청어 알을 먹고 늑대들도 청어 알을 먹는다. 그리고 그 알을 먹은 연어가 범고래의 먹이가 된다. 모든 사람이 청어 알을 먹고 모든 사람이 청어 알을 먹은 생물을 먹는다. 해안가에서 이런 인간의 손길이 없다면 생태계 전체는 감소할 것이다.

우리가 발견하고 있는 것, 유럽의 과학자들이 깨닫고 있는 것은 인간이 핵심종이 되어야 한다는 것이다. 핵심종은 다른 종들을 위한 서식지와 생활 환경을 만든다. 핵심종을 제거하거나 근절하면 생태계가 퇴화하고 흐트러지기 시작할 것이다. 늑대, 비버, 해달, 회색곰은 그들이 수행하는 생태학적 역할 때문에 모두 핵심종이다.

우리가 여기에 있는 것은 이유가 있다. 모든 바위, 모든 사슴, 모든 별, 모든 사람, 모든 존재는 여기에 있는 이유가 있다. 창조주는 목적이나 기능이 없는 생물, 더 큰 퍼즐의 한 조각이 아닌 생물은 만들지 않는다. 선주민들은 인간이 땅과 그곳에 사는 생물들에게 자양분을 공급하는 핵심종의 역할로 돌아가게 하려고 노력하고 있다. 우리는 오직 우리의 생명만 유지할 수는 없다. 그건 낮은 기준이다. 내 친구 비나 브라운의 표현처럼 우리는 증진력enhanceability을 얻으려 노력한다. 증진력은 내가 걸어가는 모든 곳에서 생태학적 건강을 증폭시키는 능력, 내가 봤던 것보다 땅을 개선시키는 능력이다.

당신이 사는 곳, 그곳의 생물 군계나 생태계가 우리가 어떻게 땅과 협력할지 결정할 것이다. 예를 들어 현재 캘리포니아주 샌타크루즈라 불리는 곳의 토착민인 아마뭇순 부족에게는 참나무와 함께하는 의식이 있다. 이 부족의 참나무들을 살펴보면 나무껍질이 단단하고 불에 잘 타지 않는다. 이 나무들은 수천 년 동안 인간의 불과 함께 공진화해왔기 때문이다. 아마뭇순 부족에게는 경험법칙 하나가 있다. 1에이커당 14그루의 나무만 심는다는 것이다. 오늘날 캘리포니아에서는 에이커당 200~400그루의 나무를 볼 수 있다. 땅은 그렇게 많은 나무를 감당하지 못한다. 그 나무들은 굶주리지는 않는다 해도 스트레스를 받는다. 토양 속의 영양과 물이 제한적이기 때문이다. 아마뭇순족은 더 넓고 풍요로우며 적절한 간격을 둔 참나무 숲과 함께 대초원을 조성하여 중간중간에 사슴, 엘크, 그 외의 유제동물들을 위한 무성한 푸른 목초지를 제공한다.

어른들에 따르면, 아마뭇순족은 낮게 드리운 나뭇가지들에 불이 붙을 수 있어서 매년 잘라준다고 한다. 가을에는 낙엽을 모아 참나무 주위를 둘러싸고 태운다. 부족민들은 연기로 나무를 축복했고, 연기는 나뭇잎 속으로 들어가 나무의 질병을 억제하거나 막았다. 바구미들이 불속으로 떨어져 도토리가 더 건강해졌다. 서로 경쟁하는 어린 나무들이 제거되어 가장 강하고 튼튼한 식물만 살아남았다. 토착 부족들은 캘리포니아 전역에서 이 의식을 행했다. 이 의식은 숲에 있는 모든 존재의 질서와 건강을 유지하게 해주는 부드러운 압박이었다. 숲은 우리를 필요로 한다. 우리가 여기에 있는 데는 이유가 있다. 우리의 큰 뇌는 우연히 생긴 것이 아니며 우리의 모든 관계를 위해 땅을 치유하고 개량하는 데 활용될 수 있다. 부족들이 전통적인 불 놓기 관행을 금지당하면서 이제 주 전체에 재앙적인 화재들이 일어나고 있다.

처음 동부 해안에 도착한 유럽의 탐험가들은 숲을 보고 놀라고 숲들이 공원처럼 보인다고 썼다. 나무들 사이에 공간이 있었고 사슴들이 그 사이를 돌아다녔다. 탐험가들은 이 "황야wilderness"를 아름답다고 말했다 황야는 우리가 검토하고 다시 생각해야 하는 단어다. 땅이 꼭 야생인 것은 아니다. 그리고 우리가 땅을 황야라고 부르면 마치 나는 황야가 아닌 이곳에 있고 진짜 자연은 저 멀리 진짜 야생에 있는 것처럼 우리와 땅을 분리한다. 그리고 땅은 당신이 생각하는 것만큼 '야생'이 아닐 수 있다. 건강한 생태계에는 인간의 주의 깊은 보살핌이 요구되기 때문이다.

수천만 마리의 물소가 사는 대평원 역시 인위적인 것이다. 인간에 의해 만들어졌다는 의미다. 사람들은 늦여름을 "인디언 서머"라고 부른다. 토착민들이 놓은 불로 인해 하늘이 어두워졌기 때문이다. 불이 없으면 유명한 장초 초원들이 관목, 숲, 식용 새싹으로 바뀔 것이다. 그리고 맞다, 우리는 물소를 사냥했다. 하지만 우리가 물소들을 위해 조성한 무성한 초원에서 사냥했다. 우리가 그들을 따라간 것이 아니었다. 그들이 우리를 따라왔다.

우리가 버펄로 커먼스Buffalon Commons(대평원의 건조한 지역을 자연 초원으로 되돌리고 물소를 재도입하여 거대한 자연보호구역을 만들려는 개념적 제안—옮긴이)에서 실천하는 일을 부르는 용어가 있다. 바로 연속적 성장successive growth이다. 한 지역을 태우면 단계적으로 회복될 것이다. 불을 놓은 지 1년이 지나면 특정한 일련의 식물과 동물들이 나타날 것이다. 2년 뒤에는 또 다른 일련의 식물과 동물들이 나타날 것이다. 3년 뒤에는 또다시 바뀌고 4년 뒤에는 더 진화할 것이다. 대평원 도처에는 다양한 동식물군과 함께 서로 다른 재성장 단계의 1년생 식물과 다년생 식물들이 자라는 지역들이 항상 존재한다. 따라서 다양한 재성장 단계들의 모자이크가 대평원을 장식하

도토리를 먹고 있는 야생 노루*Capreolus capreolus*

고 그 지역의 전체적인 생물다양성이 향상된다. 이는 우리 조상들이 땅과 장소를 끈기 있게 관찰하여 만들어낸 일종의 천재적 지혜다.

때때로 심지어 우리 부족의 어른들조차 선주민들이 다른 인종들만큼 똑똑하지 않다고 말한다. 그러나 식민지 개척자들이 우리에 관한 이야기를 쓰기 시작하기 전, 그들이 사진을 찍기 시작하기 전에 선주민의 90퍼센트가 죽었다는 것을 알아야 한다. 여러분이 보는 모든 사진—흑백 은판사진과 철판사진—은 북아메리카 선주민들이 병이나 학살로 몰살당한 뒤 찍은 것이다. 지혜와 지식 역시 사라지고 지워졌다. 그 모든 사진은 위대한 문명들을 거짓되게 표현한 것이다.

오늘날 우리가 아는 선주민 부족들, 체로키족, 세미놀족, 샤이엔족, 수족은 살아남은 무리들이다. 이들은 살아남아 일을 하기 위해 뭉친 얼마 안 되는 선주민 부족들이다. 그들이 선주민의 원래 구성을 반영하지는 않는다. 후손들을 폄하하려는 것은 아니다. 그저 우리가 지금까지 들어왔던 이야기를 더 깊이 들여다보라는 손짓이고 초대다. 이 대륙에서 펼쳐진 이야기는 지금 우리 중 누가 알고 있는 것보다 훨씬 더 중요하다. 북아메리카 주민들의 원래 구성은 광대하고 매우 조직적이었다. 고고학자들은 만약 엄청난 인구가 존재했다면 오늘날 우리가 볼 수 있는 지구에 흔적이 남았을 것이라고 추정한다. 하지만 우리는 수백 년 뒤에 볼 수 있는 흔적을 지구에 남기지 않는다. 그런 흔적을 남기는 것은 무례한 짓임을 알았기 때문이다. 우리가 어떤 흔적도 남기지 않는 특이한 사회라고 말할 수도 있다. 하지만 우리가 남긴 것은 생물학적으로 다양한 생물 군계다. 그러한 다양한 생물의 대부분이 살아남아 오늘날의 지구를 지원한다. 그리고 그중 대부분이 격감하고 있다. 구전되는 역사와 오늘날 세계가 소비하는 생물학적으로 다양한 식량 체계 및 토양 코어 등에서 발견되는 화석화된 기록 말고는 우리의 거대한 인구에 대한 기록은 거의 없다.

식품으로 뭘 하는지가 아니라 왜 하는지가 문제다. 뭘 하는지는 생물 군계에 따라 달라지겠지만 왜 하는지는 그대로여야 한다. 여러분이 그 일을 하는 것은 창조주가 만든 것을 존중하기 위해서다. 여러분이 사는 땅을 개선하기 위해서다. 기회가 있을 때마다 유전자를 다양하게 만들기 위해서다. 물의 자연적 흐름을 존중하기 위해서다. 여러분은 이타적 정신, 봉사 정신, 공동체 정신에 입각해 그 일을 한다. 그리고 여러분이 그 일을 하고 있는 한 기술력은 따라올 것이다.

이 지구에 무슨 일이 일어났는지, 한때 이곳에 있었던 문명들이 어떻게 번성했는지 알기는 어렵다. 유럽인들이 도착하기 전에 캘리포니아에서만 80개가 넘는 언어가 사용되었다. 그러한 다양한 지식 기반 내에서 엄청난 일들이 일어났다. 어떤 일들이 일어났는지에 대한 상상력을 확대시키면 누가 원시적이고 누가 문명화되었는지에 대한 오해를 바로잡는 데 도움이 될 것이고, 우리가 세상을 되살리는 데도 도움이 될 것이다. 우리가 어떤 씨앗을 심는지에 관해 생각한다면, 채마밭에 12종의 호박, 12종의 옥수수를 기르려고 노력한다면, 농장을 만들려고 숲의 나무들을 베어 쓰러뜨리는 대신 그 숲이 이미 농장이라는 것을 깨닫는다면 도움이 될 것이다. 당신이 숲을 돌보는 법을 아는 사람이라면 숲은 당신을 위해 어떤 단일경작 작물보다 더 좋은 식량을 생산할 것이다. 숲이 농장이라는 것을 기억해야 할 때다. 그리고 여러분이 발견한 숲이 농장이 아니라면 섬세하고 정중하며 조심스럽게 농장으로 바꾸어야 한다. 숲을 쓰러뜨리지 말자.

___ 쿠대드Coodad는 유네스코 세계문화유산 보호지역인 콩고민주공화국의 비룽가 국립공원 부근 지역들에서 2017년에 설립된 여성 주도의 카카오 재배자 협동조합이다. 바룽가 국립공원은 장관을 이루는 풍경과 멸종 위기에 처한 마운틴고릴라가 서식하는 곳으로 유명하다. 협동조합은 재생 초콜릿 업체인 오리지널 빈스가 생산 확장의 초점을 여성들에게 맞춘 뒤 설립되었다. 땔감을 얻기 위한 숲 관리와 전쟁으로 피폐해진 공동체를 치유하는 데 있어 여성의 역할을 깨달은 이 회사는 비룽가 공원 주변에 있는 외딴 마을들의 여성 수백 명을 위한 리더십 및 영세 사업 교육을 마련했다. '바룽가의 여성들Femmes de Virunga' 협동조합은 실질적인 지식과 카카오 작물 판매 수익을 점점 더 많은 여성과 나눈다. 참여 여성들은 2020년에 각각 평균 50그루씩, 총 1만 그루가 넘는 나무를 심었다. 공유림 보호지역은 축구장 1만3000개에 해당되는 면적으로 확장되었다.

기후행동의 핵심적인 한 방법은 두 개의 중요한 해결책이 겹치는 지점에 존재한다. 바로 전 세계적인 식량 체계의 변화와 여자아이 및 여성에 대한 권한 부여다. 가정, 지역사회, 정책 입안 수준에서 양성평등을 이루면 농업 수확량과 사회적 성과를 향상시키는 데 도움이 된다. 농업은 세계 온실가스 배출량의 상당 부분을 차지하며, 개간을 감안하면 거의 4분의 1을 차지한다. 농업에 기후가 가하는 압박은 인구의 많은 부분, 특히 농촌 여성들에게 상당한 식량 안보 문제를 제기한다. 앞으로 수십 년 동안 환경과 기후의 부정적 요인들이 세계의 식량 가격을 30퍼센트까지 끌어올리고 가격 변동성을 증가시킬 것으로 예상된다. 사회에서 가장 소외된 집단에 속하고 특히 식량 불안정에 취약한 여성 농민들의 힘을 확장하는 것이 기후변화에 맞서 지역사회의 회복력을 구축하는 데 필수다. 훈련, 교육, 신용, 재산권에서 동등한 수준에 도달하는 것이 대단히 중요하다. 여성들은 남성들보다 소유한 토지는 적은 반면 식량 생산과 관련된 노동의 약 40퍼센트를 담당한다. 땅, 농업, 요리법에 대한 여성들의 전통적 지식의 가치를 인정하고 이 지혜를 농업 정책의 중심으로 끌어들이는 것 역시 똑같이 중요하다.

여성들은 세계의 많은 지역에서 식량 체계의 중추를 이루며, 작물을 심고 수확하는 일부터 식사를 계획하고 준비하는 일까지 과정의 모든 단계에 깊이 관여되어 있다. 하지만 여성들은 전 세계적으로 농업적 자문과 지원을 얼마 받지 못하며 생산 단계에 참여해도 여성들의 식량 안보나 경제적 이익 증대로 이어지지 않는다. 신용 접근성과 토지 소유 능력을 포함해 여성들의 경제적 기회를 방해하는 법이 열 개 국가 중 아홉 개 국가에 적어도 하나는 있다. 유엔 식량농업기구는 여성 농민들이 남성 농민들과 동일하게 자원에 접근할 수 있다면 작물 수확량이 20~30퍼센트 증가하고 전 세계적으로 영양실조를 12~17퍼센트 줄일 수 있다고 보고했다. 여성 농민들의 수확량을 증가시키면 숲이 그대로 유지되는 데도 도움이 된다. 농민들은 지금 농사짓고 있는 땅이 생산적이면 근처 숲으로 작물 재배를 확장하는 경향이 덜하기 때문이다. 이 해결책으로 2050년까지 이산화탄소 배출량을 2기가톤 줄일 수 있다. 또 숲과 식량 체계와의 깊은 연관성을 부각시킨다. 혼농임업과 환경친화적 농법들을 통해 둘을 통합시키는 것이 농촌 여성들이 이끄는 많은 성공적인 재생운동의 중심에 있다. 식량 안보와 물 안보를 향상시키려는 이런 구상들은 생태계 회복을 불러오고 기후위기에 대한 강력하고 다각적인 대응을 보여준다.

산림 파괴와 산업적 농업의 영향은 온난화 현상과 중첩되면서 세계의 많은 지역에서 심한 가뭄과 식량 불안정을 불러왔다. 왕가리 마타이가 이끄는 그린벨트 운동은 여성들을 조직하여 대규모로 나무를 심어 땅과 수자원을 회복시키고 케냐의 전통 농업과 유기농업이 되살아나도록 촉진했다. 식량 체계를 혁신할 여성의 잠재력은 자연과 농업의 상호 연관성에 대한 깊은 이해와 가족을 부양하기 위한 매일의 노동에서 얻은 지혜에 근간을 두고 있다. 마타이가 지적했듯이, 물을 길어오려고 매일 수 마일을 걷는 여성들은 수원이 언제 마르는지 예리하게 파악하고 있다. 그들은 종종 천연자원들의 가용성과 질의 변화를 가장 먼저 알아차리고 그에 맞춰 그 자원들을 관리하여 먹이사슬의 회복력을 키우는 사람들이다.

1977년 이후 그린벨트 운동은 5100만 그루가 넘는 나무를 심었고, 수만 명의 여성에게 혼농임업, 양봉 같은 직업훈련을 시켜 식량 체계의 변화에 대한 여성 주도적 접근 방식의 모델 역할을 했다. 인도 카르나타카주에서 여성 지구 동맹Women's Earth Alliance의 '회복력의 씨앗 프로젝트Seeds of Resilience Project'는 여성이 주도하는 씨앗 지키기 단체인 바나스트리Vanastree와 협력한다. 바나스트리는 "숲의 여성들"이라는 뜻이다. 화학적 농업과 기후 불안정이 숲, 생물다양성, 식량원과 약용식물 전통들에 대한 인간의 오랜 통제를 파괴하고 있는 지역에서 회복력의 씨앗 프로젝트는 예부터 전해지는 씨앗들의 보존을 통해 숲 기반의 농업과 소규모 식량 체계를 활성화시키고 있는 여성 농민들을 지원한다. 농민들은 일 년에 걸친 교육에 참여한 뒤 9개의 공동체 씨앗은행을 열어 그 지역의 씨앗 생물다양성을 43퍼센트 증가시켰다. 여성 농민들은 또한 씨앗을 재배하고 판매하는 기업가로 성공하는 법을 배웠다. 이 농민들은 다른 사람들에게 건강한 식량을 보장해주고 소득을 창출하는 한편 가뭄과 홍수에 잘 견디는 토종 씨앗들을 활용하는 법을 교육시켰다. 수익은 더 많은 여성 기업가의 교육과 가족들에게 재투자했다. 이런 씨앗은행들은 그 자체로 씨앗 보호소 역할을 하는 경관과 함께 중요한 씨앗 품종들을 보존하고 보관하기 위한 보호 장치가 된다.

이런 운동들은 여성들이 지역의 자원을 치열하게 지키고 보호한다는 것과 여성들의 리더십이 식량 체계에 미치는 엄청난 영향을 보여준다. 농장 수준에서 여성단체들을 장려하려면 여성들의 동등한 교육과 훈련이 보장돼야 한다. 여기에는 여성과 남성 모두의 지원이 필요하다. 남성들 역시 여성들의 참여가 가족과 지역사회에 미치는 영향을 깨달아야 한다.

인도에서는 농촌 여성의 4분의 3이 농업에 종사한다. 이 부문은 농업의 산업화와 기업화를 지원하는 정부의 정책 때문에 경작지가 줄어들면서 수십 년간의 경제 자유화로 심한 타격을 받아왔다. 2021년 초에 여성들은 인도 역사상 가장 규모가 크고 오랫동안 이어진 시위들 중 하나의 선봉에 섰다. 이 시위에서 농민들은 소규모 자작농들을 희생시키면서 기업들을 지원하는 입법을 철회하라고 정부에 요구했다. 여성이 농업에서 평등을 성취하지 못하게 막는 인도의 가부장적 전통에도 불구하고 여성과 남성들이 서로 팔을 끼고 선 채 시위를 벌인 보기 드문 민중 봉기였지만 정부로부터 점점 더 권위주의적인 대응이 돌아왔다.

미국에는 여성들이 주도하여 벌인 농업운동이 있다. 가족 농가에서는 항상 여성을 농사의 핵심 부분으로 참여시켰지만 이제 농장 운영을 물려받거나 혼자 농사를 짓는 여성들이 늘고 있다. 1997년부터 2017년 사이에 주도적 농업 생산자인 여성이 20만9800명에서 76만6500명으로 늘어나 농업 역사상 가장 큰 인구통계학적 변화들 중 하나를 나타냈다. 전통적인 농업 사회의 저항, 장벽, 성차별 때문에 여성들은 '남성처럼 농사짓기'의 압박에서 자유로운 안전한 공간을 제공하는 네트워크와 조직들을 형성하고 있다. 여성들이 직면한 농업적 과제들은 상품화된 시장, 유독한 농약, 가격 하락, 변변찮거나 없는 것이나 다름없는 수익 등 모든 농민과 동일하다. 다른 한편으로 여성들은 대출을 받기가 더 힘들고 남성의 몸에 맞게 설계된 장비로 일하느라 어려움에 부딪친다. 여성들은 개인적 관계, 자기 자신과 땅의 지속 가능성에 대한 초점 강화, 재생력 있는 기법들, 네트워크 형성, 협력 학습을 강조하는 특성들을 농사에 도입한다. 전 세계에서 여성들은 땅, 기후, 식물에 대한 토착민들의 지식을 한 세대에서 다음 세대로 전한다. 여성들은 우리의 안녕이 토양의 안녕과 불가분의 관계임을 여러 이유로 더 쉽게 깨닫는다. 농지의 복원과 회복은 남성이 주도하는 추출 농업 형태에서 여성이 주도하고 모두를 포용하는 재생농업 형태로의 변화를 의미한다.

솔파이어 농장Soul Fire Farm

—

리아 페니먼

리아 페니먼의 삶과 일은 되살리기에 대한 특별한 이야기다. 페니먼은 뉴욕주 올버니 근방에 있는 솔파이어 농장에서 식량주권, 인종차별, 농업, 투옥, 표토, 영양, 유색인종을 풍요로운 선의 표현으로 연결한다. 인종차별 사회에서 유색인종으로 자란 페니먼은 "우리 자신을 먹여 살리는 것이 우리 자신을 자유롭게 한다"는 것을 깨달았다. 남부에서 흑인 농업을 뿌리째 없애버린 것은 전문 농학자였던 사람들의 지혜와 지성, 식생활 방식을 거의 말살시킨 조직화되고 파괴적인 계획이었다. 당신이 가나의 크로보족의 여성이라고 상상해보자. 당신은 1740년에 납치당해 노예가 되어 사슬에 묶인 채 배에 실렸다. 그리고 알 수 없는 이유로, 모르는 사람들에 의해 모르는 땅으로 보내졌다. 하지만 당신은 지혜로워서 언젠가 어딘가에 심을 수 있길 바라며 머릿속에 씨앗을 숨겨왔다. 혹여 살아남는다면 심으려고. 대서양 노예무역과 함께 도착했던 재생농업의 역사와 지식, 타고난 이해는 거의 사라졌다. 페니먼은 땅으로 돌아갔다. 그녀는 땅으로부터 배웠다. 조상들의 발자취를 되짚어갔고 단단한 미개간 토지에서 비옥하고 검은 양질토를 만들었다. 도시 젊은이들을 위한 안식처를 마련하며 깨끗하고 건강한 식량을 재배하기 시작했다. 그녀는 많은 유색인 젊은이가 땅을 사랑하고, 식량을 재배하고, 작물을 기르고, 생명이 어떻게 만들어지는지 알도록 가르치고 고무시켰다. 그중에는 농장이나 채소밭을 본 적도 없던 젊은이가 많았다. 리아는 식품에 영혼을 다시 불어넣었고 축하와 재생의 마법 같은 농장을 만들었다. 솔파이어 농장은 되살리기가 건강, 영양, 토양, 사회, 교육, 새로운 자존감과 자아를 어떻게 연결시키는지 실질적이고도 가시적으로 보여준다.

_폴 호컨

북부의 농촌에서 주로 백인 아버지 손에서 자란 3명의 흑인 혼혈아 중 한 명이던 나는 어린 시절 내가 누구인지 이해하기 힘들었다. 거의 백인들만 다니던 보수적인 공립학교에서 일부 아이는 우리를 놀리고 괴롭히고 공격했으며, 나는 그들의 악의가 혼란스럽고 겁이 났다. 학교는 대개 무서운 곳이었지만 나는 숲에서 위안을 찾았다. 사람들을 견디기 힘들 때 땅은 내 발밑을 굳건히 지켰고 위풍당당한 스트로부스소나무의 단단하고 끈적거리는 껍질은 붙잡을 수 있는 안정된 무언가를 내게 주었다. 나는 나의 아프리카인 조상들이 시간을 거슬러 올라와 "딸아, 꼭 붙잡으렴. 우리가 떨어지지 않게 해줄게"라고 속삭이며 그들의 우주론을 내게 전한 줄 모르고 나 혼자 어머니 대지와 일체감을 느낀다고 생각했다.

나는 내가 농부가 될 것이라곤 상상도 하지 못했다. 10대 시절 인종에 대한 의식이 자라날 때 나는 흑인 활동가들이 총기 폭력, 주거 차별, 교육 개혁에 관심을 갖는 반면 백인들은 유기농업과 환경 보존을 중요하게 생각한다는 크고 분명한 메시지를 들었다. 나는 '내 사람들'과 지구 사이에서 선택해야 한다고 느꼈다. 내 이중적인 의리가 나를 분열시켰고 타고난 내 소속권을 부정했다. 다행히 조상들에게는 다른 계획이 있었다. 어느 날 나는 매사추세츠주 보스턴에서 푸드 프로젝트의 여름 아르바이트 전단지 광고를 보았다. 그 일자리는 지원자들에게 식품 재배와 도시 공동체에 봉사할 기회를 준다고 약속했다. 나는 그 프로그램에 속하는 축복을 누렸다. 그리고 일을 시작한 첫날부터 손에는 갓 수확한 고수의 진한 향이 잔뜩 배었고 눈은 더러운 땀으로 따끔거렸다. 그 농작물들을 심고 돌보고 수확한 뒤 보스턴에서 가장 험악한 동네들에서 음식을 만들어 제공하면서 심오하고 마법 같은 어떤 일이 내게 일어났다. 나는 땅에서 일하고 땅의 풍요로움을 공유하는 우아한 소박함에서 정신적 지주를 발견했다. 내가 하는 일은 선하고 올

바를 뿐 아니라 혼란스럽지 않았다. 땅에 발을 단단히 딛고 서서 각양각색의 동료들과 어깨를 맞대고 흑인 공동체를 위해 생명을 주는 농작물을 돌보는 것. 나는 집으로 돌아온 기분이었다.

'전국 흑인 농민 및 도시 원예사 회의BUGS'를 통해 나는 내가 재생 가능 농업과 관련해 얼마나 잘못된 교육을 받았는지 알기 시작했다. 나는 '유기농업'이 수천 년에 걸쳐 발달한 아프리카의 토착 체계이고 1900년대 초에 흑인 농민인 터스키기대학의 조지 워싱턴 카버 박사에 의해 처음 부활되었다는 것을 알게 되었다. 카버 박사는 광범위한 연구를 수행해 질소를 고정시키는 콩과 식물의 재배와 함께 윤작의 활용에 관해 체계적으로 정리하고 토양생물을 되살릴 방법들을 상세히 알렸다. 박사의 체계는 재생농업이라 불렸고 남부의 많은 농민이 단일경작에서 벗어나 다각적 작물 재배로 옮겨가도록 도왔다.

터스키기대학의 또 다른 교수인 브루커 T. 와틀리 박사는 그가 고객 회원제 클럽이라고 부른 공동체 지원 농업community-supported agriculture의 창안자들 중 한 명이다. 와틀리 박사는 고객 회원들이 슈퍼마켓에서 파는 가격의 40퍼센트로 농산물을 구할 수 있는 시스템을 개발했다.

더 나아가 나는 공동체 토지 신탁이 1969년 흑인 농민들에 의해 처음 시작되었고 조지아주의 새로운 공동체 운동이 여기에 앞장섰다는 것도 알게 되었다. 토지 신탁은 토지의 협동적 소유와 토지의 사용 및 매각에 대한 제한 조약들을 통해 토지의 보호와 알맞은 가격의 주택 공급 목표들을 달성하는 비영리 조직이다. 흑인 농민들은 공동체 토지 신탁을 촉진했을 뿐 아니라 협동조합이 주택, 농기구, 장학금, 대출처럼 조합원들이 물질적으로 필요로 하는 것들을 제공하면서 구조적 변화까지 준비할 수 있다는 것을 보여주었다. 1886년에 설립된 유색농민 전국연합 및 협동조합Colored Farmers' National Alliance and Cooperateive Union과 1972년에 패니 루 해머가 설립한 자유농장 협동조합Freedom Farm Cooperative은 협동조합 운동에서 흑인들의 리더십을 보여주는 두드러진 예다.

카버, 해머, 와틀리, 새로운 공동체에 관해 배우면서 나는 백인만 땅을 돌보고 백인만 유기농 농민이며 백인만 지속 가능성에 대해 이야기하는 사진들을 보았던 그 세월 동안 내가 흑인과 땅에 대해 한결같이 보고 들은 이야기는 노예제와 소작, 강제와 야만성, 고통과 슬픔에 관한 것뿐이었음을 깨달았다. 그리고 그럴 만한 이유가 있었다. 잔혹한 인종차별주의—불구로 만들기, 폭행, 불태우기, 추방, 경제적·법적 폭력—는 뿌리 깊어 우리를 안전하게 뻗어나가지 못하게 했다. 흑인의 토지 소유가 정점을 찍었던 1910년에는 흑인 가정들이 1600만 에이커의 농지(전체의 14퍼센트)를 소유하고 경작했다.

지금은 흑인 소유의 농장이 1퍼센트가 되지 않는다. 우리의 흑인 조상들은 강요당하고, 속고, 위협당해 땅을 떠나 결국 650만 명이 북부의 도시로 이주했다. 이는 미국 역사상 최대 규모의 이주다. 미국 정부가 아메리카 선주민들을 그들의 땅에서 몰아내기 위해 물소 살육을 허가한 것처럼 미국 농무부와 연방주택관리청은 전미유색인종촉진동맹NAACP에 가입하거나 투표 등록을 하거나 시민권과 관련된 청원에 서명한 흑인은 농업 신용대출과 그 외의 자원들에 접근하지 못하게 했다. 카버의 농법들의 도움을 받아 흑인 농민들이 빚을 갚을 만큼 성공을 거두자 백인 지주들은 그들을 거의 죽을 만큼 때리고, 집을 불태우고, 땅에서 쫓아내는 것으로 대응했다.

하지만 흑인들의 전문 지식, 땅과 서로에 대한 사랑이 분명히 드러나는 역사가 있으며 그 역사는 우리의 현재로 꽃을 피웠다. 우리 흑인들이 땅과의 관계에서 속할 유일한 자리는 위험하고 등골 빠지는 천한 노동을 하는 노예일 뿐이라는 메시지가 우리에게 쏟아질 때, 농민과 생태학적 관리자로서 우리의 고귀한 진짜 역사를 알게 되자 깊은 치유를 받았다.

땅에서 내 사람들의 자리를 더 정확히 알게 되면서 힘을 얻은 나는 내가 흑인 공동체의 요구에 중점을 둔 임무 중심의 농장을 만들 준비가 되어 있음을 알게 되었다. 나는 유대인 남편 요나와 두 아이 네시마, 에멧과 함께 뉴욕주 올버니의 사우스엔드에 살고 있다. 이곳은 연방 정부가 '식품 사막'으로 분류한 동네다. 개인 수준에서 이 꼬리표는 우리의 어린아이들에게 신선한 식품을 먹이겠다는 깊은 의무감과 우리의 광범위한 농사 기술에도 불구하고 좋은 식품에 접근하는 데 구조적인 장애물들이 있다는 뜻이다. 모퉁이의 가게는 도리토스와 콜라 전문이다. 터무니없이 비싼 가격에 시들어빠진 채소를 파는 가장 가까운 식료품점에 가려면 차나 택시를 타야 한다. 채소밭을 가꿀 수 있는 터는 없다. 절박해진 우리는 CSA에 가입했고, 갓난아기를 업고 걸음마 배우는 아이는 유모차에 태워 픽업 지점까지 2.2마일을 걸어갔다. 우리는 이 채소를 사기 위해 무리한 지출을 했고, 유모차에 탄 아이 위에 말 그대로 채소를 쌓은 채 다시 아파트로 한참 걸어와야 했다.

요한과 내가 매사추세츠주 바Barre의 매니핸즈 유기농 농장부터 캘리포니아주 오벨로의 라이브파워 농장까지 여러 농장에서 다년간 일했던 사실을 알게 된 사우스엔드의 이웃들은 이 지역사회에 식량을 공급할 농장을 시작할 계획이 있는지 물어보기 시작했다. 우리는 처음에는 망설였다. 나는 공립학교의 정규직 과학교사였고 요한은 자연 건축 사업을 하고 있었다. 게다가 우리는 어린아이 두 명을 기르고 있었다. 하지만 요한과 나는 사람들과 땅에 대한 사랑에 단단히 뿌리 내리고 있었고 결국 정의에 대한 열정이 승리했다. 우리는 그리 많지 않은 저축과 친구, 가족들에게 빌린 돈, 매년 내 교사 연봉의 40퍼센트를 꿰맞춰 프로젝트의 자본을 마련했다. 우리가 선택한 땅은 에이커당 2000달러를 조금 넘어서 비교적 적당한 가격이었지만 전기, 정화조, 물, 주거 공간에 필요한 투자가 땅값의 3배나 되었다. 수백 명의 자원봉사자가 제공한 지칠 줄 모르는 지원으로 4년 동안 기반시설과 토양을 구축한 뒤 우리는 솔파이어 농장을 열었다. 이 농장은 식량 체계의 인종차별과 불평등을 종식시키고 식품 사막에 사는 사람들에게 생명을 주는 식품을 제공하며 다음 세대의 농민 활동가들에게 기술과 지식을 전하는 데 전념하는 프로젝트였다.

우리의 최우선 과제는 올버니 사우스엔드 후미에 있는 우리 지역사회에 식량을 공급하는 것이었다. 정부는 이 동네에 식품 사막이라는 꼬리표를 붙였지만 나는 식품 아파르트헤이트라는 용어를 더 선호한다. 특정 집단들은 먹을거리가 넘쳐나는 반면 다른 집단들은 생명을 주는 식품으로의 접근을 막는 인위적인 분리 시스템을 우리가 가지고 있음을 분명히 보여주는 용어이기 때문이다. 약 2400만 명의 미국인이 가격이 적당하고 건강에 좋은 식품에 접근하기 어렵거나 불가능한 식품 아파르트헤이트 아래에서 살고 있다. 이러한 경향은 인종 중립적이지 않다. 백인들의 동네에는 흑인들이 주로 사는 지역보다 슈퍼마켓이 평균 4배 더 많다. 영양가 있는 식품에 접근하지 못하는 상황은 우리 지역사회에 대단히 심각한 결과를 불러온다. 모든 인구에서 당뇨, 비만, 심장병 발병률이 높아지고 있지만 유색인종들, 특히 아프리카계 미국인과 아메리카 선주민들 사이에서 가장 많이 증가했다. 건강에 해로운 지방, 콜레스테롤, 정제설탕의 함량이 높고 과일, 채소, 콩류가 적은 식단 때문에 식사와 관련된 이런 질병들이 더 많이 발생한다. 우리 지역사회에서는 아이들이 가공식품을 먹고 자라며, 현재 아이들의 3분의 1 이상이 과체중이거나 비만이다. 이는 지난 30년보다 4배 증가한 수치이며, 다음 세대를 여러 유형의 암을 포함해 평생 만성적인 건강 문제들에 시달릴 위험에 빠트린다.

우리는 솔파이어 농장에서 지역사회가 필요로 하는 식품을 생산하기 위해 토양에 투자해야 했다. 경작에 부적당한 바위투성이의 경사진 땅을 무경간 기법들을 이용해 비옥하게 만들고자 열심히 일한 끝에 약 1피트의 표토를 만들어냈다. 이 비옥하고 신선한 흙으로 마침내 흑인들에게 문화적 중요성이 있는 농작물들을 중심으로 주로 토종 채소와 작은 과일들을 80가지 넘게 재배할 준비를 갖추었다. 우리는 일주일에 한 번 수확해 사우스엔드의 회원들을 위해 골고루 포장했다. 한 세트에 각각 채소 8~12가지와 계란 12알, 새싹, 회원들을 위한 가금류 고기를 담았다.

이른 봄에 회원들이 프로그램에 가입하고 농장의 수확물에 대해 얼마건 형편에 맞게 돈을 내기로 약속했다. 우리는 각자의 소득 및 재산 수준에 따라 기부하는 차등제 모델을 택했다. 그리고 지방의 기후에서 20~22주 이어지는 수확 철 내내 회원들에게 질 좋은 식품을 매주 넉넉하게 배달하기로 약속했다. 우리는 식품 아파르트헤이트에서 살고 있는 사람들의 문 앞에 직접 채소 상자를 배달했고 영양보충지원프로그램Supplemental Nutrition Assistance Program 같은 정부 보조금도 지불 수단으로 인정했다. 이렇게 하자 식량 접근성의 가장 넘기 어려운 장벽 두 가지가 낮아졌다. 바로 운송과 비용이다. 현재 우리는 농장 공유 모델을 이용해 80~100개 가정에 식품을 공

급할 수 있는데, 그중 많은 가정이 이 방법이 아니면 건강에 좋은 식품들을 이용하지 못할 것이다. 한 회원은 우리에게 "이 채소 상자가 없었다면 가족들은 삶은 파스타만 먹을 것"이라고 말했다.

우리는 캐피털 디스트릭트의 여섯 동네에서 식품 아파르트헤이트 아래 살고 있는 사람들에게 영양가 높은 식품을 계속 제공했지만 갈 길이 멀다는 걸 알고 있었다. 이에 사업을 확장하여 젊은이들에 대한 권한 부여와 조직화를 꾀했는데, 특히 법적 처벌을 받거나 자활 능력이 없거나 정부의 관리 대상인 청년들과 함께 일했다. 형사 사법 제도에 침투한 체계적인 인종차별이 이 시대의 중요한 민권 문제인 것은 틀림없다. '흑인의 생명도 소중하다Black Livers Matter' 운동은 유색인종이 불균형적으로 많은 불심검문과 체포, 경찰 폭력의 대상이 된다는 사실에 국가적인 관심을 불러일으켰다. 그리고 일단 사법제도로 들어가면 유색인종은 수준 이하의 법적 대리 서비스와 더 긴 형량을 받는 경향이 있으며 가석방될 가능성은 낮다. 2014년에 경찰이 에릭 가너와 마이클 브라운을 살해한 일은 별개의 사건이 아니며 유색인종을 향한 더욱 광범위한 국가 폭력의 일부다.

흑인 젊은이들은 제도가 그들의 목숨을 귀하게 여기지 않는다는 것을 잘 알고 있다. "이봐요, 당신들은 총에 맞아 죽거나 질 나쁜 음식을 먹고 죽을 겁니다." 솔파이어 농장을 찾은 한 젊은이가 말했다. "그러니 이래봤자 소용없어요." 이러한 숙명론, 일종의 내면화된 인종차별이 흑인 젊은이들 사이에서는 흔하다. 이런 현상은 이 나라가 인종차별을 뿌리부터 뽑아내고 이런 젊은이들이 흑인들의 아름다운 생명도 소중하다는 것을 보지 못하게 만드는 계급제를 해체하는 통합된 사회운동이 필요하다는 것을 보여주는 명확한 지표다. 우리는 농장을 시작한 지 3년째 되던 해에 우리 젊은이들을 형사 처벌 제도에서 벗어나게 하는 것을 목표로 청년 식품 정의Youth Food Justice

프로그램을 시작했다.

젊은이들은 올버니 지방 법원의 동의를 얻어 처벌 선고를 받는 대신 우리 농장의 훈련 프로그램을 마치는 것을 선택할 수 있었다. 젊은이들을 악마로 만들고 범인 취급하는 학교-교도소 루트를 가로막아야 한다. 우리는 젊은이들이 비슷한 배경을 가진 어른들의 조언, 땅과의 연결, 그들의 인격에 대한 충분한 존중이 필요하다고 느꼈다.

싱크탱크인 레이스 포워드Race Forward에 따르면, 심지어 오늘날에도 식량 체계에서 일하는 흑인, 라틴계 사람들, 선주민들이 백인들보다 더 낮은 임금과 더 적은 복지 혜택을 받고 건강에 좋은 식품에 접근하지 못한 채 살아갈 가능성이 더 크다. 우리의 흑인 조상과 동시대인들은 지속 가능한 농업과 식품 정의 운동들을 항상 이끌어왔고 계속 이끌고 있다. 우리 모두가 귀를 기울여야 할 시간이다. 우리 땅을 소유하고 식량을 기르며 젊은이들을 교육시키고 의료 및 사법 제도에 참여하는 것, 이것이 진정한 힘과 존엄성의 원천이다.

1997년에 토니 모리슨이 소설 『솔로몬의 노래』에서 쓴 것처럼, "'보이니? 너희가 뭘 할 수 있는지 보여? 글자를 못 읽는 건 신경 쓰지 마. 노예로 태어난 것도, 이름을 잃은 것도, 아버지가 안 계신 것도 신경 쓰지 마. 아무것도 신경 쓰지 마. 여기, 사람이 마음을 쏟고 힘을 쏟으면 할 수 있는 일이 여기에 있어.' 〔땅이〕 말했다. '세상의 변두리를 더 이상 맴돌지 마. 이점을 이용해. 이점을 이용할 수 없으면 약점이라도 이용해. 우리는 여기에 살고 있어. 이 지구에. 이 나라에. 바로 여기 이 고장에. 다른 어디도 아니야! 우리는 이 견고한 기반 위에 집을 가지고 있어, 모르겠어? 내 집에서는 아무도 굶주리지 않아. 내 집에서는 아무도 울지 않아. 그리고 내게 집이 있으면 너한테도 있어! 붙잡아. 붙잡아, 이 땅을! 땅을 취해서 꼭 붙들어, 형제들, 땅을 만들어, 형제들, 땅을 흔들고, 짜내고, 돌리고, 비틀고, 때리고, 걷어차고, 입 맞추고, 채찍질하고, 발로 구르고, 파고, 갈아엎고, 씨를 뿌리고, 수확하고, 빌리고, 사고, 팔고, 소유하고, 구축하고, 증식하고, 물려줘. 내 말 알아들었어? 땅을 물려주라고!'"

깨끗한 조리용 가열 기구 Clean Cookstoves

___ 지아파Gyapa 조리용 가열 기구는 세계에서 삼림 파괴 비율이 가장 높은 국가들 중 하나인 가나에서 만들어지며, 클라이밋케어와 릴리프 인터내셔널이 공동 개발했다. 현지의 요업가와 금속공들이 내틀과 외틀을 제작하기 때문에 지역에 고용이 창출된다. 지금까지 410만 개가 넘는 지아파가 제작되어 사용자들에게 7500만 달러 이상을 절약해주었다. 지아파는 연기와 에너지 사용을 50~60퍼센트 감소시킨다. 리처드 에컨과 글래디스 에컨은 숯이나 바이오매스를 더 완전하게 연소시키도록 설계된 세라믹 내틀을 제작한다.

모든 깨끗한 조리용 가열 기구는 해로운 미립자의 배출 감소와 연료 효율 증대를 목표로 하지만 각기 다른 기술과 연료 공급원을 사용하는 많은 유형의 조리용 가열 기구가 있다. 어떤 기구들은 폐기 처리되었을 목재 펠릿을 사용하여 원시림에서 수확되는 목재를 대체하고 삼림 파괴를 줄인다. 생물 소화조처럼 폐기물을 처리해서 재활용하는 시스템은 동물의 배설물을 조리용 원료로 바꾸어 온실가스를 더 감소시키고 화석연료의 필요성을

피해간다. 다른 모델들은 태양열, 전기 혹은 액화석유가스나 천연가스 등의 화석연료를 이용한다.

화석연료에 의지하는 조리용 가열 기구를 사용한다 해도 검은 탄소 미립자의 배출 감소와 효율 개선을 꾀함으로써 조리와 관련된 온실가스를 줄일 수 있다. 목재를 배출량이 적은 연료원으로 대체하면 1년에 이산화탄소 배출량을 약 0.4기가톤 제거할 가능성이 있다. 한 연구는 가정에서 전통식인 조리용 가열 기구를 개선된 강제통풍식 가열 기구로 바꾸면 검은 탄소 미립자의 평균 농도를 40퍼센트 감소시킬 수 있다는 것을 발견했다. 또 다른 연구는 펠릿 가열 기구를 사용하면 오염물질이 90퍼센트 이상 감소되는 것을 관찰했다.

전통적인 조리용 가열 기구에서 나오는 검은 탄소 미립자들은 구름의 생성에 영향을 미쳐 강우 패턴을 바꾸고 그러면 식물, 동물, 사람이 영향을 받는다. 검은 탄소 미립자들이 눈과 얼음 위에 떨어지면 복사열을 흡수하고 대기로 반사되는 햇빛을 감소시켜 표면 온도를 증가시킨다. 전통적인 조리용 가열 기구들의 걱정스러운 부산물은 검은 탄소뿐만이 아니다. 불의 온도가 내려가면서 발생하는 회백색 연기에는 햇빛의 복사열을 매연만큼 많이 흡수할 수 있는 탄소 미립자들이 들어 있고 건강에 미치는 영향은 더 나쁠 수 있다. 이런 형태의 탄소는 암을 유발한다고 알려져 있다.

아이티의 가정들에서는 여성들이 땔감을 모으고 식사를 준비하는 등의 가사노동에 남성보다 2배 많은 시간을 쓴다. 여성과 여자아이들이 조리용 가열 기구에 쓸 땔감과 그 외의 연료들을 모으는 동안 젠더 기반의 폭력을 당할 위험은 증가한다. 깨끗한 조리기구 해결책들을 이용하면 식사 준비에 드는 시간이 줄어들고 땔감을 모으는 지루한 일거리가 감소해 여성과 여자아이들이 교육을 받거나 소득을 벌거나 가족의 이익을 늘리거나 단순히 쉬는 등 다른 활동을 할 시간이 생긴다.

모든 깨끗한 조리용 가열 기구들의 목적은 같다. 음식을 준비하는 데 사용되는 연료의 양을 줄이고 요리와 관련해서 쓰는 시간을 줄이며 기능적이고 유연하고 안전한 한편 지역의 요구와 문화적 고려를 충족시키는 것이다. 요리법과 요리 풍습들은 대개 한 고장의 역사와 전통에 깊이 박혀 있다. 아프리카에서는 많은 나라가 액화석유가스LPG를 사용하는 가열 기구의 광범위한 도입을 목표로 설정했지만 지역사회 수준에서 교육, 안전상의 우려, LPG와 관련된 고비용 등의 장애물에 부딪혔고 특히 외딴 지역일수록 더욱 그러했다. 연구들에 따르면, LPG 가열 기구들은 검은 탄소의 배출을 줄이는 데는 매우 효과적이지만 가정들에서 장기간 사용되는 비율이 가장 낮은 것으로 나타났다. 유기연료를 사용하는 강제통풍식 가열 기구들은 검은 탄소를 더 많이 배출하지만 현재의 요리 방식과 가장 비슷하기 때문에 이용률은 더 높다.

2010년에 유엔재단이 착수한 대규모 구상에도 불구하고 2015년부터 2017년까지 저소득 국가들에서는 소수의 가정만 조리에 깨끗한 연료와 기술들을 사용했다. 최근 연구자들은 깨끗한 조리용 가열 기구들의 도입을 둔화시킨 착오들을 확인했다. 처음에 연기 문제는 공학적 과제로만 취급되어 실제로 요리하는 사람들의 요구를 간과했다. 또 옹호자들이 외국에서 온 사람들인 경우가 많았다. 이후 더 유망한 새로운 전략들이 등장했다. 우리는 지역 여성들의 목소리를 들어야 한다. 신기술의 도입에는 여론 주도자들의 지원이 중요하며 사람들에게 매연이 건강에 미치는 위험에 관해 알리는 교육적 노력에서도 마찬가지다. 가격 적정성과 접근성 역시 중요하며 이 두 가지가 병행되어야 한다. 깨끗한 가열 기구와 연료는 너무 비용이 많이 들거나 교체하기가 너무 어려워서는 안 된다. 그렇지 않으면 사람들이 원래 사용하던 전통적인 가열 기구로 돌아갈 것이다. 할인된 가격, 보조금, 환불, 가정 배달, 효과적인 지원 시스템이 모두 효과 있는 것으로 나타났다.

장기적으로는 전기화electrification가 많은 인구에게 더 깨끗한 조리용 가열 기구를 제공할 가능성이 가장 클 수 있다. 전력망이 시골 지역들로 퍼져나가고 여기서 제공되는 에너지가 재생 가능한 데다 더 저렴해지면 전기 가열 기구가 변화를 만들어낼 기회가 확대될 것이다. 깨끗한 조리용 가열 기구가 문화적으로 적절하고 실용적인 수단을 통해 지역사회에 융합된다면 가정과 사회에서 재생의 중심, 심장지대를 차지하게 된다.

여자아이들에 대한 교육 Education of Girls

___ 케냐 북부 라이키피아의 에와소에 있는 에와소 초등학교에서 귀가하는 자매들. 이 학교와 그 외의 학교들은 로이사바 야생 관리단Loisaba Wilderness Conservancy의 생태관광 수익에서 자금 지원을 받는다.

어디에 살건, 어떤 환경에 있건 모든 여자아이는 배울 권리가 있다. 남성이건, 여성이건 혹은 어떤 자원들을 이용할 수 있건 모든 지도자는 이 권리를 충족시키고 보호할 의무가 있다.

_말랄라 유사프자이

여자아이들의 보통교육은 완전한 성 형평성과 여성 권리 확립에 있어 필수적인 예비 단계다. 여성들의 잠재력을 실현하는 것 자체가 지구의 재생으로 가는 가장 중요한 단일 통로다. 사회 체계건, 생태계건, 면역체계건 모든 체계의 보편적 원칙은 그 체계의 더 많은 부분을 체계와 연결시키라는 것이다.

관습, 신념, 무지로 인해 문화들은 계속해서 여자아이들을 부차적 존재로 취급한다. 어떻게 이런 태도가 나타났고 계속해서 퍼져나가는지는 지배, 두려움, 무지에 관한 아주 오래된 이야기다. 이런 태도를 없애는 것은 생존이 걸린 문제다.

여자아이들을 교육시켰을 때의 영향과 이익에 관한 가장 신뢰할 만한 최초의 연구는 2004년에 바버라 허츠와 진 스펄링이 보편교육센터Center for Universal Education를 위해 작성한 보고서다. 스펄링은 2016년에 이 연구를 확대하여 리베카 윈스럽과 함께 보고서를 공동 집필했다. 이 보고서에는 '여자아이들의 교육은 어떤 영향을 미치는가What Works in Girl's Education'라는 제목이 붙여졌고, 제목의 질문에 대한 답은 간단하다. 여자아이들이 충분한 교육을 받고 권한을 부여받으면 모든 일이 더 잘된다.

스펄링과 윈스럽이 언급한 것처럼, 여자아이들의 교육에 대한 책 자체가 필요하지 않아야 한다. 존중과 포용은 대단히 인간적이고 명백한 상식이다. 여자아이들의 교육이 미치는 영향은 엄청나다. 하지만 여성에 대한 권한 부여의 가치는 단순한 수치로 바꿀 수 없다.

세계의 많은 지역에서 여성 교육이 지체되는 이유 중 하나는 비용이다. 교육에는 돈이 들고, 많은 나라에서 돈은 제한 요인이다. 남녀가 분리된 화장실과 생리용품을 제공하지 않는 것 역시 제한 요인이다. 앞으로 세계가 맞닥뜨릴 가장 큰 비용은 지구온난화, 온난화가 땅, 숲, 상업, 식량, 이주,

물, 도시에 미치는 영향이다. 무지는 경비 절감책이 아니다. 교육받은 여성들이 유아사망률, 아동 결혼, 가족 규모, 말라리아, HIV/AIDS를 급격하게 감소시킨다는 강력한 증거가 있다. 반대로 건강, 경제적 안녕, 농업 수확량, 사회적 안정성은 증가시킨다. 여자아이들이 마치 물품처럼 강제로 어린 신부가 되면 대개 가족 계획을 하지 못하고 평균 약 다섯 명의 아이를 낳으며 아이들 건강은 부실하다. 고등학교에 해당되는 교육을 받은 여성들은 평균 2명의 아이를 낳는다. 또한 더 많은 소득을 얻을 수 있는 교육을 받았기 때문에 이 소득을 이용해 아이들의 건강과 교육 기회를 보장한다. 그러한 선순환은 남자 형제들이 학교를 마치도록 돕기 위해 여자아이들이 일을 하거나 가족에서 입 하나를 줄이기 위해 결혼해야 하는 압력 없이 학업을 계속하도록 지원받는 데서 시작한다. 빈곤은 빈곤을 낳는다. 악순환을 선순환으로 바꾸는 것은 교실에서부터 시작된다.

하지만 좀더 심오한 문제가 걸려 있다. 여성들의 정신과 지성이다. 일상생활이 끝없는 고생이라면 무언가를 새로 만들어내고, 상상하고, 혁신하기 어렵다. 인간의 안녕은 유대감, 협력, 공동체에 의해 결정되지만 세 가지 모두가 충분히 실현될 가능성이 여자아이와 여성들의 배제로 억제된다. 더 많은 여성이 직업전선에 뛰어들면 여성과 남성의 임금이 올라간다. 선출직에 있는 여성의 수와 공정성, 정의, 경제적 안녕 사이에는 직접적인 연관관계가 있다. 의료 분야 필수 인력의 76퍼센트가 여성, 교육받은 여성이라는 사실이 없다면 전 세계의 보건 체계는 없을 것이다. 제조업에서 품질 분임조의 등장은 제2차 세계대전 때 군수공장에서 일하던 여성들에 대한 관찰이 직접적 배경이 되었다. 이 여성들은 남성들과 분리되었지만 훨씬 더 나은 성과를 냈다. 여성들은 제도, 관리, 업무에 다른 사고와 시각, 협력에 대한 다른 태도를 불러왔다. 생산성이 확대되었고 혁신이 증가했으며 수익이 늘어났다. 이런 사실이 뉴스거리가 된다는 사실은 거의 모든 활동 분야에서 놓치고 간과되어왔던 것들을 세계가 여전히 못 보고 지나갈 수 있음을 상징적으로 보여준다. 여자아이들의 교육에 대해서는 메시지가 계속해서 반복적으로 전해져야 한다.

파키스탄의 활동가 말랄라 유사프자이는 아마 여자아이들의 교육을 위한 전 세계적 투쟁에서 가장 영향력 있는 지도자일 것이다. 말랄라 기금은 중등교육 등록률이 가장 낮은 축에 속하는 8개 국가에서 운영되고 있으며 "모든 여자아이가 12년간 자유롭고 안전하게 양질의 교육을 받는다"는 단순한 목표를 위해 노력하고 있다. 말랄라 기금의 접근 방식은 여성들을 억제하는 가장 널리 퍼지고 깊이 뿌리박힌 장벽들을 직접적으로 파고든다. 그들은 지역 활동가와 교육자들에게 투자하고 국가와 다국적 무대에서 더 나은 정책을 지지한다. 또 「어셈블리Assembly」라는 디지털 간행물을 발간하여 교육 옹호의 최전선에서 여성과 여자아이들의 목소리를 확대한다. 그들은 이런 방식을 통해 우리가 이 중요한 원인—문화적 태도, 정책, 의견 표명—을 개선하는 데 에너지를 집중해야 한다는 것을 보여준다.

한편,.학교에 다니고 싶은 욕구와 원동력은 굉장히 크다. 아프가니스탄의 모든 학교의 41퍼센트는 건물이 없다. 여자아이들은 텐트, 계단, 집에서 공부한다. 탈레반의 차별적이고 폭력적인 공격도 일어난다. 하지만 성희롱, 염산 테러, 무법 상태, 빈곤, 젠더 규범, 교사 부족, 그 외의 많은 장벽에도 불구하고 교육에 대한 억누를 수 없는 요구가 존재한다. 아프가니스탄에서는 여성들 사이에 구전으로 전해지는 「란디landai」라는 짧은 시를 쓰는 풍습이 있다. 열다섯 살의 리마 니아지는 이런 시를 썼다.

당신은 내가 학교에 가지 못하게 한다.

나는 의사가 되지 못할 것이다.

이걸 기억하라. 언젠가 당신은 아플 것이다.

이것이 전 세계적으로 우리의 정확한 현주소다. 우리는 의사가 되어 우리를 분열시키고 우리가 가진 유일한 집을 훼손하는 상처들을 치료해야 한다. 우리에겐 서로가 필요하다. 모든 사람이 지구, 지구에 사는 사람, 장소, 서식하는 동물들을 되살리는 데 개입하고 참여해야 한다. 기후위기를 위기로 묘사하거나 더욱 절박하게 기후 비상사태로 표현한다고 해서 항상 효과가 있는 건 아니다. 그러나 기후위기이기도 하고 기후 비상사태이기도 하다. 내버려두면 앞으로 일어날 기후변화는 공동체의 뼈대를 무너뜨리고, 사람들의 삶을 산산조각 내며, 우리의 마음을 아프게 할 것이다. 기후위기를 해결한다고 다른 많은 문제가 해결되는 것은 아니지만 시급한 문제들의 해결을 더 쉽게 만든다. 우리는 체계적 변화가 개입, 참여, 연대의 가능성을 아우르고 확대한다는 것을 시스템 역학과 교차성 연구로부터 알고 있다. 어떤 면에서 우리의 기후 레이더는 석탄, 자동차, 탄소라는 잘못된 방향으로 향하고 있다. 물론 이런 것도 중요한 원인이고 많은 사람에 의해 훌륭하게 해결되고 있다. 하지만 진정한 원인, 즉 우리가 믿고 있는 것들과 서로를 대하는 방식이라는 다른 방향으로도 레이더를 맞추어야 한다.

지구를 복원시키는 친절한 행동들

—

메리 레이놀즈

메리 레이놀즈는 아일랜드 웩스퍼드 출신의 이름 있는 조경사이자 정원 디자이너다. 더블린대학에서 조경 원예학 학위를 받았고, 작가이며 정원 철학자다. 레이놀즈는 어릴 때 가족 농장에서 길을 잃었는데, 풀과 식물이 그녀가 가족과 함께 있다고 알려주는 느낌을 받았다고 이야기한다. 그 경험이 늘 기억에 남아 있었다. 레이놀즈는 스물두 살이던 2002년에 명망 높은 첼시 꽃 박람회에 작품을 출품하여 섬세한 계획 중심의 전통적인 영국 원예계에서 주목을 받았다. 레이놀즈가 왕립원예학회에 제출한 제안서는 민트 잎들로 싸여 있었고, "사람들은 훼손되지 않은 자연의 아름다움을 간직한 곳을 찾아 전 세계를 여행한다. 하지만 현대의 정원들은 이러한 환경의 단순성과 아름다움에 거의 주의를 기울이지 않는다"라고 쓰여 있었다. 레이놀즈의 출품작 「켈트족의 성소Tearmann si」는 첼시 박람회에 나왔던 그 무엇과도 달랐다. 이 정원은 드루이드교 성직자의 성좌와 만월문, 연못 위의 화로로 꾸며졌고 아일랜드의 풍성한 토착 식물들로 둘러싸여 있었다. 야생적인 배경 속의 신성한 공간이었다. 이 작품은 금메달을 받았고, 자연 그대로의 소중한 모든 것과 우리의 관계를 치유해주는 경관이 어떻게 만들어질 수 있는지 보여줘 정원 설계에 엄청난 영향을 미쳤다. 2015년에 레이놀즈가 첼시에서 거둔 성과를 다룬 전기 영화 「플라워쇼Dare to be wild」가 엠마 그린

웰과 톰 휴즈 주연으로 제작되었다. 이 영화는 극장에서 상영되었고 전 세계에 스트리밍되었다.

_폴 호컨

우리는 땅 위와 땅밑에 사는, 뿌리가 있거나 없는 수백만 종의 서로 다른 생물 형태들과 지구를 공유한다는 사실을 너무나 오랫동안 거의 인정하지 않았다. 이 사실을 인정할 때까지 야생생물들이 갈 수 있는 곳은 점점 더 줄어들 것이다. 농지, 공유지, 개인 정원들은 대부분의 생물이 생존할 수 없게 만드는 강력한 화학물질들로 처리된다. 우리의 상수도는 오염되었고 토양은 흙먼지로 바스러져 바람과 비에 날리거나 씻겨내려가고 있다. 자연서식지들은 빠른 속도로 사라지고 있다. 야생동물들이 꾸준히 따뜻해지는 기후에 적응하고 살아남으려면 다른 곳으로 이주해야 하지만 아무렇게나 뻗어나간 도시와 농지 때문에 이들이 이동할 안전한 통로는 남아 있지 않다. 야생동물들은 고립된 작은 보호구역들에 갇혀 있으며 선택권이 바닥나고 있다. 생물망이 갈기갈기 찢기고 있고, 두 발 달린 동물인 우리도 그 그물망에 떼려야 뗄 수 없이 매여 있다. 그들이 사라지면 우리도 사라진다.

이 모든 것이 자업자득일 때, 내가 정원 혹은 창가의 화분이라도 가질 만큼 운 좋은 사람이라면 누구나 문제 해결에 동참하도록 도울 수 있는 아이디어를 떠올린 것은 아일랜드의 어느 겨울날 아침이었다. 그날 집의 제도판 앞에 앉아 창밖을 내다보며 몽상에 젖어 있던 내 주의를 잡아끈 것은 놀란 여우가 아니라 전에 없이 정원을 가로질러 여우를 쫓아가는 토끼 한 쌍이었다. 그런 뒤 곧 고슴도치 한 마리가 토끼들이 갔던 길을 종종거리며 따라가다 내 앞의 정원을 둘러싼 무성한 산사나무 생울타리 밑으로 쏙 들어가는 모습이 눈에 띄었다. 동물들은 모두 내가 돌보고 있넌 땅의 질반을 이루는 관목이 무성한 황무지로 사라졌다. 초겨울의 화창한 아침나절에 그 소동을 보면서 나는 보통은 겨울잠을 자고 있어야 할 이 야행성 동물들에게 무슨 일이 일어난 게 틀림없다는 걸 알았다. 그래서 무슨 일인지 알아보고자 밖으로 나갔다. 나는 녀석들이 온 방향을 따라 집 뒤에 난 작은 길이 끝날 때

—— 아크 구역이라고 선언한 가시금작화, 산사나무, 검은딸기나무, 고사리가 무성한 자신의 땅에 있는 메리 레이놀즈

까지 돌아다니다 조용한 시골길로 들어섰다.

하지만 그날은 그리 조용하지 않았다. 원래 길 건너편에는 가시금작화, 가시투성이의 검은딸기나무, 뾰족한 산사나무, 가시자두, 무성한 양치식물들과 고사리가 제멋대로 빽빽하게 들어차서 도저히 헤치고 들어갈 수 없는 1에이커의 땅이 있었다. 그런데 노란색의 커다란 파괴 괴물이 그곳을 차지하고 있었다. 내 이웃들이 마침내 그 부지에 집을 지어도 된다는 건축 허가를 얻어 누구나 하는 일을 한 것이다. 그들은 이미 그곳을 집이라고 부르던 많은 가족에 대한 어떤 고려도 없이 채굴기를 보내 "쓰레기"들을 싹 치우고 정원을 만들었다.

나는 숨도 제대로 쉬지 못한 채 공포에 질려 그곳에 서 있었다. 그건 내가 너무도 많은 곳에서 너무도 여러 번 했던 일이다. 20년 동안 나는 여러 나라에서 정원 디자이너로 일하면서 내가 일한 모든 곳에서 이와 비슷한 철거 작업을 했다. 그 순간에야 나는 내가 무엇을 해왔는지 깨달았고, 전통적인 의미의 조경 설계사로서의 내 경력은 그 자리에서 끝났다.

집으로 돌아온 나는 자연 파괴에 관해 조사하기 시작했다. 나는 생물다양성 위기가 기후 붕괴라는 무시무시한 위협만큼 은밀하게 퍼져나가고 위험하다는 것을 알게 되었다. 생물다양성 위기는 지금까지 많은 주목을 받지 않았지만 깨끗한 공기와 물을 유지하고 우리를 포함한 모든 생물에게 먹이와 서식지를 제공하는 지구의 능력을 빠르게 떨어뜨리고 있다. 이 위기는 믿을 수 없는 속도로 일어나고 있으며 주로 지난 50년 동안 나타났다. 날마다 다수의 종이 멸종되고 있고, 그들은 다시는 돌아오지 않는다. 가장 사랑받는 생물들 중 일부가 멸종 위기종 목록에 올라 있거나 예전에 올라갔다가 이미 멸종되었다. 거의 모든 사람이 '기준점 이동 증후군shifting baseline syndrome'이라는 현상을 겪고 있다. 두 세대 내에 우리는 땅과 바다와 하늘이 얼마나 풍요롭고 활기 넘쳤는지 잊어버릴 것이다. 바다가 해저의 광대한 굴 서식지들로 수정처럼 맑게 유지되었던 것도, 물이 말 그대로 생물들로 출렁거리던 것도, 엄청난 수의 철새 떼와 나비들이 해를 가릴 수 있었던 것도 잊어버릴 것이다. 이런 식이라면 우리는 거의 헐벗은 지구에 살게 되고 그런 상태를 '자연 그대로'라고 받아들일 것이다. 우리가 아는 상태가 그것뿐이기 때문이다. 이것은 거대한 망각Great Forgetting이다.

지역의 먹이그물 내에서 진화하지 않은, 돈을 주고 산 예쁜 '원예 식물'들로 채워진 정원에는 야생생물들의 피난처가 없다. 정원들이 정물화가 될 정도로 관리되고 살충제가 뿌려져 만들어낸 광경 외에는 그 무엇도 들어갈

자리가 없다. 우리는 자신도 모르게 자연과 전쟁을 하고 있고, 그리하여 스스로와도 전쟁을 벌이고 있다.

그래서 식탁에 차 한 잔을 놓고 앉아 생각하다가 계획 하나를 떠올렸다. 역사의 큰 변화들은 밑바닥에서부터, 열정적이고 초점을 맞춘 사람들의 작은 운동으로부터 시작되었다. 그날 창밖으로 동물 피난민들의 행렬을 목격한 뒤 나는 "우리는 아크다We Are the Ark"라고 불린 아이디어의 씨앗에 관해 글을 쓰기 시작했다(아크Ark는 '지구를 복원시키는 친절한 행동들Acts of Restorative Kindness to the Earth'의 약자다). 이는 사람들에게 정원의 가능한 한 많은 부분을 야생으로 되돌릴 것을 부탁하는 단순한 개념이다. 자연에 충실하도록 땅을 회복시키라는 것이다. 우리는 자연적이고 연속적인 과정들을 모방하고 섬나라들에 자생식물과 야생동물들의 네트워크를 제구축하기 위해 정원을 끌어들였다. 이 정원들은 고립되어 삶의 끝으로 내몰리고 있는 우리의 비인간 친척들을 돕는 희망의 통로가 될 것이다.

자기 집의 정원에 대한 사람들의 생각을 바꾸는 것, 생태계를 다시 활성화시키기 위해 풀들이 길게 자라도록 놔두고 잡초 씨앗들이 땅에 자연적으로 저장되게 하는 것, 토종이 아닌 침입성 식물을 지역 수준에서 막고 자연이 도움을 필요로 하는 곳에 토착 식물의 다양성을 더하는 것은 상당히 급격한 변화 같았다. 토착 식물들은 자연의 주춧돌이자 지구의 방호복이다. 이 식물들은 우리에게 숨 쉴 산소를 주고, 사용할 물을 여과하고, 공기를 깨끗하게 만들고, 우리를 먹여 살린다. 하지만 우리는 맛있는 토착 식물이 아니면 거의 관심을 주지 않는다. 곤충들은 다른 모든 것에 연쇄적인 영향을 주는 토착 식물들과 복잡하고 특별한 관계를 맺고 있다. 우리는 사람들에게 실외등을 황색 톤의 전구로 교체하고(혹은 캄캄하면 더 좋다), 야생생물이 사는 연못과 통나무 더미들을 마련하고, 정원의 경계 내에 야생생물의 접근 터널을 검토해달라고 부탁했다. 우리의 아크 행동들은 정원이 우리를 위해 무엇을 해줄 수 있는가가 아니라 우리가 생물망을 위해 무엇을 할 수 있는가의 문제다.

운동을 일으키는 열쇠는 사람들의 상상력을 사로잡는 단순한 물건이다. 나는 사람들에게 그들의 야생 정원에 '이것이 아크다THIS IS AN ARK'라고 외치는 표지판을 만들어 세워달라고 부탁했다. 지저분한 정원을 본 사람들의 부정적 인식을 없애기 위해서였다. 부정적 인식 대신 그들은 새롭고 더 친절한 세상의 일원인 것을 자랑스러워할 수 있다. 이 세상에서 지구 돌보미로서의 역할을 받아들이고 아크에 가능한 한 많은 식물과 동물이 들어올 공간을 만들 수 있다. 우리는 공유하는 법과 집보다 더 나은 출발점이 어디인지 배워야 한다.

현재 유익한 정보를 주는 웹사이트가 있으며 사람들이 참고해 정원이나 농장, 창가의 화분, 공원이나 학교를 변화시킬 수 있는 자료가 올라와 있다. 이 웹사이트는 각자의 능력과 땅의 크기 및 범위에 따라 생물 지원 시스템을 어떻게 추가할 수 있는지 알려준다. 사람들은 파괴적인 식량 체계 밖으로 가능한 한 많이 벗어나도록 노력할 필요가 있다. 또 가능하다면 먹거리를 직접 재배하고 유기농 재생농업을 하는 지역 생산자들을 지원해야 한다. 우리는 정원사가 아니라 수호자가 되어야 한다.

이것은 땅을 가진 사람이라면 누구라도 시작할 수 있는 행동, 색다른 일이다. 오늘날 희망은 금싸라기처럼 소중하며, 자연의 회복 속도를 관찰해보면 믿기 힘들 정도로 놀랍다. 몇 달 내에 전 세계에 수천 명의 '아크활동가arkevist'가 생겼고, 모두 온라인 그룹에서 활발하게 활동하는 멤버들이다. 미국의 어떤 아크들은 면적이 15에이커에 이를 정도로 넓은 반면 노르웨이에는 토착 잡초 씨앗이 가득 찬 창가의 화분처럼 작은 아크도 있다. 모두 희

___ 이곳에서 볼 수 있듯이 노랑멧새*Emberiza citrinella*들은 생울타리 위에 앉아 열창하는 것을 좋아한다. 이 새들은 현재 영국에서 멸종 위기 종으로 적색 목록에 올라 있다. 지난 수십 년 동안 개체수가 급격히 줄었는데, 여기에는 곤충 개체군들과 곤충이 좋아하는 숲과 산울타리 서식지의 제거를 불러온 유럽연합의 광범위한 농업 정책이 적잖은 원인이 되었다. 노랑멧새 특유의 노래는 베토벤 교향곡 제5번에 영향을 주었다. 영국과 유럽연합 전역에서 여러 다른 방언을 발달시킨 유럽멧새 암컷들은 같은 방언을 노래하는 새들과 짝짓기하는 것을 선호한다.

망의 소중한 상징이다.

사람들은 자신의 아크에서 의미와 기쁨을 발견하고 있다. 그들의 가족이 확대되어 아크를 찾아와 머무는 고슴도치, 잠자리, 쇠똥구리, 야생 잡초까지 포함하게 되었다. 사람들은 자신이 복구한 이 단순한 아크에 얼마나 많은 갖가지 유형의 생물이 살게 되었는지 관찰하면서 불현듯 이웃의 울타리 너머를 보고는 토착적이지 않은 정원들이 기회를 낭비하고 있다는 것을 알게 된다. 대학, 학교, 공원, 산업단지의 사용되지 않는 녹지 공간이 아크에 딱 알맞은 곳임을 불현듯 깨닫는다. 사람들은 지방 의회와 학교에서 그 공간들을 자연에 맡기자는 캠페인을 벌이기 시작했고, 그렇게 하면 유지 보수

___ 유럽고슴도치*Erinaceus europaeus*는 정원을 누비고 다니는 친숙한 동물로, 생울타리나 관목이나 덤불에 집을 짓는다. 고슴도치를 가리키는 영어 단어 hedgehog에서 hog(돼지)는 특유의 힝힝거리는 소리 때문에 붙여졌다. 유럽고슴도치들은 묘지, 하수관, 폐기된 조차장 등 도시의 서식지에도 집을 짓지만 정원을 선호한다. 주로 딱정벌레, 민달팽이, 애벌레를 먹기 때문에 정원사들에게 매우 소중한 존재이며, 고슴도치 한 마리가 12개의 정원에 '영토'를 가질 수 있다.

의 수고도 훨씬 덜하기 때문에 모두에게 윈윈이 된다.

재야생화 과정을 통해 대규모로 복원된 곳들처럼, 균형 잡힌 야생 경관을 작은 규모의 아크에서 재현할 수는 없다. 최상위 포식자와 대형 초식동물들은 생물망의 균형을 잡는 생태계 엔지니어들이다. 생태계의 모든 단계에서는 끊임없는 파괴와 재생이 일어난다. 지구는 우리와 마찬가지로 끊임없는 죽음과 재생의 상태에 있다. 아크에 더 큰 야생생물들을 도입할 수 없는 건 분명하다. 그런 동물들은 단편화된 서식지에서는 생존할 수 없기 때문이다. 따라서 우리는 늑대, 사슴, 비버가 되어 보통 이 동물들이 맡는 생태계 서비스를 수행해야 한다. 여러분이 세계의 어느 곳에 사는지에 따라 그 지역 생태계의 특성들을 배우면 도움이 된다. 그런 정보가 없다면 자신의 역할을 체계적으로 수행하는 간단한 방법은 작은 아크에 가능한 한 많은 다양성을 구현하는 것이다.

상상할 수 있는 모든 것이 이 마법 같은 행성에 이미 존재한다. 볼 수 있거나 볼 수 없는 이 아름답고 기이하며 멋진 생물들이 우리가 지금 이곳에 있는 이유다. 그 생물들이 번성할 수 있도록, 우리가 살아남을 수 있도록 그들을 돌보고 부양하기 위해 우리는 이곳에 있다.

인간이 나서서 생물망을 엮는 직조공이 되는 법을 배우고 우리가 끊어놓은 실들을 다시 꿰매야 하는 시간이다. 여러분의 땅에 자유를 주어라. 생명과 당신의 마음을 위한 아크를 만들어라.

정말로 포도밭을 짓밟는 사람은 누구인가? 감사장

—

미미 카스틸

식량 체계와 농업체계는 불가분의 관계로 얽혀 있다. 이것들은 사람과 땅을 착취하는 추출 산업이다. 재생농업 방식으로 포도를 재배하는 미미 카스틸은 에세이에서 사회 정의, 노동자의 건강, 고용안전성, 보상, 존엄성에 있어 재생농업이 무엇을 의미하는지 이야기한다. 유색인종과 흑인 농장 일꾼들은 미국 식량 체계의 중추를 이룬다. 그들이 없으면 체계는 붕괴될 것이다. 하지만 그들은 모든 부류의 근로자들 가운데 가장 적은 보수를 받고 복지 혜택이나 보장도 없다. 금전적 시각에서 보면 근로자들은 사람이 아니다. 그들은 재무제표의 투입 항목이며 그 '비용'은 계약 노동을 이용해 최소화된다. 일꾼들이 작업량에 따라 무게나 상자 단위로 임금을 받으면 종종 최저임금보다 적은 돈을 받는다. 값을 헤아릴 수 없을 정도로 귀중한 것(식품)을 만들어내는 사람들에게 가장 적은 보수를 주는 이런 관행은 노예제도에 뿌리를 두고 있으며 오늘날까지도 그 비인간적인 면은 바뀌지 않았다. 기후가 변화하고, 작물 수확이 실패하고, 농지의 온도가 섭씨 32~37도를 넘어서면서 고생은 더 심해진다. 우리의 식량 체계는 점점 궁핍해지는 동료 인간들에게 의존하고 있다. 그러나 오리건주 서부에 있는 미미 카스틸의 농장인 호프웰 포도원HopeWell Vineyard에서는 얘기가 다르다.

_폴 호컨

1년 전쯤, 아직 링구아 프랑카 포도주 양조장Lingua Franca Wines에서 친한 친구들과 함께 일할 때 있었던 일이다. 나는 그곳의 야간 수확 작업이 끝나고 호프웰에 새벽 수확 작업을 하러 가기 전 가장 어두운 밤 시간을 보내고 있었다. 집에 가서 잠깐 눈을 붙일 시간도 없었고 너무 지쳐서 몸을 따뜻하게 할 기운조차 없었다. 나는 집에 가서 가족들을 깨우고 싶지 않아 세븐일레븐 주차장에서 보온병에 담긴 커피를 마시며 차에 앉아 있었다. 야간 수확 작업을 하고 온 사람 몇 명이 그 시간에 구할 수 있는 따뜻한 싸구려 음식을 먹으며 주차장을 서성거렸다. 대체 왜 그 사람들은 집의 침대 속으로 가지 않느냐고?

당연히 다들 또 다른 일, 아마도 본업, 아마도 주간 수확 작업을 하러 갈 것이기 때문이었다. 우리는 모두 춥고 땀에 젖은 데다 지저분하고 피곤했다. 옆에 서 있는 차를 흘깃 보았더니 한 여자가 아기 두 명을 품에 안은 채 자고 있었다. 여자의 머리카락을 보니 아기들의 할머니였다. 나는 그녀가 간식을 다 먹고 차에 앉은 아기 엄마에게 아기들을 넘겨주고 작업복을 입은 뒤 수확꾼들과 함께 다음 일자리로 가는 밴에 타는 모습을 보았다.

보온병에 손을 녹이려 애쓰면서 그들의 모습을 지켜보았다. 나는 계곡 건너편의 농장들에서 일하는 할머니와 그녀의 가족 삼대를 생각했다. 아기들을 카시트에 앉히고 안전벨트를 채우는 아기 엄마가 너무 피곤해 보여서 나는 그 차의 창문을 두드리고 내가 집까지 따라가겠다고 제안했다. 집으로 간 우리는 아기들을 손위 형제들에게 건넸다. 아기 엄마는 그날 남의 집을 청소하러 다닐 때의 복장으로 서둘러 갈아입었다.

새벽이 다가올 무렵 나는 그녀에게 그날 하루 조심하고 부디 빨리 잠자리에 들라고, 그녀의 가족들이 하고 있는 훌륭한 일에 감사하라고 당부한 뒤 호프웰에 있는 동료들을 만나기 위해 그 집을 나왔다. 믿을 수 없을 정도로 감정이 북받쳐서 잠을 쫓는 데는 도움이 되었지만 그때 가슴속에서 불타오르던 감정은 지금도 뭐라 형언할 수가 없다.

호프웰 입구에서는 푹 쉰 내 친구들이 미소와 환호로 맞아주었다. 내가 아주 오랫동안 알아왔던 이 놀라운 사람들, 내 가족과 수십 년 동안 함께 일한 이 동료들은 호프웰에서도 나와 함께 일한다. 이 사람들이 여기 있기에 내가 할 수 있는 일들이 이곳의 임무에 무엇보다 중요하다.

어릴 때부터 나는 같은 사람들이 처음에는 베델 하이츠 포도원에서, 그리고 지금은 이곳에서 포도밭 일을 하는 모습을 보았고 내가 다른 포도원에서 함께 일할 기회가 있었던 뛰어난 계약노동자들 중 누구와도 다른 방식으로 일한다는 것을 알았다.

내가 일하는 방식은 가볍게 표현하자면 색다르다. 나는 이 사람들에게 나와 함께 이곳을 여행하자고 부탁한다. 그렇게 함께 걷기 위해 이 사람들에게 나가서 특정한 일을 하라고 말하지 않는다. 이들이 이곳의 모든 것이 그토록 달라 보이는 이유를 이해하길 바란다. 이들이 우리 일이 항상 이 땅과의 관계 회복이라는 목표를 추구한다는 것을 이해하기 바란다. 어떻게 모든 것이 잘 맞아떨어지는지 알기 바란다.

이곳의 포도나무들에는 진정한 가벼움이 있다. 우리는 마음속에 큰 즐거움을 안고 진지한 일을 한다. 그날 아침, 문을 지나 동료들의 품으로 들어가면서 나는 이 세상이 제계화될 수 있는 모든 일을 아웃소싱하고 다른 사람의 일에 책임과 의무를 부여하며 종신 근로 모형에서 벗어날 때에도 내 가족이 지키기 위해 싸워온 체계에 그 어느 때보다 감사함을 느꼈다. 베델 하이츠는 템퍼런스 힐과 12년 넘게 협력관계를 맺고 전일제 근무, 복지 혜택, 적절한 근무 환경을 제공한다.

내가 이 이야기를 써내는 이유는 호프웰에서 나를 기다리던 사람들과 똑

같은 재능 및 기술을 갖춘 사람들이 세븐일레븐 주차장에 가득했기 때문이다. 그 사람들은 모두 불안정한 경제, 그들의 노동을 기반으로 구축되었지만 일의 가장 중요한 구성 요소인 인간에 대해 책임을 지지 않는 경제에 속해 있다.

우리는 이 나라에서 가장 중요한 일을 하찮게 취급한다. 노동을 학식이나 재능 있는 사람들이 하면 바보로 취급할 고된 일, 아무 생각이나 기술 없이 할 수 있는 일로 그려왔다. 인부 도급업자나 그들을 이용하는 업체들이 이런 유행을 시작했다고 비난하는 건 아니다. 이 상황의 중심에는 우리가 그 일에 얼마나 신세를 지고 있는지, 그런 통합적인 힘이 비방당하고 소외되고 핍박받음에 따라 사회가 어떻게 실패하고 있는지 이해하는 노동 환경의 체계적인 종말이 있다.

—— 340, 346, 349쪽의 사진들은 윌리스 글로벌 펀드의 지원금 수혜 단체들이 이룬 직접적 혹은 관련 성과들을 나타낸다.

나라를 위해 식량과 섬유를 재배하며 땅에서 일하는 것은 가장 고귀한 소명이다. 칭송받는 긴급구조요원, 군인, 의사, 법률가들에게 식량을 제공하는 데 몸과 마음을 쏟는 일, 그들 모두를 먹이고 입히는 사람들도 정당한 존경을 받아야 하지 않을까? 우리가 하는 일, 공간을 돌아다니는 사람들 간의 시너지, 꾸밈없는 건강한 환경이 자유로운 정신의 사람에게 영감을 주어 손으로 하는 일, 도구, 노력에 관해 생각해보게 하는 방식, 이런 것들과 동일한 전망을 제시하는 칸막이 사무실이나 책상은 분명 없다.

이른 아침 주차장에 있던 사람들, 내 포도원의 문 뒤에 서 있던 사람들, 내가 무너졌을 때 기운을 차리게 해주고 갖가지 상실에 나 못지않게 심정적으로 함께 힘들어해준 사람들, 우리가 당신이다. 우리는 당신의 아이들의 미래를 구축하고 있다. 우리가 '미숙하다'고 분류한 사람들, 그들의 작업 방향이 우리 세계의 운명을 바꿀 수 있다. 일어나서 여러분의 식탁에 풍요로움을 안겨준 그 사람들에게 이 계절의 가장 큰 감사를 보내는 게 어떨까?

그들이 우리다. 우리의 땅은 그들의 애정에 의지한다. 우리의 미래가 그들의 미래다.

내 사람들에게: 호세 루이스, 빅토르, 차포, 티토, 호아킨, 블랑카, 카탈리나, 아순시온, 헤수스, 니콜라사, 프란시스코, 마리아, 이사벨, 센테, 해마다, 매일매일 모든 것에 대해 당신들께 감사드립니다. 그리고 농장, 목장, 학교, 병원에서 일하는 모든 가족에게도 감사를 전합니다.

자선단체들은 기후 비상사태를 선언해야 한다

—

엘런 도시

___ 61세의 줄리에스 모렐이 탄자니아 아루샤 근방에 있는 집에서 깨끗한 조리용 가열 기구로 요리 준비를 하고 있다. 모렐은 여성들의 창업을 도움으로써 에너지 빈곤을 근절하려 노력하는 비영리기업인 솔라 시스터의 창업자다. 솔라 시스터는 여성들이 운영하는 직판 네트워크로, 태양열 조명, 휴대전화 충전기, 깨끗한 조리용 가열 기구 등의 청정에너지 기술을 아프리카 농촌 전역의 공동체들에 전파한다.

엘런 도시는 헨리 A. 월리스와 그의 아들 로버트 B. 월리스가 1996년에 설립한 월리스 글로벌 펀드의 상임이사다. 2008년에 『타임』 지는 프랭클린 루스벨트 정부의 농무부 장관을 지낸 헨리 월리스를 20세기의 가장 뛰어난 각료 10명 중 한 사람으로 선정했다. 농무부 장관을 지내면서 월리스는 지금까지 이어지고 있는 식권 지급과 학교 급식 프로그램을 만들었다. 인권과 '보통 사람'에 관심이 높았던 3세대 농학자인 월리스는 건조지대에서 목격한 농민들의 곤경으로부터 영향을 받았던 것이 분명하다. 월리스의 관심사는 농촌 인구의 운명에 그치지 않았다. 그는 큰 위험을 무릅쓰고 남부에서 고질적인 인종차별에 관한 강연을 했고, 1947년에는 "진보적 민주 국가로서 우리의 가장 큰 약점은 인종 분리, 인종차별, 인종적 편견, 인종적 두려움이다"라고 썼다. 그러한 인식과 목적의식이 인권과 민주주의에 대한 위협, 기후 문제, 기업 권력 문제, 행동 구축에 중점을 두는 월리스 글로벌 펀드에 의해 오늘날까지 이어지고 있다. 도시, 연금기금, 대학, 신앙 집단, 재단들에게 포트폴리오에서 화석연료와 관련된 보유 주식을 모두 매각하고 기후 해결책에 투자하라고 요청하는 회수-투자Divest-Invest 운동을 가속화한 것이 2011년 월리스 글로벌 펀드의 한 회의에서였다. 브라운대학, 하버드대학을 포함한 많은 기관이 포트폴리오 이론과 성장 및 소득의 필요성을 언급하며 이 요청을 거부했다. 투자 회수는 단지 도덕적으로 책임감 있는 일일 뿐 아니라 재정적으로도 단연코 가장 책임 있는 일임이 드러났다. 2020년에 엑손의 주가가 50퍼센트 떨어졌다. 만약 2011년에 한 연금기금이 엑손 주식을 팔고 세계 최대의 풍력발전용 터빈 회사인 베스타스에 투자했다면 그들의 기금은 20배 넘게 불어났을 것이다. 2020년 미국에서 몇 달 동안 가상 가치가 높았던 에너지 기업은 넥스트에라 에너지였다. 이 풍력 터빈 업체는 셰브론이나 엑손보다 가치가 높은 것으로 평가되었다. 엘런 도시는 미래를 위해 포트폴리오 규모와 관계없이 자산의 근본적인 처분을 요구한다. 환경과 기후라는 대의에 주어지는 자선 금액은 전체의 2퍼센트도 되지 않는다. 역사의 이 시점에서 돈을 아낄 필요는 없다. 지구, 지구에 사는 사람들과 모든 생물을 되살려야 하며, 이는 공정성, 사회 정의, 보통 사람에 대한 존중에 의지한다. 자선가들은 귀를 기울이고 있다. 애플의 공동 창업자인 고 스티브 잡스의 미망인 로런 잡스는 살아 있는 동안 혹은 죽은 직후에 280억 달러의 자산을 기부하기로 약속해 기후 문제와 관련해 세계 최대의 자금 제공자가 되었다.

_폴 호컨

기후위기의 규모와 속도는 자선단체들에게 과학적 사실에 맞춰 긴급하게 행동할 것을 요구한다. 탄소 배출 경로와 배출량을 끌어올리는 근본적 관행들을 바꾸는 데 우리에게 주어진 시간은 10년이다. 이를 효과적으로 수행하기 위해서는 근본적인 변화가 필요하다. 우리는 문제의 규모를 이해하고 아직 늦지 않게 무언가를 할 수 있을지도 모르는 자선활동의 마지막 세대다.

자선단체들은 기후 비상사태를 선언해야 한다. 우리가 얼마나 많은 돈을 쓰고 무엇에 자금을 지원하는지가 중요하다. 기부자들은 더 전통적인 연구, 정책, 기술과 함께 체계적 변화를 위해 일하는 기후 문제 관련 지지 활동과 운동을 포함하여 기후 문제를 우리가 하는 모든 일의 중심에 두어야 한다. 주어진 시간을 감안하면 재단들은 또한 배분할 액수를 상당히 늘릴 것인지, 아니면 10년 동안 모든 돈을 나누어줄지 검토해야 한다. 물론 그 돈을 어떻게 투자하는지도 중요하다. 우리가 이런 조치를 취하지 않는다면 필요한 해결책들을 적시에 성취하지 못할 것이다.

오늘날 대다수의 재단은 기후에 초점을 맞추지 않고, 긴급한 상황에 제대로 대처하지 않고 있으며, 통일된 대응책을 마련하기 위해 힘을 모으지도 않는다. 형세를 역전시킬 시간이 10년 남은 때에 평소처럼 일하는 것은 대응책이 될 수 없다. 우리의 재정 자원들이 정부, 기업, 금융기관들을 움직여 적시에 행동하게 하는 데 필요한 지지 활동에 힘을 실어줄 수 있다. 우리는 공동체들이 회복력을 얻고 변화하는 경제에 적응하며 에너지 전환의 설계에 참여하고 부유한 소수뿐 아니라 모두에게 이익이 되는 새로운 에너지 경제에서 경제적 기회를 창출하도록 자금을 지원할 수 있다. 또 중요한 연구와 새로운 기술 해결책에 보조금과 투자로 자금을 지원하는 한편 정의와 지속 가능성을 의사결정의 전면에 두고 애초에 이 위기를 몰고 온 추출 경제를 근본적으로 대체하는 새로운 경제 모델의 개발을 도울 수 있다.

지구가 생물이 살기에 알맞은 온난화의 한계를 유지하려면 자선단체들은 우리가 직면하고 있는 상황, 그러니까 정부를 부패시키고 공무원들을 끌어들여 아무 행동도 하지 않게 만들면서 자신들의 이익과 권력을 유지하기 위해 수십 년간 싸워온 경제적 기득권층에 대한 명확한 분석에 따라 움직여야 한다. 지속적인 변화를 원한다면 권력에 맞서는 권력의 전략을 짜야 한다. 행동하길 거부하는 산업과 금융 주체들을 규제하도록 정부를 압박하는 강력한 운동에 충분한 자원을 지원하는 한편 모두를 포용하는 새로운 에너지 경제를 이룩하지 않으면 성공할 수 없다.

그렇게 하기 위해서는 기후변화와 싸우는 데 쓰는 돈을 대폭 늘려야 한다. 지구와 미래 세대들에게 성공 기회를 주는 체계적 변화를 위한 대담하고 용감한 아이디어들에 투자해야 한다. 획기적인 변화를 이루려면 안일한 수준을 넘어서도록 많은 재단을 압박하고 최전선의 지도자와 공동체들에게 자금을 제공하는 지지 활동이 필요하다. 또한 운동들이 무대책에 맞설 규모를 확보하도록 충분한 자원을 제공해야 한다. 그러려면 단순히 전통적인 비영리단체들에 자금을 지원하는 것과는 다른 접근 방식이 요구된다.

기후 비상사태에서는 보유한 기부 기금의 사용에 대해, 그러니까 얼마를 공익 목적으로 지출하는지와 돈이 어떻게 투자되는지에 대해 이의를 제기해야 한다. 자선단체들은 법이 요구하는 대로 연간 매출액의 5퍼센트 남짓을 배분하는 것을 더 이상 정당화할 수 없다. 기금이 증가하고 있을 때는 이런 정당화가 특히 더 불가능하다. 또 화석연료 관련 기업들에 기금이 투자되는 것도 정당화할 수 없다. 애초에 이 위기를 불러온 기업들에게 기금 자산의 대부분을 투자하면서 기후 문제와 싸우는 지원금 수혜 단체들에게 적은 비율을 지원할 수는 없는 일이다. 이런 입장은 더 이상 받아들일 수 없고 미래 세대들도 용서할 수 없는 일로 여길 것이다.

다음은 기후 비상사태를 선언할 때 포함해야 하는 사항들이다.

기후를 임무의 중심에 두어라. 기후온난화는 모든 것에 영향을 미친다. 기후온난화는 사회복지 사업이건, 인권과 민권이건, 예술이건, 사회적·경제적 정의건 중점 분야가 어디인지와 상관없이 재단들이 돕는 사람들의 단기적, 장기적 안녕을 결정한다. 기후를 우선순위로 삼으면 우리가 임무를 정의하고 변화를 추진하며 전략을 구축하고 어떤 수혜 단체들이 긴급한 의제를 가장 잘 진전시킬 수 있는지 확인하는 데 영향을 미칠 것이다. 재단의 대단히 중요한 전략적 우선순위들에 비해 미미한 소규모 환경 보조금 프로그램을 만드는 것으로는 충분하지 않는다. 인류의 장기적 생존을 보장하기 위해서는 기후를 당면한 공통적인 우선순위로 삼아야 한다.

더 많이 써라, 빨리 써라, 전부 써라. 정부들은 필요한 규모로 도전에 부응하는 데 실패하고 있다. 결국 자선단체들이 비상사태와 싸울 대응책에 자금을 지원하는 데 중요한 역할을 해야 한다. 모든 수준에서 기후 문제를 해결하고 우리를 구할 획기적이며 체계적인 변화를 만들기 위해 더 많은 돈과 전문가가 필요하다. 기후변화와 싸우는 문제를 진지하게 생각한다면 더 많은 돈을 즉각 써야 한다. 최근의 한 자선 모임에서 미 노동부 장관을 지낸 캘리포니아대학 버클리캠퍼스의 로버트 라이시 교수는 가장 큰 희망인 운동이 힘을 기르고 성공할 수 있도록 더 많은 자금을 쓰라고 촉구하며 지원을 호소했다.

엄청난 실존적 위협에 처한 상황에서 기금은 계속 늘리면서 지출은 법이 허용한 최저 비율로 하는 것은 비윤리적이다. 각 재단은 레거시 자산을 평가하여 어떤 수준으로 지출해야 하는지 판단해야겠지만, 모든 재단이 지금

___카야포족의 지도자 카시크 라오니 메투크리티가 브라질 마투그로수주의 상 조제 도 싱구 근방의 피아라쿠 마을에서 다양한 부족의 의식용 춤을 보고 있다. 수십 명의 아마존 선주민 지도자가 브라질 자이르 보오소나루 대통령의 환경 정책들에 맞서 동맹을 결성했다. 카야포족은 소유가 인정된 그들의 영토 내에 있는 훼손되지 않은 아마존 삼림 900만 헥타르가 보호될 수 있게 하여 지금까지 세계에서 가장 효과적인 '보존 조직들' 중 하나가 되었다.

보다 더 많이 지출해야 한다. 재단들은 이사회 수준에서 문제를 제기해야 한다. 다음 10년 동안 기금의 절반을 지출하거나 전 세계적인 재앙을 막기 위해 남은 10년 동안 기금을 완전히 소진하는 것을 검토하라.

체계적 변화를 추진하라. 기후변화는 우연이 아니다. 공익보다 수익과 권력을 중시한 경제적 관행들과 정치적 선택의 결과다. 기후변화와 고질적 불평등은 돈이 정부보다 힘이 훨씬 센 현재 세계 질서에 따라 움직인다. 한 추출 경제를 또 다른 추출 경제로 바꾸어선 안 된다. 기업과 금융 시스템의 의무를 기후위기와 연결시켜야 한다. 진정한 근본적 변화 역시 인종적, 경제적, 성별, 환경적 정의를 기후 행동에 대한 우리의 사고와 계획, 자금 지원에 우선순위로 둘 것을 요구한다.

큰손 기부자들이 아니라 국민을 위해 일하는 정부를 만들어야 하며 경제의 모든 부분이 변화해야 한다. 농업, 운송, 급수 시설, 화학물질의 조달이 모두 개선되어야 한다. 인프라를 재구축하고, 새로운 에너지 시스템 확대를 위해 정부 투자가 요구된다. 이런 과제들 각각이 공동체에 대한 투자 기회이며 양질의 일자리를 창출할 뿐 아니라 과거의 추출 산업들에 의지하던 근로자와 공동체의 적절한 이행을 이끈다.

시스템 수준의 혁신적 대응책이 필요하다. 정의를 화두로 불평등에 이의를 제기하며 공동체들의 주도적 힘에 투자하는 일에 나서야 한다. 우리는 예전에도 이렇게 한 적이 있다. 산업적 농업을 대체하기 위한 혁신적인 농업 생태학 모델과 더불어 오늘날의 그린뉴딜은 과거의 뉴딜과 위대한 사회Great Society 이념을 통해 재난에 맞서고자 했던 일의 연장선상이다. 이렇게 모든 체계를 아우르는 대담한 프로그램은 사회에 진정으로 유익한 혁신을 일으켜 엄청난 경제적·정치적 위기들과 싸운다.

운동들과 협력하라. 역사는 우리에게 진정한 변화는 대규모의 대중 참여 없이는 절대 일어나지 않는다는 것을 가르쳤다. 오늘날 전 세계의 기후 운동은 젊은이들이 주도하고 있다. 선주민 사회, 여성, 유색인종 공동체, 성소수자들이 함께 일어서고 있다. 그들은 고착된 이해관계를 흔드는 네 필요한 냉철한 분석과 실행 가능한 제안들을 내놓는다. 자선단체들은 그들을 허투루 대해서는 안 되며 그들의 항의를 단지 젊은 에너지나 순진한 행동으로 무시해서는 안 된다. 이런 운동들과 협력하여 그들을 지원하는 비영리단체들로부터 최고의 기량이 나오도록 도와야 한다. 재단의 이사회에서 컨설

턴트들이 설계한 현재의 해결책들로는 기후위기를 해결하지 못할 것이다.

많은 재단과 기부자가 운동을 직접 지지하거나 자금을 지원하는 일을 피하지만, 강력한 이해관계가 우리에게 필요한 규모의 정부활동을 방해할 때는 지지 행위가 대단히 중요하다. 과학 연구나 정책 추천에만 자금을 지원하면 현재의 에너지 시스템으로 이익을 보는 권력 그룹과 싸우기에 충분하지 않으며 결과적으로 정부에 소수의 이익이 아니라 공익을 향상시키라고 요구하기 힘들다. 일반 대중과 유리되는 게 아니라 보조를 맞춰 우리의 집합적 지식을 이용해 힘을 쌓도록 도와야 한다.

자선단체는 스탠딩 록Standing Rock 시위, 파이어 드릴 프라이데이Fire Drill Fridsyas, 선라이즈 운동Sunrise Movement 등 부당함에 항의하는 용감한 사회운동들을 지원할 수 있다. 그들이 리더십 기술을 발전시키도록 도울 수 있고 그들의 전략으로부터 배울 수도 있다. 또 그들의 조직화 노력을 지원하고, 경제적 이해관계가 정부의 행동을 방해할 때는 전통적인 비영리 기관에서 인재들을 데려와 도울 수 있다. 우리의 기후 전략에 그들의 우선순위들을 추진하도록 돕는 일이 포함되어야 한다. 자선단체들은 이런 정치적 운동들에 자금을 지원하는 한편 초당파적인 입장을 유지할 적절한 방법들을 찾을 수 있다.

기금의 모든 부분을 선을 위해 사용하라. 2021년에는 보조금과 투자 사이에 어떤 벽도 있을 수 없다. 기후 비상사태를 선언한다는 것은 모든 도구를 이용한다는 뜻이다. 세계가 재생에너지 100퍼센트 전환을 적시에 달성하려면 모든 기관 투자가가 자산의 최소 5퍼센트를 재생에너지, 효율성, 친환경 기술, 에너지 전환에 투입해야 한다. 또한 그들은 주주로서 모든 산업이 탄소 사용을 억제하도록 압력을 가하는 데 발언권을 행사해야 한다.

자선가들이 녹색 세상과 공정한 세상을 앞당기는 프로젝트에 투자함으

___ 코끼리는 1974년에 남아프리카공화국에 설립되고 밴스 마틴이 이끄는 WILD 재단을 상징한다. 이 재단은 전 세계의 야생 자연을 보호하는 최초의 조직들 중 하나가 되었다. 이들은 여섯 개 대륙에서 황무지 보존 회의를 열고 황무지 안내와 황무지 관련 국제법 및 정책에 관한 책을 썼다.

로써 이룰 수 있는 것을 상상해보라. 한 재단이 토착 선주민 공동체가 소유한 그리드 규모의 풍력발전소에 투자하여 그들에게 상당한 경제적 이익을 남겨주고 당신에게도 적정한 수익을 안겨주었다고 상상해보라. 여성들이 이끄는 작은 사업에 투자해 상당한 소득을 창출하는 한편 처음으로 공동체에 청정에너지를 제공했다고 상상해보라. 기회는 무한하고 재정적으로도 실행 가능하다.

재단들은 또한 화석연료 관련 투자를 철회해야 한다. 화석연료들에 두입된 모든 자산은 기후위기를 부추긴다. 화석연료와 거기에 자금을 조달하는 사람들에게 투자하면 우리가 자금을 지원하는 수혜 단체들이 하는 일을 궁극적으로 약화시킨다. 14조 달러 이상의 관리 자산을 보유한 1200개가 넘는 글로벌 투자사와 함께 전 세계 200개 재단이 투자를 철회했다. 화석연료가 60년 넘게 형편없는 수익을 낳았기 때문에 투자 철회는 경제적으로도 매우 현명한 선택이었다. 5년 전부터 투자 철회를 시작한 재단들은 그렇지 않은 재단들보다 더 나은 수익률을 기록했다.

이런 규모의 세계적이고 구조적인 위기에서 자선단체들의 유일한 합리적 대응은 기후 비상사태를 선언하고 근본적으로 다른 방식으로 행동하는 것이다. 단체들은 이사회 외에는 누구도 책임지지 않는다. 반면 금전적 활동에서 엄청난 특권이 있다. 또 오늘날의 혼란을 일으킨 바로 그 체계 및 경제 주체들과 깊은 관계도 맺고 있다. 우리가 자금 수혜 단체들이나 정부, 심지어 기업체에 요구하는 방식의 행동을 우리 스스로는 거의 하지 않는다. 이제 우리가 도전할 시간이다.

현재 우리 모두는 기후 문제 해결을 위한 자금 제공자다. 하지만 서둘러 행동한다면 영원히 그럴 필요는 없을지도 모른다.

6. 도시

City

중국 베이징의 자오양 파크 플라자의 트윈 타워 사이로 보이는 풍경. 자오양 공원은 1984년에 착공되었고 현재 베이징에서 가장 큰 공원이다. 이 공원은 주로 녹지로 구성되었으며 수면이 170에이커 이상을 덮고 있다.

도시는 문화, 과학, 예술, 요리, 음악, 학문, 극장, 다양성, 혁신으로 짜인 태피스트리다. 또 도시는 세계의 자원을 맹렬한 속도로 고갈시키고 있다. 도시가 필요로 하는 것, 원하는 것, 요구하는 것들은 도시 거주민들이 거의 보지 못하는 모든 대륙과 해양의 모든 형태의 생물들을 궁극적으로 퇴화시킨다. 이번 세기에 문명이 어떻게 될지는 도시와 교외의 환경에서 일어나는 일들에 의해 결정될 것이다.

도시에서는 종이, 플라스틱, 의류, 전자제품, 자동차 폐기물과 음식 쓰레기가 끝없이 나온다. 하와이와 캘리포니아 사이에 있는 태평양 거대 쓰레기섬Great Pacific Garbage Patch에는 지구 인구 한 명당 250개에 해당되는 플라스틱 조각이 쌓여 있다. 지구 온실가스 배출량의 70퍼센트가 전기, 제조, 건물의 냉난방, 운송, 쓰레기 등 도시의 소비활동에서 나온다. 기후변동에 관한 정부 간 협의체가 설정하고 이 책에서 지지한 목표들을 달성하기 위해서는 2030년까지 온실가스 배출량을 절반으로 줄여야 한다. 따라서 도시와 도시에 거주하는 43억 명의 사람이 문제와 해결책의 중심에 놓인다.

도시는 대기오염 농도가 높아서 수백만 명의 때 아닌 죽음을 초래한다. 화석연료의 연소로 배출되는 온실가스에는 독성물질—일산화탄소, 아산화질소, 미립자, 벤젠, 톨루엔, 에틸벤젠, 크실렌, 다환식 방향족 화합물—이 함유되어 있다. 세계 인구의 92퍼센트가 공기의 질이 세계보건기구의 기준을 충족시키지 못하는 지역에서 산다. 이런 상황은 아이들의 장단기적 건강에 돌이킬 수 없는 피해를 입히며 노인들의 조기 사망으로 이어질 수 있다.

다행히 도시를 운영하는 시장들이 대기오염, 소음, 폐기물, 이동성, 녹색 주거, 기후 관련 문제에 앞장서고 있다. 그들에겐 지역사회, 소도시, 도시의 주민들을 통합시키는 것이 분열시키는 것보다 더 중요하기 때문이다. 세계가 번창하려면 도시가 재생 관행들, 기법, 결과를 이끄는 주도자가 되어야 할 것이다.

문제는 재생에너지가 운송, 전기, 냉난방에 사용되는 화석연료를 얼마나 빨리 대체할 수 있는가다. 도시의 공기가 숲의 공기만큼 깨끗해질 수 있을까? 아이들의 건강이 얼마나 빨리 정상적이 되고 천식이 사라질 수 있을까? 자연과 인간의 관계를 되살림으로써 품위 있는 생활이 가능한 임금을 주는 일자리는 얼마나 창출될 수 있을까? 재생된 농토가 얼마나 비옥하고 생산적이 될 수 있을까? 초원, 습지, 농지에 얼마나 많은 물을 돌려보내고 저장할 수 있을까? 지구가 재생된다면, 언젠가 온실가스가 줄어들고 대기에서 포집·저장된다면 그것은 도시와 시민들의 관행, 정책, 리더십 때문일 것이다.

재생력 있는 도시는 어떤 모습일까? 건물과 차량이 전기로 가동되고, 에너지원은 재생 가능하다. 이동 수단이 조용하고 가격이 적절하며 공해가 없고 대체로 무료다. 오염된 공기는 먼 추억이다. 전기로 움직이는 버스, 자동차, 트럭만 허용되기 때문에 낮이고 밤이고 조용하다. 도시의 경계 안과 그 부근에서 천연가스, 디젤, 석유, 가솔린의 연소가 금지된다. 재생에너지 체계와 함께 이제 재생 식량 체계가 존재한다. 걸어서 갈 수 있는 거리에서 적절한 가격에 신선한 로컬 푸드를 구할 수 있다. 도시 내부와 주변에서 다양한 도시 농업 공동체들이 식량을 재배하고 공급한다.

탁 트인 공간들을 만들기 위해 주택이 밀집될 것이고 도시는 숲과 더 비슷해 보이기 시작할 것이다. 포도덩굴이 건물들을 타고 오르며 나무와 관목들이 공공통행로로 침투할 것이다. 옥상에는 농장과 정원이 조성되고, 사용되지 않는 산업 공간들은 수직 농장이 될 것이다. 조경이 된 거리의 녹지대와 중앙분리대들은 새들과 꽃가루 매개자들의 안식처가 될 것이다. 현실적으로 가능한 곳에서는 지역에서 생산된 제품들, 특히 식품과 의류가 원거리 제조를 대체할 것이다. 도시가 차들이 아니라 사람을 위해 설계되었기 때문에 도로와 주차장이 집, 공원, 정원, 휴양지로 바뀐다. 독특한 동네들, 안전, 평화로움, 신록의 초목들 덕분에 도시는 산책을 부르는 곳이 된다.

포장되었던 개울들이 복구되고 오랫동안 사라졌던 많은 종이 공원과 시내, 숲으로 돌아온다. 도시는 인간과 동물들이 돌아다니고 하천이 가로지르도록 설계된다. 사람들은 쓰레기가 있는 도시를 상상할 수 없다. 모든 지방자치제에는 음식물 퇴비와 산업 퇴비 시설이 갖추어져 있다. 더 파괴적인 기후 현상에 대처하기 위해 공동체의 기반시설이 더 회복력 있고 다양화되며 분산된다.

이런 이야기가 환상처럼 들린다면, 도시가 문명의 산실이었다는 점을 명심하라. 새로운 문명에 필요한 선구자가 될 수 있는 전 세계 도시들에서 이런 구상들이 창안되며 시행되고 있다.

탄소중립 도시Net Zero Cities

___ 캐나다 밴쿠버는 2030년까지 탄소 배출량을 50퍼센트 줄이기로 약속했다. 건물에서의 천연가스 사용, 차량에 가스와 디젤 사용, 걷기 좋은 환경, 사회적 불평등이 남긴 역사적인 차별적 유산들 극복에 주로 초점을 맞추게 될 것이다. 2030년까지 90퍼센트의 시민이 걷거나 자전거, 스쿠터를 타고 갈 수 있는 거리에서 일용품을 구할 것이다. 모든 여행의 3분의 2가 대중교통 수단이나 무동력 능동 이동 수단에 의해 이루어질 것이고, 전체 주행 거리의 절반이 공해물질을 배출하지 않는 차량으로 이루어질 것이다. 기존 건물들의 탄소 오염 제한이 화석연료에서 재생에너지로의 전환을 시작할 것이다. 대체된 모든 난방 설비와 급수시설이 탄소를 배출하지 않을 것이다.(지열 열펌프) 새 건물 건축의 내재 탄소가 40퍼센트 감소할 것이다.

2500년도 더 전에 그리스 문명은 에너지 위기를 맞았다. 도시국가와 그 식민지들의 성장으로 주택과 공공건물의 난방에 갈수록 더 많은 양의 연료가 필요했다. 당시 주된 연료원은 목재였기에 숲이 파괴되고 있었다. 이에 대한 대응으로 그리스인들은 고갈되지 않는 온기의 공급원인 태양에 의지했다. 지금의 터키 해안에 있던 프리에네와 그 외의 도시들을 발굴하자 모든 건물을 남향으로 지어 자연형 태양에너지를 활용할 수 있도록 하는 복잡한 바둑판무늬 거리들을 구현한 것이 드러났다. 소크라테스도 "겨울에는 베란다 아래로 햇빛이 들어오지만 여름에는 지붕에 쾌적한 그늘이 생길 것이다. 우리는 남쪽 부분을 좀더 높게 지어 겨울 햇살을 받고 북쪽 부분은 낮게 지어 겨울의 바람을 막아야 한다"고 썼다.

고대 중국인과 로마인들 역시 도시 계획에 태양열을 이용하는 설계를 포함시켰지만, 중세 시대 들어 상황이 바뀌었다. 삼림보호법의 시행, 새로운 농업 관행들, 연료원으로서 석탄의 개발로 목재 부족 문제가 완화되었다. 도시들은 빽빽하게 들어찬 도심부를 위해 태양열을 이용하는 설계를 버렸다. 제2차 세계대전이 발발한 무렵 선진국들의 도시는 전력 생산, 난방, 운송에 거의 전적으로 화석연료—석탄, 석유, 천연가스—를 사용하고 있었다. 곧 여기에 냉방도 추가되었다. 전후에 주택 건설이 붐을 이루면서 냉난방 장치의 사용은 급속히 확대되었다. 건축적으로는 인기 있지만 열효율은 떨어지는 '유리상자' 사무실 건물들은 시원한 온도를 유지하기 위해 엄청난 양의 냉방을 필요로 했다. 그것은 시대의 상징이었다. 건축가들은 더 이상 남향이 어디인지 신경 쓰지 않았다.

1973년 석유 공급에 연이어 차질이 빚어지면서 화석연료에 대한 도시의 의존성이 드러났다. 태양열, 풍력, 바이오매스, 지열, 수력발전 등의 재생에너지를 개발하려는 전 세계적인 노력이 시작되었다. 1990년에는 화석연료가 아닌 에너지원이 전 세계 전력 생산의 3분의 1 이상을 차지했고 재생에너지가 19퍼센트, 원자력이 17퍼센트를 공급했다. 화석연료들은 나머지 3분의 2를 차지했다. 그러나 30년 뒤 재생에너지와 화석연료의 비율은 3분의 1과 3분의 2 수준 그대로다. 유일한 실질적 변화는 원자력의 비율이 10퍼센트로 떨어졌다는 점뿐이다.

레이캬비크, 샌프란시스코, 제주도, 바르셀로나, 함부르크, 시드니, 뮌헨, 밴쿠버, 샌디에이고, 바젤을 생각해보자. 이 도시들은 모두 재생에너지 100퍼센트로 운영하겠다는 목표를 설정했거나 이미 이를 달성했다. 전 세계 100개 이상의 도시들이 이미 전력의 70퍼센트 이상을 재생에너지에서 얻고 있는데, 이는 2015년의 2배에 이르는 수준이다. 이 중 많은 도시가 수력발전으로 다량의 전력을 생산하는 남아메리카에 있다. 미국에서는 거의 1억 명이 사는 150개 이상의 도시가 전기, 냉난방, 운송 부문에서 필요한 전력의 100퍼센트를 재생에너지로 조달한다는 목표를 달성하겠다고 공약했다. 로스앤젤레스는 약 1000개의 유효 유정들을 포함해 도시 경계 내의 모든 석유 및 가스 생산을 중단시키고, 모든 천연가스 공장을 닫고, 모든 신축 건물이 온실가스 배출 제로 인증을 받을 것을 요구하고, 가스와 디젤 엔진을 단계적으로 없애고, 모든 건설 장비가 전기로 가동되도록 요구하고, 2만5000개의 신규 충전소를 포함해 전기차를 위한 공공 인프라를 설치할 계획이다.

코펜하겐은 거의 목표에 도달했다. 자동차보다 자전거가 60배 더 많은, 자전거 친화적인 이 덴마크의 수도는 2010년 15년 내에 세계 최초의 탄소중립 도시가 되겠다는 목표를 세웠다. 7년 뒤 코펜하겐은 온실가스 생성을 2000년 수준의 거의 절반으로 줄였다. 이 도시 건물들의 난방은 거의 전적으로 목재펠릿과 유기물을 소각하는 발전소들에서 생성되는 폐열을 이용한다. 코펜하겐은 육상 풍력 에너지와 해상 풍력 에너지 모두에 의지한다. 덴마크는 2050년까지 재생에너지 100퍼센트라는 공식 목표를 세웠고 현재 목표의 절반까지 왔다. 주된 전략은 에너지를 덜 사용해 풍력과 태양력으로만 필요 전력을 충족할 수 있게 한다는 것이다. 덴마크는 1970년대까지 거슬러 올라가는 풍력발전의 개척자이며, 지금도 터빈 혁신과 제조의 전 세계적 리더다.

전기 사용량이 가장 많은 시기에도 재생에너지가 밤낮 내내 수요를 충족시킬 믿을 만한 전력을 제공할 수 있을까? '그렇다'고 지체 없이 대답할 수 있다. 그러려면 전체적인 전력 수요의 감소, 배터리 저장 용량 증가, 배전망 업그레이드, 발전소들 간의 조정, 지열처럼 계속적으로 작동하는 기초 전력원의 확장을 포함한 다양한 재생에너지원의 채택이 결합되어야 할 것이다. 미국의 모든 가정과 건물의 절반 이상이 보일러, 가스레인지, 온수 가열기에 천연가스나 그 외의 화석 연료를 사용하여 미국의 온실가스 총 배출량의 10분의 1을 생성한다. 많은 시 의회가 신축 건물들이 전기만 사용하도록 요구하는 법령을 통과시켰다.(때때로 '가스 사용 금지령'이라고도 불린다.) 건물들의 전통적인 선택안은 옥상의 태양열 집열판이다.

이런 여러 새로운 국면은 저소득 주민과 사회적 혜택을 받지 못한 공동체들이 따라가기 힘들기 때문에 탄소중립 달성을 위해 더 공평한 경로를 만들어내는 정책들이 요구된다. 다행히 태양열, 풍력, 그 외의 재생에너지원들의 비용이 급격히 하락하여 소비자들의 공공요금을 인상해야 하는 압박은 완화되었다.

전기화electrification는 도시와 시민들에게 중요한 부수적 혜택들을 안겨준다. 먼저 공기오염의 가장 큰 원인들을 제거해 많은 사람, 특히 아이들, 노인, 유색인종 공동체의 건강과 안전을 향상시킨다. 2018년에 거의 900만 명이 화석연료로 인한 공기오염에 노출되어 목숨을 잃음으로써 그해 전 세계 모든 사망자 가운데 5명 중 1명의 사인이 되었다. 전기화는 소음 공해도 감소시킨다. 교통 소음은 불안, 불면증, 고혈압, 청각 손상으로 이어질 수 있는 만성적인 스트레스의 원인이다. 전기차와 전기 오토바이들은 엔진이 거의 조용하기 때문에 머플러가 필요하지 않다. 전기화된 도시는 기온이 상승하고 있는 세상에서 에너지에 대한 전체적인 수요를 감소시킴으로써 궁핍이 아니라 번영을 촉진한다.

미국 냉난방공조 공학회ASHRAE의 애틀랜타 본사는 1970년대에 지어진 에너지 비효율적인 건물을 선진적인 냉난방 및 환기HVAC 장치, LED 조명, 건물 자동화 시스템을 갖추고 업계를 선도하는 효율적인 자연 채광 건물로 변모시킨 심층 에너지 개조 사례다. 맥레넌 디자인이 설계한 이 건물은 화석연료 제로, 탄소 제로 에너지 시설이다.

건물은 우리가 일상생활의 대부분을 보내는 곳이지만 너무나 많은 건물이 인간이나 지구의 안녕을 위해 설계되지 않았다. 건축 자재들은 독소로 가득 차 있다. 아파트는 긍정적인 사회 동학을 지원하기 위해서가 아니라 건축 효율을 위해 설계되었다. 개발자들은 자신들이 짓는 건물의 장기적 성능을 살필 만한 지식 기반이나 경험, 동기가 결여되어 있다. 이런 문제들은 도시와 시골의 가장 가난한 지역들에서 극심하게 확대된다. 재생건축은 모든 건물이 생태적, 사회적, 개인적 건강에 미치는 영향을 살펴본다는 의미다.

오늘날 새로운 건물 건축은 역사상 가장 빠른 속도로 늘어나고 있다. 세계 인구의 절반 이상이 도시에 거주하고, 전 세계의 도시 인구에 매주 150만 명의 새로운 주민이 추가된다. 2050년에는 67억 명이 도시에서 거주할 것으로 예상된다. 이렇게 유례없이 증가하는 도시 인구를 수용하려면 2조5000억 제곱피트의 새 건물과 리모델링 건물이 필요할 것이다. 이는 전 세계의 기존 건물 면적의 2배이며 앞으로 40년 동안 30일마다 뉴욕시 하나를 건설해야 한다는 얘기다.

2006년에 건축가 에드워드 마즈리아는 이런 증가를 예측하며 2030 챌린지를 구상했다. 이 구상의 목표는 2030년까지 모든 신규 건물과 대대적 개조 공사를 한 건물들을 탄소 중립적으로 만드는 것이다. 또한 기존의 건조 환경에서 탄소 배출량을 50~65퍼센트 감소시키는 것을 목표로 한다. 마즈리아는 탄소 중립 건물이란 대지 내에서 생산하는 에너지, 혹은 대지 외에서 구매하는 최대 20퍼센트의 재생에너지보다 더 많은 에너지를 사용하지 않는 건물이라고 정의했다. 전 세계적으로 건물에서 배출되는 탄소의 12퍼센트가 자재와 건설 과정에서 생성된 내재 탄소로부터 나오고 28퍼센트는 건물을 운영하면서 발생한다. 탄소 배출이 없는 건물을 만드는 문제는 이 두 가지를 다 다룬다. 마즈리아와 그의 조직은 탄소 배출이 없는 도시를 만들 방법, 자금 조달, 기준, 원칙들을 설정해왔다. 여기에는 다음과 같은 것이 포함된다.

제로 달성: 선조 환경에서 모든 이산화탄소 배출을 없앨 수 있는 통합된

정책 프레임워크다. 이 프레임워크는 탄소 제로의 신규 건물 건축, 기존 건물의 보강과 개선, 자재와 건설 방법론에서 내재 탄소를 감소시키는 법이라는 세 분야에 초점을 맞춘다. 또한 개선 비용, 상당한 에너지 감축, 지역의 일자리, 새로운 소유권 경로 등 건강한 공동체를 위한 새로운 재정 모델을 만든다.

제로 코드: 도시들이 기존 규정을 최고 수준으로 개선할 수 있게 하는 모범형 국제 건축 규정. 도시는 어느 나라에서나 안전 기준들이 지켜지도록 하나의 일관된 건축 규정을 갖기 위해 마련된 국제 건축 규정International Building Code에 의지해왔다. 그러나 기후변화를 해결하려는 노력을 막는 더 낮은 기준을 원하는 기업들의 이해관계 탓에 규정이 약화되어왔다. 마즈리아의 제로 코드는 기업의 이익이 아니라 미래를 위해 개선된 건축 규정들을 위한 효율 기준을 제공한다.

2006년에는 건물을 지역 생태계에 완전히 통합된 재생 구조물로 보는 설계 철학인 리빙 빌딩 챌린지LBC가 만들어졌다. 건축가 제이슨 맥레넌이 개발한 LBC는 설계 단계에서 탄소발자국이건, 에너지 사용이건, 집수集水건 간에 탄소 중립 수준을 넘어 에너지 생산량이 사용량보다 많아지는 '넷 포지티비티net positivity'까지 추진한다. LBC는 건물과 거주민들을 자원의 수동적 사용자에서 건물의 건축, 유지 보수, 목적과 관련된 모든 요소의 적극적 관리자로 변화시킨다. 예를 들어 LBC 인증은 건물이 소비하는 것보다 더 많은 깨끗한 물과 청정에너지를 생성하도록 요구한다. 모든 자재와 구성 요소가 가능한 한 최대 수준으로 무독성이어야 하며 원자재에 이르기까지 모두 지속 가능한 방식으로 확보되어야 한다.

LBC 인증은 건물이 12개월 동안 실제로 계속 사용되어 20개의 기준 가운데 하나 이상을 만족시킬 때까지 마무리되지 않는다. 건물이 주변의 생태적 공동체와 인간 공동체에 미치는 영향은 건강에 유익한 생활 환경을 보호하고 회복시켜야 한다. 물은 대지 내에서 집수되어 자연의 물 순환 구조를 모방하는 방식으로 사용되어야 한다. 건물들은 매년 필요한 에너지의 105퍼센트를 생산해야 한다. 실내 공기의 질, 조명, 냉난방 시스템, 평면 구성, 접근성은 긍정적인 감정적·신체적 영향과 공정성을 염두에 두고 설계되며 통합되어야 한다. 건물은 아름다워야 하고 상호작용하는 모든 것에 영감을 주어야 한다.

LBC 챌린지를 최초로 충족시킨 대형 건축물은 시애틀에 있는 6층짜리 사무실 건물인 불릿 센터다. LBC의 필수 요건 일부에 부합하는 그 외의 건물로는 뉴욕 브루클린에 있는 20만 제곱피트의 엣시 본사 건물, 시카고에 있는 구글의 새로운 7층짜리 사옥이 있다. 2013년 이후 100개 이상의 건물이 LBC 인증을 받았고 500개 건물이 인증 절차를 진행 중이며 14개 국가로 인증이 확대되었다.

인구가 밀집한 기성 도시들의 주된 사안은 기존 건물들을 개선하는 것이다. 전 세계적인 배출량 목표는 10억 개가 넘는 세계의 오래된 건물을 새로운 에너지 기준에 맞게 개선시키지 않고는 달성될 수 없다. 지역의 기후, 건물의 구조와 용도로 볼 때 모든 건물이 개조될 필요는 없다. 그러나 사람, 제조업, 사무실, 학교, 예배 장소를 수용하는 대부분의 건축물이 운영과 냉난방에 필요한 것보다 훨씬 더 많은 에너지를 사용한다.

전 세계적인 대대적 건물 개선은 굉장히 힘들고 불가능해 보일 수 있다. 하지만 다른 관점에서 보면, 다음 30년 동안 세계의 모든 건물을 순배출 제로로 보강할 가능성은 알려진 다른 어떤 구상보다 장기적으로 보수가 좋은 일자리를 더 많이 창출할 것이다. 우리는 에너지와 관련된 직업이라고 하면 석탄을 캐거나 석유를 채취하거나 가스를 채굴하는 노동자들을 연상한다.

그러나 에너지 효율적인 건물을 만드는 것 역시 에너지와 관련된 일이다. 에너지 효율의 가치는 시간이 지나면서 지출되는 돈이 아니라 투자에 대한 수익이다. 여러분은 석유를 퍼올려 1배럴마다 보수를 받을 수도 있고 혹은 절약하는 석유 1배럴마다 보상을 받을 수도 있다. 총 절감액은 기존 건물과 신축 건물들의 생애 동안 수조 달러에 이른다.

2012년에 로런스 버클리 국립 연구소는 미국 경제에서 화석연료를 완전히 제거하고 재생에너지로 운영하는 데 매일 1인당 약 1달러가 들 것이라고

___ 암스테르담의 에지Edge는 선진적인 탄소 중립 건물이다. 2015년에 지어진 이 건물은 3만 개의 센서를 사용하여 점유율, 움직임, 온도를 계속 측정한다. 그리고 효율을 최대화하기 위해 환경 설정을 조정하고 식품 수요까지 예측하여 시설 관리자들에게 알려준다. 에지는 태양열 집열판, 혁신적인 설계, 대수층 열에너지 저장 시스템을 결합하여 건물이 사용하는 것보다 더 많은 에너지를 생성한다. 이 건물의 설계자이자 건축자인 에지 테크놀로지는 암스테르담의 에지 올림픽을 포함하여 세계에서 가장 스마트한 건물들을 짓는 곳으로 인정받는다.

계산했다. 그 돈은 석유를 구하느라 다른 나라로 빠져나가지 않고 국내에서 사용될 것이며, 일자리를 창출하고 연쇄적인 경제적 이익을 낳을 경제활동을 자극할 것이다. 그 1달러는 주로 민간 부문의 투자나 주택 소유자의 주머니에서 투자 수익을 제공하는 방식으로 나올 것이다. 그 돈은 주택 소유자와 기업들에게 청구되는 대출 보험료에서 나올 수 있고 에너지 비용 절약을 통해 돌려받는다.

뉴욕시에서는 총 탄소 배출량의 70퍼센트가 건물에서 나온다. 다섯 개 자치구와 웨스트체스트 카운티의 연간 총 에너지 지출을 계산하면 매년 120억 달러가 넘는다. 매년 그 지출의 80퍼센트인 96억 달러를 절약할 수 있다면 당신은 어디에 투자하겠는가? 에너지 가격이 오르지 않는다고 가정하면 1000억 달러의 투자/대출은 9.6퍼센트의 수익을 제공할 것이다. 절감액에서 뉴욕시(그리고 세계의 나머지 지역)를 개조하는 비용이 나올 수 있다.

이런 일은 이미 일어나고 있다. 뉴욕 시민 도넬 베어드는 기후변화와 민권이라는 두 문제에 대해 열정적인 관심을 지닌 채 자랐고, 이 둘을 결합시켜 블록파워라는 회사를 설립했다. 그의 회사는 브루클린과 다른 도시들의 저소득층 동네에 있는 중간 규모의 건물과 아파트를 목표로 삼는다. 대개 난방과 온수를 위해 많은 천연가스를 연소하는, 에너지 먹는 돼지인 오래된 건물들이다. 블록파워는 옥상에 태양열 집열판을 설치하지만(그늘과 에너지를 위해) 그의 성공의 열쇠는 가스보일러를 대체하는 열펌프다. 블록파워는 개조에 필요한 자금을 대고 주민들의 공과금 절감액으로 이를 회수한다. 협동조합이나 건물 소유주가 재생 가능 전력을 구매하겠다고 선택하면 그 건물은 건물주에게 어떤 비용도 부담시키지 않고 수개월 내에 탄소 제로 건물이 된다. 베어드와 블록파워가 하는 일은 주저하는 건물주들이 방법을 몰라서 하지 못하는 변화를 만들어내는 것이다. 베어드는 1000채 이상의 건물을 전환시켰고 다음 목표는 10만 채의 건물이다.

건물 개조는 기후변화에 대한 가장 노동집약적인 해결책일 수 있고, 이것은 좋은 일이다. 건물 개조는 현재 전 세계 모든 도시의 실업자나 능력에 맞지 않는 일을 하는 사람들의 역량을 향상시킬 기회를 제공하고 미래의 기회들을 창출하는 전문 기술과 지식을 익히는 훈련을 제공한다. 우리의 집과 건물들을 개선하는 다섯 가지 중요한 방법이 있다. 냉난방, 단열, 창문, 조명, 재생에너지로의 전환이 그것이다. 여섯 번째는 전기가 들어오지 않는 곳에 사는 8억 명과 지속적으로 안정되게 전기를 이용할 수 없는 20억 명에게 재생 가능한 전력을 공급하는 것이다.

냉난방: 대부분의 건물은 냉난방을 위해 아주 오래된 기술들에 의지한다. 여기에는 난방유나 천연가스를 이용하는 보일러, 대형 건물의 옥상에 설치된 거대한 에어컨, 더 작은 건물들의 경우 창문에 부착된 기기들이 포함된다. 전 세계의 많은 도시가 지하의 절연 파이프로 구역들이나 동네에 온수와 냉수를 재분배하는 네트워크화된 시스템인 지역 냉난방 시설을 이용한다. 이런 시스템은 에너지를 상당히, 최대 50퍼센트까지 감소시킬 수 있지만 발전소, 소각로, 하수 처리에서 폐열을 포집하는 등 재래식 난방법에 주로 의지한다. 1세대용 주택이건, 아파트건, 임대아파트건, 상용 건물이건 답은 열펌프다. 열펌프는 반대로 작동하는 에어컨이라고 생각하면 된다. 열펌프는 따뜻한 공기를 차가운 공기로 바꾸는 대신 차가운 공기를 따뜻한 공기로 바꾼다. 여름에는 반대로 작동하여 공기를 식힌다. 에어컨과 마찬가지로 열펌프는 외부 전원을 이용해 냉매를 압축하여(냉장고에서 들리는 소음이 압축기에서 나오는 소리다) 차가운 공기의 잠열을 더 고온으로 전달할 수 있다. 열펌프의 열에너지원은 공기나 지열이 될 수 있다.

열펌프는 훨씬 더 효율적이기 때문에 동일한 열 출력에 대한 전체적인 에너지 수요를 50퍼센트 감소시킨다. 건물들이 재생에너지로 전환하는 비용을 분석할 때는 화석연료의 사회적 비용을 반영해야 한다. 여기에는 전 세계 도시들에서 공기오염으로 발생하는 매년 870만 건의 조기 사망이 포함된다. 석유 자원이 풍부한 중동에서 끊임없이 벌어지는 것처럼 보이는 전쟁 비용도 있는데, 과거 15년 동안 미국에서만 5조 달러를 넘어섰다. 이러한 지출은 여성, 아동, 군인들이 감내하는 엄청난 고통은 계산에 넣지 않았다. 수압파쇄법, 유정들, BP사의 딥워터 호라이즌호의 원유 유출이나 앨버타주의 타르 샌드로 인한 환경 훼손도 포함시키지 않았다. 마지막으로, 비용 분석 어디에도 지구온난화의 영향은 포함되지 않는다. 그런 비용을 전부 합치면 열펌프는 40퍼센트 더 저렴할 뿐 아니라 에너지 집약도가 족히 3배는 더 낮다.

개조: 개조에는 에너지 절약형 창문의 설치, 공기 누출 방지, 지붕과 다락과 벽의 단열, 기존 조명을 LED로 교체하기가 포함된다. 건물 개조가 주택과 건물 소유자들에게 매년 수천억 달러를 절약해준다면 왜 개조를 하지 않는 걸까? 비효율적인 공장 바닥에 놓인 1000달러짜리 지폐에 관한 농담이 있다. 공장장에게 안내를 받던 한 손님이 지폐 바로 위를 걸어간다. 나중에 손님이 왜 지폐를 줍지 않느냐고 묻자 공장장은 "그게 진짜 지폐라면 누군가가 벌써 주웠겠지요"라고 대답했다. 우리는 에너지를 절약하는 것이 화석연료 에너지를 생성하는 것보다 훨씬 돈이 적게 든다는 것을 수십 년 전부터 알고 있었다. 에너지 효율은 주택과 건물 주인들의 호주머니에 돈을 넣어준다. 화석연료 투자는 수익을 집중시키고 더 소수에게 돌려준다. 2015년에 파리협정이 체결된 이후 금융업계는 석유 및 가스 산업에 3조 8000억 달러 이상을 대출하고 투자했다. 미국의 모든 건물을 폐기물 제로 건축물로 개조하고도 남을 돈이다. 절약된 에너지는 석유 및 가스 탐사로

얻은 양보다 10배 많을 것이다.

건물 개조로 지역에 일자리가 창출되면 이는 주로 작은 회사들의 일자리다. 개조 공사를 하는 회사의 70퍼센트 이상이 소기업이다. 목표가 2035년까지 개조를 완료하는 것이라면 전국적인 개조 프로그램은 100만 명 이상을 동원할 것이다. 790만 채의 단독주택이 있고 아파트, 임대 아파트, 두 세대용 주택에 4500만 이상의 가구가 산다. 미국인은 에너지 요금에 해마다 평균 1380달러를 쓴다. 주거용 건물의 거의 절반이 건물의 효율성 기준이 존재하지 않던 1973년 이전에 지어졌다. 에너지 사용이 적어도 40퍼센트 감소하면 모든 가구의 총 절감액이 연간 1020억에 이를 것이다. 전 세계에는 14억6000개의 가구가 더 있고 대개 미국의 주택만큼 크지 않다. 그러나 그들의 잠재 절감액은 매년 5000억 달러에 근접할 것이다. 이런 사실과 수치들은 그 큰 수치들이 대체할 수 있는 것을 생각하면 시사하는 바가 크다. 다시 말해, 가정의 에너지 비용을 매년 1380달러 절약한다면 이 금액은 어디에 사용되었던 돈일까? 석탄, 가스, 석유가 압도적 다수를 차지할 것이다. 2050년까지 건물들이 전기화되고 재생에너지원을 사용하면 세계의 온실가스 총 배출량의 6분의 1이 제거될 것이다.

도시 농업Urban Farming

___ 미시간 도시 농장 구상Michigan Urban Farming Initiatives은 식량 안보를 증대시키고 교육, 지속 가능성, 공동체를 활성화하기 위해 디트로이트의 노스 엔드 지역에 도시 농업 구역을 운영한다. 1만 명이 넘는 자원봉사자가 12만 파운드가 넘는 유기농 농산물을 재배하여 2500개 이상의 가구에 배포한다. 농산물은 고객이 원하는 만큼 지불하는 모델을 이용해 100퍼센트 무료로 이용할 수 있다.

도시에서 재배한 식량은 생산된 곳에서 소비된다. 공터, 공원, 옥상, 매립지, 버려진 산업 부지, 중앙분리대, 창고, 공동체 텃밭, 가정의 채마밭, 흙이 담긴 다양한 크기와 형태의 통 등 빛이 들어오는 곳이라면 도시 어디에서도 농사를 지을 수 있다. 도심지부터 좀더 널찍한 도시 주변부에 이르기까지 도시에서도 채소 외에 여러 농작물을 생산한다. 도시 농업은 사람들을 영양이 풍부한 신선한 식품, 다양한 풍미, 식감과 연결시킨다. 텃밭과 농지는 새, 나비, 벌, 그 외의 꽃가루 매개자들과 도시에서 자라는 아이들의 생활에는 대개 빠져 있는 요소를 끌어들인다. 소형 농장들은 교실이고, 농작물을 재배하는 사람들은 일반 농민과 마찬가지로 씨앗, 시기, 물, 빛, 토양, 경작, 맛에 관해 해마다 더 많은 것을 배운다. 농사와 관련된 훈련, 재소자 출신들의 사회 재진입 프로그램, 모든 사람을 위한 교육이 제공된다. 신선하고 다양한 과일과 채소, 허브는 도시로 몰리는 세계의 많은 문화의 전통적 식습관을 유지해줄 특정한 전통 요리에 사용할 수 있다. 재배된 식량은 교회나 학교, 무료 급식소에 의해 공유되거나 식당에 판매될 수 있다. 이렇게 하여 지역도 성장한다.

도시 농업이 기후변화에 영향을 줄까? 그렇다. 하지만 그리 큰 영향은 아니다. 그렇더라도 차이를 만들 수 있는 무언가를 한다. 도시 농업은 식품과 그것이 인간의 건강, 행복, 안녕에 미치는 전체적인 영향에 대한 사람들의 이해를 다시 각성시킨다. 식품 아파르트헤이트에서 살고 있는 사람들은 지방, 탄수화물, 당분이 가득한 초가공 식품들에 둘러싸여 있다. 농산물 직거래 장터, 공동체 텃밭, 도시 농장은 사람들이 말 그대로 비만과 나쁜 건강에서 벗어나 활력과 행복감을 되찾도록 돕는다. 사람들은 자신이 먹는 식품 선택으로 의사표현을 하기 시작한다. 더 좋은 식품을 구매하며 정크푸드를 피한다. 궁극적으로 이것은 더 광범위한 식량 체계, 그러니까 지구온난화에 가장 큰 영향을 미치고 그와 함께 화재, 홍수, 폭풍에 끼치는 영향이 가속화되고 있는 체계가 변화할 유일한 방법이다. 역으로, 바로 그 화재, 홍수, 폭풍이 공급 사슬을 더 취약하고 불안하게 만든다. 도시 농업이 식량안보에 미치는 영향은 경미하지만 상추 한 포기와 토마토가 식탁에 오르기까지 이동하는 긴 거리에 대한 인식을 높인다. 신선한 로컬 푸드에 대한 수요 변화는 도시를 둘러싼 주변 지역에 작은 농장들을 증가시켜 식품의 로컬화를 자극한다. 그 부수적 혜택으로는 도시 열섬 효과 감소, 꽃가루 매개자들과 그 외의 야생생물들의 서식지 개선, 퇴비로 재활용되는 유기물, 화석연료의 배출량 감소, 식품 구매와 보관에 지장이 생겼을 때의 회복력 증대 등이 있다.

도시들이 식량을 자급할 수 있을까? 이 문제는 도시에 달려 있다. 공터가 많은 오하이오주 클리블랜드에 대한 한 연구는 공터의 80퍼센트를 채소밭으로 바꾸고 닭과 벌을 기르면 도시에 필요한 신선한 농산물의 절반, 가금류의 고기와 계란의 25퍼센트, 꿀 전부를 공급할 수 있다고 밝혔다. 옥상정원을 추가하면 잠재적 수확량은 클리블랜드의 수요 전부를 충족시킬 만큼 급증한다. 반면 뉴욕에는 훨씬 더 많은 사람이 살고 있고 비어 있는 땅은 훨씬 적다. 2013년에 컬럼비아대학이 수행한 한 연구는 뉴욕의 연간 과일 및 채소 수요를 충족시키려면 농지 16만 2000~23만 2000에이커가 필요하다고 밝혔다. 뉴욕에서 재배될 수 없는 열대과일은 계산에 넣지 않았다. 그러나 뉴욕에는 농사를 지을 수 있는 빈 땅이 5000에이커가 채 되지 않는다.(이 땅을 개발했을 때의 경제적 가치는 식량을 생산하는 땅으로서의 가치를 훨씬 웃돈다.) 뉴욕 주위의 카운티들에 있는 40만 에이커 노지의 50~70퍼센트가 잠재적으로 도시에 필요한 과일과 채소를 공급할 수 있지만 그 땅들이 전적으로 식량 생산에 사용되어야만 가능하다.

최근 각광받는 한 가지 아이디어는 오래전부터 존재했던 옥상정원이다. 바빌론의 유명한 공중정원을 비롯하여 수천 년 전부터 건물 꼭대기에서 식물을 재배한 기록된 증거가 있다. 근대에 와서는 15세기 이탈리아에서 옥상정원을 설치하는 유행이 시작되었고 1890년대에 뉴욕에서 인기를 얻어 매디슨 스퀘어 가든이라 불린 건물 꼭대기에 거대한 정원이 조성되었다. 최근에 옥상정원들은 흥미로운 도시 농업 모델로 확장되었다. 2010년에 한 젊은 농민 집단이 브루클린 그레인지Brooklyn Grange를 결성하고 퀸즈에 있는 스탠더드 모터 프로덕트 건물에 당시 세계 최대 규모인 2.5에이커의 옥상 채소 농장을 열었다. 그들의 목표는 "뉴욕시의 사용되지 않는 공간"에서 건강에 좋고 맛있는 식량을 재배하는 것이었다. 이곳은 상업용 양봉장과 교육센터를 갖추었고 인턴 훈련 프로그램을 제공하며 매주 장터를 열고 농장 공개도 한다. 2012년에 브루클린 그레인지는 역사적인 브루클린 해군 공창 건물의 6만 5000제곱피트에 이르는 옥상에 두 번째 농장을 열었다. 그리고 2019년에는 브루클린 선셋파크 구역에 있는 해안가 건물의 불규칙한 형태의 옥상에 세 번째이자 가장 큰 농장을 열었다. 이 농장은 대규모 온실, 행사장, 주방을 갖추었다. 이 농장들은 모두 합치면 면적이 거의 6에이커에 이르고 매년 10만 파운드의 유기농 채소를 생산하는데, 모두 현지에서 판매된다.

옥상정원 운동은 확대되고 다양화되어왔다. 워싱턴DC에서는 비영리 기관인 루프트톱 루츠Rooftop Roots가 지역사회 주민들이 옥상, 발코니, 테라스 등의 공간을 식량 생산에 이용하도록 돕는 프로젝트를 통해 사회 정의와 경제 정의를 지지한다. 홍콩에서는 루프트톱 리퍼블릭이라는 사회적 기업이 인구가 밀집된 도시 주민들이 옥상 농장을 실현하는 창의적인 방법들을 찾고 있다. 2020년에 몬트리올의 루파 팜스는 자사의 네 번째 옥상 온실(세계 최대 규모)을 개장해 30만 제곱피트가 넘는 면적에서 신선한 토마토와 가지 등의 채소를 재배하도록 역량을 확장했다. 새 온실은 매주 2만 5000파운드의 식품을 생산한다. 이 온실은 코로나19 위기 초기 몇 달 동안 고객들의 수요가 2배 증가한 데 대응해 신속하게 만들어졌다. 루파는 또한 주 7일 서비스를 개시하고 가정 배달을 3배로 늘렸다. 추가로 35명의 지역 농민 및 식량 생산자와 새로 계약을 맺었고 회원은 3만 명 더 늘었다. "사람들이 사는 곳에서 식량을 재배하는 것이 우리 임무이고, 이 온실은 그러한 임무를 가속화해준다." 루파 팜스의 공동 창업자인 로런 라스멜이 말한다. "우리는 신선하고 책임감 있는 로컬 푸드에 대해 점점 커지는 수요에 대응하기 때문에 타이밍은 더할 나위 없이 좋다."

검토되고 있는 또 다른 도시 농업 아이디어는 수직 농법이다. 수직 농법 시스템에서는 창고, 사무실, 식당 등 도시의 건물 안에 채소와 그 외의 농작물들을 수직으로 쌓아올려 재배한다. 구성은 식물을 심은 단순한 선반부터 인공조명, 난방기, 펌프, 여러 층의 통, 컴퓨터로 제어하는 타이머 등이 설치된 복잡한 것까지 다양하다. 수직 농법의 한 유형은 최적의 광합성 조건에 맞추어 미세 조정된 LED 조명 아래에서 수경법으로 흙 없이 식량을 기르는 것이다. 또 다른 유형은 식물을 공중에 매달고 영양소가 풍부한 물을 특수 첨단 기기로 뿌리에 뿌리는 분무재배다. 이런 '에어로팜aerofarm'은 학교, 식당, 정부 청사, 커뮤니티 센터, 아파트 단지 등 거의 어느 공간에나 맞춤형으로 조성할 수 있다. 수직 농법의 세 번째 유형은 채소와 식용 어류를 함께 기르는 양어수경재배aquaponic 시스템이다. 이 자급자족 시스템에서는 질소가 풍부한 물고기 배설물이 담긴 양어장의 물이 수경 재배되는 식물들을 통해 여과되어 양어장으로 다시 공급된다. 식물은 천연 비료를 좋아하고 물고기는 되돌아온 깨끗한 물을 좋아한다. 양어수경재배 시스템은 폐기물을 거의 배출하지 않고 거의 어떤 실내 공간에도 맞게 조정될 수 있으며 엄청나게 다양한 어류와 식물들을 기를 수 있다.

첨단기술을 이용하면 또한 수직 농법이 표준화된 모듈로 이루어질 수 있다. 뉴욕의 혁신적인 스타트업인 스퀘어루츠의 경우 이 모듈은 선적 컨테이너를 의미한다. 스퀘어루츠는 기업가 킴벌 머스크와 토비아스 페그스가 기술적으로 정교하고 온도가 조절되는 식량 체계를 만들어 신선하고 맛이 뛰어난 로컬 푸드를 재배한다는 목표하에 2016년에 설립했다. 이 목표를 위해 스퀘어루츠는 320제곱피트의 평범한 선적용 컨테이너들을 식량 재배에 알맞게 변모시켰고, 컨테이너 하나가 매주 100파운드의 식량을 생산할 수 있다. 각 컨테이너는 지역 농민이 관리한다. 이 농민들은 식물의 모종을 기르고 수경법으로 공급되는 양분을 관리하며 풀 스펙트럼 조명 시스템을 조절하고 작물을 수확하여 시장에 가져간다. 스퀘어루츠 모델에서는 종종 에너지 집약적인 수직 농법 체계의 골칫거리인 에너지 사용이 효율을 극대화하는 기술에 의해 면밀하게 측정되고 엄격하게 통제된다. 컨테이너 내부의 조명 시스템은 자연 일광 아래의 완벽한 성장 조건을 모방하도록 설계되었다. 인기 높은 상품인 바질의 경우 수십 년 만에 최고의 바질이 생산되었다고 이야기되는 1997년의 이탈리아의 재배 환경을 재현하기도 했다. 재배 과정의 모든 단계에서 데이터를 수집하여 분석하며(페그스는 데이터 과학자 출신이다), 이를 통해 품질과 수확량이 최적화되도록 조정할 수 있어 농민의 수익이 증가된다.

스퀘어루츠는 다른 도시들로 사업을 확장하고 있고 첨단 시스템으로, 재배될 수 있는 식품의 다양성도 확대할 계획이다. 이런 확장 계획은 21세기의 진화하는 도시의 비전과 잘 맞는다. 컨테이너는 이동이 쉽고 쌓을 수 있으며 거의 모든 적합한 공간에 둘 수 있다. 도시가 자동차 없는 이동 시스템으로 전환하면서 버려진 주차장에 놓기에도 이상적이다. 각 농장은 이용 가능한 공간과 농민의 목표에 따라 1개의 컨테이너가 될 수도 있고 20개의 컨테이너가 될 수도 있다. 컨테이너들은 전기로 가동되고, 따라서 도시의 에너지 사용으로 발생하는 탄소발자국을 상당히 줄인다는 "모든 것을 전기화하기electrify everything" 운동의 목표에도 부합할 수 있다. 컨테이너 농장은 또한 하루 중 사용량이 많지 않은 시간에 전력망을 이용하도록 설계될 수 있어 에너지를 절약한다. 심지어 교통 서비스와 비슷하게 주문형으로 곧바로 식품을 제공할 수도 있다. 그리고 로컬 푸드이기 때문에—"울트라로컬"이라고 불러도 된다—식품은 항상 신선하고 맛있다.

옥상 농장, 온실, 컨테이너 농장은 도시가 식량을 자급자족하기 위해 시도하는 많은 혁신적인 방법 중 몇 가지일 뿐이다. 궁극적인 목적은 식량이 생산되는 곳의 주민이 그들이 먹는 식품에 다시 관여하게 하는 것이다. "자신이 먹는 식품을 직접 재배하는 사람들은 농업에서 자연의 과정들을 이해할 가능성이 높다"고 루프트톱 리퍼블릭의 미셸 홍은 말한다. "우리는 식품이 사람들이 슈퍼마켓에서만 관여하는 무언가라는 개념을 바꾸는 것을 목표로 한다. 이런 단절, 이런 끊어진 관계를 해결해야만 우리가 사람들의 마음가짐과 행동을 바꾸고 그들이 먹는 식품에 관해 더 정보에 근거한 결정을 내리도록 도울 수 있을 것이다."

___ 수직 숲은 광범위한 '더 푸른 카이로Greener Cairo' 비전의 일환으로 스테파노 보에리에 의해 설계되었다. 더 푸른 카이로 비전은 도시의 생태학적 전환을 목표로 이집트의 대도시들을 위해 여섯 가지 탄소 제거 전략을 구상한다. 이 비전은 새로운 건축 형태를 계획하는 것에 더해 도시의 수천 개의 평평한 옥상을 녹지화하는 대규모 캠페인도 포함한다. 또한 오래된 수도를 가로질러 도시 외곽을 둘러싼 더 큰 숲과 만나는 녹지 축의 조성을 통해 도시의 초목을 증가시켜 카이로를 북아프리카에서 최초로 기후변화와 생태학적 전환이라는 과제를 다루는 도시로 만드는 것도 포함한다.

2030년에는 중국인의 70퍼센트, 미국인의 85퍼센트, 영국인의 86퍼센트가 도시 지역에 살 것이다. 아프리카 곳곳에서는 도시 인구의 비율이 다양하지만 평균 약 50퍼센트다. 6000년 전에 도시가 발생하기 전의 생활은 정착지나 마을의 경계와 관습을 중심으로 돌아갔다. 비교적 적은 수의 주민과 지역의 관습이 당신이 만나고, 맞이하고, 결혼하는 사람을 좌우했다.

당신은 모든 사람을 알고 모든 사람은 당신을 알았기 때문이다. 낯선 사람은 보기 드물었다. 익숙함이 기본이었고 외국인 혐오가 만연했다. 도시들은 과잉 농산물 때문에 발생했지만 왜 도시가 만들어졌는지는 명확하지 않다. 도시들이 자리 잡으면서 농촌생활의 특성 대부분을 뒤집었다. 당신은 낯선 사람을 만나고 결혼도 할 수 있다. 시장에서는 생소함이 기본이 되었다. 풀이 무성한 둔덕이나 수변 통로, 언덕 꼭대기, 숲으로 뒤덮인 고립 지역 등 마을을 차지하던 장소에 대한 친밀감은 더 이상 존재하지 않는다. 포유류, 포식자, 명금, 곤충, 뱀, 무척추동물, 허브, 균류나 약용 식물과의 상호작용도 더 이상 없다. 시장, 광장, 사원, 스타디움, 공연장, 잠긴 문을 선호하여 똑같아 보이는 집과 가축들이 남겨졌다. 다양성, 상대적인 여가 시간, 도시 환경에 대한 인간의 근접성으로 예술, 음악, 종교, 정치, 법, 발명, 학문이 폭발적으로 발전했다.

도시의 배치와 설계는 건물과 도심지의 근접성에 따라 무계획적이 되거나 의도적이 되는 경향을 보였다. 도시 계획은 주민과 공무원들이 함께 동네들, 거리의 폭, 중심 시장의 위치, 훤히 트인 광장의 넓이, 도시의 범람을 막는 배수시설의 위치, 시내와 강을 건너기 위해 다리가 필요한 곳을 결정하여 적소에 배치하는 활동이다. 많은 고대 도시가 현재 우리 발밑에 있다. 로마, 런던, 파리, 광저우, 도쿄, 멕시코시티, 카이로, 아테네, 이스탄불을 발굴하고 터널을 뚫으면 집, 광장, 도자기, 그래피티, 유골, 도구, 무덤들이 드러난다.

산업주의와 오늘날의 도시화의 확산은 차, 콘크리트, 강철이 지배하는 도시들을 양산했다. 1885년 시카고에 지어진 최초의 고층건물은 9층짜리 석조 건축물을 지탱하기 위해 강철 I자형 보를 사용했다. 건설 기술이 발전하면서 석조 외관은 버려지고 도심지 위로 강철과 유리로 된 고층건물이 올라갔다. 낮 동안 북적거리던 도심은 밤에는 위험한 유령도시와 바람굴이 되었다. 뉴욕, 바르셀로나, 런던, 파리, 샌프란시스코, 뮌헨, 멜버른 등 오래된 많은 도시가 공원을 조성했지만 새로운 도시들은 런던의 하이드파크나 파리의 튀일리 정원에서 볼 수 있는 통찰 없이 제2차 세계대전 이후에 급하게 개발되었다. 미국에서는 자동차, 강철, 콘크리트, 아스팔트의 형태를 취하는 '발전'을 위한 공간을 마련하기 위해 역사적인 도심지들이 파괴되었다. 현대 도시들에서는 도로변, 고속도로의 식재, 공터, 작은 공원에서나 녹색을 볼 수 있다. 정원은 드물고 나무와 새, 꽃이 피는 덩굴식물도 드물다. 많은 대도시의 변두리에서 자라는 아이들에게는 풍경이 없다. 보도, 차량들, 소음으로 이루어진 도시경관뿐이다. 야생생물로는 생쥐, 쥐, 바퀴벌레가 있다. 날씨를 제외하고는 자연이 아이들의 삶에 들어오지 않는다.

심리학자 피터 칸은 "환경에 대한 세대 간 기억상실증Environmental Generational Amnesia"이라는 용어를 사용한다. 대대로 도시에서 자란 세대들은 야생에서 더 동떨어지고, 아이들은 밤하늘의 별이나 한여름에 개똥벌레가 날아다니는 모습을 보지도 못하며, 땅거미가 질 때 귀뚜라미 울음소리를 듣지도 못하고, 풀숲을 뛰어다니는 여우들, 구애 중인 벌새가 짝짓기를 할 상대에게 깊은 인상을 주기 위해 시속 45마일의 속도로 급강하하는 모습도 보지 못한다. 도시는 경이로움이 없는 곳이다. 생물다양성의 부재는 쉽게 자연에 대한 관심 부족과 무관심으로 이어진다. 도시 환경에서의 광범위한 식재, 공원, 숲, 그린웨이greenway(공원들을 연결하는 보행자·자전거 전용 도로)의 존재가 나비 연구가 로버트 파일이 "경험의 멸종"이라고 부른 현상에 대한 답이다. 파일은 자연과의 거리가 "환경 문제에 대한 무관심을 낳고 필연적으로 공동 서식지의 퇴화를 불러온다. (…) 알지 못하니 돌보지도 못한다. 굴뚝새를 모르는 아이에게 콘도르의 멸종이 무슨 의미가 있겠는가?"라고 경고한다. 그런 환경에서 지구온난화는 에어컨이 필요하다는 것 말고 아이에게 무슨 의미가 있겠는가?

오늘날, 대도시의 개념이 바뀌고 있다. 도시 설계자들은 숲, 과수원, 포도밭, 다년생 목본식물, 인간의 정신적·신체적 행복을 그 전에는 상상하지 못한 방식으로 도시로 옮겨오기 위해 식물학자, 농학자, 지리학자, 임학자, 도시의 농민들, 조류학자, 건축가, 생태학자, 의사, 연구 기관, 미생물학자, 개발자, 시민단체, 조경학자와 머리를 맞댄다. 언덕 위의 도시가 아니라 정원이나 숲, 습지나 염습지 속의 도시가 설계되고 진행 중이다. 공터, 초원지대, 남아 있는 삼림지대는 개발되지 않은 곳이어서 귀하게 여겨진다. 도시들은 하드스케이프hardscape(경관에서 인공적이거나 무생물 요소—옮긴이)를 유감스럽게 여기고 있다. 2012년에 베이징은 폭우로 인해 배수로가 막히고 빗물이 땅속으로 흡수되지 못해 도시의 거리가 침수되는 파괴적인 홍수를 겪었다. 전국적으로도 상황이 비슷했고 기후변화로 상황이 더 악화되기만 했

___ 아침의 파라다이스 파크, 독일 튀링겐주 예나

다. 이에 대한 대응으로 중국은 옥상정원, 복원된 습지와 호수, 새로운 공원, 새로 심은 나무와 그 외의 식물 등 빗물과 홍수로 불어난 물이 흡수될 수 있는 녹색의 자연적 공간들로 가득 찬 '스펀지 도시'를 만들고 있다. 보도와 도로에는 다공성 물질이 사용되고, 포집된 물은 사용될 수 있는 곳의 지하 탱크에 보관된다. 중국은 2030년까지 도시들의 80퍼센트가 빗물의 3분의 2를 흡수할 수 있게 할 계획이다. 인도, 러시아, 미국의 도시들도 '스펀지' 프로젝트를 시행하고 있다.

싱가포르의 국립공원위원회는 매년 5만 그루 이상의 나무를 심는다. 나무들은 질소, 황, 이산화탄소를 제거한다. 나무와 푸른 잎들은 스트레스를 줄여줘 사람들의 신경질적인 기질을 진정시킨다. 데이터에 따르면, 주변에 나무가 많은 지역에 사는 사람들이 정신질환을 덜 겪고 면역체계도 더 강하다. 런던 시장 사디크 칸은 2050년까지 영국 수도의 절반을 완전히 녹지화하고 도심지에 4개의 도시림을 조성하여 런던을 세계 최초의 국립공원도시로 만들길 원한다. 기온이 올라가고 있는 세상에서 도시와 사람들을 시원하게 만드는 능력에 대한 요구가 증가하고 있다. 베이징은 2012년부터 2015년까지 정부가 주도하는 100만 무畝(666제곱킬로미터) 계획 아래 5400만 그루의 나무를 심은 것으로 추정된다. 나무를 심자 연간 모래폭풍 발생률이 한 자리 수 초반으로 떨어졌고 땅이 바위투성이의 메마른 토양에서 소나무와 버드나무가 자라는 공동체로 바뀌었다. 밴쿠버의 도시 삼림 계획에는 저소득 지역사회들의 임관 피복도를 높이기 위한 전략적 식재와 회복력 향상을 위한 수종 다양화가 포함된다. 밴쿠버의 계획은 도시림을 살아 있는 자산으로 본다.

이탈리아의 건축가 스테파노 보에리는 최초의 수직 숲 빌딩을 설계하여 2014년에 밀라노의 포르토 누오바 구역에 있는 가리발디 역 근처에 완공했다. 이 '보스코 베르티칼레Bosco Verticale'는 각각 19층과 27층의 주거용 고층건물 두 동, 800그루의 나무, 5000그루의 관목, 8900제곱피트의 테라스에 뿌리를 내린 1만5000그루의 덩굴 식물과 다년생 식물로 이루어져 거주민들에게 포레스트 시티forest city에 사는 경험을 제공한다. 식물의 선택은 층의 높이, 부근의 고층건물이 드리우는 그늘을 포함한 전체적인 일광 노출을 고려하여 주의 깊게 결정되어 다양한 종으로 구성되고 하늘로 360피트까지 뻗은 숲이 조성되었다. 평지에 이 나무들을 심었다면 5에이커의 숲에 맞먹을 것이다. 나무들이 습기를 생성하고 이산화탄소를 격리시키며 산소를 내뿜기 때문에 각 집에 고유의 미기후가 형성된다. 그리고 각 테라스에는 고유의 미생물 군락이 생긴다. 다양한 공기와 자연의 접점에 노출되면 우리는 더 많은 미생물과 연결된다. 그리고 숲의 미생물 군집에 더 많이 노출되면 몸 안의 마이크로바이옴이 개선된다는 것을 알고 있다. 나무와 식물들이 도시의 소음을 완화시키고, 테라스의 더 조용한 공간에서는 둥지를 튼 스무 가지 종류의 새를 보고 그들의 지저귀는 소리를 들을 수 있다. 성숙한 나무는 하루에 100갤런의 미스트를 방출하여 주민들과 동네의 주변 기온을 낮춘다. 도시의 온도가 주변 농촌 지역들보다 높아지는 전형적인 도시 열섬 대신 보스코 베르티칼레는 시원한 섬이다. 이곳은 매년 44만 파운드의 이산화탄소를 산소로 바꿀 것으로 예상된다.

현재 혁신적인 도시 계획은 도시에 숲을 조성하는 것이 아니라 숲에 도시를 세우고 있다. 스테파노 보에리가 중국 남부의 광시좡족자치구에 설계한 류저우 포레스트 시티는 세계 최초의 포레스트 시티가 될 것이다. 주위의 산림 경관을 본떠서 세워지는 이 도시는 면적이 437에이커에 이를 것으로 추정되고 3만 명의 주민, 4000그루의 나무, 100만 개의 식물의 보금자리가 될 것이다. 주택의 테라스와 건물 옆면이 초목으로 장식되어 토착 동물

종들의 서식지를 제공할 것이다. 그리고 매년 수만 톤의 이산화탄소와 57톤의 대기오염 물질을 흡수할 것이다. 도시는 전기차 전용의 매우 효율적인 철도와 도로를 통해 류저우에 연결될 것이다.

보에리는 전 세계에 도시림 캠페인을 펼치고 있으며, 온실가스의 최대 단일 배출원인 도시를 기후변화를 해결할 자원으로 생각한다. 그는 우리 도시들에 숲과 나무를 크게 증가시키길 원한다. 보에리는 스위스의 그레이트 제네바 프로젝트의 구상 및 설계에 있어 적극적인 역할을 하고 있다. 이 프로젝트는 중앙의 살레브산 주변에 모여 있는 제네바, 안시, 두 개의 호수 등 11개 도심으로 이루어진 체계이며 지구 최초의 생물다양성 대도시 구축이 목표다.

아마 도시의 나무와 식물들이 주는 가장 큰 선물은 학습과 감상일 것이다. 도시의 표면과 구조물들은 정적이고 고정되어 있으며 딱딱하고 대체로 변하지 않는다. 나무와 식물들은 그 반대다. 이들은 물이 부족해서 죽을 수도 있고 봄에 찬란하게 꽃을 피울 수도 있다. 이들은 매일 진화한다. 나무와 식물은 이들을 보는 사람과 마찬가지로 살아 있는 존재다. 잎, 침상엽, 포엽은 변화하고 땅으로 떨어진다. 공중곡예사 다람쥐는 나무와 나무 사이를 날아다닌다. 이것은 자연이라 불리며, 세계의 기온이 높아지고 살아 있는 세상의 더 많은 부분이 쇠퇴하거나 범람하거나 과열되거나 저하되거나 불탈 때 나무와 나무에 서식하는 생물들의 일상생활은 도시 거주민들이 이 세상에서 사라지고 있는 것들을 인식하게 한다. 우리는 도시의 임관 피복도가 40퍼센트가 되면 온도를 최대 화씨 9도 낮출 수 있다는 것을 알고 있다. 그러한 역학이 지구 전체에 적용되어 지구온난화와 지구온난화의 역전을 덜 추상적이고 더 이해하기 쉽게 만든다. 학생들이 도시에서 어린 시절을 보내면서 활기차고 다채로우며 살아 있는 녹색도시에서의 미래를 준비할 수 있다. 우리 아이들이 자연 없이 교육받는다면 시골로 데려갔을 때 보이는 것들을 거의 알지 못할 것이다. 숲, 언덕, 강, 들판이라는 단어가 지형에 관한 아이들이 아는 어휘의 전부가 될 수 있다. 이름을 모르는 것은 보이지 않는다. 세상을 되살린다는 것은 근본적으로 더 많은 생명을 발생시키는 것이며 이는 인간이 타고난 가장 깊고 심오한 즐거움 중 하나다. 그리고 그 씨앗은 모든 정원, 강둑, 공원에서 모든 아이의 마음속에 심어질 수 있다.

도시에서의 이동성 Urban Mobility

시민들이 적절한 가격에 이용할 수 있는 교통수단의 확대를 목적으로 하는 로마의 전기 자전거. 로마는 이탈리아에서 처음으로 최대 규모의 교통수단 공유 네트워크를 개시할 도시로 선정되었다.

도시들은 6000년 전에 생겨났다. 그리고 아무도 도시가 왜 발생했는지 모른다. 수천 년 동안 작은 무리를 지어 지구를 돌아다니던 많은 인간이 마을에 정착하기로 결정했다. 마을에서 그들은 농업, 맥주, 실로 짠 옷, 구리 도구들, 손으로 빚은 도기들을 개발했다. 그 초기의 도시들은 보행자, 바퀴 달린 수레, 물건을 실어 나르는 동물, 거리를 지나 시장으로 이동하는 가축, 그리고 베네치아와 방콕처럼 수로를 다니는 배에 이르기까지 이동성을 관리하는 과제에 부딪혔다.

20세기 초에 도시들은 가스로 움직이는 차량들을 받아들이기 시작했다. 1908년에 최초의 모델 T 자동차가 포드의 조립 라인에서 굴러 나왔고 1927년까지 1500만 대가 팔렸다. 자동차의 증가는 도시의 기반 구조 설계와 이동성의 유형을 바꾸어놓았다. 1940년에 로스앤젤레스 시내와 패서디나를 연결하는 미국 최초의 고속도로가 개통되었다. 7년 뒤에는 캘리포니아 남부 전체에 고속도로를 건설하는 종합계획이 채택되었고, 1956년에 전국적인 주간 고속도로 시스템이 첫 삽을 떴다. 세계적으로 차량의 수가 1976년의 2억 4000만 대에서 오늘날에는 약 15억 대의 자동차와 트럭으로 늘어났고 2030년에는 20억 대에 이를 것으로 예상된다. 중국은 미국을 제치고 가장 자동차가 많은 나라가 되었다.

도시 계획 설계자들은 다른 이동 형태, 특히 보행을 희생시키고 자동차와 트럭의 요구를 충족하도록 도시를 변화시킴으로써 자유와 편리에 대한 이런 새로운 열정을 독려했다. 변화에는 대가가 따랐다. 거의 모든 주요 도시에서 배기가스 오염 수치가 너무 높아 폐질환을 포함한 많은 건강 문제를 일으킨다. 어디에나 소음 공해가 있다. 교통사고는 매년 거의 150만 명의 목숨을 앗아간다. 교통 혼잡은 많은 대도시 지역을 마비시킨다. 미국인은 하루에 평균 약 1시간을 종종 차에서 혼자 보낸다. 세계의 다른 지역들은 상황이 더 나쁘다. 통근은 사람들을 행복하게 하지 않는다. 새로운 도로들은 7년이 지나지 않아 혼잡해진다. 대중교통 체계가 항상 성공하지는 않는다. 도시들은 보도나 자전거 도로, 공원, 햇빛을 가리는 나무들, 번잡한 거리를 건너는 안전한 방법들이 충분하지 않아 보행자와 자전거를 타고 다니는 사람들을 실망시킨다.

도시와 도시 지역들은 매년 전 세계 온실가스 배출량의 70퍼센트를 발생시키고 그중 약 3분의 1은 지상 교통에서 나온다. 하지만 이 수치들은 눈

가림일 수 있다. 차량 배출 가스 대부분은 통근 거리와 연결된다. 넓게 퍼진 도시들의 탄소발자국이 밀집한 도시 지역들보다 대개 더 높다. 뉴욕은 미국에서 1인당 탄소발자국이 가장 적고 샌프란시스코가 그 뒤를 따른다. 도시들이 어떻게 성장하고 우리가 어떻게 이동하는지가 중요하다. 도시들은 지구의 육지의 2퍼센트 이하를 차지하지만 40억 명이 넘는 사람이 살고 있고 2050년까지 주로 아시아와 아프리카에서 25억 명이 더 추가될 것이다. 3700만 명이 살고 있는 도쿄는 세계에서 가장 큰 도시이며 뉴델리(2900만 명)와 상하이(2600만 명)가 그 뒤를 잇는다. 인구가 1000만 명이 넘는 메가시티는 2030년까지 43개에 이를 것으로 추정된다.

이런 동향을 저지하기 위해 도시들은 사람이 자동차에서 내려 도보나 자전거, 전기 스쿠터, 버스, 기차, 전철로 돌아가게 하는 새로운 이동 전략들을 시행하고 있다. 어떤 도시들은 특정 지역에서 자동차와 트럭을 완전히 금지한 반면 특정 요일에만 운행하도록 제한한 도시들도 있다. 이런 도시에는 파리, 보고타, 마드리드, 더블린, 런던, 함부르크, 청두, 하이데라바드 등이 포함된다. 14개국이 가스나 디젤로 움직이는 자동차의 판매를 완전히 금지하고 있고 노르웨이는 2025년을 최종 기한으로 설정했다. 이스라엘, 덴마크, 아일랜드, 네덜란드, 슬로베니아, 스웨덴은 2030년이 목표다. 도시들은 하나둘 이동 수단의 초점을 바꾸고 자전거를 탈 수 있는 기반시설, 보행자 전용 구역, 주차 공간 축소, 탁 트인 공간의 확대, 대중교통 시설의 활성화에 투자하고 있다. 도시를 걷기에 적합한 곳으로 되돌리는 데 특히 관심이 주어지고 있다. 걷기는 가장 저렴하고 단순하며 건강에 좋고 재생 가능한 이동 형태다. 그리고 대개 보람도 가장 크다.

밀라노는 20마일 이상의 거리를 보행자와 자전거 전용 도로로 전환하겠다고 발표했다. 오슬로는 주차 공간을 금지하고 언덕이 많은 지형을 다니기 위해 전기자전거를 구입하도록 장려하고 있다. 2017년에 벨기에의 헨트가 가장 번잡한 20개의 거리에 자동차 통행을 금지한 결정은 호응을 얻었다. 중국 남부에 있는 인구 1400만의 도시 광저우는 주장강을 따라 수 마일에 이르는 길을 경기장, 관광지와 연결시키는 자연 회랑을 만든 결과 세계에서 가장 높은 수준에 속하는 보행 환경을 자랑한다. 바르셀로나는 산업용 건물 구역들을 공원과 그 밖의 위락시설로 바꾸기 시작한 1980년대 이후 공공장소들을 재건하기 시작했다. 바르셀로나는 많은 거리를 사람 중심의 '슈퍼블록'으로 전환할 계획이다.

오스트리아에서는 기후·에너지·교통부 장관인 레오노어 게베슬러가 배출량을 줄이고 자동차 없는 사회를 가속화하기 위한 독창적인 계획을 도입하고 있다. 전국 어느 지역이든 주민은 하루에 3유로만 내면 버스, 기차, 전철 등 전국 모든 형태의 대중교통을 이용할 수 있다. 유럽연합에서 자동차를 소유할 때의 평균 비용이 월 600유로가 넘는다는 점을 감안하면 시민은 한 달에 500유로를 절약할 수 있는 셈이다.

자동차 안 타기 운동은 도시에서의 이동과 관련해 급속히 발달하고 있는 새로운 동향들과 합쳐지고 있는데, 그중 많은 동향이 혁신적인 기술을 중심으로 한다. 차량 전기화—특히 전력망의 에너지원이 더 청정해지고 분산화됨에 따라—는 온실가스 배출량과 대기오염을 상당히 감소시킨다. 자동주행 기술은 교통사고와 사망자를 줄일 수 있을 뿐 아니라 통근으로 인한 정서적 스트레스를 낮추는 한편 교통 서비스 취약 지역에서 이동 수단의 선택지를 확대한다. 승차 호출과 관용차, 법인용 차량을 포함한 승차 공유 서비스는 사용 중인 전체 자가용의 수를 줄일 수 있다. 자율주행 버스나 고객과 교통 당국에 똑같이 유익한, 데이터로 연결된 주문형 배치 시스템 등의 새로운 기술들로 대중교통이 활성화되고 있다.

도시 이동성의 미래에는 통합이 핵심이다. 특히 자동차, 기차, 버스, 사람이 모이는 교통 중심지에서는 더욱 그러하다. 스마트 시스템은 서로 다른 교통수단들이 디지털 방식으로 정보를 전달할 수 있게 하여 사람들이 목적지까지 가는 효과적인 경로를 계획할 기회를 준다. 앱과 데이터 수집이 이런 통합을 가능케 하지만, 목표는 대규모로 작동하는 것이기 때문에 이동 서비스에 대한 시민들의 지속적인 수요가 있어야 한다. 도시계획 설계자들에게 핵심 단계는 특히 도심으로 통근하는 마지막 구간에서 자가용을 포기하도록 사람들을 설득하는 것이다. 이런 새로운 이동 시스템을 지지하는 주장의 근거로는 절약, 환경적 관심, 대중교통의 신뢰성 향상, 신체 활동으로 인한 건강상의 이점, 더 쾌적한 도시생활이 주는 매력 등이 있다. 연구들에 따르면 도시 거주자들에게는 자동차가 없는 이동과 이웃이라는 느낌, 공동체에 속한다는 인식 사이에 강한 상관관계가 존재한다. 그 결과 사람들은 사회적으로 더 참여한다고 느끼고 정치적으로 더 적극적이 된다. 또한 대중교통을 이용하고 전기 차량과 재생에너지 도입을 지지할 가능성이 더 많아진다.

어떤 면에서 이런 새로운 이동성은 도시의 원래 개념으로 돌아가는 것이다. 아테네, 리스본, 예루살렘, 밀라노, 하노이, 베이징, 델리—이 초기 도시들은 오늘날까지 남아 있는 공유 공간들을 만들었다—는 거리, 작업장, 예배 공간, 시장, 공공 지역, 스포츠 경기장을 공유했다. 밀려왔다 밀려갔다 하는 인파가 기반이 된 생활 속에서 사람들은 서로 어우러지고 골목에서 밀치락달치락하며 살았다. 오늘날 이런 경험이 재현되어 여러 이점을 제공할 수 있다. 초점을 차에서 사람으로 옮김으로써 도시들이 생활하고 일하는 활기찬 곳으로 되살아날 수 있다. 그 과정에서 이동성 계획자들과 도시 거주민들은 수세기 동안 되풀이되어온 질문을 던진다. 우리의 거리는 무엇을 위한 것인가? 공용 공간을 활용하는 가장 좋은 방법은 무엇인가? 우리는 어떻게 돌아다녀야 하는가? 어떤 결정을 내려야 우리 생활이 쾌적해지고 우리의 도시가 더 공평한 곳이 되는가? 앞으로 도시들이 성장하고 인구가 더 밀집됨에 따라 생활을 개선시킬 뿐 아니라 안전하고 즐거우며 공통의 목표를 성취할 수 있는 이동 시스템을 만드는 것이 필수다.

15분 도시The Fifteen-Minute City

스페인 카탈로니아의 오래된 도시 히로나의 람블라 데 라 리베르타트 거리

신선한 식품, 의료 서비스, 학교, 사무실, 상점, 공원, 체육관, 은행, 다양한 오락시설 등 여러분에게 필요한 모든 것을 집에서 15분 걷거나 자전거를 타고 가면 구할 수 있는 도시에 살고 있다고 상상해보자. 그곳까지 가는 길에는 자동차가 없고 나무 그늘이 드리운 안전한 동네이며, 사람들이 다니면서 서로를 알게 될 수 있다. 동네들이 서로 연결되면 공동체가 활성화되고

강화되며 온실가스 배출량이 감소한다. 또 깨끗한 공기와 능률적인 대중교통 시스템으로 거주 적합성이 향상된다.

이런 곳이 15분 도시라고 불리는데, 상상에만 존재하는 도시가 아니다. 파리 시장 안 이달고는 거리에 차량을 제한하는 한편 도시의 전 지역에서 걷기와 자전거 타기, 사람 우선의 경제개발을 위한 선택지를 증가시키는 야심찬 계획을 시행해왔다. 2016년 센강을 따라 뻗어 있는 혼잡한 도로에 차량 운행을 금지하여 보행자들이 자유롭게 통행할 수 있게 했다. 또 샹젤리제 등 주요 거리를 포함해 도시에 1000킬로미터의 자전거 도로를 완공한다는 목표로 대규모 공사가 진행 중이다. 결과적으로 모든 거리에 자전거 도로가 생길 것이다. 공간을 마련하기 위해 자가용 주차장 6000개가 제거 대상이 되었다. 코로나가 대유행하는 동안 이런 노력은 가속화되었다. 파리는 또한 대상 동네들의 신규 사업에 자금 지원을 하고 녹지를 증가시켰다. 또 도시 농업 프로젝트를 장려하고 학교 건물들을 표준 업무 시간 외까지 이용할 수 있도록 했다. 이는 2050년까지 탄소 중립을 이루겠다는 파리의 계획의 일환이지만 또한 그 이상이기도 하다.

이달고 시장이 수용한 15분 도시 개념은 파리 소르본대학의 카르롤스 모레노 교수가 개발했다. 그는 걷거나 자전거를 타거나 대중교통을 이용해 조금만 이동하면 모든 생활 필수품에 접근할 수 있어야 한다고 생각했다. 원래는 운송 부문의 온실가스 배출 감소에 초점을 맞추었던 그의 연구는 가정, 직장, 오락적인 면에서 주민들의 요구를 충족시키고 걷기 좋은 동네들로 이루어진 모자이크로서의 현대 도시에 대한 비전으로 이어졌다. 핵심은 가능한 한 많은 서로 다른 활동을 한 지역에 결합하는 것이다. 모레노는 또한 학교, 도서관 등의 공간을 업무 시간 외의 시간을 포함해 여러 용도로 사용하는 것을 지지한다. 통근 시간이 단축되고 자가용의 필요성이 줄어들면

거리가 보행자들을 위해 개방되어 사람들을 집에서 끌어내 근방의 소매점들을 찾고 여가활동을 하게 한다. 2019년 한 해만 해도 파리의 차량 통행이 8퍼센트 감소되었다. 이런 결과는 주민들에게 더 깨끗한 공기라는 또 다른 이점을 제공한다. 자동차 공해는 폐질환, 심장질환, 아동의 인지 기능 저하 등 여러 질병의 원인이다. 교통 소음은 우울증 및 불안 상승과 관련 있다. 15분 도시에서는 둘 다 상당히 감소된다.

이런 움직임은 전 세계에서 일어나고 있다. 2015년에 오리건주 포틀랜드는 주민의 80퍼센트가 자전거나 도보로 기본 생필품에 쉽게 접근하게 한다는 목표를 설정하고 저소득층 동네들에 중점을 두었다. 스페인에서는 마드리드가 팬데믹 이후 회복 정책의 일환으로 15분 도시 모델로 이행하는 계획을 발표했다. 이 계획은 보행자들을 위한 공공 공간을 위해 차량 접근을 축소시킨 바르셀로나의 슈퍼블록 시스템에서 영감을 얻었다. 중국의 도시들은 공동체들이 자동차가 없는 중심지와 연결되는 15분 공동체 생활권15-Minute Community Life Circle을 발전 계획에 포함시키고 있다. 한편 오스트레일리아의 멜버른은 약간 확장된 버전을 실험하고 있다. 플랜 멜버른 2017~2050은 사람들이 일상생활에 필요한 것의 대부분을 충족시킬 수 있는 '20분 동네'를 만드는 것을 목표로 한다. 2020년 9월에 시애틀은 15분 도시 개념을 새로운 버전의 도시 종합계획의 지침 원리로 검토하겠다고 발표했다. 그렇게 하면서 시애틀은 살기에 적합한 공동체를 위해 15분 도시의 조성을 강조하는 'C40 시장들의 녹색 및 공정 회복 의제C40 Mayors Agenda for a Green and Just Recovery'라 불리는 전 세계적인 노력에 가담했다.

15분 도시 개념의 핵심은 사람이 이용할 수 있는 이동 수단들 중 가장 등한시된 것, 바로 걷기다. 우리는 직립보행을 할 수 있던 거의 400만 년 중 대부분의 기간에 두 발을 주된 이동 수단으로 의지했지만, 최근에 도시들에서 자동차와 대중교통이 우위를 차지하면서 걷기는 대체로 여가활동이 되었다. 도시들은 자동차와 트럭을 수용하도록 건설된 거리들에 지배되어 도시계획과 설계의 속도 및 편의를 최대로 활용한다. 개인 차량 소유는 이동성에 이점을 제공하는 반면 공원보다 주차장을 우선순위에 두게 하고 도시가 제멋대로 뻗어나가게 했으며 공해를 일으키는 교통 시설을 고착시켰다.

그러나 15분 도시는 맹인, 장애인, 걷지 못하는 사람, 밀집된 도심지에서 살 형편이 되지 않는 사람, 소득이나 인종, 나이와 관련된 격차 때문에 교통수단을 제한적으로만 이용할 수 있는 지역에 사는 사람들에게는 매우 다른 의미를 지닌다. 보행편의성은 특히 별로 부유하지 않은 동네들에서 역설적으로 특권이 되었다. 보도는 선택이 아니라 필수다. 정기적이고 자주 운행되며 노선이 정해져 있는 보조교통 서비스도 마찬가지이며, 인구가 밀집한 부유한 동네에서만 필수적인 건 아니다. 15분 도시가 포용적이 되기 위해서는 사람들이 안전하고 신뢰성 있게 통행 경로를 연결할 수 있는 보행자 기반시설에 많은 투자를 해야 한다. 공원, 초목, 연석 경사로, 보행자 친화적인 교차로가 모든 동네에 필수가 되어야 한다. 또한 도시들은 적절한 가격에 초점을 맞추어야 하며, 특히 주택 문제에 있어 더욱 그러하다. 사람들이 교통 서비스와 가까운 곳에 사는 것과 더 저렴하게 구할 수 있는 멀리 떨어진 집이나 아파트에서 사는 것 중 양자택일해야 하는 경우는 너무 흔하다. 15분 도시에서는 접근성이 속도와 이동의 용이성만큼 중요해야 한다. 도시들이 시장, 상점, 학교를 포함한 자원들에 대한 공정한 접근을 증대시키기 위해 노력함에 따라 도시가 더 지속 가능하고 사람과 공동체들 사이의 유대를 강화할 수 있다는 것을 증명하고 있다.

15분 도시에는 공통된 핵심 요소들이 있다.

- 모든 동네의 주민들이 필수 재화와 서비스, 특히 신선한 식품과 의료 서비스에 접근하도록 한다.
- 모든 동네가 여러 다른 크기와 적절한 가격 수준의 주택(이전의 사무실 건물 포함)들을 갖추도록 독려하고 여러 유형의 가정을 수용하여 사람들이 직장에서 더 가까운 곳에 살 수 있도록 한다.
- 복합 용도의 소매 공간과 사무실 공간, 코워킹 기회, 재택근무, 특정 서비스들의 디지털화를 촉진한다. 이 모두는 이동의 필요성을 줄인다.
- 정부의 지원이 불충분한 저소득층 동네들을 투자 대상으로 집중 조명하고 개선 조치들에 참여하도록 주민과 사업체들을 독려한다.
- 지역 특유의 요구에 대응하기 위해 도시 고유의 문화와 환경에 맞춰 조성할 수 있다.
- 다른 동네들과 연결되는 대중교통 수단들이 빈번하고 신뢰성 있게 운행되어야 한다.
- 건물 1층은 "거리를 향해" 열린 형태로 사용하도록 장려해 거리가 번창하도록 돕는다.
- 다른 용도로 쉽게 전용하도록 설계된 건물들을 포함해 건물과 공공 공간의 융통성 있는 사용을 장려한다.
- 매력적인 거리 풍경, 녹지 등 위락시설의 필요성을 높인다.

자동차의 시대가 서서히 저물면서 도시는 주민들을 위해 재설계되고 있으며, 건강에 더 유익하고 활기차며 회복력이 높아질 수 있는 방법을 발견하고 있다.

오스트리아 빈에 있는 24층짜리 호호 타워 단지는 현재 세계에서 가장 높은 목조 건물이다. 이 건물에는 호텔, 아파트, 식당, 건강 증진 센터, 사무실이 입주해 있다. 건물의 대부분이 조립식으로 미리 제작되어 현장에서 조립되었다. 건축 체계는 의도적으로 단순하게 유지되었고 지주, 장선, 천장재, 외관 요소라는 네 가지 조립식 건축재 더미들로 이루어졌다. 오스트리아산 가문비나무로 된 약 800개의 목조 기둥이 바닥을 지탱한다. 이 건물은 '패시브하우스passive house(단열공법을 이용해 내부 열이 새어나가는 것을 막아서 에너지 사용량을 절감하는 집—옮긴이)'의 에너지 효율을 달성하도록 설계되었다.

탄소 건축은 건축물을 짓는 데 사용되는 원자재를 탄소를 격리하는 바이오 기반 자재들로 교체하는 설계 운동이다. 탄소 건축은 암석(강철과 시멘트) 대신 섬유로 건물을 짓고, 건축 산업을 기후변화의 주도자에서 탄소 흡수원으로 변화시키기 위해 대기에서 이산화탄소를 끌어내는 식물성 자재들을 택한다. 탄소 건축은 지구를 뜨겁게 만드는 게 아니라 시원하게 하는 건축법이다. 지구의 인구는 향후 30년 동안 24퍼센트 증가할 것이고, 따라서 전통적인 방식으로 주택과 상업 공간, 일터를 지으려면 어마어마한 양의 강철과 콘크리트가 필요할 것이다. 탄소 건축은 도시들을 탄소 배출원이 아니라 탄소 흡수원으로 바꿀 수 있다.

탄소 건축에서 사용되는 원자재는 내구성, 내화성, 구조 강도 면에서 강철, 시멘트, 벽돌, 돌과 경쟁력 있도록 처리된 목재, 흙(점토), 대나무, 짚, 대마가 주를 이룬다. 초기의 그린 빌딩 운동은 건물 운영에 따른 탄소 배출

량—건물의 냉난방과 전력 공급으로 발생하는 배출량—감소에 초점을 맞추었다. 미국의 총 배출량의 약 29퍼센트가 건물에서 나오기 때문에 일리 있는 전략이었다. 강철, 유리, 도료, 시멘트, 벽돌을 제조하는 데 필요한 탄소 함량은 내재 탄소로, 최근까지 중요하게 여겨지지 않았다. 오늘날에는 대지 안에서 생산하는 에너지만큼 사용하거나 그보다 더 적게 사용하는 탄소 중립 건물이 수천 개에 이른다. 탄소 건축은 여기서 더 나아가 전원을 켜기 전부터 탄소를 격리하는 건물을 짓는다. 목표는 도시를 변화시키기 위해 생물체에서 유래된 물질로 지어진 건물, 원시림보다 에이커당 더 많은 탄소를 포집하고 저장할 수 있는 저층 및 중층 건물이다. 본질적으로 탄소 건축은 탄소를 격리하는 자재들을 건조 환경으로 옮기는 것이다. 패널을, 기둥을, 바닥을, 건물을 바꾼다. 지금 우리가 도시라고 생각하는 것의 완전한 변신이다.

점토는 수천 년 동안 석조 건물에 사용되어왔다. 아도비 점토와 짚을 섞어 만든 점토 벽돌을 사용한 예멘의 다층 주택들은 1000년이 지난 뒤에도 건재하다. 점토는 정전하를 띤 극도로 미세한 입자들을 함유하고 있다. 진득진득하고 끈적거리는 매체가 가마에서 건조되어 내구성 있고 물이 새지 않는 세라믹이 될 수 있는 것은 그 때문이다. 점토는 강도 면에서 시멘트를 대체할 순 없지만, 다른 면들에서는 콘크리트를 대신할 수 있고 철망이나 대나무로 보강하여 바닥재나 조리대, 벽돌에 사용할 수 있다.

쌀, 밀, 호밀, 귀리, 보리, 대마를 지탱하는 속이 빈 연약한 작은 줄기인 짚을 생각해보자. 매년 이 곡물들과 씨앗을 수확하고 나면 남는 것은 관 모양의 줄기에 저장된 탄소다. 전 세계적으로 매년 수십억 파운드의 짚이 나온다. 건축가와 재료 과학자들은 20억 톤의 셀룰로오스를 패널, 건축용 블록, 단열재로 바꾸길 원한다. 짚과 대마를 대체재로 이용할 방법은 많다. 하지만 건축 법규와 산업은 위험을 피하려 하고 보수적이다. 건축가, 엔지니어, 도급업자들은 완공 후에 구성재 결함으로 인한 소송 발생을 경계하고 '전염성 반복infectious repetits(오래된 잘못을 생각 없이 반복하는 경향—옮긴이)'이라고 불릴 만한 안전한 전략을 추구한다. 관례적인 방식으로 건축하면 위험은 덜할 것이다. 짚의 이점은 풍부하다는 것과 비용에 있다. 유럽에서는 상황이 더 낫다. 프랑스는 1990년대 초부터 대마로 건물을 지었고 유럽연합 최대의 대마 생산국이다. 스페인에서는 건축가 모니카 브뤼머가 바이오섬유biofiber로만 만들어진 벽돌, 블록, 단열판, 펠트, 판자를 제조하는 카나브릭사를 설립하고 상당한 시장을 창출했다.

수세기 동안 가장 풍부한 구조재는 목재였다. 중국 잉현應縣에 있는 높이 220피트의 9층 목탑은 900년 전에 지어져 전쟁과 지진, 왕조 교체를 견디고 살아남았다. 이 목탑은 못이나 볼트, 철사, 금속을 사용하지 않고 수백 가지 다양한 소목 기법에 의해 결합되어 있다.

목재는 20세기까지 모양을 낸 통나무나 제재목 형태로 사용되었다. 저렴한 화석연료가 득세하고 화석연료의 장단기적 영향에 대한 인식이 부재하던 시대에는 강철과 콘크리트가 장악했다. 강철과 콘크리트의 이점은 강도, 내구성, 획일성에 있다. 엔지니어들은 전단 강도와 하중 지지 강도에 필요한 자재들을 정확하게 명시할 수 있다. 강철과 콘크리트의 과제는 무게다. 건물이 높을수록 낮은 층들에 가해지는 하중과 압력은 더 크다. 이는 건물을 지탱하기 위해 더 많은 강철을 사용해야 한다는 뜻이다. 건물들이 더 높아지면서 물질 집중도는 기하급수적으로 높아졌다. 강철과 콘크리트가 비교적 비싸지 않을 때는 집중도는 고려 사항이 아니었다. 오늘날에는 강철과 콘크리트를 사용할 때의 실제 비용이 명목 가격을 훨씬 넘어선다. 연간 탄소 배출량이 각각 약 37억 톤, 26억 톤에 이르기 때문이다. 철의 채굴이 미치는 영향과 시멘트를 만들기 위해 해안에서 모래를 파헤치고 훔쳐가는 것은 환경에 미치는 직접적인 영향 두 가지에 지나지 않는다.

지난 20년 동안 건축가와 설계자들은 저층 및 중층 건물에서 강철과 콘크리트를 제거한다는 가능성에 고무되어 '고층 목조 건축물tall wood' 운동을 일으켰다. 그리고 이 운동은 인기를 얻었다. 미국에서 가장 큰 상업용 대형 목조 건물은 오리건주 포틀랜드에 있는 '카본 12' 빌딩이다. 12는 8층의 높이가 아니라 탄소의 원자번호를 가리킨다. 대형 목재와 복합 대형 목재로 완공된 건물들은 프랑스, 오스트레일리아, 이탈리아, 스웨덴, 영국에서 볼 수 있다. 노르웨이 브루문달에 있는 미에스토르네는 최근까지 세계에서 가장 높은 대형 목조 건물이었다. 미에스토르네는 아파트와 호텔이 입주한 높이 280피트의 18층짜리 건물이다.(대지 내에 있는 25미터 길이의 수영장 두 곳도 전부 목재로 지어졌다.) 내부의 기둥, 들보, 교차 버팀재에는 유연성과 내화성이 높은 대형 집성목(글루램)이 사용되었고, 내벽, 승강기통, 발코니, 계단에는 직교적층목재Cross-laminated timber, CLT를 사용했다. 목재는 강판, 장부촉으로 연결되었다. 목재는 인증된 지속 가능한 삼림 관리 방식으로 수확된 것이어야 한다.

브리티시컬럼비아대학에 있는 8층짜리 기숙사 건물인 브록 코먼스는 높이가 174피트로, 세계에서 세 번째로 높은 대형 목조 건물이다. 대형 목조 건물들은 조립식 부재들로 구성되기 때문에 브록 코먼스는 구조물이 완공되는 데 70일이 채 걸리지 않았다. 퍼킨스앤윌의 건축가들은 시카고의 80층짜리 건물인 리버 비치 타워의 설계도를 제출했다. 대형 목조 건물은 디자인이 혁신적이고 지역에서 구하기 어려운 구조재들을 포함할 뿐 아니라 학습이 필요하기 때문에 비용이 더 많이 든다. 계획과 설계에 착수한 여러 대형 목조 건물은 자금 조달 문제 때문에 연기되거나 취소되었다.

___ 캐럴라인 팰피는 호호 비엔나 빌딩의 총괄 건축가이자 엔지니어, 프로젝트 개발자다. "우리는 현재 건설업계에서 일어나고 있는 목재 붐으로 목재 자원이 위태로워지지 않느냐는 질문을 계속 받는다. 오스트리아에서 숲은 매년 3000만 입방미터의 목재용 수목을 생산하고 그중 2600만 입방미터가 통나무용으로 벌채된다. 나머지 400만 입방미터는 숲에 남아 목재 비축량을 계속 증가시킨다. 다시 말해, 매초 1입방미터의 나무가 다시 자라고 따라서 호호 비엔나 프로젝트 전체에 사용된 목재에 해당되는 나무가 우리의 숲에서 불과 1시간 17분 만에 다시 자랄 것이다."

목재는 온실가스 배출량이 강철과 콘크리트가 만들어내는 배출량의 12퍼센트에 불과하기 때문에 생태학적 이로움은 상당히 크다. 목재 지지자들은 제조 과정에서 2000톤의 이산화탄소를 배출할 강철과 콘크리트 건물이 대형 목재로 지어지면 2000톤의 이산화탄소를 포집할 것이라고 계산한다. 내화성 문제는 대형 목조 기술을 공부하지 않은 이들에게 가장 일반적인 걱정거리다. 불은 건식 벽(석고)으로 해결할 수 있다. 그러나 대형 목조 건물의 자재들에 대한 예일대학의 한 연구는 글루렘과 CLT가 더 이상의 연소를 막는 보호용 탄화층을 형성할 수 있다고 명확하게 언급했다. 목조 건물들은 이론상의 화재가 어떻게 구조재를 부분적으로 약화시킬 수 있는지

고려하여 지어진다. 어떤 자재도 본질적으로 내화성에 취약하다. 강철은 고열에 노출되었을 때 형태가 바뀌기 쉽고 구부러져 구조 붕괴로 이어질 것이다.

공학 목재engineered wood는 산림 간벌로 얻은 작은 나무들, 상업적으로 유용하지 않은 제재 판재, 조림지에서 키운 나무들, 산불로 죽었지만 아직 썩기 시작하지 않은 나무들, 건물 철거에서 회수한 목재 등 다양한 원료로 제조된다. 작은 목재 조각들을 접착하여 큰 나무 한 그루로 만든 들보보다 더 강도가 높고 현시점에서 온대림에서 얻을 수 있는 목재보다 훨씬 더 큰 목재를 만든다. 하지만 대형 목조 건물들의 인기가 높아짐에 따라 삼림이 벌채될 수 있다. 지금까지 목조 건물을 짓기로 선택한 기업들은 건물의 의도에 맞는 목재를 원료로 사용하길 원했다. 대형 목조 건물들에는 또 다른 이점이 있다. 무게가 강철과 콘크리트 건축물의 80퍼센트라는 것이다. 고층건물 무게의 90퍼센트는 강철과 콘크리트의 무게다. 강철과 콘크리트는 자재에서 배출되는 온실가스의 90퍼센트를 차지한다. 만약 대형 목조 건물들이 강철과 콘크리트 건물보다 비용이 낮아졌는데 목재에 대한 수요가 원시림 체계에 피해를 준다면 목재를 대체할 더 강한 자재가 있다. 바로 대나무다.

대나무로 만든 널빤지들을 적층하여 목재보다 강도와 내구성이 우수한 판재, 들보, 기둥, 합판, 바닥재, 패널을 제작할 수 있다. 그리고 대나무는 빨리 자라는 나무들보다 훨씬 더 많은 탄소를 격리한다. 탄소 상쇄가 매년 쉽게 확인되고 측정되어 대나무가 목재보다 경제석 이짐을 얻는다. 또한 많은 원예사가 발견한 것처럼 나무와 달리 대나무는 잘라도 죽지 않는다. 줄기에서 수십 년 동안 무한정으로 대나무를 수확할 수 있다.

바이오 기반 자재들에 대한 연구 및 적용을 둔화시키는 주된 원인은 타성에 젖은 인식과 지식, 건축 법규 같은 규제 환경이다. 특정 방식으로 제품을 만들면서 오랫동안 번성한 어느 산업에서나 그런 것처럼 저항이 있게 마련이다. 하지만 식품, 에너지와 마찬가지로 건축가, 엔지니어, 기업들이 생물학적으로 건설된 세계로 가는 방법을 보여줌에 따라 전환은 이뤄지고 있다.

7. 식량
Food

인류는 200만 년 동안 식량을 구하려고 노력했다. 인류는 아프리카에서 발생해 아시아, 유럽, 남북 아메리카로 이주했고 도구와 정착지, 불, 식물과 동물에 대한 복잡한 지식을 발달시켰다.

이탈리아의 크리스토퍼 콜럼버스는 생강, 강황, 육두구, 후추, 커민, 계피 등 풍미를 돋우고 소화를 돕기 위해 유럽에서 사용하던 향신료를 가지고 돌아오는 임무를 안고 대서양을 건너 인도와 중국으로 가는 서쪽 관문을 발견하기 위해 스페인의 팔로스 데 라 프론테라를 출발했다. 콜럼버스의 배 세 척이 히스파니올라섬에 상륙했을 때 그들이 마주친 사람들은 아시아인이 아니라 오늘날 우리가 도미니카 공화국과 아이티로 알고 있는 섬에서 평화롭게 살고 있던 타이노족이었다. 콜럼버스는 네 차례 아메리카로 항해했지만 그가 계피라고 주장한 나무껍질 말고는 향신료를 발견하지 못했고, 자신이 인도로 가는 서부 항로를 발견했다고 끝까지 믿었다. '인디언indian'이라는 단어는 그의 무지를 알려주는 지금도 남아 있는 증거다. 콜럼버스가 타이노족에게 안겨준 것은 질병, 약탈, 노예제, 강간, 고문, 몰살에 가까운 학살이었다.

콜럼버스와 그의 뒤를 이은 유럽인들이 발견한 것은 선주민 문화들이 일궈온, 푸르게 우거지고 먹거리가 풍부한 경관이었다. 초기 개척자들은 새로운 식품들, 특히 감자를 가지고 돌아와 유럽 대륙의 만성적인 기아를 완화했다. 그들이 '발견한' 또 다른 중요한 식용작물은 옥수수였다. 옥수수는 중량 기준으로 오늘날 세계에서 가장 많이 재배되는 곡물이다. 아메리카 대륙에서 선주민들이 발달시킨 세 가지 근채류—감자(페루에만 3800개 품종), 고구마(400개 품종), 카사바—를 합치면 세계에서 가장 큰 칼로리원이다. 카카오, 토마토, 아보카도, 고추, 붉은 고추, 칠리, 땅콩, 캐슈, 해바라기, 바닐라, 파파야, 블루베리, 딸기, 시계꽃 열매, 피칸, 버터넛 스쿼시, 호박, 애호박, 메이플 시럽, 크랜베리, 타피오카(카사바 나무에서 얻는다), 그리고 수백 가지 품종의 콩을 추가하면 아메리카 선주민 농민들이 탁월한 식물 재배자라는 것을 어렵지 않게 인정할 수 있다.

세계 대부분의 지역은 이제 더 이상 식량을 구하려 애쓸 필요가 없다. 비할 데 없는 풍족함을 불러온 엄청나게 복잡하고 정교한 체계로 식량이 우리에게 오기 때문이다. 그러나 오늘날의 식량 체계는 지구온난화, 토양 손실, 화학적 중독, 만성질환, 우림의 파괴, 죽어가는 해양의 가장 큰 단일 원인이다. 사람들은 먹고 맛보는 것을 좋아한다. 따라서 무수한 해악을 끼치고 공격을 가하는 식량 체계이지만 토양, 기후, 공동체, 문화, 인간의 건강을 되살릴 엄청난 기회도 제공한다. 식량 체계는 핵심 솔루션이다. 숲, 농지, 토양, 해양, 도시, 물, 산업, 에너지 등 이 책에서 다룬 인간의 노력과 영향의 모든 측면을 제고하거나 손상시키기 때문이다. 우리의 식량 체계를 되살리는 열쇠는 미각이다. 터무니없는 말처럼 들리겠지만, 상업적으로 생산된 가공식품 때문에 우리는 미각의 일부를 잃었을 가능성이 크다. 그 미각을 되찾아야 한다.

혀에 돋아 있는 미세한 구조의 미뢰를 현대 식품 산업이 장악해왔다. 언어가 단어 수백 개와 몇 마디의 투덜대는 말로 축소될 수 있는 것처럼 인간의 영양 해독력도 대체로 짠맛, 단맛, 신맛, 기름진 맛이라는 네 가지 강한 맛으로 축소되어왔다. 프렌치프라이, 콜라, 햄버거에서 이 맛들을 모두 얻을 수 있다. 조달업자는 크래프트 하인츠, 펩시, 몬델레즈, 맥도널드, 마즈, 네슬레 등 집합적으로 빅 푸드Big Food라고 불리는 대형 식품 업체들이다. 이런 제조업체들은 사람의 입에서 일어나는 일, 후각 반응과 식감, 이런 맛들이 사고력을 압도하고 뇌와 행복에 영향을 미치는 것에 대해 우리보다 훨씬 더 많이 알고 있다. 이것은 식품화학이라고 불리는 분야의 파생물이다.

제2차 세계대전 이후 인간은 슈퍼마켓이라는 쳇바퀴 속의 햄스터가 되어 초가공되고 지방이 함유된 디저트, 설탕이 든 케첩, 변성된 흰 빵, 심장을 손상시키는 짠 스낵을 먹고 살았으며 미뢰에 의해 착취당해왔다. 그러나 미뢰는 수천 년 동안 사람을 비만과 당뇨병 환자로 만드는 게 아니라 치유하고 보호하도록 진화했었다. 세계의 많은 지역에서 정크푸드는 높은 지위에 올라 있다. 미국식 패스트푸드점에서 식사하면 수준 높고 부유하다고 여겨진다. 중국에서는 비만이 널리 퍼져 18세 이하 아이들의 약 16퍼센트가 비만이다. 아동 비만은 만성질환의 시작과 훗날 조기 사망을 예고하는 거의 완벽한 지표다.

입속의 미뢰는 유인당하고 조작되는 노리개가 아니다. 미뢰들은 진화 그 자체이며 스승이자 친절한 존재이고 지침이다. 당신의 입안에서 움직이는 그 촉촉하고 거의 파충류처럼 생긴 혀는 친한 친구이자 동지, 수십억 년간 축적된 지식과 진화의 직접적 연장선으로 몸속의 모든 세포와 연결되어 신호를 보낸다. 혀는 몸이 독소를 감지하는 방식이며, 무엇이 우리 몸이 되어야 하고 되지 말아야 하는지 판단하는 면역체계의 가장 강력한 첫 표현이다. 또 인간이 자신이 생명체라고 말할 수 있는 유일한 생명체, 서식지를 의식적으로 파괴하고 욕구와 식욕에 생물학적 한계가 있음을 이해할 수 있는 생명체로 발달한 방법이다. 누구나 먹을 때 선택을 한다. 음식을 선택하면서 세상을 개선시키거나 해를 입히고, 몸을 예우하거나 해치고, 삶에 도움이 되는 환경들을 유지시키거나 퇴화시킨다.

이번 장에서는 기업형 농업과 빅 푸드가 땅, 토양, 식량, 환경, 건강을 어떻게 퇴화시켜왔는지, 그리고 되살리기가 이 다섯 가지 모두를 어떻게 되돌릴 수 있는지 설명한다. 전 세계의 공동체 집단, 선주민 부족, 농민(대규모, 소규모), 요리사, 활동가, 영양사, 음식점, NGO들에게 토양과 기후, 지구의 안녕 간의 연관성은 분명해졌다. 이들 모두는 믿을 만한 식품의 완전무결성과 영양을 되찾고 지구의 생물들을 지원하도록 설계된 새로운 식량 체계를 마련하기 위해 노력하고 있다.

아무것도 낭비하지 않기 Wasting Nothing

인간을 위해 생산된 식량의 거의 3분의 1이 우리 입으로 들어가지 않는다. 그중 일부는 추수가 끝난 들판에 남겨지고, 일부는 농장에서 소매상으로 운송하는 중에 손상되거나 제대로 냉장 보관되지 않거나 잘못 취급되거나 결함이 있어서 식품 회사들이 거부하여 사라진다. 일부는 가공 중에 버려진다. 상점, 식당, 식품 서비스 업체들은 팔리지 않거나 먹지 않은 식품을 폐기한다. 가정에서는 남은 식품의 대부분을 쓰레기통으로 보낸다. 일부 음식물 쓰레기는 퇴비로 만들거나 기부되거나 동물 사료가 되지만 미국에서는 90퍼센트 이상이 매립지로 보내진다. 일부는 소각된다. 한편 전 세계 1억 3500만 명이 매일 극심한 굶주림과 식량 불안정에 허덕이고 8억 명이 영양 부족 상태다. 코로나가 유행하는 동안 4000만 명이 넘는 미국인이 식품 불안정을 겪은 것으로 추정된다.

식품을 먹지 않고 낭비하면 미국에서는 매년 2000억 달러 이상, 전 세계적으로는 1조 달러의 돈을 낭비하는 셈이다. 식품을 낭비하면 먹을 것이 충분하지 않은 사람들에게 식품을 공급할 기회를 낭비하는 것이다. 비영리 기관인 리페드ReFed는 2019년 미국에서 거의 1300억 끼니에 달하는 5000만 톤의 식품이 팔리지 않거나 소비되지 않았다고 추정한다. 식품을 버리면 생산에 들어가는 노동, 운송, 가공, 포장, 조리 등의 자원도 낭비하는 것이다. 추수 뒤에 농지에 남겨진 농작물은 땅에 갈아 묻거나 생물 침지기biodigester를 이용해 재활용될 수 있지만 매립지에 쌓이고 묻힌 식품들은 썩으면서 메탄을 생성한다. 음식물 쓰레기 전체에서 발생하는 온실가스는 지구 총 배출량의 9퍼센트를 차지하며, 매립지의 배출량을 계산에 넣으면 12퍼센트에 이른다. 전체 음식물 쓰레기를 60퍼센트 줄이면 총 온실가스 배출량은 7퍼센트 감소할 것이다.

식품 손실은 농장에서 소비자의 포크로 가는 모든 단계에서 발생한다. 미국에서 가장 흔히 버려지는 식품은 곡물 식품이고 유제품이 그 뒤를 따른다. 그다음이 신선한 과일, 채소, 조리식품, 베이커리 제품이다. 농장에서는 노동력 부족이나 높은 비용, 결함, 타이밍, 혹은 낮은 가격 때문에 추수 뒤에 거의 항상 농작물이 남겨진다. 또 제조 과정에서 식품의 껍질을 벗기고, 껍데기를 까고, 씨를 빼고, 줄기를 떼어내고, 다듬고, 뼈를 발라낸다. 이 작업들에서 나온 부산물은 다른 용도로 쓰이기도 하지만 대부분은 버려진다. 소매 단계에서는 고객이 다양성, 신선함, 보기 좋은 겉모양을 요구하여 얼마든지 먹을 수 있는 식품이 선반을 지키는 신세가 된다. 식당과 식품 서비스 제공자들은 재료를 완전히 갖춘 주방이 필요하지만 대량 구입과 보관은 낭비로 이어질 수 있다. 고객이 먹지 않고 남긴 음식은 버려야 한다. 가정에서는 식품을 너무 많이 구매하는 것, 너무 일찍 버리는 것, 썩을 때까지 방치하는 것, 남은 음식을 냉동하거나 퇴비로 만들지 않는 것, 이런 모든 행동이 식품 손실의 원인이 된다.

1인당 소득이 낮은 국가들에서는 식품 손실이 포크보다는 농장 가까이에서 일어난다. 사하라 사막 이남의 아프리카에서는 식품 낭비의 80퍼센트 이상이 수확, 운송, 보관, 가공 과정에서 일어나는 반면 소비자에 의한 낭비는 5퍼센트에 지나지 않는다. 반면 북아메리카에서는 식품 손실과 낭비의 3분의 2가 소비자 단계에서 발생한다.

식품 낭비를 줄이려면 공급 및 소비망의 모든 단계에서 노력이 요구된다. 집에서 적용할 수 있는 해결책에는 끼니를 주의 깊게 계획하고 준비하기, 남은 음식을 버리기보다 얼리고 다른 용도로 사용하기, 유통기한에 벌벌 떨지 않기(우리는 아직 먹어도 안전한 식품을 자주 버린다) 등이 있다. 식료품점에서는 겉보기에 완벽하지 않은 농산물도 구매해야 한다. 외식할 때 다 먹지도 못하면서 욕심내어 주문하고 싶을 때 당신의 위를 믿기 바란다. 접시를 싹 비우자. 2020년 중국의 시진핑 주석은 14억 인구의 음식물 쓰레기를 억제할 조치들을 발표했다. 이 클린 플레이트 캠페인Clean Plate Campaign은 식당들에게 판매하는 요리의 수를 줄일 것을 강력 권고하고 식당 고객들에게는 주문한 음식을 모두 먹으라고 장려한다.(중국에서는 전통적으로 접시의 음식을 남기는 것이 주인에 대한 존경의 표시였다.) 중국은 연회와 공식 행사에서의 음식 낭비를 벌금으로 엄중하게 단속하고 있다. 넘쳐나는 음식이 건강을 심각하게 위협하고 있다. 중국에서는 2004년과 2014년 사이에 비만이 3배 증가했다.

공급망의 초기 단계에서는 수확, 가공, 유통 과정의 효율성을 높이고 손상을 줄이는 것이 해결책이다. 모리라는 회사는 손상을 막기 위해 천연 식용 코팅을 개발했다. 이 기술은 자르지 않은 통 농산물, 자른 과일과 채소, 단백질, 가공식품에 입힐 수 있는 만능 보호막을 만들기 위해 실크 고유의 특성들을 이용한다. 식용 코팅은 안전하고 눈에 보이지 않으며 아무런 맛이 없고 거의 감지되지 않는다. 그리고 땅속에 쉽게 흡수될 수 있다. 모리의 코팅 기술은 탈수, 산화, 미생물 성장 등 식품이 상하는 핵심 메커니즘의 속도를 늦추어 유통기한을 상당히 늘린다. 보호 코팅은 음식물 쓰레기를 줄일 뿐 아니라 품질 유지를 위한 비닐 포장에 대한 수요도 줄인다.

나이지리아의 콜드허브라는 기업은 태양열로 가동되는 냉장 시스템을 생산하는데, 거의 모든 곳에서 전력망과 연결 없이 설치될 수 있고 사람이 서서 들어갈 수 있는 크기의 창고 형태여서 많은 양의 식품을 저장할 수 있다. 블록체인 기술은 상품을 목적지까지 더 효과적으로 이동시키기 위해 식품 공급망의 투명성을 향상시킬 수 있다. 소매 단계에서는 더 발전된 소프트웨어들이 재고 관리를 향상시키고 가변적 가격 책정을 할 수 있다. 또 고객의 선호에 맞추어 대량 주문을 조정하고, EU의 조직인 페어 셰어나 아일랜드의 푸드클라우드가 하는 일처럼 식품 기부가 준비되었을 때 판매점에 알릴 수 있다. 린패스 같은 데이터 분석 업체들은 식품 서비스 산업에서 발생하는 쓰레기를 수량화하고 추적한다. 스마트 시스템들은 가족이 먹기에 적절한 양의 식품을 주문하도록 돕고 기업가들이 신제품을 개발하도록 지원하며 '흠 있는' 농산물을 고객이 이용하는 공급망에 포함시킬 수 있다. 사전에 양을 측정하여 구성한 밀키트는 정확한 양의 재료를 제공하여 가정에서 음식물 쓰레기를 줄일 수 있다.

생산자, 상점, 소비자는 잉여 식품을 푸드뱅크에 기부하는 것을 고려해야 한다. 국제연합식량농업기구FAO는 매주 8억 2100만 명이 굶주리고 있다고 추정한다. 그들은 영양결핍undernourished이라는 점잖은 용어를 사용하지만, 어떻게 부르든 많은 지역에서 굶주리는 사람이 증가하고 있는 것처럼 보인다. 5세 이하의 아동 거의 1억 5100만 명이 왜소발육증을 겪고 있다. 글로벌 푸드뱅킹 네트워크는 거의 60개 국에서 굶주리는 사람들을 돕고 미국에서만 4600만 명을 포함해 매년 수백만 명을 지원한다. 푸드뱅크들은 식량을 재분배함으로써 매년 1050만 톤으로 추정되는 온실가스가 대기 중으로 방출되는 것을 막는다.

또 다른 해결책은 잉여 식품을 새로운 상품으로 '업사이클링upcycling(재활용품에 가치를 더해 새로운 제품으로 재탄생시키는 것—옮긴이)'하는 것이다. 이를 위한 기업가들의 노력으로는 버려질 뻔한 농산물로 수프 만들기, 과일을 가루 설탕 대체품으로 만들기, 맥주 양조 과정에서 빵을 이용해 맥아보리 대체하기 등이 있다. 콜롬비아의 한 프로젝트는 카카오콩 생산에서 나오는 유기 폐기물을 음료수, 사탕, 식이 보충제용 향신료로 만들고 있다. 또 스타트업 음료 회사인 워터멜론워터는 약간 흠이 있어 판매를 거부당한 수박으로 인기 높은 음료를 만든다. 바르나나는 농지에 남겨진 멍든 바나나와 플랜틴 바나나로 건강에 좋은 간식을 만들고, 영국의 루비인더러블은 판매가 거부된 배, 토마토 등을 케첩, 렐리시, 처트니로 업사이클링한다. 플래네테리언스는 해바라기씨유를 생산하면서 나온 씨앗 폐기물을 단백질과 섬유소가 풍부한 스낵 칩으로 변신시킨다. 음식뿐만이 아니다. 벨레스는 음식물 쓰레기 97퍼센트로 만들어진 가정용 청소세제이며 재활용 알루미늄 병에 담겨 판매된다.

음식물 쓰레기는 재생에너지와 농업에서의 토양 개량재로 재활용될 수 있다. 매사추세츠주의 뱅가드 리뉴워블스라는 스타트업은 지역 농장들에 100만 갤런의 혐기성 소화조들을 설치했다. 음식물 쓰레기를 가져와 이 소화조들에서 발효시켜 농장에서 사용하거나 지역 에너지 공급업체에 판매할 수 있는 메탄을 만든다. 유기물로 가득 찬 발효된 액체는 농장에서 천연비료로 사용되어 화석연료에서 나온 화학물질들을 대체한다. 뱅가드는 유니레버, 스타벅스, 미국의 다이어리 파머스 등 식품 공급망에 속한 기업들과 손잡고 그 기업들에서 나온 폐기물을 소화조로 보내 재생에너지로 전환하여 온실가스 감축을 위한 한 가지 방법을 마련한다.

식품은 낭비하기엔 너무 귀중하다. 식품의 맛, 영양, 전통, 사연, 자연에 미치는 영향을 생각할 때 전 세계 모든 사람이 한입, 한입을 소중하게 여겨야 한다.

모든 것을 먹기 Eating Everything

(왼쪽에서 오른쪽, 위에서 아래로), 왁스베리, 페피노 멜론, 턱받이금버섯, 야콘의 덩이뿌리

사람은 먹을 수 있는 식물을 실제로 얼마나 많이 먹고 있을까? 대답을 들으면 놀랄지도 모른다. 지구에 사는 40만 종의 식물 가운데 널리 재배되는 것은 200가지에 불과하다. 쌀, 밀, 옥수수의 세 가지 종이 우리가 식품으로 소비하거나 동물에게 사료로 주는 칼로리의 43퍼센트를 제공한다. 이런 주식들을 덜 먹고 나머지 모든 것을 훨씬 더 많이 먹도록 식단을 변경하면 우리의 건강과 자연세계, 기후변화에 큰 영향을 미칠 것이다.

우리는 얼마나 많은 식품을 먹을 수 있을까? 브루스 프렌치는 그 답을 알고 있다. 사람은 3만1000가지 식품을 먹고 있고 그 수는 계속 늘어나고 있다. 프렌치는 세계의 모든 식용 식물의 데이터베이스를 만드는 데 50년을 보냈다. 이 작업은 그가 뉴기니에서 교편을 잡던 시절 시작되었다. 태즈메이니아 출신의 농업 전문가 프렌치는 뉴기니에서 학생들의 반발에 부딪혔다. 학생들은 그가 알려주는 서구의 식물들이 아니라 토종식용 식물들에 관해 더 알고 싶어했다. 다만 프렌치는 토종식물을 전혀 몰랐다. 조사를 해나가던 프렌치는 곧 야생종이건 재배종이건 많은 토종식물이 외래종보다 영양분이 더 많다는 것을 알게 되었다. 또한 사람들의 관심을 못 받긴 하지만 그 지역에 매우 풍부하게 자랐다. 프렌치는 곧 영양실조와 싸우는 데 있어 토종식물들의 가치를 알아차리고 전 세계의 식단에서 흔히 결핍되는 다섯 가지 영양소인 단백질, 철, 아연, 비타민 A와 C에 초점을 맞춘 데이터베이스를 구축하기로 결정했다.

그의 목표는 다음의 중요한 질문에 답하는 것이다. 사람들이 사는 곳에서 어떤 식물들이 가장 잘 자라 그들에게 필요한 영양소를 충족시키는 데 도움이 될 수 있는가? 그가 내놓은 답은 먹을 수 있는 식품들의 긴 목록이다. 세계에는 561종이 넘는 식용 해초, 387가지 종류의 양치식물, 275종의 식용 대나무, 2050종의 버섯이 있다. 당신은 오이처럼 생긴 달콤한 과일인 남아메리카의 페피노 멜론, 동남아시아에서 볼 수 있고 생강과 비슷한 뿌리줄기인 싹 난 양강근, 잎을 차로 만들 수 있는 남아프리카의 약용식물 루이보스, 안데스산맥에서 자라는 데이지과 식물인 야콘의 뿌리, 설탕보다 훨씬 달고 당뇨병 치료에 사용되는 중국의 토착 과일인 나한과를 먹을 수 있다. 목록은 상상력을 자극한다. 턱받이금버섯, 크리핑 왁스베리*Gaultheria depressa*, 황새냉이, 블래더랙*Fucus vesiculosus*, 페르시아 개박하*Nepeta racemosa*, 민달걀버섯, 조이위드joyweed, 샌드푸드*Pholisma sonorae*, 포니오, 카트휠*Asclepias albens*. 사람들은 야생종이건 재배종이건 잎, 줄기, 꽃, 열매, 속껍질, 뿌리, 기름, 꽃가루, 씨앗, 수액, 싹을 포함해 식물에서 먹을 수 있는 온갖 부분을 다 먹는다.

다양성은 사람의 건강에 유익하다. 마크 하이먼 박사가 지적했듯이 음식이 약이다. 우리가 먹는 것은 몸속의 서로 연결된 기능의 광대한 생태계에서 일어나는 일의 모든 측면에 영향을 미친다. 정제당이나 탄수화물, 고도로 가공된 물질 등 잘못된 유형의 음식을 너무 많이 먹으면 이 생태계를 손상시켜 비만, 심장질환, 장기부전을 일으킨다. 그러면 그 해결책을 찾기 위해 의사와 제약업계에 의존한다. 하이먼 박사는 현대 의학은 잘못된 식품 선택을 바로잡는 데 거의 시간을 쓰지 않는다고 생각한다. 하지만 먹는 것을 바꿔 단백질, 섬유소, 비타민, 지방, 그 외의 영양소들이 건강을 회복하고 유지하도록 함으로써 우리의 파괴된 생태계를 회복할 수 있다. 소화관에 있는 미생물들은 몸의 안녕에 엄청난 역할을 한다. 당분과 탄수화물에는 나쁜 미생물이 번성한다. 몸에 좋은 미생물은 섬유질 식품, 채소, 통곡물, 사워크라우트 같은 발효식품을 좋아한다. 식품은 효소 작용에 매우 중요한 필수 미네랄을 제공할 수 있다. 목록은 이어진다. 오메가3, 폴리페놀, 파이토뉴트리언트, 산화방지제, 그 밖에도 많다. 이들은 몸의 면역체계를 개선하고 세포에 에너지를 공급하며 인체에서 유독성 물질이 제거되도록 돕는다. 핵심은, 고도로 가공된 물질들을 식물을 기반으로 한 다양한 식품으로 교체하는 것이다. 여기에는 영양소가 풍부한 김, 남아메리카에서 인기 높은 '슈퍼푸드' 콩과류 식물인 검정거북콩, 아프리카가 원산지이고 영양소가 풍부할 뿐 아니라 가뭄에 잘 견디고 가루와 스튜를 만드는 데 사용되는 동부콩, 아프리카에서 아주 오래전부터 전해내려온 곡물이며 쿠스쿠스와 비슷한 포니오, 자라는 속도가 빠른 자주색 참마인 필리핀의 우베 등이 포함된다. 또 다른 우수한 식품으로는 퀴노아, 스펠트밀, 렌틸콩, 야생 쌀, 오크라, 시금치, 향신료, 차, 호박, 아마, 삼씨 등이 있다.

예일대학의 에릭 토엔스마이어가 이끈 주목할 만한 한 연구는 거의 연구되지 않고 등한시되는 식품 유형인 다년생 채소들의 가능성을 분석했다. 다년생 채소는 약초, 관목, 덩굴식물, 나무, 선인장, 야자, 그 외의 목본 식물들을 포함해 다시 씨를 뿌리지 않아도 매년 수확할 수 있는 작물이다. 세계에는 600종류가 넘는 다년생 채소가 재배되는데, 이는 모든 채소 종의 3분의 1이 넘으며 지구 경작지의 6퍼센트를 차지한다. 테이블 올리브, 아스파라거스, 대황, 아티초크 등 일부는 잘 알려져 있다. 일년생 채소들이 작물을 생산할 수 없는 계절에 많은 다년생 채소는 작물을 생산하며, 여기에는 먹을 수 있는 잎들도 포함된다. 다년생 채소들은 사막이나 물속, 그늘이 많은 곳 등 대부분의 채소 생산에 부적당한 조건에서도 자랄 수 있다. 다년생 채소들의 3분의 1 이상이 혼농임업 시스템, 특히 불모지와 황폐해진 토양에 매우 적합한 목본 종들이다. 이들은 다양한 영양소를 공급한다. 특히 목본 종의 재배가 확대된다면 2050년까지 230억 톤에서 깜짝 놀랄 수준인 2800억 톤 사이의 온실가스가 격리될 것이다.

먹을 수 있는 모든 것을 먹으면 야생생물의 서식지가 보호된다. 농업활동, 특히 대두와 밀, 쌀, 옥수수 재배 확대로 인한 서식지 파괴로 1970년 이후 야생생물의 개체 수는 60퍼센트 감소했다. 해마다 같은 땅에 같은 작물을 재배하면 토양이 양분이 빠져나가 야생생물을 해치고 환경을 훼손하는 비료와 살충제를 집중적으로 사용하게 된다. 유축농업은 야생생물의 서식지에 상당한 영향을 미치며, 특히 땅에서 토착 식물들을 제거했을 때 더욱 그러하다. 세계의 식습관 패턴을 주로 식물이 기반이 된 식단으로 바꾸면 이런 압력을 완화하는 데 도움이 될 것이다.

먹는 식품을 다양화하는 것은 사회 정의의 문제다. 식량 체계가 미치는 유해한 영향은 유색인종 공동체들에게 가장 큰 타격을 입힌다. 빈곤과 알맞은 가격의 영양가 높은 식품으로의 접근성 부족으로 당뇨, 심장질환, 암 발병률이 높아진다. 미국에서는 흑인이 가장인 가구의 식량 불안정 비율이 백인이 가장인 가정의 2배에 이르고, 식량불안정을 겪는 사람이 전체 미국인에서는 8명 중 1명인 데 반해 라틴계는 5명 중 1명꼴이다. 아메리카 선주민은 백인들보다 비만이 될 가능성이 17퍼센트 더 높으며, 당뇨 발병률도 흑인과 라틴계 사이에서 더 높게 나타난다. 사우스다코타주에서는 아메리카 선주민들의 평균 수명이 백인들보다 23년 더 짧다. 역사적으로 아메리카 선주민들은 어류, 사냥한 야생동물, 허브, 과일, 콩, 호박, 옥수수, 야생 쌀, 덩이줄기, 영양분이 풍부한 풀들로 만든 빵을 포함해 매우 다양한 음식을 먹었다. 강제 정착으로 이런 식품들에 접근하지 못하게 되자 영양실조가 널리 퍼졌다. 그러자 미국 정부는 지방과 칼로리 함량이 높은 잉여 상품을 기반으로 한 비자발적 식품 프로그램을 시행해 문제에 대응했다. 그러자 영양실조 문제가 곧 비만 문제로 바뀌었다.

빈곤, 차별, 문화적 압박이라는 유산은 대체로 유색인종이 백인이 이용할 수 있는 유익한 식품들과 엄청나게 다양한 선택지에 접근하지 못하게 했다. 이에 대한 대응으로 세계적인 식품 정의 운동이 일어나 구조적 불평등을 바로잡고 다양한 식품으로의 접근을 막는 장벽을 없애기 위해 노력하고 있다. 선주민 농민, 교육자, 기업가, 소셜 미디어에 능통한 젊은 요리사들의 주도로 선주민의 식품과 전통적인 요리법들이 부활되었다. 그리하여 영양이 풍부하고 지역에 알맞은 식물, 동물, 어류를 바탕으로 많은 사람에게 이국적으로 보일 수 있는 선주민의 요리법이 나오기에 이르렀다. 선주민 요리

팀인 수 셰프의 공동 소유자 데이나 톰슨은 "나는 이 음식들을 '아이러니하게도 이국적'이라고 표현한다. 바로 우리 발밑에서 자라고 주변 어디에나 있는 식품이기 때문이다"라고 말한다.

___ 버몬트주 스타크스버러에 위치한 풋프린트 농장의 온실 안에 있는 테일러 멘델과 제이크 멘델. 멘델 부부는 2013년부터 이 농장의 1.5에이커 땅에서 유기농 채소들을 기르기 시작했다. 사진에서 두 사람은 150명의 CSA 회원에게 많은 당근을 보내는 작업을 하고 있다. 여덟 살 된 개 스퍼드도 어엿한 동료이며, 이 농장에 가장 최근에 합류한 멤버는 한 살짜리 아기 테오다. 이들은 미국 전역의 젊은 농민들이 또래 농민들에게서 배우며 땅을 구하고 심지어 학자금 대출 탕감을 받도록 돕는 전국청년농부연합회National Young Farmers Coalition의 열성 회원이자 지지자다.

무엇을 먹고 그 식품이 어떻게 생산되는지는 기후에 지대한 영향을 미친다. 차를 운전할 때 당신은 지금 온실가스를 배출하고 있다는 것을 알고 있다. 그런데 많은 경우, 차 뒷좌석에 놓인 식료품 봉지들이 상점까지 오가는 것보다 기후에 더 큰 영향을 미친다. 최근의 연구들에 따르면 총 온실가스 배출량의 34퍼센트는 식량 체계 때문에 발생한다. 여기에는 생산, 운송, 가공, 포장, 보관, 소매, 소비, 쓰레기가 포함된다.

식품 현지화는 가족, 친구, 공동체들을 위해 영양분이 풍부하고 신뢰할 수 있는 많은 식품을 지역에서 다시 재배하고 생산하는 단계적 과정이다. 사람들은 다양한 이유로 식량원의 현지화를 선택한다. 식품 현지화는 인간의 건강, 소아 질환, 농업 오염, 적절한 생계 수단, 사회 정의, 토양 침식, 영양실조, 도시의 식품 아파르트헤이트, 문화적·생물학적 다양성 문제를 해결한다. 생활, 건강, 물, 아동, 지구를 위해 식품 현지화보다 폭넓은 이점들을 아우르는 단일 활동은 없다.

인류가 발생한 이후 대부분의 기간에 사람들은 사냥하거나 채집하거나 재배하거나 거래로 구할 수 있는 것들을 먹었다. 철도가 등장할 때까지 농업은 대체로 지역적 활동으로 남아 있었다. 그러나 장거리 트럭 수송을 포함한 운송 시스템이 원거리 시장의 문을 열자 토양과 기후가 가장 적합한 곳에서 밀, 옥수수, 보리, 호밀 등의 작물을 재배하는 것이 경제적으로 타당해졌다. 그리고 냉장 기술이 발달하면서 과일과 채소들이 그 뒤를 이었

___ 론 핀리는 로스앤젤레스에서 갱스터 정원사라고 불린다. 그는 로스앤젤레스 중남부의 '식품 감옥food prison'을 과일과 야채가 자라는 오아시스로 변화시키기 위해 도로의 중앙분리대, 보도, 사용되지 않는 시 소유지를 포함해 노지가 발견되는 곳이면 어디든 채소정원을 가꾸는 것으로 유명하다. 핀리는 또한 패스트푸드가 그가 살고 있는 흑인 공동체에 무슨 짓을 하고 있는지 요약한 말로도 유명하다. "드라이브스루는 주행 중인 차량들보다 더 많은 사람을 죽이고 있다."

다. 식품은 상품이 되었고 낮은 비용이 지역성을 눌렀다. 오랜 세월을 거쳐 입증된 인간과 식품 사이의 관계는 무너져 남은 것은 자취뿐이다. 밀, 옥수수, 대두, 카놀라유 같은 식물성 기름의 경제학은 대규모 산업적 농장을 선호한다. 이는 기업형 농업뿐 아니라 그 전에는 존재하지 않았던 완전히 새로운 산업적 식량 체계인 빅 푸드를 탄생시켰다.

빅 푸드는 대량생산된 동물성 식품들과 대두, 옥수수, 지방, 설탕, 소금, 화학물질, 탄수화물로 만들어진 극도로 가공된 식품 같은 혼합물의 또 다른 표현이다. 정크푸드라고도 알려진 이 식품들은 미국 식단의 60퍼센트, 영국의 경우는 54퍼센트를 차지한다. 좀더 점잖은 용어는 '영양분을 공급하지 않는 식품'이다. 불충분한 영양과 질병은 불가분의 관계다. 어디에나 있고 중독성이 강한 데다 산업화된 식품에 대한 끊임없는 마케팅 때문에 미국인의 거의 75퍼센트가 비만이거나 과체중이고 3분의 1은 당뇨병 전증이거나 2형 당뇨병을 앓고 있다. 비만은 종종 심장질환, 암, 당뇨병, 고혈압, 치매, 관절염 등으로 이어진다.

미국에서는 대다수의 사람이 좋은 음식에 접근하지 못하거나 접근한다 해도 구매할 형편이 되지 않는다. 미국인의 식단은 대형 브랜드들, 커다란 빵, 커다란 맥주, 커다란 소고기 덩이, 커다란 베이컨, 커다란 박스에 든 시리얼, 커다란 통에 든 우유, 커다란 감자, 커다란 소다수, 커다란 옥수수로 이루어져 있다. 이런 상품들에 대한 광고가 넘쳐나고 언뜻 보면 저렴한 것 같기 때문이다. 2020년에 코로나가 유행하는 동안 광범위한 산업적 식량 체계가 무너졌다. 미국의 목장주들은 130억 달러의 손실을 입었다고 보고했고, 낙농가들은 수십만 갤런의 우유를 하수구에 쏟아부었다. 빅 푸드에 대한 대안은 어디에나 있는 식품이다. 즉 생산의 집중화가 아니라 현지화다.

산업적 식량 체계에 대한 새로운 상상이 놀랍고 멋진 방식으로 나타나고 있다. 농장에서 식탁까지 운동만 있는 게 아니다. '부두에서 접시까지'도 있다. 거래하던 유통업체와 식당들이 문을 닫자 어민들은 잡은 물고기를 요리하여 그 자리에서 먹거나 집으로 가져가게 한다. 목장주도 어민들과 마찬가지로 소비자들에게 직접 고기를 배달한다. 농민들은 농산물 수확물의 배당을 판매하거나 정기예약을 받아 매주 배달한다. 소비자가 사는 곳과 멀리 떨어진 큰 농장에서 한 가지 작물을 기르는 대신 이 작은 농장들은 많은 작물을 키운다. 이런 공동체 지원 농업CSA의 과일과 채소들은 대개 유기농 농산물이고 철마다 달라지며 극도로 가공된 것이 아니라 극도로 신선하다. 또한 교외나 도시에 사는 가족과 특정 농장의 가족 사이에 관계를 형성한다. 정기예약은 유통업자나 식당에 도매하는 경우보다 더 높은 가격이 붙어 농민들에게 안정된 현금 유동성을 제공한다. 미국에는 약 1만 개의 CSA가 있으며, 많은 곳이 달걀, 빵, 치즈, 꽃, 잼, 농장 직송의 닭 등 주간 배달품목에 인근 생산자들의 생산품을 추가하고 있다.

역설적이게도, 식품을 다시 현지화하고 있는 한 공동체는 주로 소고기와 유제품 생산을 위해 옥수수와 대두를 재배하는 시골 지역의 농민들이다. 미국의 시골에 사는 많은 농민은 건강하고 신선한 식품과 농산물을 구할 수 없다. 네브래스카에서 농사를 짓는 종자 채취자이자 농학자인 키스 번스는 농민들에게 가족과 지역사회를 위해 신선한 채소와 콩, 허브, 과일을 풍부하게 공급할 수 있도록 혼합 씨앗들을 제공하는 밀파 가든 프로그램을 만들었다. 농민들은 곡물 조파기에 호박, 콩, 양배추, 브로콜리, 녹색 잎채소, 완두콩, 해바라기, 오이, 허브, 토마토, 래디시, 오크라, 수박, 캔털루프, 사탕옥수수, 그 외의 식용 채소 등 채식주의자의 식료품 목록에 오르는 채소들의 씨앗을 채운다. 이 씨앗들은 1에이커의 땅에 빽빽하게 뿌려져 잡초들을 밀어낸다. 꽃이 피는 종들은 곤충을 끌어들여 병충해를 방지하고, 재식 밀도가 토양의 수분을 보호한다. 이런 밭들은 카오스 가든이라 불리지만 무경간 재생농업을 하는 번스는 '밀파 가든'이라는 용어를 더 좋아한다. 밀파milpa는 아직도 멕시코 일부 지역에서 사용되고 있는 고전 나와틀어에서 '재배지'를 뜻한다. 번스가 1941년에 찰스 만의 책에서 배운 용어다. 번스는 옥수수, 콩, 호박을 함께 심었던(지금도 이렇게 한다) 메소아메리카 농민들이 사용한 3000년 된 세 자매Three Sisters 농법을 바탕으로 씨앗들을 섞었다. 이 복작 농법은 북쪽으로 퍼져나가 서양인과의 접촉 전에 아메리카 선주민들이 시행했다. 밀파 가든의 혼합 씨앗은 스무 자매에 더 가깝다. 몇 달간의 수확이 끝난 뒤—수확 작업은 초대된 4H 회원들, 이웃들, 푸드뱅크, 도시인들이 앞 다투어 밭을 돌아다니며 농산물을 발견하는 보물찾기와 비슷하다—농민들은 밭을 방목 가축들에게 넘기고 이 동물들은 밭에 남아 있는 것들을 즐긴다. 어떤 농민들은 밀파 혼합 씨앗을 구매하여 농산물 직거래 장터, 지역 식료품점, 가판대를 통해 수확물을 판매한다. 오클라호마주에서 농사를 짓는 톰 캐넌은 사람들이 헤매고 돌아다니며 농산물을 발견할 수 있도록 옥수수 미로 내에 혼합 씨앗들을 뿌려 매년 20~30에이커의 땅에서 재배하는 것을 목표로 하고 있다. 캐넌 가족은 시골에서 살며 농사를 짓지만 톰과 그의 딸 레이건은 많은 고객이 신선한 식품을 조리하고 보관하는 방법을 모른다는 것을 알고 놀랐다. 이에 레시피를 제공하고 요리와 피클, 통조림 만들기 강좌를 열 계획이다.

미국의 도시 못지않게 시골에도 기아와 식품 불안정이 존재한다. 그래서 키스 번스에게는 꿈이 있다. 그는 상업 농민들이 그들 땅의 1퍼센트를 따로 떼어 밀파 정원을 조성하길 원한다. 이렇게 하면 전국에 밀파 정원이 약 200만 에이커에 이를 것이고, 그러면 미국의 채소 생산은 50퍼센트 증가할 것이다. 번스는 수확물을 푸드뱅크나 교회, 노숙인, 여성보호시설, 형편이 어려운 사람들에게 보내면 1에이커의 땅에 해당되는 씨앗을 무료로 제공하고 있다. 건강, 문화, 농업 간의 관련성에 관해 글을 쓰는 의사 다프네 밀러는 무경간 재생 농업 공동체에서 변화가 일어나고 있는 것을 본다. 상업용 작물들을 초월하는 새로운 목적의식이 생겨났다. 재생이란 가족, 이웃, 공동체에 직접적인 영양을 제공한다는 뜻이고 이는 그들의 대두와 옥수수 수확물로는 절대 할 수 없는 일이라는 개념이다. 농민 톰 캐넌에게 이 개념은 패러다임 변화다. "수년간 나는 더 많이 재배하려고 애썼다. 이제 과제는 더 소규모로, 더 지역에 맞춰 재배하는 것이다."

밀크런이라는 회사의 설립자인 줄리아 니로에 따르면 우리는 "싸구려 식품을 가공하는 솜씨가 뛰어나고 화장실 휴지를 사는 곳에서 왁스를 입힌 똑같이 생긴 사과들을 사는 데 익숙하지만" 지역 농장에서 재배된 맛있고 지속 가능성 있는 식품을 사는 데는 그리 능숙하지 않다. 니로는 가족 농장들을 구하기 위해 우유배달원을 부활시켰다. 1860년 영국에서 처음 등장한 우유배달원은 말이 끄는 수레에 우유, 버터, 달걀을 실어 배달했고 이 방식은 전 세계 국가들로 퍼져나갔다. 미국에서는 1960년대까지 우유배달원들이 전국 우유의 30퍼센트를 직접 배달했다. 우유는 계속 재활용되는 유리병에 담겼고 우유와 식료품 배달을 위해 집의 외벽에 목재 보관함이 설치되었다. 우유 대금은 양심껏 보관함 안에 넣어두었다. 자동차, 슈퍼마켓, 냉장, 우유갑, 교외지역의 발달로 이 전통은 사라졌지만 니로는 이 방식을 다시 도입해야 할 때라고 생각한다. 다만 이번에는 여성과 남성 배달원들이 근처 농촌의 수확물들을 배달한다. 농산물 직거래 장터를 제외하면 도시와 지방 농부들은 겨우 미미하게 연결되어 있다. 밀크런은 100명이 넘는 지방 농민과 수천 명의 포틀랜드 주민을 연결시키고 있다. 이렇게 하면 식료품점

___ 버몬트주 셋퍼드에 위치한 롱 윈드 농장의 온실에 있는 데이브 챔프먼. 롱 윈드 농장의 토마토는 계절 초반과 후반에 뉴잉글랜드 전역에서 맛있게 소비된다. 데이브는 또한 빅 푸드가 미 농무부에 영향력을 행사함에 따라 크게 희석되고 약화되어온 용어인 '유기농'의 원래 정의와 목적, 의미를 되찾기 위해 노력하는 농민 주도 운동인 리얼 오가닉 프로젝트의 공동 이사다. 리얼 오가닉 운동은 애정과 열정을 담아 재배한 진짜 식품을, 흙에서 기르고 목초지에서 키운 식품을 중심으로 하여 먹는 사람과 농민들을 다시 연결시키기 위해 노력한다.

에 판매할 경우보다 6~7배 많은 농산물을 공급할 수 있다. 소농들은 돈이 필요하지만 가격을 많이 올리진 못한다. 농장, 농민, 요리사, 학교, 사람을 다시 연결시키는 방법을 마련하는 것이 새로운 식량 체계에 중요하다.

캘리포니아에서는 가정 요리사들이 집에서 따뜻한 음식을 준비해 배달하거나 가지러 오게 하거나 심지어 그들의 주방에서 일반인들에게 제공할 수 있게 하는 법을 통과시켰다. 사람들을 네트워크 내의 공급자들과 연결시켜 고객에게는 더 많은 선택권을 제공하고 요리사에게는 더 많은 고객을 소개하는 앱들도 나와 있다. 사람들은 집에 머물면서 필요한 돈을 벌 수 있다. 이런 방식은 문화적으로 소중하고 가정에서 대대로 내려오는 레시피를 강조하는 진짜 재능 있는 요리사 수백만 명에게 기존에 없던 경제적 기회를

___ 자밀라 노먼은 세계적으로 인정받는 식품 활동가이자 도시 농부다. 조지아대학에서 환경공학을 전공한 자밀라는 2010년에 애틀랜타의 오클랜드시티라는 동네에서 면적 1.2에이커의 패치워크 시티 농장을 시작했다. 인증받은 유기농 농장인 이곳에서는 채소, 과일, 허브, 꽃을 재배하여 계절별로 다르게 구성되는 농장 상점과 농산물 직거래 장터에서 직접 판매한다. 2014년에 노먼은 이탈리아 토리노에서 열린 세계 슬로푸드 대회에 미국 대표로 참여했다. 또 지역 흑인 농민들을 돕고 애틀랜타에 문화적으로 책임감 있는 식량 체계를 만들기 위해 2010년에 결성된 서남부 애틀랜타 재배자 협동조합의 창립 멤버이기도 하다.

제공한다. 캘리포니아에서는 유명한 요리사 앨리스 워터스가 1970년대에는 자신의 식당에서 '농장에서 식탁까지' 운동을, 1990년대에는 학교 텃밭 프로젝트Edible Schoolyard Project를 개척했다. 학교에서 학생들이 서로를 위해 텃밭을 가꾸고 농산물을 길러 요리했다. 그녀가 가장 최근에 추진하고 있는 프로젝트는 '농장에서 학교까지farm-to-school' 프로그램의 현지화를 목표로 한다. 지역의 유기농 농민들이 지역의 학교 식당에 직접 농산물을 판매하고 공급하는 프로그램이다.

현지화는 건강과 기후 문제 이상의 의미를 지닌다. 현지화는 매우 기분 좋은 사회 정의가 될 수 있다. 흑인과 갈색인 공동체에서 '식품 사막'이라는 말은 유색인종들이 그들의 식량 체계 내에서 어떤 힘도 없는 식품 아파르트헤이트, 걷거나 운반할 수 있는 거리 내에 어떤 적절한 식품도 없고 주류 판매점과 빵과 트윙키를 파는 편의점만 있는 일종의 도시 농장을 가리키는 백인들의 용어다. 식품주권 투쟁은 선주민 문화와 노예화된 문화(아프리카계 미국인은 3000개 이상의 문화가 있는 대륙에서 왔다)가 뿌리째 뽑히고 그들의 땅, 식습관, 사냥터, 농장에서 쫓겨났던 미국의 초창기까지 거슬러 올라간다. 미국의 거의 모든 사람이 매사추세츠주의 마시피 왐파노아그족을 그 이름은 몰라도 존재는 알고 있다. 그들은 1620년 영국에서 미국으로 건너온 굶주리고 혼란에 빠진 이주자들에게 식량과 수확물을 나누어주었다. 해마다 우리는 얌, 칠면조, 크랜베리, 콩, 호박을 포함해 그들의 식생활에서 파생된 음식을 먹는다. 그 신화화된 추수감사절로부터 400년이 지난 2020년에 인디언 문제부는 마시피 왐파노아그족에게 '보호구역' 지위를 폐지하겠다고 알렸다. 이는 그들에게 남아 있는 얼마 안 되는 조상의 땅 321에이커에 대해 징벌적 액수의 체납된 세금을 내야 한다는 뜻이었다. 이 부족의 원래 땅은 로드아일랜드주와 매사추세츠주에 수백 제곱마일에 걸쳐 펼쳐져 있었고 1만2000년 동안 사람이 거주했었다. 이 결정은 절차상의 문제로 뒤집혔지만 그들의 지위는 여전히 불확실하다. 부족이 보유한 땅은 식품 주권, 그들의 농지와 예부터 흐르던 하천들에서 스스로 식량을 공급하는 능력에 있어 대단히 중요하다. 이 하천에서 그들은 조개, 게, 물고기를 잡는다. 마시피 왐파노아그족과 전 세계 수백 개 문화에서 식품 주권은 문화적 주권이며 문화적 주권은 사람과 땅, 물과의 관계에 대한 깊은 이해에 뿌리를 두고 있다. 기업형 농업과는 반대다. 문화는 존엄성, 건강, 생태계의 보전에 따라 사라지거나 번성하기 때문에 이는 문화적으로 민감한 문제다.

미국 전역의 공동체에서 건강한 청정 식품으로 접근하기를 다시 현지화하고 있는 수천 명의 사람이 도시나 공동체의 텃밭들이 자급에 충분하다는 환상에 젖어 있지는 않다. 현재의 식량 체계를 말 그대로 뒤엎길 원하는 풀뿌리 운동이 형성되고 있고, 이는 정책과 법을 통해서만 확립될 수 있다. 이는 학교에서 패스트푸드 체인과 탄산음료 자판기의 제거를 의미한다. 미국의 모든 아이에게 (적어도) 점심을 무료로 제공하는 것을 의미한다. 또한 학교 급식 프로그램, 식권, 메뉴에서 빅 푸드의 과도한 영향력을 없애는 것을 의미한다. 판매되는 대부분의 식품이 사람들을 병들게 하고 제약회사에 의지하게 만드는 식량 체계, 대기업의 주주들 외에는 거의 아무에게도 이득이 되지 않는 식량 체계하에 살고 있다면 구조적인 변화를 일으킬 때가 된 체계라는 뜻이다. 유행병이 돌 때 와해되는 식량 체계는 식량 안보의 부족을 드러내는 불안정한 체계다. 어떤 용어로 부르건, 현지화가 어떻게 계속 성장, 변화하고 도시와 읍, 공동체에 침투하건, 현지화는 식량 안보에 대한 가장 큰 위협, 즉 제어가 안 되는 지구온난화 문제를 다루는 데 엄청나게 유익한 영향을 미친다. 현지화 활동들은 환경과 물, 아동, 해양, 토양, 문화를 되살린다.

___ 양쯔강 하구 바로 위의 장자강 근방에 있는 이스트오션 오일앤그레인 인더스트리의 수입·가공 시설에서 두 척의 벌크 화물선이 짐을 내리길 기다리고 있다. 이 배들은 브라질과 아르헨티나에서 대두를 싣고 왔다. 대두는 이곳에서 하역하는 사료의 85퍼센트를 차지하며, 동물 사료를 위한 대두유와 섬유질로 만들어질 때까지 이곳에 보관된다.

4대째 농부인 조너선 코브가 텍사스주 오스틴 북쪽에 있는 2500에이커의 가족 농장을 물려받았을 때 그는 농장 운영이 땅이나 그의 가족에 대해서는 관심이 없는 산업화된 식량 체계의 부품처럼 농작물을 생산하는 커다란 기계의 톱니바퀴가 된 것같이 느껴졌다. 1930년대에 코브 가족은 화학물질을 최소로 투입하여 다양한 작물을 재배했다. 하지만 전쟁이 끝난 뒤 가족은 농약, 살충제, 합성비료를 사용해 같은 땅에 매년 단일작물을 재배하는 새로운 농업 시스템을 채택했다. 코브 가족이 기른 밀은 지역의 대형 곡물창고로 사라졌고 판매되어 공급망을 따라 식품회사로 갈 때까지 근방의 여러 농장에서 온 밀들과 섞여 보관되었다.

조너선 코브와 그의 아내에게 상품을 재배한다는 것은 사회의 주변부에서 사는 삶을 의미했다. 작물 수확량이 농사에 투입하는 화학제품의 비용 상승을 따라가지 못했고 부부가 재배한 밀의 가격은 농민이 아니라 상품 시장에 의해 정해졌다. 2011년에 심한 가뭄이 들자 농장은 갑자기 실패에 직면했다. 코브는 아버지와 심도 있는 대화를 나누었다. 두 사람은 포기하기보다는 산업적 모델에서 벗어나 재생농업을 시도해보기로 결정했다. 코브 가족은 경운 장비들을 내다 팔고 무경간 농법으로 전환하여 밀을 재배했다. 피복작물을 심었고 소, 돼지, 양, 닭을 키우기 시작했다. 황폐해진 땅을 다년생 식물 목초지로 전환하고, 자생종 풀들을 되살리는 데 초점을 맞추었다. 그리고 여러 작은 방목장을 순환하는 적응형 관리 시스템으로 가축들을 방목했다. 불과 몇 년이 지나지 않아 농장 토양의 유기물 함량이 예전의 고갈된 수준에서 상승하기 시작했다. 가족들은 곡물을 먹이지 않고 오로지 풀만 먹인grass-finished 소고기, 양고기, 돼지고기, 계란을 지역 고객들에게 직접 판매했다. 다발풀들과 함께 경제적, 생태학적 건강이 향상되었다. 조너선 코브는 삶에 다시 목적의식이 생겼고 농사가 다시 즐거움의 원천이 되었다.

상품화된 식량 생산은 사람과 지구에 해를 입히는 관행들을 강화하는 양성 피드백 루프positive feedback loop다. 기계를 많이 사용하고 단작물로 재배하는 소수의 식물에 의지하면 농약, 살충제, 합성비료를 더 많이 사용해야 하고 비옥도 감소, 잡초의 내성 증가, 침식하는 표토를 상쇄하기 위해 유전자 변형 농산물을 증가시켜야 한다. 토양은 생물학적 활동의 살아 있는 저장소가 아니라 화학물질로 키우는 식물들을 똑바로 서 있을 수 있게 하는 매개체가 된다.

농민과 고객들은 상품 체계에서 벗어나 무농약 농산물과 재생 가능한 토지 이용 같은 가치를 나타내는 농업을 지원할 방법을 찾아왔다. 커피를 예로 들어보자. 커피는 수십 년 동안 일반 명칭으로 판매되는 대종 상품bulk commodity이었다. 하지만 오늘날에는 많은 커피가 공정무역 커피, 그늘 재배 커피, 우림 친화적 커피, 유기농 커피 및 고유의 이름이 있는 품종으로 판매된다. 이런 가치가 고객에게 중요해져 재배자, 도매상, 커피 로스터(생두를 볶아 원두로 만드는 일을 하는 사람—옮긴이), 소매상들로 구성된 시장을 촉진한다. 맥주는 또 다른 예다. 수제맥주는 1990년대에 관심이 급증하면서 대량 생산되는 양조맥주에 대한 대체품 시장이 확장되기 전까지 대체로 지역화된 가내 수공업으로 만들어졌다. 맥주의 탈상품화는 활발한 경제활동을 낳았다. 미국에 전통 양조장(5000개)과 직접 제조한 맥주를 판매하는 브루펍(3000개)이 확산되어 15만 개의 일자리와 800억 달러가 넘는 매출을 올렸다. 수제맥주는 더 맛있고 다양한 제품과 함께 진정성 있는 이야기를 가지고 있다. 맥주 양조업자들은 생산자에서 고객까지 가는 공급망을 단축시키고 중간 단계와 중개인들을 배제함으로써 무스 드룰Moose Drool, 호피 드림Hoppy Dream, 네이키드 피그 페일 에일Naked Pig Pale Ale, 포 리치어 오어 포터For Richer or Porter, 히브루He'Brew('선택된 맥주') 등 수천 개의 고유 상품명에 반영된 독창적이고 의미 있는 이야기를 전할 수 있다. 이야기, 맛, 지역적 개입이 공동체와 취홍, 연결을 만들어낸다.

기업들은 식량 체계의 탈상품화를 확장하기 위해 농민과 구매자들을 직접 연결하는 디지털 시장을 구축하고 있다. 이들의 목표는 농산물의 품질, 원산지, 재배에 사용된 농법, 그러니까 식품의 뒷이야기를 소비자에게 전하는 것이다. 이들은 고객이 식품에서 구하는 품질과 가치를 그 품질에 합당한 가격, 종종 프리미엄 가격을 받길 원하는 농민들에 맞추기 위해 노력한다. 그러나 구매자들이 지불하는 프리미엄이 중개인을 통해 구매할 때 지불하는 금액보다 더 적을 수도 있다. 작물, 농장, 농법의 개성과 다양성은 토양, 식물, 동물, 사람까지 농장의 모든 것이 개선되도록 촉진하는 이런 탈상품화된 체계에서 보상을 받는다.

한 예가 디지털 플랫폼을 통해 가격 책정, 보관, 운송, 탄소 격리, 판매 기회에 대한 광범위한 데이터 수집 및 분석을 제공하는 인디고 애그리컬처(이하 인디고)라는 회사다. 인디고는 개별 식물이 주어진 환경에서 더 성공적으로 자라거나 심한 가뭄과 환경 스트레스를 극복할 수 있게 하는 요인이 무엇인지 판단하기 위해 농작물들의 조직 내 미생물을 연구하면서 사업을 시작했다. 인디고의 연구원들은 식물마다 다른 미생물 집합이 있다는 것을 발견했다. 또한 추가 연구 결과 농지와 농지, 농장과 농장, 농법과 농법 사이에도 엄청난 차이가 나고 이 모두가 각 작물의 물리적 성질에 영향을 미치는 것으로 나타났다. 획일성이 아니라 독특성이 작물의 회복력과 생산성의 열쇠다. 다양성과 전문화는 바람직했다. 어쨌든 자연의 식물들은 수백만 년 동안 그렇게 해왔다. 그러나 상품 체계는 식품을 기차에 자갈처럼 쌓아 가공을 위해 보낼 수 있도록 식품의 개성이 제거될 것을 요구한다. 하지만 우리가 왜 자갈처럼 생산된 것을 먹고 싶겠는가? 이 문제는 인디고에게 다음과 같은 질문을 던졌다. 우리에게 더 이상 식량 체계가 있을 이유가 있는가?

대안을 마련하기 위해 이 회사는 곡물 재배 농민과 구매자들을 디지털 방식으로 연결시키는 인디고 마켓플레이스를 시작했다. 농장의 독특한 가치들, 예를 들어 기후변화를 위한 해결책으로 땅속에 탄소를 격리시키는 것 등이 그 가치를 원하는 시장과 연결된다. 농장이 인디고의 프로그램에 등록하면 회사는 땅의 기준 탄소 함유량을 측정하기 위해 토양 시료를 채취할 전문가를 보낸다. 재생농법에 반응하여 시간이 지나면서 탄소 함유량이 높아지면 농민은 증가한 탄소의 양에 해당되는 배출권을 얻을 것이다. 재생농업은 품종, 맛, 미네랄 함량에서 더 가치 높은 작물을 생산한다. 기업들은 더 이상 상품을 사지 않는다. 그들은 이야기, 사람들의 서사, 장소, 그들의 브랜드를 독특하게 만드는 역사를 산다. 2019년에 인디고는 농민, 트럭 운전사, 구매자를 디지털 방식으로 연결하는 운송 부문을 출범시켜 카길의 물가 책정과 그들의 원거리 곡물 저장고들을 없앴다.

탈상품화는 식량 체계의 엄청난 변화를 나타낸다. 탈상품화는 개별화된 생산물로서의 식품을 재배한다는 의미다. 모든 농장과 목장에는 들려줄 독특한 이야기가 있다. 조너선 코브와 그의 가족이 알게 된 것처럼, 농민이 내리는 모든 결정, 착수한 목표들, 사용하기로 선택한 씨앗, 돌보는 땅과 토양의 상태, 재배하는 식품의 특성은 모두 이야기의 일부분이 된다. 인디고 같은 기업들은 이 농장들과 그들의 이야기를 이런 가치를 중시하는 시장과 연결시켜 양쪽 모두에게 이익을 준다. 19세기의 철도로 시작된 해로운 상품 사이클이 투명성과 추적 가능성에 의해 끊기거나 중단되고 있으며 다시는 재연결되지 않을 것이다. 소비자 선호는 현대 농업을 쇄신하고 기후, 토양 건강, 인간의 안녕을 해결하는 등의 공통 목표를 향해 방향을 돌릴 것이다.

꽃가루로 뒤덮인 꼬마꽃벌과의 벌 *Augochlora pura*

개미를 사랑하기란 힘들다. 놈들은 우리 주방을 침범하고 집 안에서 우글거린다. 정원에 떼 지어 몰려들고 피크닉을 망친다. 물고 찔러서 고통을 준다. 개미들은 예쁘지 않다. 하지만 개미들의 사랑스럽지 않은 모습은 중요한 진실을 가린다. 바로 인간은 개미와 그 밖의 곤충들 없이는 생존할 수 없다는 점이다. 글자 그대로.

곤충은 4억 년도 더 전에 지구에 나타났다. 최초의 육생식물의 등장 시기와 거의 비슷하다. 이것은 우연이 아니었다. 곤충들은 많은 생물체와 공진화했고 많은 중요한 생태계 기능에 필수적인 존재다. 개미를 예로 들어보자. 지구의 거의 모든 지역에 1만 4000종 이상이 퍼져 있고 인간보다 130만 배 많은 개미는 우리가 거의 알거나 인식하지 못하는 여러 중요한 서비스를 제공한다. 개미는 매우 유능한 포식자여서 해충 개체 수를 낮게 유지할 수 있다. 또한 굴을 파서 지렁이 못지않게 많은 흙을 옮길 수 있다. 개미는 토양을 느슨하게 하고 공기를 통하게 함으로써 보수력을 향상시키는데, 이는 퇴화되고 건조한 땅에 특히 유용할 수 있다. 또 개미는 식물의 씨앗과 영양분을 다시 퍼트리고 종종 그들의 굴로 가지고 돌아와 토지 비옥도를 향상시킬 뿐 아니라 새로운 식물이 자리 잡는 것을 도울 수 있다. 뿐만 아니라 개미는 사체들을 치우고 유기물의 분해를 돕는다.

이 모든 활동은 먹이그물에 긍정적인 영향을 미치며 다른 동물 집단의 밀집도와 다양성 증가로 이어질 수 있다. 개미는 또한 생태계 건강을 알려주는 유용한 지표다. 예컨대 최근에 집약적 화학농업을 그만둔 농지에 개미가 나타나면 땅이 회복되고 있다는 초기 신호다. 개미는 토양 구조, 식량원, 종자 분산을 변화시킴으로써 온갖 유형의 생태계에 다른 종들이 들어올 조건을 만들어 훼손된 땅을 회복시키는 데 도움을 줄 수 있다. 인간과 마찬가지로 개미는 사회성이 높고 잘 조직화돼 있는데, 이런 특성들이 개미가 성공적으로 생활하는 이유가 될 수 있다. 개미는 복잡한 사회에서 살고 있고 새끼들을 돌보며 각자의 일을 전문화한다. 개미는 이기적이지 않고 능률적이며 충성스럽고 순종적이다. 근면하고, 세력권을 주장하고, 부족을 이루며, 경쟁적이고, 잡식성이다. 개미는 위험을 무릅쓰는 모험을 하고 때때로 노예를 잡아오며 왕족을 섬긴다. 그리고 피크닉을 좋아한다. 심지어 성경에도 개미에 대한 언급이 나온다. "게으른 자여 개미에게 가서 그가 하는 것을 보고 지혜를 얻어라."(「잠언」 6장 6절)

이 성경 말씀은 오늘날에는 무시당하는 조언이다. 생물학자 에드워드 윌슨이 곤충들은 "세상을 돌아가게 하는 작은 것들"이라고 표현했지만 일반적으로 곤충은 인간에게 존경보다는 적대의 대상이다. 물론 일부 종은 애정을 받기도 한다. 나비는 보기 좋고 잠자리에겐 마법 같은 특성이 있으며 무당벌레는 사랑스럽다. 최근 우리는 식량 체계에서 꿀벌과 그 외의 꽃가루 매개자들이 갖는 중요성을 인식하기 시작했다. 인간이 먹는 식품 세 입 중 한 입은 수분된 식물로부터 오고 식료품점의 일반적인 농산물 코너의 50퍼센트를 차지한다고 추정된다. 여기에는 당근, 케일, 레몬, 망고, 사과, 브로콜리, 샐러리, 체리, 아보카도, 캔털루프, 호박, 딸기, 해바라기, 아몬드, 배 등이 포함되며 그 외에도 많다. 실제로 지구의 모든 꽃식물의 85퍼센트 이상, 30만 종 이상이 꽃가루 매개자를 필요로 한다. 이런 식물에는 젖소에게 필수적이고 따라서 우유, 치즈, 요구르트의 생산에 꼭 필요한 작물인 클로버와 자주개자리가 포함된다. 카카오나무의 씨앗으로 만드는 초콜릿도 있다. 카카오나무의 꽃들은 작은 파리목 곤충인 등에모기에 의해 거의 전적으로 수분된다. 그리고 벌들이 만드는 꿀도 잊어선 안 된다. 또한 곤충들은 그 자체로 식품군이기도 하다. 최소한 20억 명의 전통 식단의 일부였다고 추정되는 딱정벌레, 귀뚜라미, 애벌레, 개미, 매미, 메뚜기, 말벌을 생각해보라.

지구에는 약 550만 종의 곤충이 존재하고, 합치면 모든 동물의 80퍼센트를 차지한다. 그중 과학자들이 공식적으로 설명한 곤충은 100만 종에 불과하다. 개미와 마찬가지로 많은 곤충이 유기물을 재활용하고, 토양을 옮기고 섞으며, 해충들을 잡아먹고, 죽은 생물을 제거하여 서식지의 생태계에 영향을 미친다. 곤충은 또한 새와 그 외의 동물들의 중요한 식량원이기도 하다. 모기 같은 일부 곤충은 전염병의 매개체 역할을 하거나 작물에 피해를 입힌다. 하지만 모든 곤충은 생명 계통도의 대단히 중요한 부분이며, 생물의 식물계와 동물계 전체에서 광범위하고 종종 공생관계망을 형성한다. 농업혁명이 시작된 이후 곤충과 인간의 운명은 식물에 대한 의존이라는 공통점으로 밀접하게 묶여 있다. 농업의 확대와 문명의 발흥에는 곤충이 필요했다. 식품이 없으면 발전도 없다. 지상에서는 탄소 순환과 영양소 순환에, 토양에서는 탄소 격리에 영향을 미치는 존재로서 오늘날 곤충들은 기후위기에 대한 농업생태적 해결책들의 본질적인 부분이다.

그러나 곤충이 하는 모든 유익한 일에도 불구하고 그들은 중대한 위험에 처해 있다. 생물다양성과학기구Intergovernmental Science-Policy Platform on Biodiversity and Ecosystem Services의 보고서에 따르면, 50년 안에 멸종할 위기에 직면한 전 세계의 100만 개 종 가운데 절반이 곤충이다. 곤충의 개체 수는 산업혁명 이후 감소 추세였지만 최근에는 놀라울 정도로 손실이 가속화되었다. 오하이오에서는 20년 동안 나비의 개체 수가 33퍼센트 감소했고, 스코틀랜드에서는 40년의 조사 기간에 나방이 46퍼센트 사라졌으며 독일의 연구에서는 날아다니는 곤충이 불과 27년 만에 77퍼센트 감소했다. 2019년의 한 주요 과학적 검토는 세계의 곤충 종의 거의 절반이 줄어드는 중이며, 3분의 1이 멸종 위기에 처했다는 결론을 내렸다. 가장 큰 타격을 받은 곤충에는 나비, 벌, 딱정벌레, 열대개미가 포함된다. 이 수치들은 거의 확실히 과소평가되었다. 대다수의 곤충이 연구되지 않고 기술되지 않았으며 종종 연구자들이 간과하기 때문이다.

이런 끔찍한 상황의 원인은 바로 인간에게 있다. 억제되지 않은 경제활동이 서식지의 빠른 손실, 토지의 황폐화, 생태계들의 격리를 주도하고 있다. 곤충은 공기 오염과 수질 오염, 살생제, 유독물질의 직간접적 영향, 침입종의 확산, 지구온난화, 과잉 개발, 동물과 식물 종의 동반 멸종으로 피해를 입는다. 삼림 파괴, 농업의 확대, 도시화는 자연 서식지 손실과 단절의 주된 요인이며 곤충 개체군들에 직접적인 영향을 미친다. 이런 활동들은 앞으로 수십 년 동안 가속화될 것으로 예상된다. 적절한 서식지들 사이의 연결성이 끊어지면 많은 곤충은 고립된다. 기후변화에 따른 육지와 수생 서식지들에서 예상되는 생태학적 변화들은 각자에게 꼭 알맞은 환경에 의존적인 곤충 종들에게 스트레스를 준다. 적응하거나 이주하지 못한 종들은 죽을 것으로 예상된다.

곤충들의 위기를 가속화하는 주된 범인은 살충제다. 산업적 농업에서 살충제가 집약적으로 사용될 때 더욱 그러하다. 살충제 사용은 해마다 꾸준히 증가하여 매년 전 세계에서 90억 파운드, 미국에서는 연간 거의 10억 파운드가 사용되기에 이르렀다. 화학적 살생제의 해로운 영향에 관해서는 광범위한 과학적 기록들이 나와 있고 일반적으로도 잘 알려져 있는데, 레이철 카슨의 명확한 메시지가 담긴 1962년의 유명한 저서 『침묵의 봄』이 본보기가 되었고 10년 뒤 살충제 DDT를 금지하는 성공적인 캠페인으로 증폭되었다. 제초제는 곤충들을 죽여서 직접적인 악영향을 미치고, 식량원을 제거하건, 곤충들에게 필요한 생태학적 관계망을 훼손시키건 서식지를 변화시킴으로써 간접적으로 부정적 영향을 미친다. "저용량 영향low-dose effect"이라 불리는 독소 축적도 번식력을 떨어뜨리고 면역체계를 해치며 성장을 방해해 시간이 지나면서 곤충 개체군들에 상당한 위협을 가한다. 신체적 해를 입히거나 곤충의 자연적 행동을 방해하는 다른 유형의 오염으로는 합성비료, 공장과 광산에서 배출되는 산업적 화학물질, 빛·소음·전자파 방해가 있다. 혼란을 일으키는 이런 방해의 영향에 대해서는 과학자들이 잘 알지 못한다.

우리에게 책임을 물을 수 있는 다른 위협으로는 생태계와 경제를 희생시키면서 곤충과 그 밖의 침입종들을 도입한 것이다. 대개 곤충에 미치는 영향은 직접적인 포식이나 식량원 경쟁이다. 개미와 말벌은 토착종 경쟁 상대들을 공격적으로 내쫓고 지역 환경을 교란시키는 행위를 한다. 예를 들어 남아메리카가 원산지인 붉은불개미가 1930년대에 우연히 앨라배마주에 들어온 뒤 금세 남부 전역으로 퍼져나가 농작물에 피해를 주고 매년 수백만 명의 사람을 침으로 공격했다. 북아프리카나 중동에서 유래한 귀중한 꿀벌 등 일부 침입종은 이롭다고 여겨지지만 대부분은 유해하며 토착종들을 멸종으로 몰고 가는 데 중대한 원인이 된다고 알려져 있다. 또한 경제에도 피해를 준다. 목재를 생산하는 나무들을 죽여서 말 그대로 수십억 달러의 귀중한 자원을 파괴하는 나무좀, 텐트나방, 다양한 줄무늬의 천공충 등의 곤충이 많으며 매년 외국에서 새로운 두 가지 종이 미국의 숲으로 들어온다. 가장 취약한 곤충은 다른 종들과 매우 특수한 관계를 맺고 있는 것들(특히 기생생물)로, 이미 높았던 멸종 위험이 증대된다.

기후변화로 생태계에 일어나는 변화는 침입 위기를 더 악화시킨다. 단순히 기록적인 온도나 오래 계속되는 가뭄 혹은 극심한 홍수 문제가 아니다. 수년에 걸친 강우 패턴의 변화, 서서히 높아지는 평균 온도, 토양 수분의 감소, 눈덩이로 뒤덮인 들판의 점증적 축소 등 이 모든 현상이 곤충들의 행위뿐 아니라 새로운 환경에 대한 적응력에까지 직접적인 영향을 미칠 수 있

—— 이른 아침 이슬이 내린 줄기에 앉아 있는 넉점박이잠자리*Libellula quadrimaculata*

는 서식지의 장기적 변화에 한 가지 원인이 된다. 곤충들은 수명 주기가 짧아 다른 동물군보다 더 빨리 환경 변화에 대응할 수 있어 유리하지만 지구의 온도가 올라가면서 공진화하던 식물 종이 줄어들거나 사라짐에 따라 이런 특성은 종종 상쇄된다. 수자원들이 받는 압박이 점점 더 심해짐에 따라 담수성 서식지에 의존하는 곤충들은 특히 기후변화로 인해 어려움에 처한다. 여기서도 곤충들은 변화를 나타내는 유용한 지표다. 예를 들어 잠자리는 기후 변이에 매우 민감해서 때때로 '기후 카나리아'로 불린다.

우리가 할 수 있는 일은 뭘까? 자연 지역들과 서식지, 특히 곤충이 매우 밀집해 있는 곳들을 보호하기 위해 노력해야 한다. 이런 곳들은 종종 지구의 식물·동물 핵심 거주지와 관련되어 있다. 보호를 위한 중요한 과제 중 하나는 카리스마 있는 수렵종과 포식자를 포함한 포유동물들에 오래 초점을 맞춰오던 데서 나비와 벌 외의 곤충세계 친구들, 무척추동물에게로 사고를 확대하는 것이다. 의사결정자, 연구자, 자금 지원자가 임박한 곤충 멸종 위기를 다루는 프로젝트들을 지원하도록 돕기 위해서는 입법 및 정책 압박이 필요하다. 위기의 직접적 원인, 특히 농업에서 제초제를 포함한 살생제의 사용을 줄이고 없애야 한다. 재생 농업 및 임학 방식으로의 이행은 특히 척박해진 땅이 회복됨에 따라 곤충의 환경을 크게 향상시킨다. 곤충 다양성을 보호하기 위해서는 '토지 공유land sharing'부터 '토지 절약land sparing'에 이르기까지 전 영역을 다룰 뿐 아니라 서식지 모자이크—나무, 초원, 농장의 생울타리를 포함한 관목들의 조합—에 초점을 맞추어야 한다. 또한 무엇보다 침입종들의 영향을 감소시킴으로써 간접적인 위협에도 맞서야 한다.

1928년에 "곤충에 관해 이야기할 사람이 아무도 없어서 죽을 맛이다"라는 말로 사촌에게 보내는 편지를 시작한 열아홉 살의 찰스 다윈 같은 열정을 쏟는 것이 좋은 출발점일 수 있다.

먹을 수 있는 나무들 Eating Trees

___ 캘리포니아주 페탈루마 근방에 있는 매커보이 목장의 토스카나 올리브나무 숲에서, 수확하기 한 달 전 트랙터가 올리브 과실파리의 침입을 막기 위해 고령토 슬러리를 뿌리고 있다. 이곳에서는 유기농 원리에 맞춰 포도(피노누아, 시라, 몬테풀치아노 품종 포함)들을 간작할 뿐 아니라 직원들을 위해 닭도 키운다. 잡초 방제를 위해서는 염소뿐 아니라 트랙터와 수작업도 이용한다. 주 생산품은 몇 가지 이탈리아 올리브 품종으로 짠 혼합 오일이며, 씨와 과육은 유기질 비료를 보충할 가금류의 깃털, 배설물 등과 함께 뿌리덮개로 땅으로 다시 돌려준다. 면적 550에이커의 매커보이 목장은 57에이커에 올리브, 7에이커에 포도를 재배하고, 나머지는 황무지와 관개 연못으로 남겨 둔다.

인간에게 유용하고 가장 영양소가 풍부한 식품 중 하나는 당신이 한 번도 맛본 적 없는 것일 수 있다. 바로 모링가 나무의 잎이다. 히말라야산맥의 구릉이 원산지이며 자라는 속도가 빠른 모링가 나무는 가뭄에 강해서 척박해진 땅에서도 잘 자랄 수 있는 종이다. 손을 흔드는 것처럼 가지 전체에 퍼져 있는 작은 잎들은 30퍼센트가 단백질이며 그램별로 따지면 각각 당근, 오렌지, 우유, 바나나보다 더 많은 비타민A, 비타민C, 칼슘, 칼륨 등의 영양소로 가득 차 있다. 모링가 나무의 잎에는 아홉 가지 필수 아미노산이 들어 있으며, 생으로 씹어 먹거나 요리하거나 말리거나 빵가루 같은 기본 식품에 가루로 첨가해서 먹을 수 있다. 나무의 껍질, 꽃, 씨앗, 뿌리도 먹을 수 있고 추가적인 단백질, 비타민, 산화방지제, 철, 아연, 구리를 포함한 미네랄을 제공한다. 모링가 나무의 치료 효과로는 질병 예방, 세포 재생, 혈당치 하락, 소염제 역할 등이 포함된다.

모링가 나무는 수확한 뒤 매번 씨를 뿌려 길러야 하는 브로콜리, 상추, 메론 같은 일년생 채소와 대조되는 다년생 나무 작물, 즉 매년 수확할 수 있는 식물이다. 식용식품을 생산하는 수종은 70가지가 넘고, 이들은 대기의 탄소를 잎, 줄기, 몸통, 뿌리, 토양에 장기간 격리하는 데 중요한 역할을 한다. 숲과 마찬가지로 이 나무들은 재배하기 위해 땅을 갈 필요가 없다. 미생물, 균류, 토양 속의 미네랄 집합체들에 축적된 탄소들이 고스란히 남아 있을 수 있다는 뜻이다. 서로 다른 종류의 나무들, 관목, 허브, 야자, 덩굴식물, 풀을 포함하여 식량 생산 체계와 결합될 수 있는 다양한 다년생 종에 의해 탄소 순환이 강화되어 탄소가 땅속으로 갈 수 있는 많은 경로 네트워크를 형성한다. 다년생 식물은 더 긴 성장기, 토양 표면에서 분해되는 잎들, 다양한 깊이의 뿌리들이 갖가지 조건의 다양한 경관에서 자랄 수 있는 능력과 결합하여 일년생 식물보다 토양에 더 오래 탄소를 저장할 수 있다. 또한 다년생 식물들은 해마다 더 크게 자라서 몸통과 줄기에 탄소를 더 저장하고 햇빛을 포착해 광합성을 하는 푸른 잎들을 더 많이 기른다.

나무들은 잘 알려진 견과류, 과일, 콩, 시럽을 생산한다. 2018년에 미국 소비자들은 1인당 평균 17파운드의 신선한 사과, 24파운드의 신선한 감귤류 과일, 28파운드의 바나나, 거의 2.5파운드의 아몬드를 먹는 한편 총 35억 파운드의 커피(1인당 하루 약 두 잔)를 마셨다. 관목과 지피식물을 포함해 다년생 나무 작물들은 매우 다양하고 갖가지 형태와 크기를 띤다. 과일이나 견과류가 열리는 많은 종에는 대추, 무화과, 블랙베리, 포도, 자두, 배, 감, 라임, 키위, 피칸, 땅콩, 호두, 피스타치오가 포함된다. 잎을 먹을 수 있는 나무로는 중국에서 유래했고 영양소가 풍부한 열매의 인기가 높은 구기자, 꽃들이 맛있는 꿀을 생산하고 달여서 약용 차로 만들 수 있는 큰 나무인 린덴, 레몬 맛이 나는 잎을 종종 샐러드에 넣는 너도밤나무가 있다.

너도밤나무와 동류인 밤나무는 수천 년 동안 인간의 식단에서 중요한 탄수화물 공급원이었다. 먹을 수 있는 밤에는 유럽 밤, 미국 밤, 일본 밤, 중국 밤의 네 가지 유형이 있고 다들 좋은 맛이 난다. 다양한 용도에 쓸 수 있어 '완벽한' 나무로 여겨지는 밤나무는 1990년대에 유입된 한 기생균류가 20세기 상반기에 대륙의 거의 모든 밤나무에 해당되는 약 40억 그루를 죽이기 전까지 미국인의 생활에서 기본 식품이었다. 미국 밤나무가 영양가 높은 식품의 상징적이고 많은 열매를 맺는 원천으로서의 역할을 되찾길 바라며 재발아한 나무의 재배, 교배육종 프로그램, 생명공학 연구 등의 복원 노력이 진행 중이다. 역사적으로 미국 밤나무들은 해마다 한 그루에 수백, 아마도 수천 파운드의 열매를 생산했다. 구운 밤 100그램마다 1일 비타민 C 필요량의 43퍼센트, 비타민 B6 필요량의 25퍼센트, 비타민 B1 필요량의 16퍼센트에 더해 많은 필수 미네랄이 들어 있다.

나무 작물의 가치를 처음 알아차린 연구자는 지리학자 러셀 스미스였다. 1929년에 전 세계의 토양 침식, 특히 산비탈의 침식을 목격한 스미스는 나무들과 그 외의 다년생 식물을 중심으로 하여 경작이 필요 없거나 1년 내내 맨땅을 드러내지 않는 '영속농업permanent agriculture'을 지지하는 책을 썼다. 유럽의 밤나무 농장에서 영감을 얻은 그는 "작물을 생산하는 나무는 산, 가파른 곳, 바위가 많은 곳, 강우량이 부족한 곳까지 농업을 확장하기 위한 최고의 매개체다"라고 썼다. 그는 또한 땅의 자연 조건이 맞는 곳에 한정되긴 하지만 나무 아래에 일년생 작물을 심거나 목초지를 조성하는 2층 농업two-story agriculture도 지지했다. 그는 다년생 식물들이 유전학적으로 충분히 이용되지 않고 개발되지 않았다고 생각했다. 이는 다년생 식물들이 지역에 적응하고 많은 생산량을 내도록 개발될 수 있다는 뜻이다. 당시에는 그의 주장에 아무도 귀 기울이지 않았지만 지금은 많은 사람에게 다년생 식물 농업이 기후와 식량 안보 과제를 충족시킬 하나의 방법으로 떠오르면서 그의 생각들이 새로운 관심을 받고 있다.

오래전부터 있었지만 새로 호응을 얻은 한 가지 개념이 숲의 가장자리를 모방한 설계에 따라 식용 다년생 식물들을 가득 심은 작은 땅인 먹거리 숲food forest이다. 땅은 0.1에이커 정도로 작을 수도 있고 수백 에이커에 이를 만큼 넓을 수도 있다. 농부나 원예사는 이곳에 식물들을 각각의 수직성에 따라 다층 구조로 심는데, 키 큰 나무들이 작은 나무들을 보호하고 그 사이사이에 관목, 덤불, 허브, 꽃식물, 버섯, 덩굴식물이 배치된다. 목표는 어떤 식물들이 햇빛을 언제, 얼마나 오래, 1년의 어느 시기에 받는가를 파악해 햇빛 관리를 잘 하는 것이다. 그늘 식물들은 수관층의 보호 아래 자랄 수 있는 반면 햇빛을 사랑하는 식물들은 툭 트인 공간을 채운다. 설계는 각 종을 적소에 채워 의도적으로 복잡하게(자연적 숲의 가장자리와 마찬가지로) 한다. 지역의 조건과 농민의 필요에 따라 견과류나 과일이나 잎을 얻는 다년생작물들을 섞을 수 있다.

먹거리 숲은 재생농업의 이상적 형태다. 다양하고 수확량이 많으며 여러 계절 동안 자라고 상대적으로 손이 많이 안 가기 때문이다. 숲과 마찬가지로 잡초를 뽑아주거나 비료를 주거나 경작하지 않아도 오랜 기간 해마다 식량을 생산할 수 있다. 먹거리 숲은 탄소로 땅을 자연적으로 비옥하게 하여 미생물들에게 먹이를 공급한다. 또 꽃이 피는 식물과 나무들을 섞어 꽃가루 매개자를 포함한 이로운 곤충들을 끌어들이도록 설계될 수 있다. 먹거리 숲은 다양한 포유류와 파충류 종들의 서식지를 형성한다. 먹거리 숲에서 산출되는 식용 작물의 양과 다양성은 농부나 원예사에 의해 결정되지만 다년생 식물들 간의 생물학적 요구와 영양관계에 주의를 기울여야 한다.

먹거리 숲은 새로운 개념이 아니다. 선주민들은 수세기 동안 다층 구조의 숲을 본뜬 다년생 체계로 식량을 재배해왔다. 한때 대부분 인간의 손이 닿지 않았다고 여겨졌던 아마존 우림의 많은 지역이 수천 년 전 나무 작물과 다각적 농업을 위해 고도로 관리되었다는 광범위한 흔적들이 나타난다. 숯과 식물 꽃가루 증거들은 숲에 불을 낸 뒤 옥수수, 호박, 근채류를 심었다는 것을 보여준다. 캐슈, 카카오, 야자, 브라질 호두 등 토종이 아닌 수종들도 수확물을 얻기 위해 길러졌다. 오늘날 먹거리 숲—가정 채마밭이라 불리기도 한다—들은 전 세계의 전통적인 소규모 시골 농업 체계에서 중요하며 확장되고 있는 부분이다. 개발자, 공동체 활동가, 도시 지도자가 식량에 대한 접근성을 제공할 먹거리 숲의 잠재력을 탐구하는 한편 미관을 개선하고 야생생물 서식지를 마련함에 따라 도시 환경에서의 먹거리 숲에 대한 관심이 높아지고 있다.

나무, 관목, 목본 식물들은 지구의 자연물 중 가장 효과적인 탄소 격리 주체다. 식품과 사료 중 주로 무엇을 재배하는 데 이용하건 다년생 식물 농업은 탄소 저장량을 높이면서 영양가 높은 작물을 생산하고 황폐해진 땅을 복원하며 수백만 명에게 경제적 수익을 제공하는 방법이다. 나무 작물을 다년생 식량 체계에 통합하면 양쪽에서 최고를 이끌어낼 수 있다. 특히 쉽게 침식되는 경사지가 있는 황폐한 땅과 취약한 농지에 적용될 때 더욱 그러하다. 식품에만 국한되는 것은 아니다. 다년생 식물들은 약, 건축 자재와 공예 재료, 천연 염색제, 땔감, 옷 만드는 섬유, 가정에서 쓰이는 물품들을 제공한다. 우리는 자연의 의도에 맞게 복작複作으로 함께 키운 나무들을 누릴 수도 있고 먹을 수도 있다.

우리가 날씨다

—

조너선 사프란 포어

조너선 사프란 포어는 아래에 발췌할 글이 실린 『우리가 날씨다: 아침식사로 지구 구하기』와 2009년에 발간되어 『뉴욕타임스』 베스트셀러 목록에 오른 『동물을 먹는다는 것에 대하여』의 저자다. 두 책 모두에서 포어는 동물성 식품이 기후변화에 미치는 영향에 초점을 맞추었다. 육류산업과 낙농업에서 발생하는 온실가스 배출량에 대해서는 문헌들에서 합의가 이루어지지 않았다. 유엔식량농업기구FAO는 동료 심사를 받지 않은 「가축의 긴 그림자Livestock's Long Shadow」라는 연구에서 총 배출량의 18퍼센트가 이 부문에서 발생한다고 계산했다. 그러나 FAO와 국제낙농연합회International Dairy Federation, 국제육류사무국International Meat Secretariat과의 협력관계 때문에 FAO 보고서의 공정성에 이의가 제기되었다. 네이처푸드에서 발간된 2021년 연구에서는 2016년까지 먹이사슬의 모든 단계의 배출량을 분석했다. 식량 체계의 총 배출량은 지구의 온실가스 배출량의 34퍼센트를 차지해 단일 부문으로서는 단연 가장 많은 온실가스를 배출했다. 육류와 유제품이 차지하는 부분은 분석되지 않았지만 이전의 연구들에 따르면 소고기, 양고기, 치즈, 유제품의 네 가지 식품이 최대의 탄소발자국을 남긴다. 육류와 유제품 소비를 줄이는 것은 개인이나 가족, 기관, 구내식당, 국가가 식품과 관련해 취할 수 있는 가장 좋은 행동들 가운데 하나다. 『우리가 날씨다』에서 발췌

한 다음 글에서 포어는 선택의 단순성 및 우리가 기후 안정성과 비슷한 상태로 이행하기 위해 택해야 하는 길에 대한 저항의 복잡성에 관해 열정적으로 이야기한다.

_폴 호컨

인간의 삶에 대한 주된 위협들, 더 강력해진 슈퍼태풍과 상승하는 해수면, 더 심각해지는 가뭄과 물 부족 문제, 점점 더 넓어지는 바다의 데드 존, 대규모의 유해 해충 발생, 매일 사라지는 숲과 종들은 대부분의 사람에게 좋은 소식이 아니다. 이런 위협은 우리를 변화시키지 못할 뿐 아니라 우리의 관심을 끄는 데도 실패한다. 사람들의 마음을 사로잡고 변화시키는 것은 행동주의와 예술의 가장 기본적인 야심이다. 기후변화라는 주제가 두 영역 모두에서 성과가 부실한 것은 이 때문이다. 대부분의 저자가 스스로를 제대로 조명되지 않는 세상의 진실들에 특히 민감한 사람이라고 생각하는데도 우리의 지구가 처한 운명이 더 넓은 문화적 담론에서보다 문헌에서 더 작은 자리를 차지한다는 것은 흥미로운 사실을 드러낸다. 그건 아마 작가들이 어떤 이야기가 '먹히는지'에 또한 특히 민감하기 때문일 것이다. 우리 문화에서 오래 지속되는 이야기인 민화, 경전, 신화, 특정 역사적 구절들에는 통일된 줄거리, 분명한 악인과 영웅 사이의 자극적인 행동, 도덕적 결말이 있다. 따라서 기후변화를 미래의 극적이고 종말론적인 사건(시간이 지나면서 발생하는 가변적이고 점진적인 과정이 아니라)으로 제시하고, 어쨌든 제시를 한다면, 화석연료 산업을 파괴의 화신(우리의 관심이 필요한 몇 가지 요인 중 하나가 아니라)으로 그리고 싶어하는 본능이 존재한다. 지구의 위기는 추상적이고 다방면에 걸쳐 있으며 느린 데다 상징적 인물과 순간이 없어서 진실하면서도 마음을 사로잡을 만큼 재미있게 묘사하기가 불가능해 보인다.

해양생물학자이자 영화 제작자인 랜디 올슨의 말처럼 "기후는 아마 과학계가 대중에게 제시해야 했던 주제들 중 가장 지루할 것이다". 이 위기를 서사화하려는 대부분의 시도는 공상과학소설이거나 공상과학소설이라고 무시당한다. 유치원생들이 재현할 수 있는 기후위기 이야기는 매우 드물고 아이들의 부모가 감동해서 눈물을 흘리게 할 버전도 없다. 우리의 사고에서

저 멀리에 있는 재앙을 여기 우리 마음속으로 끌어오는 것은 기본적으로 불가능해 보인다. 아미타브 고시가 『대혼란의 시대』에 쓴 것처럼 "기후위기는 또한 문화의 위기, 따라서 상상력의 위기다". 나는 이것을 믿음의 위기라고 부르겠다.

기후위기에 수반되는 많은 재난, 특히 기상 이변과 홍수와 들불, 강제 이동과 자원 부족 등은 생생하고 개인에게 영향을 미칠 뿐 아니라 상황이 악화되고 있음을 암시하지만 전체적으로는 그렇게 느껴지지 않는다. 점점 강력해지는 이야기가 아니라 추상적이고 멀리 떨어져 있으며 단발적인 것처럼 느껴진다. 기자 올리버 버크만이 『가디언』에서 말한 것처럼 "만약 사악한 심리학자 도당이 해저의 비밀 기지에 모여 인류가 제대로 준비되어 있지 않아 도저히 해결할 가망이 없는 위기를 만들어낸다면 기후위기보다 더 효과적인 것은 없을 것이다". 우리의 경보 시스템은 개념적 위협들에 울리도록 만들어지지 않았다. 진실은 명백한 만큼 노골적이다. 우리가 관심이 없다는 것이다. 그래서 이번엔 또 뭔데?

사회적 변화는 기후변화와 비슷하게 동시에 발생하는 여러 연쇄 반응으로 일어난다. 둘 다 다양한 피드백 순환을 일으키고 피드백 순환에 의해 일어난다. 흡연 감소를 어느 한 요인 때문이라고 할 수 없는 것처럼 허리케인이나 가뭄이나 들불의 요인도 어느 한 가지로 한정지을 수 없다. 하지만 모든 경우에 모든 요인이 중요하다. 급진적 변화가 필요할 때 개인의 행동들은 그런 변화를 일으키기 불가능하기 때문에 누가 노력해봤자 소용없다고 주장하는 사람이 많다. 이런 생각은 진실과 정반대다. 개인의 행동의 무력함이 바로 모든 사람이 노력해야 하는 이유다.

소아마비는 누군가가 백신을 개발하지 않았다면 치료될 수 없었다. 여기에는 지원 구조(소아마비 구제 모금운동)와 지식(조너스 소크의 의학적 돌파구)

이 필요했다. 하지만 백신은 실험에 자원한 소아마비 퇴치 개척자들의 물결이 없었다면 승인을 받지 못했을 것이다. 그들의 감정은 관계가 없다. 대중이 치료법을 얻을 수 있었던 것은 그들이 집단행동에 참여했기 때문이다. 그리고 그 승인된 백신이 사회적으로 전파되어 규범이 되지 않았다면 아무 쓸모가 없었을 것이다. 백신의 성공은 하향식 홍보 캠페인과 서민층 지지의 결과였다.

누가 소아마비를 치료했을까? 어느 한 사람이 한 일이 아니었다. 모든 사람이 한 일이었다.

이 책은 식습관을 바꾸는 집단행동을 하자고 주장한다. 구체적으로 말하면, 저녁 식사 전에 동물성 식품을 먹지 말자는 것이다. 이런 주장을 하는 건 어렵다. 너무 난처한 주제이기도 하고 희생도 따르기 때문이다. 대부분의 사람은 육류, 유제품, 계란의 냄새와 맛을 좋아한다. 대부분의 사람은 동물성 식품이 자기 삶에서 수행하는 역할을 중요하게 생각하며 새로운 식습관 정체성을 도입할 준비가 되어 있지 않다. 대부분의 사람은 어릴 때부터 거의 모든 끼니에 고기를 먹어왔고, 즐거움과 정체성 문제가 아니더라도 평생의 습관을 바꾸기란 어렵다. 이는 인정할 가치가 있을 뿐 아니라 인정해야 하는 의미 있는 도전이다. 우리의 식생활 방식을 바꾸는 것은 세계의 전력망을 바꾸거나 유력한 로비스트의 영향력을 극복하고 탄소세 법령을 통과시키거나 온실가스 배출에 관한 중요한 국제 조약을 비준하는 것에 비하면 간단한 일이다. 하지만 간단하지 않다.

사람은 단지 배만 채우려고 먹는 건 아니며 단순히 원칙들에 응해 입맛을 바꾸지도 않는다. 원초적 갈망을 충족시키고, 자신을 만들고 표현하며, 공동체를 실현하기 위해 먹는다. 우리는 입과 위를 이용해 먹지만 정신과 마음으로도 먹는다. 내가 아홉 살 때 처음 채식주의자가 되기로 선택했을 때의 동기는 단순했다. 동물들을 해치기 싫어서였다. 시간이 지나면서 내 동기는 바뀌었다. 이용할 수 있는 정보가 바뀌었기 때문이지만, 더 중요하게는 내 삶이 바뀌었기 때문이다. 개인적인 일과 70억 지구인 중 한 명으로서의 일이 교차되는 지점이 있다. 그리고 아마 역사상 처음으로 '개인의 시대'라는 표현이 거의 의미가 없어졌다. 기후변화는 커피 테이블에 놓여 있는 조각 그림 맞추기 퍼즐이 아니다. 퍼즐은 시간이 허락하고 마음이 동할 때 다시 맞출 수 있다. 기후변화는 불이 난 집이다. 손을 쓰지 않고 더 오래 놔둘수록 불을 끄기가 더 힘들어진다. 그리고 양성 피드백 루프 때문에 곧 아무리 노력을 기울여도 스스로를 구할 수 없게 되는 때인 '걷잡을 수 없는 기후변화'의 티핑포인트에 다다를 것이다.

우리는 우리만의 시대에 사는 호사를 누릴 수 없다. 마치 삶이 우리만의 것인 양 살아갈 수 없다. 우리가 사는 삶은 조상들에게는 해당되지 않던 방식으로 돌이킬 수 없는 미래를 만들어낼 것이다. 기후변화와 관련해 우리는 위험할 정도로 잘못된 정보에 의존하고 있다. 우리의 관심은 화석연료에 맞춰져 있는데, 이런 접근 방식은 지구가 처한 위기를 완전히 보여주지 못하고 우리가 힘이 미치지 않는 먼 곳의 골리앗에게 돌을 던지고 있다는 느낌이 들게 한다. 사실들이 행동을 변화시킬 정도의 설득력이 없다고 해도 우리 마음은 변화시킬 수 있고, 바로 그 지점에서 시작해야 한다. 우리는 뭔가를 해야 한다는 것을 알고 있지만, '뭔가를 해야 한다'는 말은 일반적으로 무력화와 최소한 불확실성의 표현이다. 우리가 해야 하는 일을 확인하지 않으면 그 일을 해야겠다고 결심할 수 없다. 다음은 유축농업과 기후변화를 연결시키는 몇 가지 사실이다.

- 현재의 기후변화의 첫째 원인은 자연적 사건이 아니라 동물이다.
- 약 1만2000년 전 농업이 등장한 이후 인간은 모든 야생동물의 83퍼센트와 모든 식물의 절반을 파괴했다.
- 전 세계적으로 인간은 작물을 기를 수 있는 모든 땅의 59퍼센트를 가축의 사료 재배에 사용한다.
- 지구에는 사람 1명당 약 30마리의 가축이 있는 셈이다.
- 2018년 식용 동물의 99퍼센트가 공장식 축산 농장에서 길러졌다.
- 평균적으로 미국인은 단백질 권장 섭취량의 2배를 소비한다.
- 동물성 단백질 함유량이 높은 식사를 하는 사람들은 동물성 단백질을 적게 먹는 사람들보다 암으로 사망할 가능성이 4배 높다.
- 삼림 벌채의 약 80퍼센트가 가축을 위한 작물과 방목을 위해 땅을 개간하면서 일어난다.

- 유축농업은 아마존 삼림 벌채의 91퍼센트에 책임이 있다.
- 숲들은 개발할 수 있는 모든 화석연료 매장량보다 더 많은 탄소를 보유하고 있다.

기후변화는 지금까지 인간이 직면한 가장 큰 위기이며, 항상 함께 해결해야 하는 동시에 혼자 직면하게 될 위기다. 우리가 알고 있는 식사를 계속할 수 없고 우리가 알고 있는 지구를 유지할 수 없다. 일부 식습관을 버리든가, 지구를 버리든가 해야 한다. 그토록 간단하고 그토록 어려운 문제다. 당신은 어떤 쪽으로 결정을 내렸는가?

8. 에너지
Energy

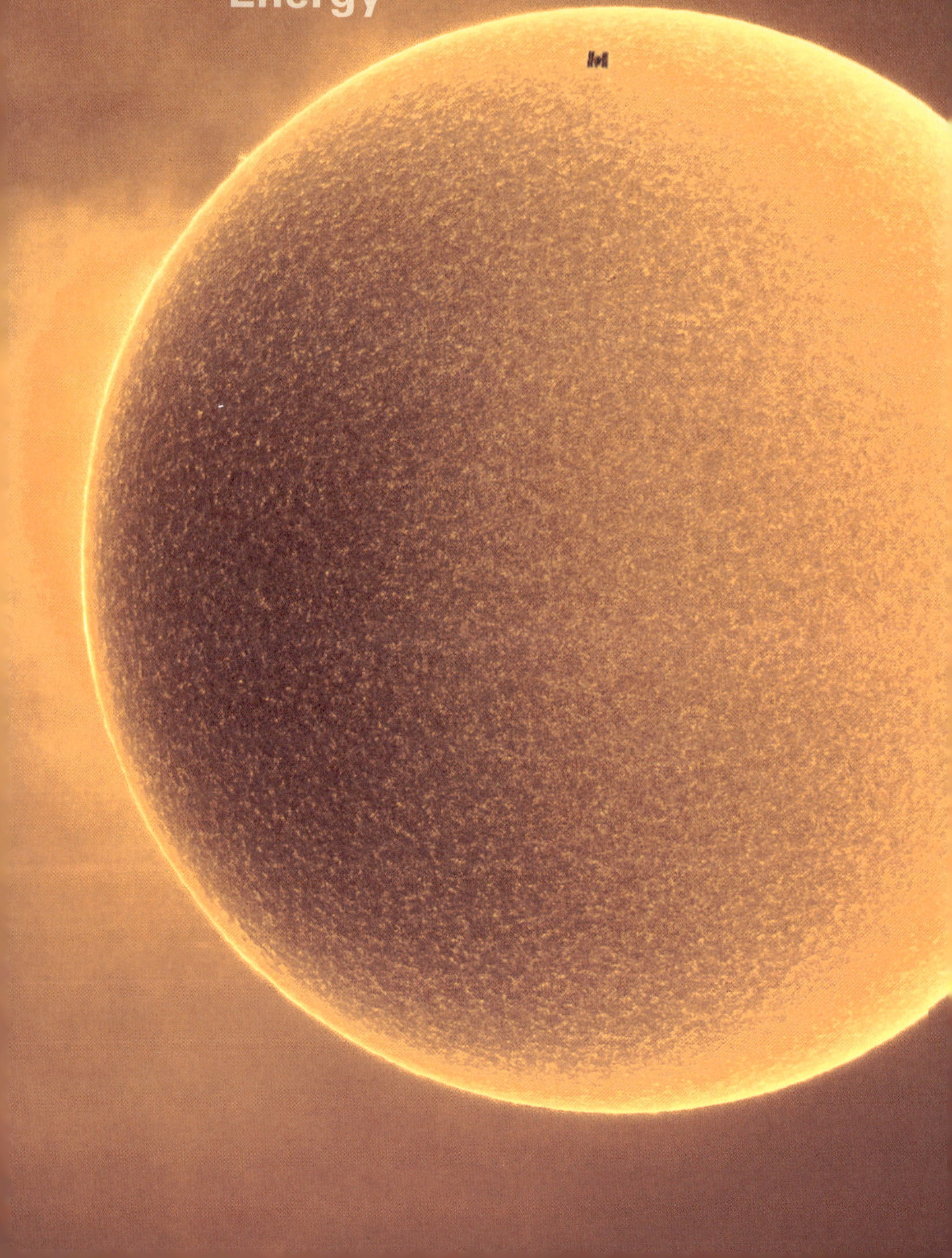

화석연료의 사용을 끝내지 않으면 지구온난화가 중단되지 않고 역전되지 않을 것이다. 석탄, 가스, 석유의 연소는 이산화탄소 배출량의 82퍼센트를 발생시킨다. 기후변동에 관한 정부 간 협의체의 권고대로 2030년까지 화석연료의 배출량을 2010년도 수준에서 40~50퍼센트 감소시키는 것은 엄청나게 광범위한 작업이다. 탄소 배출량을 꽤 많이 감소시키기 위해서는 에너지라는 주제를 에너지원, 사용, 응용이라는 세 범주로 나누어야 한다. 에너지는 어디서 오는가? 에너지는 어디에 사용되는가? 에너지를 어떻게 활용하는가?

우리는 혜택받은 사람들이다. 역사상 문명이 이렇게 풍부한 에너지를 누린 적은 없었다. 화석연료를 사용하기 전까지 에너지는 불, 동물, 노예들에 의해 공급되었다. 중국은 고대의 숲 대부분을 수천 년 전에 파괴했다. 17세기에 세계의 4분의 3이 어떤 식으로든 노예화되었는데, 이는 왜곡되고 야만적인 형태의 '에너지'였다. 우리는 에너지가 영국열량단위BTU나 칼로리나 줄 단위로 얼마나 많은 일을 할 수 있는가에 따라 에너지의 가치를 측정한다. 1배럴의 석유가 할 수 있는 일의 양을 인간의 노동력과 비교해 계산해 보면 우리 각자가, 심지어 가난한 사람조차 1명 이상의 화석연료 '하인'을 가까이에 두고 있다. 평균적인 인도 가정에는 5명, 미국 가정은 400명의 하인이 있다. 따뜻한 집, 즉시 옷을 말려주는 의류건조기, 상점까지 차를 타고 후딱 달려가기. 우리는 탄소 하인 없이 이런 일을 할 때 필요한 시간과 개인적 에너지를 거의 계산하지 않는다.

우리는 운 좋게도 풍부한 에너지를 공급받고 있지만 탄소를 기

___ 2019년의 흑점 극소기 동안 레이니 콜라커시오가 찍은 태양 사진. 평소에 태양은 태양흑점과 우주로 25만 마일 뻗어나가는 태양 플레어로 장식된 활활 타오르는 바다 폭풍처럼 보인다. 그러다 11년 정도마다 흑점 극소기 동안 태양의 활동은 잠잠해진다. 태양을 가로지르고 있는 검은 물체는 러시아, 이탈리아, 미국 출신의 승무원 9명이 승선한 국제우주정거장이다.

반으로 한 에너지는 막대한 오염을 일으킨다. 단지 오염뿐 아니라 삶을 파괴하는 독소도 발생시킨다. 화석연료는 공기, 호수, 해양, 토양, 식물, 동물에게 유독하다. 스모그를 발생시키고 공기 중으로 미립자 물질을 퍼뜨리며 폐 질환과 호흡기 질환을 일으킨다. 석탄과 석유에는 벤젠, 수은, 카드뮴, 납, 메탄, 황화물, 펜탄, 부탄, 그 외에 수십 가지 더 많은 독소가 들어 있다. 뿐만 아니라 석탄이건 가스나 석유건 우리가 사용하는 에너지의 대부분은 낭비된다. 에너지가 유용한 일을 하지 않는다는 뜻이다. 열이나 전기 형태의 에너지가 건물, 자동차, 공장 등 잘못 설계되고 부실하게 제조된 시스템들에 동력을 공급한다. 국립공학아카데미National Academy of Engineering에 따르면 미국의 에너지 효율은 약 2퍼센트다. 사용하는 에너지 100단위마다 우리가 2단위의 일을 한다는 뜻이다. 아시아와 유럽의 일부 국가에서는 에너지 효율이 약간 더 높지만 세계의 다른 지역들에서는 더 낮다. 에너지가 전 세계에서 헤프게 사용되는 탓에 에너지 사용을 급격히 줄여도 같은 제품을 만들거나 같은 일을 할 수 있다.

18세기와 19세기에 석탄, 가스, 석유 매장층이 풍부하게 발견되면서 사회는 동물, 나무, 숯으로부터 돌아섰다. 화석연료는 편리하고 농축되어 있으며 비싸지 않다. 화석연료들은 석탄 늪, 해성층, 숲의 늪지, 역청탄층, 셰일층에서 고대의 햇살이 생성한 식물과 유기체의 유해로 이루어져 있으며 일부 매장층은 6억5000만 년 전까지 거슬러 올라간다. 석탄, 가스, 석유는 오늘날 세계의 1차 에너지 사용량의 84퍼센트를 차지한다. 기후위기는 식물, 나무, 해양 플랑크톤이 수억 년 동안 포착한 탄소들이 지질학적으로 아주 짧은 시간 안에 대기로 다시 배출되면서 일어났다. 화석연료의 이산화탄소 배출량은 매년 총 350억 톤에 이른다. 목표는 이 수치를 2030년까지 110억 톤으로 줄이는 것이다. 현재 태양열, 풍력, 수력, 지열 등 모든 형태의 재생에너지는 1차 에너지의 5퍼센트를 제공한다. 현시점에서 태양광 발전단지와 풍력발전단지는 매일 지구에 도달하는 열과 광자의 일부만 수확한다. 재생에너지 혁신은 우리의 궁극적인 에너지원을 바꾸는 것이 아니다. 원자력을 제외하면 1차 에너지원은 항상 태양이었다. 재생에너지로의 전환은 우리 문명에 동력을 공급할 뿐 아니라 대기에서 이산화탄소를 다시 끌어내도록 도울 여분의 에너지를 생산할 수 있을 만큼 풍부한 태양의 에너지를 이용한다. 이 전환은 문명의 중요한 터닝포인트다.

___ 로드아일랜드주 연안에서 2마일 떨어진 수심 90피트의 바다에 다섯 개의 터빈을 설치한 블록 아일랜드 풍력발전단지는 미국 최초의 해상 풍력발전단지다. 이곳은 출력이 총 30메가와트이며 1만7000가구에 전력을 공급하기에 충분한 12만5000MWH 이상을 매년 생산할 것이다. 출력의 약 10퍼센트가 블록 아일랜드에서 사용되고 나머지는 수중 케이블을 통해 본토로 보내진다. 또 풍력발전이 충분하지 않을 때 때때로 케이블을 통해 본토로부터 전력을 공급받을 수도 있다. 터빈들은 해수면에서 360피트 높이이며 날개 길이는 240피트다. 풍력발전단지의 수명은 20년이며 폐기 처분할 때는 해저에서 지지 기반을 절단해야 한다. 지역 어민들은 지금까지 풍력발전 타워들이 물고기와 그 외의 해양생물의 서식지를 증가시켰다고 말한다.

1882년에 토머스 에디슨이 뉴욕의 펄가에 최초의 석탄 화력발전소를 세웠다. 이 발전소는 고객들에게 서비스를 제공하기 위해 최초의 전력망—기둥에 묶은 전선들—을 구축해 2년 안에 506명 고객의 1만 개의 램프에 불을 밝혔다. 에디슨의 발전소는 대단히 수익성이 높았고 곧 에디슨과 웨스팅하우스는 미국 전역에 발전소를 건설했다. 발전소의 규모가 커지면서 전력망의 규모도 커졌다. 석탄, 가스, 수력, 석유, 원자력(1950년대부터) 등 발전소가 어떤 에너지로 가동되는지에 상관없이 주문형 전기 공급은 사업과 산업, 가정, 도시에 혁신을 일으켰다. 전기 및 가스 사업은 폐쇄 시스템이고 공적으로 허가를 받는 독점 서비스였다. 전력망으로의 접근이 엄격하게 통제되어 풍력과 태양광을 이용한 분산된 재생 가능 전력 생산을 금지했다.

그러다 1976년에 잘 알려지지 않고 잊힌 어떤 도전 행위가 전력 공급 사업을 바꾸어놓았다. 그 일은 최초의 펄가 발전소에서 북쪽으로 2마일 떨어진 곳에 있던 한 지붕에서 일어났다. 재생에너지 활동가 그룹과 태양광 이용의 개척자인 트래비스 프라이스를 포함한 건축학도들이 황폐하고 위험한 이스트 11번가에 있던 한 아파트 건물을 복구했다. 화재로 심하게 타서 버려진 아파트였다. 스트리퍼 거리라고 불리던 이 구역은 절도범들이 밤에 주차된 차들을 분해하여 낮에 부품을 팔던 곳이었다. 햄프셔 칼리지에서 풍력발전용 터빈을 공부한 테드 핀치가 '11번가 에너지 태스크포스'로 불리게 된 이 팀에 합류했다. 핀치는 전 해군 대령이자 통찰력 있는 토목공학자인 빌 헤로네머스 교수 아래에서 풍력발전을 공부했다. 헤로네머스는 다수의 풍력발전용 터빈들을 서로 가까이 배치하면 전력 공급망을 위한 단일 발전소 역할을 할 수 있다는 개념인 풍력발전단지wind farm라는 용어를 만든 사람이었다. 1973년의 에너지 위기를 예측하고 목격한 핀치는 매사추세츠주 앞바다에 1만3695개의 터빈을 설치하는 최초의 해상 풍력발전단지를 제안했다. 이 제안은 너무 비현실적이고 터무니없이 비용이 많이 든다는(당시에는 그랬다) 이유로 무시되었다.

뉴욕에서 핀치는 허드슨강에서 부는 강한 바람에 깊은 인상을 받았다. 그때가 에너지 가격이 4배로 뛰어오른 전 세계적인 석유 위기가 일어난 직후인 1974년이었다. 많은 사람과 마찬가지로 에너지 태스크포스는 가정의

에너지 사용량을 대폭 감소시킬 방법을 모색했다. 특히 지역 전력회사인 콘 에디슨의 전기요금이 전국에서 가장 높았기 때문에 더욱 그러했다. 핀치는 그들의 건물에서 사용하는 전기를 직접 생산하기 위해 지붕에 풍력발전용 터빈을 설치하자고 제안했다. 그들은 허가를 얻으려고 콘 에디슨과 접촉했지만 회사는 이 제안에 경악하며 그런 방식은 불법이고 위험한 데다 자사의 장비를 망가뜨릴 가능성이 있다고 말했다. 핀치는 콘 에디슨을 무시하고 독립적으로 건물에 풍력발전을 할 수도 있었지만 그의 목표는 전력회사들이 지역의 재생 가능 에너지 발전에 전력망을 개방하도록 하는 것이었다. 콘 에디슨은 핀치에게 먼저 적절한 서류를 제출해야 한다고 말했다. 그러나 콘 에디슨의 누구도 만약 서류란 게 있다면 어떤 서류인지 혹은 누가 준비할 수 있는지 말해주지 못했다. 11번가 에너지 태스크포스는 허가 없이 일을 추진했다.

핀치는 37피트 높이의 강관 타워를 제작했지만 이것을 똑바로 세울 크레인이나 승강장치가 없었다. 그래서 친구와 이웃 35명이 타워를 조립해 꼭대기에 밧줄을 연결하고는 사방에서 천천히 위로 끌어올렸다. 일단 타워가 똑바로 서자 앵커볼트 위에 구조물을 올려야 했다. 그것은 신념이 있어야 할 수 있는 일이었다. 특히 바람이 부는 날은 더 그랬다. 행여 타워가 넘어지기라도 하면 사람과 건물에 미칠 피해는 이루 말로 할 수 없을 것이다. 그리하여 마침내 직경 12피트의 중고 제이컵스 풍력발전용 터빈이 설치되었다. 중서부의 한 농장에서 사용하던 것을 핀치가 소생시킨 터빈이었다. 팀이 직류를 교류로 전환하자 터빈이 켜지더니 회전자들이 돌아가고 2000와트의 전기가 전력망으로 흘러들어갔다. 콘 에디슨에 요금을 체납하여 전기가 끊긴 상태이던 에너지 태스크포스는 이 사건을 지켜보며 기쁨에 넘쳤다. 그 전까지는 누구도 전기계량기가 거꾸로 돌아가는 것을 본 적이 없었다.

펀치가 잘 알고 있었던 것처럼, 콘 에디슨의 두려움과 경고는 의미가 없었다. 전력망에는 아무 일도 일어나지 않았다. 이 우뚝 솟은 발전소는 콘 에디슨에서 불과 두 블록 떨어진 곳에 있었지만 전력회사는『뉴욕 데일리 뉴스』에 실린 기사를 읽기 전까지 이스트 11번가 발전소에 관해 일주일 동안 모르고 있었다. 신문 1면에 실린 사진에서는 콘 에디슨 발전소를 배경으로 풍력발전 터빈이 돌아가고 있었다. 콘 에디슨은 소송을 걸었다. 그러자 미국의 전 법무부 장관 램지 클라크가 11번가를 찾아와 이번 일이 선거만큼 중요한 민권 사건이라고 말하며 무료 변호를 해주겠다고 제안했다. 민심이 전력회사로부터 등을 돌렸고 결국 콘 에디슨은 사람들이 스스로 전기를 생산하여 전력망에 되팔 권리가 있다는 것을 인정했다. 엄밀히 말해 전력회사들에겐 더 이상 독점권이 없었다. 그 뒤 재생에너지 생산자들을 격려하고 전력회사에 그들이 생산한 전력의 구매를 의무화하는 연방법이 제정되었다. 오늘날 엠파이어스테이트 빌딩을 비롯해 관련된 건물들은 전적으로 풍력으로 가동된다.

이러한 변화에는 더 심오한 시사점이 있다. 공익 기업들은 전국적으로 처음 세워졌을 때 수직 독점을 시작했고 이를 유지했다. 여기에는 송전선들도 포함되었다. 한 지역에서 생산되는 전기는 자체 소비되었고 공유될 수 없었다. 한 지역이 전압 저하나 정전을 겪는 와중에 인근 다른 지역의 전력회사는 에너지가 남아돌아도 내 알 바 아니었다. 자사의 송전선을 다른 전력 공급자들에게 개방하도록 전력회사들을 회유하고 심지어 의무화해야 했다. 일단 전국의 송전선들이 연결되자 노스다코타주에서 텍사스주까지 내부분 중서부에 있던 최고의 풍력 에너지원들이 가장 큰 시장들, 주로 동부 해안 지역에 판매될 수 있었다.

11번가 풍력발전 터빈이 세워졌을 때는 가장 생산적인 풍력발전 터빈에서 생산되는 에너지도 석탄이나 가스, 원자력으로 생산되는 에너지보다 20배 비쌌다. 오늘날에는 풍력(태양광과 함께)이 세계에서 가장 저렴한 새로운 전력 생산 형태다. 풍력은 태양에너지 발전, 저장, 전송과 함께 2050년까지 화석연료를 완전히 대체할 수 있다. 그 이유는 의무와 기후에 대한 관심보다는 비용과 더 많은 관련이 있다. 새로운 원자력발전소는 비용이 4~7배 더 많이 드는데, 이 계산에는 원자로 폐기 처분 비용, 보험, 지속적 유지 관리나 연방 정부 대출보증 비용은 포함되지 않았다. 석탄발전소는 2.5배 더 많은 비용이 들며, 석탄을 확보하는 운송비는 계산에 넣지 않았다. 2019년에 풍력은 미국 전기의 7퍼센트, 전 세계 전기의 5퍼센트를 공급했다.

대기과학자 켄 칼데이라는 지구 풍력의 2퍼센트만으로 모든 문명에 동력을 공급할 수 있을 것이라고 지적했다. 이 주장은 해상 풍력이 2019년도 전 세계 전력 수요의 15배가 넘는 42만 테라와트시TWh의 전력을 매년 생산할 수 있다는 국제에너지기구International Energy Agency의 계산으로 뒷받침된다. 풍력은 세심하고 뛰어난 공학 기술을 통해 비용과 생산 면에서 우세한 에너지원이 되었다. 터빈들은 얼마나 많은 에너지를 포착할 수 있는지에 대해 이론적인 최고 한도가 있다. 베츠의 한계Betz limit라고 불리는 이 법칙에 따르면 회전하는 터빈은 바람의 운동에너지의 최대 59.3퍼센트까지만 전기에너지로 변환할 수 있다. 바람의 속도가 얼마이건, 날개를 몇 개 사용하건, 날개가 얼마나 길건, 터빈들의 회전자가 얼마나 빠르건 마찬가지다.

풍력에너지의 비용을 감소시키는 두 가지 가장 큰 요인은 풍력발전용 터빈의 크기와 규모, 발전 이용률의 증가다. 발전 이용률은 터빈이 베츠의 한계 내에서 얼마나 많은 에너지를 포착하는지 나타낸다. 한 풍력발전용 터빈의 이론적 출력이 5메가와트이고 2메가와트를 생산한다면 발전 이용률은 40퍼센트다. 출력이 정격 용량보다 낮은 이유는 여러 가지다. 풍력발전용 터빈이 최적이 아닌 바람 체제wind regime에 위치했을 수 있다. 바람이 간헐적으로 불고 시간이 지나면서 변화가 심하거나 '시동' 풍속, 그러니까 터빈이 실제로 회전하여 전력을 생산하기 전에 필요한 풍속(mph 단위)이 다를 수 있기 때문이다. 새로운 설비들의 평균 발전 이용률은 2000년대 초반의 25퍼센트에서 오늘날에는 50퍼센트로 뛰어올랐다. 주로 더 나은 풍력발전 터빈과 풍력발전 단지의 설계, 더 강한 바람에 접근할 수 있는 타워의 높이, 회전자의 크기와 면적, 낮아진 시동 풍속, 더 높아진 신뢰성, 기어박스의 개선, 주어진 바람의 위치에 대한 컴퓨터 시뮬레이션, 날개 재료 덕분이다. 발전 이용률은 육지에서는 60퍼센트를 향해, 해상에서는 더욱 높게 계속 상승할 수 있을 것으로 추정된다.

화석연료가 그토록 엄청난 성공을 거둔 이유는 풍부함, 비용, 편리성 때문이었다. 지금은 그런 이점들이 불확실하다. 불확실하지 않은 것은 육상 풍력에너지의 비용이 하락하는 속도다. 에너지 예측을 더 뒤흔들 수 있는 것은 해상 풍력이 육상 풍력에 이어 세 번째로 비용이 낮은 전기에너지 형태가 될 가능성이 있다는 점이다.

'바람의 대부'로 불리는 헨리크 스티스달은 해상 풍력을 육상 풍력만큼 실용적이고 저렴하게 만들길 원했다. "나는 기후에 관해 생각하느라 좀 힘든 시간을 보냈다." 그는 연이어 이야기한다. "정치인들은 이 문제를 해결하지 않을 것이다. 우리가 해결해야 한다." 오늘날 해상 풍력발전단지의 4분의 3은 북해의 얕은 수역에 위치하고 주로 독일과 영국에 모여 있다. 중국 앞바다와 미국의 동부 해안에 비슷한 수역이 존재하지만 해상 풍력이 충분히 개발되려면 캘리포니아, 포르투갈, 영국, 일본의 해안에서 더 멀리 떨어진 더 깊은 수역으로 들어가야 할 것이다. 그곳에서 더 큰 터빈들이 더 강력한 바람을 수확할 수 있는데, 해안에서는 보이지 않을 것이다. 잠재력은 상당하다. 캘리포니아 앞바다에는 주에서 필요한 것보다 11배 많은 수확 가능한 에너지가 있다. 문제는 해저가 1000피트 아래일 때 초고층 건물 크기에 무게가 100톤에 이르는 풍력발전 플랫폼을 30피트 높이의 파도 속에 어떻게 고정시키는가다.

스티스달의 업적은 대단하다. 그는 고등학교에 다니던 1970년대에 모형 터빈으로 실험을 시작했다. 가족의 시골집에서 터빈을 만들었는데, 각 시제품이 갈수록 더 커지고 효율은 높아졌다. 그를 사로잡은 것은 회전하는 작은 터빈에서 느껴지는 회전력이었다. 그는 손과 팔에서 바람의 힘을 느낄 수 있었다. 터빈이 주택에서 사용할 만한 크기에 이르렀을 때 지역 농기계 제조업체인 베스타스의 임원이 찾아왔고 그의 작업에 깊은 인상을 받았다. 그리하여 오늘날까지 모든 주요 풍력발전용 터빈에서 볼 수 있는, 날개 3개로 구성된 그의 시제품에 라이선스 계약이 맺어졌다. 오늘날 베스타스는 세계에서 가장 큰 풍력발전용 터빈 제조업체로, 매출이 130억 달러에 이르고 12개국에 공장을 두고 있다. 81개 나라에 이 회사의 풍력발전용 터빈 7만 개 이상이 설치되었다.

해상풍력발전은 항상 가능했지만 위치 선정, 유지 보수, 수중 송전선, 부식성 해수 때문에 비용이 상당히 더 높았다. 유럽에서는 시골 지역들에 설치된 높고 시끄러운 풍력발전용 터빈에 대한 지역의 반발 때문에 이런 고려 사항들이 상쇄되었다. 비교적 얕은 북해가 타당한 답이어서 수천 개의 터빈이 그곳에 설치되었다. 실제로 세계에서 가장 큰 풍력발전용 터빈들은 북해에 설치되고 있다. 발전 용량이 12메가와트인 세계 최대의 풍력발전용 터빈인 할리에이드-X는 2019년에 GE가 네덜란드 앞바다에 건설했다. 이 터빈은 높이가 853피트에 이르고 길이 300피트의 날개들이 13메가와트의 전력을 생산한다. 1만2000가구가 사용하기에 충분한 에너지다. 할리에이드-X

___ 1974년에 뉴욕 이스트빌리지의 주택 옥상에 수작업으로 제작한 30피트 높이의 타워를 세운 뒤의 핀치와 그의 팀. 이 타워는 뉴욕 최초의 재생에너지 재건 설비다.

는 발전 이용률이 63퍼센트이고 가장 강력한 경쟁 상대보다 45퍼센트 더 많은 에너지를 개발한다. 하지만 더 많은 경쟁 상대가 곧 등장할 예정이다. 2024년에 베스나스는 2만 가구에 동력을 공급할 수 있는 15메가와트의 해상 풍력발전 터빈을 설치할 계획이다.

스티스달은 외해용 터빈들을 설계하고 있다. 해상 석유굴착 플랫폼을 모방한 부유 플랫폼은 복잡할 뿐 아니라 제작비가 많이 든다. 그의 초기 풍력발전용 터빈 설계가 성공을 거둔 이유는 신속하고 저렴하게 생산될 수 있었기 때문이다. 스티스달은 산업적으로 제작 가능하고 베스타스가 육상 풍력발전에서 이룬 규모의 경제를 다시 실현할 수 있는 부유 플랫폼을 설계했다. 자재들은 동일하고 로봇이 대부분의 노동을 한다. 회의적인 사람들은 비용이 충분히 낮아질지 혹은 심해 풍력발전용 터빈을 지원할 수 있을 만큼 보조금이 많을지 어떨지 의심한다. 하지만 스티스달에게 문제는 '우리가 그걸 어떻게 감당할 수 있겠는가?'가 아니라 '그걸 안 하고 우리가 어떻게 감당할 수 있겠는가?'다.

2019년에 전 세계적으로 27조 와트시(27테라와트시)의 전력이 생산되었다. 풍력발전용 터빈은 세계 전력 생산의 5퍼센트를 약간 넘는 1.4테라와트시를 생산했다. 2050년까지 100퍼센트 재생 전기 생산을 달성하기 위해서는 풍력 발전이 50퍼센트, 태양광발전이 50퍼센트라고 가정했을 때 풍력발전용 터빈의 전력 생산이 2030년까지 3배, 2040년까지 다시 2배, 2050년까지 추가로 80퍼센트 늘어나야 한다. 국제에너지기구와 세계은행이 밝힌 예상 전력 사용량은 가정들이 지금과 동일한 양의 전기를 사용할 것이고 재화와 서비스에 대한 경제적 요구는 2배가 될 것이며 도로에 30억 대의 차가 다니고 세계는 30년 뒤에도 물질주의적이며 소모적인 행동을 바꾸지 않는다고 가정한다. 반면 기존의 예상 사용량 수치들은 모든 운송과 건물 이용 등이 완전히 전기화된 세계를 기초로 예측하지 않는다. 어느 쪽이든 앞으로 수십 년 동안 테드 핀치, 빌 헤로네머스, 헨리크 스티스달 같은 사람들이 더 많이 나타나지 않을 것이라고 생각하기는 어렵다. 그들은 이미 여기에 있다. 우리가 아직 그들이 누구인지 모르는 것일 수 있다.

일본 도치기현 산들의 예전 골프장 자리에 위치한 나스-미나미 태양광 발전소

태양에너지의 경제적 잠재력에 대해서는 수십 년 동안 의문이 제기되고 이러니저러니 비판이 거듭되었다. 현재 남아 있는 유일한 논쟁은 태양에너지(그리고 풍력)가 지구상에서 화석연료의 이용을 얼마나 빨리 없앨 것인가다. 오늘날 태양광발전 비용은 국제에너지기구가 21세기 중반의 비용으로 예상했던 것보다 낮다. 화석연료가 이산화탄소 배출량의 85퍼센트를 차지하기 때문에 아마도 태양광발전은 세계의 기후 및 에너지의 가장 중요한 돌파구가 될 것이다. 태양광발전은 어떻게 그렇게 저렴해진 것일까?

이는 열아홉 살의 에드몽 베크렐이 아버지의 연구실에서 실험을 하던 1839년에 시작되었다. 비스무트, 백금, 납, 주석, 금, 은, 구리로 된 양극과

음극이 작업실 여기저기에 흩어져 있었고, 무슨 영문인지 모르겠지만 베크렐이 산성 용액에 백금 전극을 담가 그중 하나에 빛을 비추었다. 그러자 전기가 발생했다. 베크렐은 물질들이 특정 환경에서 빛에 노출되었을 때 전류를 생산하는 광기전 효과를 발견했다. 돌아보면 이것은 역사적 사건이었다. 그러나 당시에는 대체로 무시되었고 세계가 석탄, 나중에는 가스, 석유와의 길고 뜨거운 로맨스의 고통에 시달리던 격동의 산업시대와는 무관한 새로운 과학 실험이었다.

1870년대에 몇몇 과학자가 베크렐의 태양광발전 실험을 따라했다. 1883년에는 미국의 기업가 찰스 프리츠가 뉴욕의 한 건물 옥상에 설치할 광발전 모듈을 만들었다. 이 모듈은 한낮에 6와트의 전력을 생산했는데 상당한 비용이 들었다. 태양전지가 도금한 셀레늄으로 만들어졌기 때문이다. 하지만 프리츠에겐 비전이 있었다. 그는 자신의 태양광발전이 몇 블록 떨어진 펄가에 막 완공된 석탄 화력발전소와 경쟁할 수 있다고 낙관했다. 프리츠의 모듈들은 독일의 베르너 폰 지멘스를 포함해 다방면에서 엄청난 열광을 끌어냈지만 많은 과학자에게는 혼란스러웠다. 어떻게 태양광발전 모듈이 태양의 잠열 에너지보다 더 많은 에너지를 생산할 수 있단 말인가?

그 답은 1905년 스위스 특허청에서 나왔다. 스물여섯 살의 이론물리학자 알베르트 아인슈타인이 빛에는 밝혀지지 않은 속성이 있고 빛 에너지는 연속적일 뿐 아니라 불연속적이기도 하다고 언급한 '대담한' 논문을 발표한 것이다. 논문에는 막스 플랑크가 양자quanta라고 부른 것(오늘날에는 광자photon라고 불린다), 그러니까 빛의 파장에 따라 변하는 아원자 입자의 흐름에 대한 내용이 담겨 있었다. 파장이 짧을수록(자외선) 에너지는 커진다. 그 뒤 15년 동안 실험실, 발명가, 기업가들이 태양 전지의 효율성을 높이기 위해 실험에 착수했고 갖은 시행착오를 겪었다. 특허가 신청되었고 실험결과가 발표되었으며 재료들이 수정되고 실리콘 결정을 성장시켰다. 마침내 1954년에 벨연구소가 NASA 위성에 사용할 획기적인 태양전지를 개발했다. 이 태양전지는 셀레늄 대신 실리콘으로 만들었으며, 관련 기사가 전 세계에 대서특필되었다. 『뉴욕타임스』는 "태양의 무한한 에너지"가 가능성이 될 수 있다고 썼다. 이러한 열광은 앞을 내다보는 것이기도 했고 시기상조이기도 했다. 벨의 태양전지로 집에 동력을 공급하려면 143만 달러가 들었다. 오늘날에는 미국의 태양광발전 용량이 11가구 중 1가구꼴로 동력을 공급한다. 와트당 제조 가격은 1955년에는 1795달러였으나 현재는 10센트로, 비용이 99.99퍼센트 절감되었다.

태양에너지가 석탄과 경쟁할 것이라는 찰스 프리츠의 추측은 옳았다. 하지만 태양에너지가 정말로 인기를 얻기까지 1973년의 오일 쇼크, 1997년의 교토의정서, 2000년대 독일의 후한 태양에너지 보조금, 기후변화에 대한 세계의 인식 고조라는 과정을 거쳤다. 중국에 거대한 태양열 공장들이 세워지면서 비용 면에서는 분수령을 맞이했다. 태양광발전 단지를 포함한 이 공장들은 캐나다 앨버타주의 타르 샌드와 함께 우주비행사들에게도 보이는 에너지원들 중 하나다. 태양에너지의 성장은 항상 과소평가되어왔다. 파리의 국제에너지기구부터 뉴욕의 매킨지에 이르기까지 태양에너지의 비용과 성장에 대한 기관들의 예측은 지나치게 보수적이었다. 태양전지판 제조업체인 선파워의 설립자 리처드 스완슨은 그 이유를 이렇게 설명한다. '스완슨의 법칙'에 따르면, 누적 용량이 2배 증가할 때마다 태양광발전 모듈의 비용이 20퍼센트 하락한다. 스완슨의 계산은 보수적이었다. 하락률은 30퍼센트가 넘는다. 2019년 현재 건설, 설치, 운영을 포함하여 대규모 발전용 태양광발전소의 보조금을 받지 않은 전기 에너지 비용은 석탄 화력발전소보다 44~76퍼센트, 기존의 혹은 제안된 원자력발전소보다는 69~81퍼센트,

___ 말레이시아 조호르주, 조호르 해협 바로 건너편에 있는 싱가포르 북부 해안의 앞바다에 설치된 부유식 태양광 발전단지를 따라 케이블을 잡아당기고 있는 노동자. 수천 개의 태양 전지판이 싱가포르 앞바다에 펼쳐져 있는데, 이는 땅이 부족한 도시국가가 온실가스 배출량 감소를 위해 추진하는 부유식 태양광 발전단지 구축의 일환이다.

천연가스발전소보다는 16~46퍼센트 낮다. 이런 결과는 예상치 못한 것이었다. 그리고 비용은 계속해서 떨어지고 있다.

2020년 5월 미국에서는 재생 가능하게 생산된 전력이 처음으로 석탄을 넘어섰다. 미국의 석탄 화력발전소들 중 4분의 3이 문을 닫고 폐쇄되어 태양열로 대체될 수 있으며 그렇게 되면 그 발전소 소유주들의 돈이 절약되는 한편 소비자들에게는 전기요금이 낮아질 것이다. 석탄은 진정한 의미에서 화석연료가 되었다. 화석연료는 죽었다.

위성의 전력원으로 시작된 태양에너지는 이제 보트, 인도의 실내등, 탄자니아의 학교들, 디트로이트의 가로등, 외딴 충전소, 웨어러블(옷이나 몸에 붙여 휴대하는 기기), 고속도로 전광판, 무선 셀 기지국, 콘서트, 전기자동차와 전기자전거, 태양광 창문, 차의 표면, 백신 냉장고, 비행기에 동력을 공급한다. 태양에서 에너지를 포착해 전기로 변환하는 태양광 페인트, 쓰레기가 가득 채워지면 압착하는 태양광 쓰레기통, 전적으로 태양에너지로 가동되는 스포츠 경기장도 있다. 태양광 발전단지와 태양전지판은 칠레의 아타카마 사막의 거대한 집광형 태양광발전소부터 일본의 논들 사이에 자리 잡은 태양 전지판까지 어디서나 볼 수 있다. 네덜란드에서는 7만3000개의 광발전 모듈, 13개의 부유식 변압기, 192개의 인버터 보트를 조립하여 호수에 설치했다. 하루에 최대 1메가와트씩 설치된 이 태양전지 배열기는 아마 설치 속도에서 세계기록일 것이며 모두 전기로 충전된 (태양광) 보트와 차량으로 구축되고 건설되었다. 물에 뜬 태양전지 배열기는 파도, 강풍, 눈을 견딜 수 있다.

세계 최대의 부유식 태양광 발전단지는 중국 안후이성의 침수된 탄광지대를 덮고 있다. 독일의 진 파워는 파도, 풍력, 태양광으로부터 동시에 에너지를 생산하는 해양 플랫폼을 개발했다. 이 플랫폼은 모듈식이고 연속적으로 연결할 수 있으며 섬들에 전력을 공급하고 해상 풍력발전단지에 모인 전력을 증폭시켜 총 자본 비용을 낮출 수 있다. 1986년 우크라이나 체르노빌에서 원자로가 폭발한 곳으로부터 매우 가까운 거리에 태양광발전소가 운영되고 있다. 또한 세계 3위의 화석연료(석탄) 수출국인 오스트레일리아가 마침내 태양에너지로 돌아설지도 모른다. 전기의 95퍼센트를 액화천연가스에 의지하는 싱가포르는 선 케이블과 손잡고 자바해와 티모르해에 2800마일의 고압 직류 케이블을 설치할 계획이며, 완공되면 싱가포르 전력 공급의 20퍼센트가 노던 준주에 있는 3만 에이커의 태양전지판에서 생산된 전력으로 대체될 것이다.

비교적 일조량이 많지 않은 독일은 화석연료 위주에서 태양광발전이 높은 점유율을 차지하는 구조로 이행하는 데에서 세계 선두 주자이며 전기의 46퍼센트를 재생에너지원들에서 얻는다. 독일은 소비자와 산업력에 어떤 지장도 주지 않고 이행해왔으며, 정부는 재생에너지를 시민생활의 구조 속에 엮어넣었다. 바이에른주 남부의 농촌 마을 빌트폴츠리트는 1997년에 지역사회를 쇄신하기로 결정했다. 새 체육관, 극장, 술집, 실버타운을 짓겠다는 의미였다. 시민들이 요구한 조건은 이 프로젝트로 지자체에 부채가 발생하지 않는 것이었다. 2011년에 빌트폴츠리트는 계획보다 더 많은 것을 완료했다. 새 학교, 4개의 바이오가스 침지기, 7개의 풍차, 열발전소, 여러 개의 소규모 수력발전 설비, 천연 폐수 시스템을 부채 없이 완공한 것이다. 프로젝트는 마을의 사용량보다 5배 많은 재생에너지를 생산하여 상당한 이익을 남기며 다른 지역사회들에 판매함으로써 재원을 마련했다. 빌트폴츠리트는 새는 곳을 막고 고리는 잠갔다. 새는 곳은 가스, 전기, 연료, 식량 등을 구매하기 위해 항상 빠져나가고 다시는 돌아오지 않는 자금이다. 고리는 그 지역사회가 필요로 하는 생산과 경제활동의 순환이다. 새는 곳을 막는다는 것은 에너지를 더 효과적으로 사용하는 것, 지역적으로 열과 전기를 생산하는 것, 로컬 푸드를 생산하여 먹는 것(그리고 낭비하지 않는 것), 재생에너지로 전기차를 충전하는 것을 의미한다. 고리를 잠갔다는 것은 돈을 절약한다는 의미다. 돈이 공동체 내에 머물면 고용을 창출하고 사람들이 잘살게 된다. 너무 많은 소득이 빠져나가면 지역사회는 고통을 겪는다. 본질적으로, 지역에서 생산된 재생에너지가 지역사회를 되살릴 수 있다.

2050년까지 전국적으로 탄소 중립을 달성하기 위한 중앙집중화되고 합의된 경로인 독일의 에너지 전환 계획Energiewende이 없었다면 빌트폴츠리트는 가능하지 않았을 것이다. 독일의 약속은 전례가 없었고, 디젤과 가스 기반의 자동차 산업, 세계에서 경쟁하는 산업들의 에너지 비용 상승, 간헐적 공급(태양광)이나 전류 급증에 완전히 적합하지는 않은 전력망, 원자력발전소들의 폐로, 거대 전력회사들에 미치는 지장, 탄광업의 잔재와 그 인력 등의 문제에 직면했다. 모든 단계가 힘들고 정치적이며 때로는 과열된 과정이었다. 독일이 구축한 길에서 많은 것을 배울 수 있지만, 전면적인 재생에너지로의 전환은 손해를 보는 쪽이 존재하는 과정이다. 바로 광부, 가스와 석유 생산자, 많은 지역과 국가에서 태양에너지와 풍력에너지로의 전환을 지연시키고 방해하는 전력회사들이다.

세계에서 화석연료를 제거하는 과제가 지구온난화 역전에 가장 강력한 장벽이다. 그 목표는 두 가지 행동을 요구한다. 첫째, 태양광, 풍력, 전기자동차와 건물의 전기화를 위한 에너지 보존 등 석탄과 액체연료의 대체재가 신속하게 확대되어야 한다. 두 번째 중요한 활동은 세계의 석탄 화력발전소, 석유 및 가스 탐사, 파이프라인, 수압파쇄법, 액화 천연가스 터미널에 계속 자금을 지원하는 제도적 관성을 중단하는 것이다. 그렇게 하지 않으면 이 시설들이 계속 운영되어 수십 년 동안 탄소를 배출할 것이다. JP모건 체이스는 북극의 석유와 가스, 해상의 석유와 가스, 수압파쇄법, 탄광업, 역청탄을 포함해 화석연료에 가장 많은 자금을 지원하는 은행이다. 파리협정이 채택되고 5년 내에 35개 은행이 화석연료 산업에 38조를 쏟아부었다. 일단 투자자들이 화석연료 프로젝트에 투자하면 그 프로젝트는 계속 운영될 것이며 입법자들에게 영향을 미치고 (혹은) 부패시킬 것이다. 그러면서 일자리를 창출한다고 주장할 것이다. 일자리 창출로 보면 태양에너지는 화석연료가 창출하는 고용을 5 대 1 수준으로 능가한다. 그리고 결정적으로, 은행들은 재생에너지 프로젝트들이 자금 지원을 받을 수 없게 막는다. 앞으로 수년간 시장이 석탄과 가스에 갇힐 것이기 때문이다.

세계는 탄소 배출과 관련하여 앞으로 나아가는 게 아니라 여전히 뒷걸

음질치고 있다. 지난 30년간 화석연료로 발생한 온실가스가 그 전의 230년 동안보다 더 많이 배출되었다. 국제기구들의 '낙관적' 예측들은 태양열에너지가 세계 전기 생산의 3퍼센트를 차지하던 데서 2050년까지 22퍼센트로 증가하고 총 재생에너지가 세계 전기 생산의 50퍼센트를 담당할 것임을 보여준다. 우리의 현 상황을 보면 낙관적 예측은 아니다. 재생에너지 생산은 세계 에너지 생산의 90~100퍼센트를 차지할 수 있고 차지해야 한다. 유럽연합은 2050년까지 탄소 중립 에너지 시스템을 만들겠다고 약속했고 이 계획이 가속화될 수 있다고 생각한다. 푸마부터 티센크루프까지 60개가 넘는 독일 기업이 녹색 전환과 직접적으로 연결되는 경제 부양책을 원한다. 본질적으로 '구경제'에 더 이상 돈을 써서는 안 된다는 말이다. 독일 최대 철강 제조업체 중 하나인 잘츠기터는 석탄 대신 재생 가능하게 생산된 수소연료를 이용한 철강 제조로의 이행을 정부가 지원하길 원한다.

우리의 에너지 생산 방식을 획기적으로 뒤엎을 때의 영향과 요건은 엄청나다. 그리고 실행 가능한 일이다. 온실가스 배출을 막고 역전시키기 위한

___ 동 거얼무格爾木 태양열 발전 프로젝트는 2009년에 시작되었고 여러 다른 태양광발전 기업으로 이루어져 있다. 기존의, 그리고 계획된 태양열 공원들이 2030년까지 120제곱킬로미터의 면적에서 10억 와트(1기가와트)의 전기를 생산하여 거얼무가 중국 최대의 태양열 전기 생산지가 될 것이다. 이곳은 티베트 고원 북쪽의 9200피트 높이에 위치하고 있으며 강한 바람으로 경사가 져 초승달 모양의 사구를 형성한다.

행동은 정부, 기업, 사회의 의무다. 이를 실현하려면 작은 주택부터 수소연료를 만드는 거대한 철강공장에 이르기까지 인간 행위의 모든 단계가 참여해야 한다. 지구 기온이 1.5도 더 상승하지 않도록 막으려면 태양광발전 관련 제조 및 설치가 급격히 증가해야 할 것이다. 1993년부터 2002년까지 태양광발전 설치 용량은 3배로 증가했다. 8년 뒤인 2010년에는 30배, 2019년까지는 또다시 15배 증가했다. 태양광발전이 화석연료가 생산하는 전기의 50퍼센트를 대체하려면 2030년까지 태양광발전 생산과 설치가 2019년보다 8배 증가해야 한다. 또한 2040년까지는 2배, 그 뒤 2050년까지는 다시 2배 증가해야 할 것이다. 이는 지구의 모든 사람에게 각각 3개의 태양전지판이 있는 것과 마찬가지다. 에너지 출력 면에서는 풍력도 이와 같아야 한다. 세계가 에너지 효율을 상당히 발전시키고 불필요한 에너지 과소비를 줄이는 건설적인 변화를 이루면 에너지 요구량은 줄어들 수 있다.

화석연료의 연소 중단은 우리가 계속 지구에서 살고 사람, 문화, 문명으로서 발전하기 위해서는 반드시 넘어야 하는 문턱이다. 미국 최초의 석탄 화력발전소는 토머스 에디슨이 1882년 뉴욕에 건설했다. 뉴욕주의 마지막 석탄 화력발전소인 서머싯의 킨타이 발전소는 2020년 3월에 문을 닫았다. 이것은 우리 문명이 어디로 갈지의 문제가 아니다. 우리가 지구가 얻는 태양에너지로 동력을 공급받는 문화로 얼마나 빨리 완전히 전환할 수 있는지의 문제다.

___ 네덜란드의 전기자동차 시제품인 라이트이어 원. 이 차는 안전유리 지붕 아래에 5제곱미터의 고효율 태양광전지들이 장착되어 충전 없이 하루 43마일까지 달릴 수 있고 완전히 충전했을 때는 450마일을 주행할 수 있다. 여름이면 지붕의 태양 전지판들로 주행 가능 거리가 30~40마일 늘어난다.

발명되고 거의 두 세기가 지난 뒤 전기자동차는 내연기관의 종말을 알리는 티핑포인트에 도달했다. 미국 최초의 유용한 전기자동차는 1889년 아이오와주 디모인의 거리에 처음 등장했다. 화학자 윌리엄 모리슨이 배터리로 움직이는 차를 만들었다. 말 없는 마차와 비슷하게 생긴 이 차의 최고 속도는 시속 14마일이었다. 1900년에 전기자동차는 미국의 모든 차량의 약 3분의 1을 차지했다. 전기자동차는 그 뒤 10년 동안에도 계속 잘 팔렸다. 그러다 헨리 포드가 석유로 움직이고 대량생산되는 모델 T를 출시하여 시장을 휩쓸었다. 몇 년 지나지 않아 내연기관이 승리를 거두었고, 전기자동차는 1970년대의 에너지 위기로 관심이 다시 점화될 때까지 변방으로 밀려났다.

자동차 제조업체들은 다양한 전기자동차 모델을 내놓았지만 제한된 최고 속도(시속 45마일)와 주행거리(1회 충전에 50마일 이내)에 대한 소비자의 우려가 판매를 억제했다. 1980년대에 세계 경제가 호황을 누리고 석유 가격이 역대 최저 수준으로 떨어지면서 전기자동차의 미래는 암울해 보였다. 시대가 바뀌었다.

2010년 세계에는 1만7000대의 전기자동차가 있었다. 오늘날에는 1000만 대가 넘고 그중 중국이 가장 큰 지분을 차지한다. 2020년에는 전 세계적으로 전년도보다 43퍼센트 증가한 300만 대 이상의 전기차가 팔렸다. 노르웨이가 전기자동차를 석유로 움직이는 자동차보다 더 많이 구매한 세계 최초의 나라가 되었다. 세계 최대의 자동차 제조업체인 폴크스바겐은 2026년부터 내연기관을 장착한 차의 설계를 중단하고 전기자동차로 완전히 이행하겠다고 발표했다. 제너럴모터스는 2025년까지 30개의 새로운 전기자동차 모델을 선보이고 2035년에는 전기자동차 외의 다른 무엇도 생산을 중단하겠다고 말했다. 볼보는 2030년부터 전기자동차만 판매할 것이라고 발표했으며, 포드는 베스트셀러인 F-150 트럭과 상징적인 머스탱을 전기화할 것이고 둘 다 석유를 사용하는 전 모델들보다 성능이 뛰어날 것이라고 약속했다. 2006년 자사의 첫 전기차를 생산했던 테슬라 모터스는 2020년 거의 50만 대의 전기자동차를 판매했고 모델3은 세계에서 가장 많이 팔리는 전기차가 되었다.

기후변동에 관한 정부 간 협의체에 따르면 교통 부문의 온실가스 배출량이 다른 어떤 부문보다 빠르게 증가하여 1970년 이후 두 배로 늘어났는데 이런 증가의 약 80퍼센트는 도로의 차량들 때문이다. 석유를 사용하는 자동차, 트럭, 버스 등은 전 세계 총 온실가스 배출량의 약 16퍼센트를 발생시킨다. 2019년 미국의 가솔린 소비는 하루에 평균 3억9000만 갤런으로, 미국 내 모든 석유 사용량의 거의 절반을 차지했다. 또 다른 20퍼센트는 디젤 연료가 차지했다. 이 수치들은 정부들이 전기자동차로의 전환을 서두르는 중요한 이유다. 2020년 가을에 캘리포니아 역사상 최악의 화재들이 일어나자 주지사 개빈 뉴섬은 2035년까지 주에서 판매되는 모든 새 승용차가 무공해 차량이 되게 할 것을 요구하는 행정명령을 발동했다. 몇 주 뒤 뉴저지주가 캘리포니아주의 선례를 따르기로 결정했다. 중국은 2025년까지 나라에서 판매되는 전체 차량의 4분의 1이 전기차가 될 것을 요구했다.

핵심은 발전소들이 생산하는 전기의 원천을 바꾸는 것이다. 풍력, 태양광, 지열, 수력, 바이오매스로 생산된 전기가 흘러들어감에 따라 전력망이 점점 더 재생 가능해지고 있다. 태양에너지로 충전되는 테슬라 모델3 전기자동차는 석유로 가동되는 동급의 차량보다 수명 기간 내내 온실가스를 65퍼센트 더 적게 발생시킨다. 네바다주에 있는 테슬라의 배터리 제조 공장 기가팩토리는 곧 전적으로 재생에너지로 가동될 것이다. 노르웨이의 전기자동차들은 수력발전으로 생산된 전기로 굴러간다. 전 세계의 어마어마한 전기자동차 군단을 운행하는 데 필요한 전기를 공급할 뿐 아니라 일상생활의 다른 측면들을 전기화할 때 증가하는 에너지 수요를 충족하기 위해서는 노후된 전력망의 대대적인 점검과 업그레이드가 요구된다. 또한 원거리 풍력발전단지와 태양열발전단지를 포함해 분산화된 에너지원에 도달하기 위해서는 새로운 송전선로와 배전센터들이 건설되어야 한다.

배기가스에는 미립자 물질, 산화질소, 휘발성 유기화합물이 포함돼 있다. 전기자동차들은 공기 오염을 일으키지 않는다. 2040년까지 전기자동차로 완전히 전환하면 천식, 심장질환, 폐암이 상당히 줄어들 것이다. 파리의 공무원들은 도심부에 모든 공해 차량의 진입을 금지했고 자동차 통행을 전적으로 금지시킬 생각이다. 전기차량의 또 다른 분명한 이점은 유지비다. 움직이는 부품이 20개 이하인 전기자동차는 내연기관이 장착된 자동차보다 유지비가 50퍼센트 더 낮다.

점점 커지는 전기자동차 군단을 지원하기 위해 충전 인프라의 확장도 진행 중이다. 차지포인트, 일렉트리파이 아메리카 같은 기업들은 미국에서 충전 네트워크를 연결하고 확대하기 위해 노력하고 있다. 테슬라는 전 세계에 전용 충전소 네트워크인 슈퍼차저Supercharger를 구축했는데, 2만 개 이상의 콘센트가 설치된 거의 2000개의 충전소로 이루어져 있다. 또 폴크스바겐은 충전 인프라에 20억 달러를 투자하고 있다. 이런 움직임은 잠재 고객들 사이에 자주 언급되는 우려를 불러일으킨다. 전기자동차를 충전하는 비용이 차의 연료탱크를 채우는 것보다 더 높을까? 차량의 구동 상태와 종류에 따라 수치는 달라지겠지만, 이 질문에 대해서는 '아니다'라고 바로 대답할 수 있다. 한 추정에 따르면, 전기자동차로 한 달에 1000마일을 주행하고 집에서 차를 충전시키는 데 킬로와트시당 10~20센트를 낸다면 한 달에 30~60달러의 청구서가 나올 것이다. 반면 갤런당 평균 30마일을 가는 내연기관 차량은 현재의 유가로 같은 마일을 주행했을 때 한 달에 100달러 넘는 비용이 들 것이다.

전기충전소 네트워크가 확대됨에 따라 또 다른 우려도 감소될 것이다. 바로 주행거리에 대한 불안이다. 오늘날 전기자동차의 일반적 주행거리는 한 번 충전했을 때 200마일이다. 2028년에는 400마일에 이를 것으로 예측되며, 이는 휘발유를 가득 채운 대형 승용차의 주행거리와 비슷하다.

전기자동차들은 비교적 에너지 밀도가 낮은 리튬이온 배터리로 가동되어 충전 속도가 느리고 주행거리가 제한된다. 새로운 기술 개발은 이런 수치들을 바꾸고 있다. 이스라엘의 한 회사는 최근 연료탱크를 채우는 데 드는 시간과 거의 동일한 5분 만에 완전히 충전될 수 있는 배터리를 개발했다.

배터리들은 한때 전기자동차 가격의 3분의 1을 차지했지만 2010년부터 2020년까지 배터리 가격이 거의 90퍼센트 떨어졌고, 자동차 제조업체들은 이르면 2023년에 내연기관 차량과 비슷하거나 더 낮은 가격의 전기자동차를 공급할 수 있는 수준에 접근하고 있다. 공급원이 대개 소수의 나라에만 집중되어 있는 코발트, 니켈, 망간, 리튬 등 희귀한 광물을 필요로 하는 배터리가 많다. 전기자동차에 대한 수요가 높아지면서 더 많은 광물이 필요할 것이다. 예를 들어 미국에서 배터리 제조에 사용되는 리튬의 양은 2030년까지 거의 3배 뛸 것으로 예상된다. 이러한 수요 증가가 미칠 영향들이 다루어져야 한다. 채광 작업은 야생생물 개체군들, 지하수 공급, 생태계의 건강에 악영향을 미치고 지역 주민들의 반발을 일으킬 수 있다. 오래된 배터리들은 가정이나 사업체 등에서 다른 에너지 저장에 사용될 수도 있지만 대부분 결국 매립지로 간다. 리튬이온 배터리의 재료들은 재활용될 수 있다. 지속 가능한 공급망을 만들기 위해서는 자동차 제조업체들이 세계 배터리 동맹Global Battery Alliance에 가입해야 한다. 배터리들을 폐기할 때가 되면 동맹이 배터리의 재료들을 회수해 재활용되도록 한다.

내연기관을 전기자동차용으로 교체하는 것은 그 자체로는 필요한 기후 목표를 달성하지 못할 것이다. 이동 행위의 변화 역시 요구된다. 더 많은 사람이 전기자전거나 차량 공유나 전기화된 버스와 기차로 된 대중교통을 이용해야 한다는 뜻이다. 탑승 인원이 적은 전기자동차가 석유로 가동되는 비슷한 차보다 수명주기 동안 온실가스를 훨씬 적게 배출하지만 탑승 인원에 따라 다인승 대중교통 차량보다 승객당 더 많은 온실가스를 배출할 수 있다.

배터리 기술 발전들의 융합, 판매 가격의 꾸준한 하락, 전기자동차들의 성능 향상, 기후변화에 대한 관심이 빠른 속도로 시장 변혁의 조건들을 만들고 있다. 전에도 시장 변혁이 일어났었다. 1903년 영국 의회의 의원 스콧 몬터규는 자동차의 등장이 말이 끄는 마차와 짐마차의 이용에 거의 영향을 미치지 않을 것이라고 예측했다. 10년이 지난 뒤 말이 끄는 마차는 수많은 자동차로 둘러싸였다. 우리는 그만큼 격심한 또 다른 변혁이 닥치기 직전에 있다.

___ 하늘에서 내려다본 와이오밍주 옐로스톤 국립공원의 그랜드 프리스매틱 온천. 이 온천이 자연적으로 화려한 색상을 띠는 것은 물속에 사는 호열성 박테리아 때문이다. 사진 윗부분의 높은 길을 걸어가는 사람들을 보면 이 커다란 자연지물의 규모를 짐작할 수 있다. 이 온천은 폭이 320피트, 깊이가 160피트에 이른다. 푸른색은 광물이 풍부한 깨끗한 화산수를 통해 빛이 굴절되면서 나타나고, 노란 색조와 오렌지 색조는 저마다의 온도 선호도에 따라 모이는 호열성 조류와 세균의 화학 합성층이다.(햇빛이 필요 없다.) 온천의 물은 옐로스톤 슈퍼화산의 마그마 챔버에 의해 섭씨 71도로 가열된다.

1940년대에 미국의 발명가 로버트 C. 웨버는 지하실의 냉동고에서 뜻하지 않게 손을 덴 뒤 재생에너지 변화에 도움이 될 아이디어를 떠올렸다.

웨버는 냉동고의 배출관이 차가울 줄 알고 만졌지만 손을 델 정도로 뜨거웠던 것이다. 그는 관들이 냉동고 내부에서 모인 열을 분산시켜 냉동고를 차갑게 유지한다는 사실을 알아차렸다. 이에 관을 보일러와 연결시켜 그의 가족이 사용할 수 있는 양보다 더 많은 온수를 만들어냈다. 지략이 뛰어났던 그는 남은 온수를 또 다른 관으로 흘려보내고 선풍기를 이용해 집 안으로 열을 불어넣었다. 이 실험의 효과가 입증되자 웨버는 또 다른 열원을 이용해보기로 마음먹었다. 바로 지하실 아래의 땅이었다. 그는 일 년 내내, 심지어 겨울에도 땅이 따뜻하다는 것을 알고 있었다. 그래서 고리 모양의 구리관들을 땅에 묻고 이 관들을 지나가면서 지열의 일부를 흡수할 프레온가스를 넣었다. 그런 뒤 모인 열을 기계로 지하실에 방출하고 이 열을 이용해 집을 데웠다. 실험이 매우 성공적이어서 이듬해에 웨버는 석탄을 떼는 난로를 팔아치웠다.

열펌프는 열 동력을 이용해 한 곳의 열을 다른 곳으로 이동시킨다. 밀폐형 시스템closed-loop system을 사용해 저온의 열이 전기 압축기에 의해 건물을 데우기에 충분한 온도로 올라간다. 열원이 더 따뜻할수록 효율이 더 높아진다. 열원은 건물 내에 있을 수도 있고 예를 들어 공기처럼 건물 밖에 있을 수도 있다. 공기 열원 펌프는 겨울에 실외에서 집 안으로 열을 이동시킨다.(차가운 공기에도 여전히 열의 온기가 있다.) 연못 같은 물 역시 에너지원이 될 수 있다.

웨버가 이룬 혁신은 땅을 열원으로 사용한 것이다.

지각은 거대한 태양전지다. 지표면에 닿는 태양의 복사에너지 절반이 그곳에 저장되어 따뜻하게 만든다. 하루와 계절의 높고 낮은 온도는 흔히 지하 동결선frost line이라 불리는 지하 몇 피트 이하는 침투하지 못한다. 이 선 아래에서는 땅의 온도가 1년 내내 거의 변동이 없고 전 세계적으로 화씨 45도에서 75도 사이이다. 지표면 아래 30피트에서는 땅의 온도가 일정하고

___ 아이슬란드 서남쪽 끝의 레이캬네스 반도에 위치한 배관과 지열발전소. 이 발전소는 2700미터 깊이의 지열정 12개에서 추출하여 섭씨 290~320도의 저장소에 모은 증기와 염수를 이용해 50메가와트 터빈 2개에서 100메가와트의 전력을 생산한다.

태양의 온기로 유지된다. 이것이 태양에 의해 생성되는 지열이다. 지열은 열펌프 기술에 이상적이다. 펌프는 겨울에는 땅에서 건물로 열을 전달하고 여름에는 집에서 땅으로 다시 열을 보낸다. 지열은 또한 날마다 하루 종일 일정한 비율로 이용할 수 있는 기저부하 에너지다.

한겨울에 뜨거운 물로 목욕하고 싶은가? 지열이 해줄 수 있다.

열펌프는 재래식 난방기보다 훨씬 적은 에너지를 사용하여 냉난방에 드는 전기 소비를 60퍼센트 넘게 줄일 수 있다. 열펌프를 작동시키는 데는 소량의 전기만 필요하고, 이는 재생에너지로 쉽게 제공될 수 있다. 설치에 비용이 많이 들긴 하지만 지열원 열펌프ground-source heat pump는 안전하고 조용하다. 또 공해를 일으키지 않고 운영비가 낮을 뿐 아니라 20년 이상 사용할 수 있다. 굴뚝, 가스계량기, 프로판탱크, 시끄러운 냉방 장치나 가연성 부품도 없다.

열펌프는 대부분의 산업화된 지역에서 냉난방에 가장 많이 사용되는 천연가스와 석탄을 주로 대체한다. 미국 가정들의 약 절반이 난방과 온수, 조리, 의류 건조에 천연가스를 사용한다. 2019년에 주택 부문이 미국 전체 천연가스 소비의 약 16퍼센트를 차지했다. 건물의 냉난방은 매년 미국의 총 온실가스 배출량의 10분의 1을 발생시킨다. 로키마운틴 연구소에 따르면, 가스 난방기를 열펌프로 교체할 경우 전체 가구의 약 99퍼센트를 차지하는 46개 주에서 탄소 배출량이 감소될 것이다. 태양에너지로 열펌프를 가동시킬 수 없더라도 천연가스와 재생 가능 에너지들이 석탄을 대체함에 따라 전력망의 전기가 매년 계속해서 탄소를 제거한다. 최근 도시들이 모든 신축 건물의 100퍼센트 전기화를 요구하는 법을 통과시키기 시작한 것은 이 때문이다.

전기를 생산하는 재생에너지원들 중 하나가 전통적 형태의 지열, 즉 지하의 아주 뜨거운 물이다.

이 지열에너지는 45억 년 전 지구가 생성될 때부터 남아 있었고 방사성 광물들이 부패하면서 열이 생성된다. 지구 내핵은 온도가 5000도를 넘을 수 있다. 태양 표면과 비슷한 온도다. 그다음 층은 용융된 암석으로, 깊이 약 2000마일의 규산염 물질로 이루어진 층인 맨틀로 둘러싸여 있다. 그리고 맨틀은 두께 3~50마일 사이의 단단한 암석층인 지각으로 둘러싸여 있다. 텍토닉 플레이트들이 만나는 곳에서 종종 발견되는 지각의 균열들 때문에 마그마가 지표면 가까이로 올라와 물 저장소를 가열할 수 있다. 이 저장소들에 시추공이 접근하여 물과 증기가 관을 통해 발전소로 올라오고 이곳에서 전기로 변환된다. 이 물은 또한 건물을 따뜻하게 하는 열원으로도 사용될 수 있다. 물이 식으면 재가열을 위해 다시 저장소로 보내기 때문에 재생 가능한 자원이 된다.

1970년대에 고압수를 깊은 지열정을 통해 뜨거운 암석으로 주입하여 균열을 따라 암석을 파쇄하는 심부지열enhanced geothermal 기법이 개발되었다. 균열들에 주입된 물은 암석에 의해 가열된 뒤 두 번째 지열정을 통해 펌프를 타고 표면으로 올라와 발전소에서 전기를 생산하는 데 사용된다. 그런 뒤 물은 폐쇄형 시스템에서 지열정으로 재순환되어 다시 가열된다. 방향성 시추directional drilling 등의 선진 기술로 기업들이 가열 지역의 규모를 확대할 수 있을 뿐 아니라 더 깊은 곳의 뜨거운 암석들을 활용할 수 있어 이용 가능한 지열에너지의 양이 늘어난다.

아이슬란드는 섬의 광범위한 화산활동과 연결된 지열원들로부터 전기의 30퍼센트를 생산한다. 일본과 뉴질랜드는 온천, 간헐온천, 증기구steam vent를 이용한다. 미국은 세계에서 가장 많은 지열에너지를 생산하는 나라다. 매년 지열발전으로 생산되는 전력 180억 킬로와트시는 석유 1000만 배럴 이상과 맞먹는다. 지열을 이용하는 다른 국가들로는 케냐, 코스타리카, 인도네시아, 터키, 필리핀이 있다.

현재의 지열 기술은 전 세계 발전 전력량의 1퍼센트 이하를 공급한다. 지열 기술은 극도로 뜨거운 물에 접근할 수 있어야 하기 때문이다. 발전소에 동력을 공급할 정도로 뜨겁고 접근하기 쉬운 지하 웅덩이는 화산대가 있는 국가들로 제한된다. 닿기 힘든 지열원까지의 시추 작업은 비용이 많이 든다. 하나의 자원을 개발하는 데 계획 단계부터 발전까지 10년의 시간이 걸린다. 풍력발전단지는 4년이 걸릴 수 있다. 지열을 얻기 위한 심부 시추는 강한 압력, 위험한 온도, 부식성 유체와의 접촉 등 복잡한 기술적 과제에 부딪힌다. 또한 한국 포항에서 리히터 규모 5.4의 지진이 일어나 건물을 뒤흔들고 1700여 명의 이재민이 발생한 사례처럼 심부 지열수의 주입은 지진과 연관된다. 균열들에 물을 주입하면서 발생하는 높은 압력이 알려지지 않은 단층들을 활성화시켜 지진을 촉발할 수 있다.

최근 지열 기술은 진화되었다. 스웨덴 기업인 클라이메온은 지구 곳곳에 매우 풍부하게 존재하는 저압, 저온(80도 정도로 낮은) 지열원으로부터 전기를 생산하는 280입방피트의 작은 모듈식 장치를 개발했다. 이 기술은 열 교환기를 이용해 지하의 열을 전달하여 맞춤형 터빈 발전기를 작동시킨다.

각 장치는 유럽 지역의 100가구에 1년 내내 동력을 공급하기에 충분한 약 150킬로와트시의 전기를 생산할 수 있다. 또 유럽에서 풍력발전, 태양광발전과 견줄 정도의 속도로 전기를 공급한다. 이 설비는 모듈식이기 때문에 고객이 각자의 에너지 요구량에 맞게 필요한 만큼 설치할 수 있다. 클라이메온의 표준화된 장치는 거의 어디서든, 어떤 규모로든 작동할 수 있다. 아이슬란드에 클라이메온의 첫 지열발전소가 문을 열었고 그 뒤 전통적인 온천 리조트들 중 한 곳의 파일럿 프로젝트를 포함해 일본에서 두 건의 의뢰가 이어졌다. 클라이메온은 자사의 저온 기술을 이용할 지열에너지의 잠재력이 큰 타이완, 뉴질랜드, 헝가리에서 가능성을 타진하고 있다.

클라이메온의 장치들은 공장과 그 외의 산업 자원에서 나오는 폐열도 이용할 수 있다. 많은 산업 관행에서 사용되는 에너지의 약 절반이 폐열로 전환된다. 클라이메온의 고객사들 중 하나는 물을 사용해 뜨거운 금속을 식히는 제철공장이다. 보통 90도의 물이 폐기되어 주변 환경으로 들어가지만, 이 경우 가열된 물이 클라이메온의 설비들을 가동시켜 전력을 생산한다.

지열에너지는 풍부하고 무궁무진하며 신뢰할 만하다. 가격이 알맞고 효율적이며 기후 친화적이고 여러 기능을 가지고 있다. 바람이 잠잠해지거나 밤이 되어도 지열은 계속 유지되어 풍력과 태양광 발전에 기저부하 동력을 제공한다. 지열에너지는 재생에 초점을 맞춘, 빠르게 성장하고 있는 운동에 합류했다. 배출 제로 생산에 노력하고 있는 아이슬란드의 한 지열에너지 업체의 이사 베르글린드 란 올라프스도티르는 "인류는 물건을 덜 사용하면서 더 잘 사용하는 방향으로 빠르게 나아가고 있다"고 말한다. "우리는 영향을 최소화하는 방식으로 자연의 선물들을 활용할 수 있다. 가장 중요한 것은 탄소발자국을 줄이는 것이다. 우리는 2030년까지 탄소발자국을 완전히 없앨 작정이다."

___ 호 리버 하우스는 노스캐롤라이나주에 위치한 2600제곱피트의 넷제로 주택이다. 지붕의 태양광 전지판이 집에서 사용하는 모든 전기를 공급하며, 절연 처리, 패시브 하우스 설계, 에너지, 열회수형 환기 장치, 태양 반사 블라인드가 에너지 효율을 향상시키고 일정한 온도가 유지되도록 돕는다. 그리고 지열 열펌프가 필요한 냉난방의 나머지 부분을 처리한다. 이 집은 또한 물을 독자적으로 사용한다. 작은 우물이 빗물 집수와 정수 시스템을 돕는데, 우물이 가득 차면 230일 동안 물을 공급할 수 있다.

저서 『전기화하라Electrify』에서 솔 그리피스는 코로나19와 지구온난화 사이의 강력한 유사성을 밝혔다. 우리는 미래의 언젠가 유행병이 발생할 것이고 대비해야 한다는 것을 수년 전부터 알고 있었다. 그러나 미국과 대부분의 국가는 이에 대비하지 않았다. 우리는 수십 년 전부터 지구온난화에 대해 경고를 받았지만 역시 대비하지 않았다. 지구온난화와 마찬가지로 코로나19 전염병은 열과 함께 시작된다. 전염병학 용어로 말하면, 우리는 평형상태와 감염률 하락에 이르기 위해 바이러스가 퍼지는 속도, 그러니까 전염병의 확산을 완화하기 위한 조치를 취하라는 이야기를 들었다. 온실가스 배출 곡선을 완만하게 만드는 데는 드로다운을 성취하기 위한 임계점으로 탄소중립(평형상태)이 필요하고, 그런 뒤 우리는 지구온난화를 역전시키는 데 본격적으로 착수할 수 있다. 바이러스성 유행병에 백신이 필요하듯 지구온난화도 그러하다. 차이점은 우리가 수년 동안 기후 문제 해결책의 70퍼센트 이상을 알고 있었다는 것이다. 에너지 인프라의 완전한 전환, 에너지 그리드의 전적인 전기화, 모든 형태의 화석연료 연소의 배제가 그것이다. 유명한 기후 저널리스트 빌 매키빈은 "기후위기와 싸우는 제1원칙은 단순하다. 석탄, 석유, 가스, 나무에 불 붙이는 것을 가능한 한 빨리 중단하는 것이다. 오늘 나는 첫 번째 원칙에 따른 필연적 결과인 두 번째 기본 원칙을 다음과 같이 제안한다. '불길과 연결되는 어떤 새로운 것도 절대 만들어내지 마라.'"

이 원칙을 성취하는 것은 망상이나 소년 십자군이 아니다. 순수 물리학과 간단한 경제학이다. 에너지의 모든 흐름을 전기화하면 부자건 가난하건 거의 모든 사람에게 에너지 비용이 감소할 것이다. 그러려면 모든 당사자가 전환 비용을 감당할 수 있도록 공정한 재정적 도구들이 필요할 것이다.

물리학자 솔 그리피스보다 미국의 정확한 탄소발자국을 더 열심히 연구한 사람은 없을 것이다. 미국에 대한 그의 연구는 세계의 모든 나라에 적용될 수 있다. 모든 것을 전기화하자는 그리피스의 주장은 화석연료 경제를 풍력, 태양광, 수력, 전기자동차, 열펌프, 에너지가 그 원천에서 에너지 처리

장치로 쉽고 효과적으로 흘러가고 돌아올 수 있게 하는 훌륭한 설계의 전력망으로 바꾼다는 뜻이다. 어디에나 전기 저장을 위한 크고 작은 배터리들이 있을 것이다. 연결된 전력망에서 차와 집들이 밤에는 에너지 수급자, 낮에는 에너지 공급자가 될 수 있다. 그리피스에 따르면, 세계 경제 전체를 전기화할 경우 우리가 현재 사용하는 1차 에너지의 절반도 필요하지 않을 것이다.

언뜻 보면, 가스를 사용하는 발전기가 연약한 태양 전지판보다 훨씬 더 효과적일 것 같다. 그러나 보이는 것이 다는 아니다. 재생에너지가 더 효과적이다. 석탄 및 가스 화력발전소는 보일러, 증기, 터빈을 사용해 열을 전기로 바꾸고 그 결과 석탄발전소는 68퍼센트, 많은 천연가스 터빈은 42~50퍼센트의 전체 에너지 손실을 낳는다. 태양광과 풍력은 태양의 에너지를 좀더 직접적으로 전환한다. 반도체에서 광자의 에너지가 전자로 전환된다. 어떤 연소도 없다. 풍력이 터빈을 돌린다. 풍력은 무료이고 어떤 열도 필요하지 않다. 이런 효율성 때문에 연소에서 재생에너지로의 전환은 우선 미국의 전체 에너지 사용량을 23퍼센트 감소시킬 것이다. 또한 재생에너지는 새로 생성되는 에너지들 가운데 이미 가장 저렴한 형태이며 계속해서 더 저렴해지고 있다. 다른 형태의 에너지 생성은 이렇지 않다.

자동차, 트럭, 기차를 전기화하면 엄청난 양의 에너지를 절약할 수 있다. 자동차의 에너지는 엔진블록, 머플러, 배기관을 3도 화상을 입힐 수 있을 정도로 가열시킨 뒤 80퍼센트가 공기를 가열시킨다. 따라서 에너지의 20퍼센트가 바퀴로 간다. 전기자동차에서는 에너지의 90퍼센트가 바퀴로 간다. 전기자동차가 재생에너지로 가동되면 1차 에너지 수요가 추가적으로 15퍼센트 줄어들 것이다.

화석연료 에너지를 생산하는 데 필요한 에너지의 양도 상당하다. 약

100만 톤의 석탄이 매일 중국의 동부 해안으로 실려간다. 다친철로大秦鐵路는 세계에서 가장 분주한 화물철도 노선이며 석탄을 실은 열차들의 길이가 4마일을 넘는다. 화석연료를 없애면 다친철로가 없어진다. 전기화를 이루면 화석연료 탐사, 채광, 시추, 추출, 펌프 사용, 정제, 수송 작업이 필요 없어져 1차 에너지가 다시 11퍼센트 절약된다. 이 수치는 채광 및 시추 장비, 석유 수송선, 액상 천연가스 터미널, 철도 차량, 정유소, 주유소를 만드는 데 사용되는 상당한 에너지는 계산에 넣지 않은 것이다. 또 화석연료로 인한 피해, 오염, 건강상의 영향을 다루고 개선하는 데 필요한 에너지도 포함되지 않았다. 가정, 사무실, 산업에서 열펌프는 냉난방과 온수에 사용되는 가스나 전기, 석유 버너를 대체할 수 있다. 열펌프는 전기를 사용해 공기나 땅에서 열을 추출하고 가스나 오일, 전기 저항열보다 에너지 단위당 3배 많은 열을 생성한다. 또 기존 조명 기술들보다 5~10배 더 효율이 높고 전구 수

___ 열펌프는 공기나 땅에서 열을 추출한다. 열펌프는 반대로 돌아가는 에어컨처럼 작동하여 가정이나 건물 전체에 필요한 열 전부를 공급하고 에너지 사용량을 50퍼센트 줄일 수 있다. 열펌프 가동에 사용되는 전력이 재생에너지원에서 나올 경우 온실가스 배출량을 95퍼센트 이상 감소시킨다.

명이 5~10배인 LED 조명은 전체적인 1차 에너지 사용량을 1~2퍼센트 감소시킨다.

철 제련소, 용광로, 시멘트 공장 등 고온이 요구되고 따라서 많은 양의 에너지가 필요한 산업 공정들뿐 아니라 해상운송, 트럭 수송, 항공여행 같은 특정 유형의 운송업에서는 전기를 사용해 수소연료를 생산하는 것이 최상의 선택지일 수 있다. 수소는 우주에서 가장 풍부한 원소다. 중량으로 따지면 수소는 화석연료에 비해 3배의 에너지를 보유하며, 기체나 액체 형태로 존재할 수 있다. 하지만 에너지로 쓸모 있으려면 먼저 원료 물질에서 분리되어야 한다. 한 가지 원료 물질이 메탄을 포함한 탄화수소이지만 이산화탄소라는 폐기물이 나온다. 또 다른 원료 물질은 물인데, 물의 부산물은 산소다. 수소를 산소에서 분리하려면 전해조라 불리는 연료전지와 다량의 전기가 필요하다. 태양력, 풍력, 수력, 지열 등 재생에너지에서 나온 전기를 사용해서 생산된 수소는 그린 수소라고 불린다. 이 청정 에너지원은 물과 전기를 이용할 수 있는 곳이면 어디서든 만들어질 수 있다. 화석연료를 기반으로 한 수소보다 비싸긴 하지만 재생에너지들이 저렴해짐에 따라 비용이 낮아지고 있다. 많은 정부가 그린 수소를 세계의 미래 에너지 조합의 중요한 부분으로 생각한다. 유럽연합은 청정 수소에 투자하고 있다. 2020년에 사우디아라비아는 풍력과 태양광으로 가동되는 50억 달러 규모의 수소 생산 공장을 건설하겠다고 발표했다. 국제에너지기구 사무총장은 수소가 10년 전의 풍력발전의 위치에 있다고 생각한다.

웨스턴오스트레일리아주에 오스트레일리아와 아시아 시장을 위해 풍력 및 태양광발전으로 2만6000메가와트를 생산하는 재생에너지 허브 건설도 제안 중이다. 2500제곱마일의 부지에 구축될 이 에너지 허브는 국내와 아시아의 철강 생산, 광물 처리, 제조를 위한 청정 수소용 암모니아 생산에 사용될 전력을 생산할 것이다.

합산해보면, 모든 것을 전기화할 경우 미국의 전체 에너지 사용량은 60퍼센트 감소하는 한편 원하거나 필요한 제품과 서비스는 동일하게 제공될 것이다. 세계의 나머지 지역들에 미치는 영향도 비슷하다. 하지만 우리는 에너지 사용량을 더 줄일 수 있다. 그 60퍼센트에는 에너지 사용량을 40~80퍼센트 감소시키는 건물 개보수, 스마트 온도조절 장치, 더 효율이 높은 전기기구는 포함되지 않았다. 자동차가 철강 대신 탄소섬유로 제조되고 감속할 때 손실되는 에너지를 포착하는 회생 제동 시스템을 사용하면 자동차의 에너지 사용량이 또다시 50퍼센트 이상 감소할 수 있다. 여기에는 사람들이 장시간 통근하는 대신 지역에서 일하는, 하나로 연결된 세계는 포함되지 않았다. 에너지 요구량을 상당히 감소시키는 순환식 물질 흐름도 포함되지 않았다. 다시 말해 전체 에너지 사용량의 60퍼센트 감소에는 우리가 세계의 재생 속도보다 더 빨리 세계를 소모하는 행위를 멈추어야 한다는 점을 계산에 넣지 않았다.

모든 것을 전기화하면 궁극적으로 전체 에너지 사용량이 감소하지만 필요한 전력량이 2.3테라와트에서 2050년까지 4.8테라와트로 2배가 되어야 한다. 우리가 2050년에도 지금처럼 살고 있다면 여전히 많은 에너지가 낭비되고 있을 것이다. 세계의 350척의 유람선에서 50만 명이 수시로 춤추고 도박을 하고 있다는 것은 귀중한 에너지를 어이없이 사용하는 것이다. 우리가 미치는 영향을 의식하지 않으면 재생에너지원의 잠재력은 미래의 에너지 사용에 압도당할 것이다. 전기자동차가 만병통치약은 아니다. 저녁에 먹을 중국음식을 포장해오려고 무게 5000파운드의 전기자동차를 운전하는 것은 재생에너지를 사용한다고 해도 에너지 낭비다. 전기자동차를 가동하는 데 사용되는 리튬이온 전지에는 희귀한 광물들과 채굴 작업이 필요하다.

모든 것의 전기화는 커다란 변화를 불러온다. 탄소 배출량을 상당히 감소시키기 위해 획기적인 에너지 기술이 필요하지는 않다. 우리는 필요한 도구들을 지금 가지고 있다. 발전소에서 배출된 온실가스가 대기로 올라가지 못하게 하려고 발전소에 탄소 포집 및 저장 체계를 마련할 필요가 없다. 그 대신 화석연료의 연소를 중단하면 된다. 기후 목표들을 달성하려고 개인적인 혹은 경제적인 희생을 크게 할 필요는 없다. 우리는 여전히 자동차를 소유해도 된다. 하지만 전기자동차여야 한다. 전력망의 에너지는 모두 재생가능 에너지여야 한다. 하지만 우리는 원래 필요했던 에너지의 절반만 필요할 것이다. 모든 것을 전기화하는 것은 엄청난 일이고 신속하게 이루어져야 한다. 이것은 기회다. 전환을 시작한 첫 10년 동안 2000만 개의 직업이 창출될 것이고 새로운 에너지 경제에서 수백만 명이 종신 고용될 것이다. 비용은 내려가고 혜택들이 생길 것이다. 하늘이 맑아지고 도시들이 더 조용해진다. 가정과 사무실이 더 스마트해진다. 삶이 지속될 것이고 예전보다 더 나아질 것이다. 재생에너지 소비를 위한 모범 사례들이 확립되어야 한다. 이미 모든 인류에게 제대로 된 생활수준을 제공하기에 충분한 미래의 전 세계적인 태양광 및 풍력발전 역량이 존재한다.

___ 칠레 아타카마 사막의 마리아 엘레나 코뮌에 완공된 세로 도미나도르 집광형 태양열발전소 1단계. 이 발전소에서 채택한 용융염 기술은 최대 18시간의 발전 용량을 저장할 수 있어 하루 24시간 태양에너지가 계속 흐르게 할 수 있다. 완공된 발전소는 1750에이커의 면적에 자동으로 태양을 추적하는 1만600개의 일광반사장치를 갖추었다.

두 가지 주요 재생에너지원인 풍력과 태양력은 간헐적이다. 바람이 항상 불지는 않고 햇빛이 항상 빛나는 건 아니다. 또 추가 수요를 충족하기 위해 바람이나 햇빛이 더 강해지지도 않는다. 신뢰성 있는 전력망을 갖추려면 전력회사들에게 시간이나 계절, 날씨에 상관없이 항상 유효한 전력 생산 능력이 요구된다. 완전한 재생 가능 전력망은 2050년까지 현재 저장 용량의 27만5000배인 연간 약 440만 기가와트시의 에너지 저장 용량이 필요할 것이다.

현재 대부분의 재생에너지 저장은 양수발전pumped storage hydropower 형태를 띤다. 전기에너지가 풍부하거나 필요하지 않은 시기에 물을 저수지에 퍼올린다. 그리고 에너지가 필요할 때 방수하여 터빈을 돌려 전기를 생산한다. 그러나 양수발전은 근방의 더 높은 위치에 저장소가 있어야 하기 때문에 용량에 한계가 있고 대개 인공 호수나 댐을 만들어야 해서 주변 환경에 해를 입힐 수 있다. 현재 일부 기업이 이 기술을 발전시키고 있다. 리에너자이즈RheEnergise는 물을 더 밀도 높은 유체로 대체함으로써 더 완만한 경사지에 전통적인 댐과 동일한 전력을 생산하는 소규모 양수발전 시스템을 구축할 수 있다. 이런 시스템들을 지하에 구축하면 그 위의 땅을 태양력, 풍력 같은 재생에너지원이나 그 외의 개발을 위해 사용할 수 있다. 양수발전은 중요한 에너지 저장 해결책이긴 하지만 지리적 제약들로 제한을 받는다.

스마트폰부터 전기자동차에 이르기까지 대부분의 현대 기기를 작동시키는 저장 기술은 리튬이온 전지다. 최근까지 배터리 저장은 대규모로 시행하기에는 비용이 너무 많이 들었지만 이제 더 이상 그렇지 않다. 배터리 저장 비용이 2009년부터 2019년 사이에 90퍼센트 하락했고 2050년까지 또다시 75퍼센트 떨어질 것으로 예상된다. 그 결과 2024년에는 전기자동차 제조 비용이 내연기관 차량보다 더 저렴하지는 않다고 해도 동일해질 것으로 예상한다. 리튬이온 전지 저장은 거의 어디에서나 시행할 수 있고 반응 속도도 빠르다. 양수발전은 수요에 반응하는 데 몇 초 걸린다. 배터리는 1000분의 1초 단위로 반응하여 급격한 수요 증가도 감당할 수 있다. 그런 까닭에 리튬이온 전지는 피크타임용 발전소라 불리는 곳, 즉 예상치 못한 수요 급증을 해결하기 위해 가동되는 가스 화력발전소의 이상적인 대체품이다. 미래의 배터리 저장은 대규모 저장 시설로 제한되지 않을 것이다. 리튬이온 기술은 대규모 에너지 저장과 전기자동차 둘 모두에 사용된다. 전기자동차들이 시장을 지배하면 세계에는 수십억 개의 전지가 전력망에 연결되어 필요할 때 에너지를 공유할 준비를 갖출 것이다.

그러나 리튬이온 전지가 우리의 모든 에너지 요구를 충족시켜주지는 못한다. 5분 내에 완전히 충전되는 전기자동차 배터리뿐 아니라 새로운 재활용 기술 등 이 배터리들에 비약적인 발전이 이루어지긴 했지만 핵심 재료들의 환경 비용이 상당하고 사용하면서 배터리가 열화될 뿐 아니라 일부 리튬 광산은 인권 유린의 현장이다. 이런 문제가 없더라도 리튬이온 전지들은 한 번에 몇 시간 동안 에너지를 공급하는 데만 효과적인 한편 일부 지역에서는 겨울 동안 부족한 햇빛을 벌충하기 위해 계절 저장seasonal storage이 필요할 것이다.

엔지니어와 과학자들은 이 문제 모두에 대한 독창적인 해결책을 개발했다. 첫째, 어떤 사람들은 다른 재료를 사용하여 배터리를 만들고 있다. 앰브리라는 기업은 액체 칼슘과 고체 안티몬을 사용해 그리드 수준의 액체 금속 배터리를 개발하고 있는데, 이 배터리는 열화가 최소화되고 가격이 경쟁 리튬이온 전지들의 3분의 1이 될 수 있다. 서던캘리포니아대학의 연구원들은 광산에서 나오는 폐기물인 황산철을 이용해 전통적인 리튬 전지보다 더 오래 에너지를 방출할 수 있는 새로운 유형의 플로 배터리를 개발했다. 또한 폼 에너지는 리튬과 그 외의 금속들을 사용하는 대신 "지구에서 가장 풍부한 광물 중 일부를 활용하는" 수성 공기 배터리 시스템aqueous air battery system을 미네소타주에 설치하고 있다. 모로코의 누어 미델트와 노르웨이의 에너지-네스트 같은 기업은 용융염이나 부서진 화산암으로 만든 열 배터리를 설치하고 있다. 이런 시스템들은 나중에 증기 터빈을 돌리는 데 사용될 수 있는 단열 저장소들을 여분의 에너지로 가열함으로써 작동한다. 용융염 배터리들은 열이 천천히 빠져나가도록 설계되어 저렴한 저장을 가능케 하는데, 배터리보다 킬로와트시당 33배 더 저렴한 것으로 추정된다. MGA 서멀은 또 다른 선택안을 탐구하고 있다. 석탄 화력발전소의 석탄을 토스터의 약 절반 크기의 혼합금속 블록으로 대체하는 것이다. 이 블록은 레고처럼 쌓을 수 있고 엄청난 양의 열을 저장하도록 설계되었다. 석탄을 태워 증기 터빈 내의 물을 끓이는 대신 합금들을 재생에너지로 가열하고 수요에 맞춰 에너지 발전을 늘리거나 줄이기 위해 보일러에 추가·제거할 수 있어 석탄을 완전히 대체하는 한편 동일한 인프라를 활용할 수 있다.

물을 펌프로 높은 지대로 퍼올리는 대신 콘크리트 블록을 쌓아올릴 수도 있다. 스위스 기업인 에너지 볼트는 풍력발전용 터빈이나 태양광발전단지와 연결되는 거대한 크레인을 만들었다. 팔이 6개 달린 이 크레인은 여분의 재생에너지를 이용해 35톤의 합성 콘크리트 블록들을 들어올려 거대한 탑을 쌓았다가 다시 블록을 아래로 내려 이때 발생하는 중력으로 터빈을 돌려 전기를 생산한다. 지형의 물리적 고도 차이에 의존하는 저장 기술들과 달리 이 기술은 거의 모든 지형에서 사용될 수 있다. 몰타대학의 연구원들은 양수발전 개념을 한 단계 더 발전시켰다. 그들은 물을 펌프로 높은 곳으로 끌어올리는 대신 저장실에 쏟아넣어 저장실 내의 공기가 압축되게 한다. 에너지가 필요하면 공기를 팽창시켜 물을 다시 밖으로 밀어내 터빈을 통해 전기를 일으킨다.

마지막으로, 이동성이나 에너지 밀도가 화석연료와 비슷한 에너지 형태를 개발하려는 기업들도 있다. 가장 유력한 후보가 태양에 에너지를 공급하는 원소인 수소다. 현재 수소는 화석연료를 이용해야만 감당 가능한 비용으로 추출될 수 있지만, 재생에너지 비용이 계속 떨어짐에 따라 물의 산소 원자에서 수소를 분리시켜 생성되는 그린 수소의 비용 효율이 높아지고 있다. 독일은 수소 기술에서 세계 선두가 되기 위해 2026년까지 수소와 연료전지 기술들에 15억4000만 달러를 투자하며 그린 수소에 전력을 기울이고 있다. 그린 수소는 새로운 형태의 강력한 에너지 저장 기술일 뿐만 아니라 강철과 시멘트처럼 화석연료 집약적인 산업들을 탄소중립으로 바꾸는 데 중요할 것이다.

모든 에너지 저장 기술에는 한 가지 공통점이 있다. 바로 자연에서 발견되는 해결책들과 유사하다는 것이다. 식물들은 태양의 에너지를 당분으로 바꾸어 저장한다. 간헐천은 충분한 물이 공간에 압력을 가할 때 분출한다. 이 기술들은 일상적 현상에서 발견되는 에너지를 보존하는 것을 목표로 한다.

마이크로그리드 Microgrids

___ 하와이의 카하우이키 빌리지는 144개 주택으로 이루어진 공동체로, 노숙인 가족들에게 장기 거주할 수 있는 알맞은 가격의 집을 제공한다. 정부-민간 합작으로 자금을 조달한 이 프로젝트는 2011년의 도호쿠 쓰나미 피해자들을 위해 지어진 긴급구호 주택을 용도에 맞게 고치는 등 유지 가능하고 지속 가능한 저가의 건설 솔루션들을 이용해 지어졌다. 이 공동체는 태양광으로 가동되는 500킬로와트의 마이크로그리드와 2.1메가와트시의 배터리 에너지 저장 시스템으로 전력을 공급받아 거의 에너지 독립적이다. 시스템은 얼마간의 가스 기기들, 발전기 그리고 흐린 날씨가 길어지는 경우 배터리를 충전하기 위해 전력망에서 얻는 소량의 예비 전력으로부터 지원을 받는다.

2019년 가을, 퍼시픽 가스앤일렉트릭사가 산불 발생 위험을 줄이기 위해 캘리포니아 북부의 고객들에게 전기를 끊자 200만 명의 사람이 암흑에 갇혔다. 하지만 유레카 근처에 사는 블루레이크 란체리아 부족민들에게는 전깃불이 남아 있었다. 이 부족이 운영하는 카지노 호텔은 전기가 끊긴 시설의 중환자들에게 방을 제공했다. 주유소와 상점 등 소수 업체들도 계속 문을 열었다. 결과적으로 이 부족은 위기 동안 훔볼트 카운티 인구의 약 8퍼센트에 해당되는 1만 명 이상의 사람을 도왔다. 어떻게 계속 전기를 켤 수 있었을까? 이 부족이 자체적인 전력망은 구축했기 때문이다.

블루레이크족의 이야기는 2011년 3월, 일본 부근에서 거대한 지진이 일어났을 때 시작된다. 지진으로 발생한 쓰나미가 대양을 건너 유레카 근방의 캘리포니아 해안을 덮치는 바람에 많은 주민이 블루레이크족의 리조트로 대피해야 했다. 나중에 자신들이 정전에 얼마나 취약한지 깨달은 부족의 지도자들은 주의 재정 지원을 받아 보호구역에 첨단 마이크로그리드를 건설하기로 결정했다. 마이크로그리드는 축전지, 배전선, 풍력, 수력, 지열, 태양광 같은 전력원들로 구성된다. 보통 지역 송전망에 연결되지만 마이크로그리드들은 독립된 전력시설로 가동된다. 대규모 전력망에 전기가 끊기면 마이크로그리드는 자체적으로 전기를 공급할 수 있는 '섬'이 된다. 자급률을 높이기 위해 블루레이크족은 독일 업체와의 협력하에 일기예보를 전력 수요 예측과 통합하는 스마트 소프트웨어를 설치하여 불확실한 시기에 확실성을 만들어냈다.

마이크로그리드의 이점은 허리케인 샌디가 동북부를 강타하여 800만 명이 넘는 인구가 정전을 겪었을 때 더 확실해졌다. 식품의약청의 화이트오크 연구소와 뉴욕대학 캠퍼스 일부를 포함해 마이크로그리드가 운영되는 곳에서는 전기를 켤 수 있었다. 프린스턴대학의 열병합발전 마이크로그리드는 폭풍이 닥친 뒤 4000가구의 아파트, 3개의 쇼핑센터, 6곳의 학교에 이틀 동안 전기를 공급했다.

전 세계적으로 거의 8억 명에 이르는 사람들이 전기를 공급받지 못하고 있고 그중 60퍼센트 이상이 시골 지역에 산다. 아메리카 선주민 보호구역의 가구들 중 약 14퍼센트에 전기가 공급되지 않는데 주로 외진 지역에 살기 때문이다. 현재 오클라호마주, 알래스카주, 위스콘신주, 캘리포니아주 부족민들의 땅에 마이크로그리드 설치가 계획되고 있는 것은 그 때문이다. 나이지리아에는 총 인구의 약 40퍼센트인 7700만 명이 믿을 만한 전기 공급을 받지 못한다. 나이지리아의 농업에서 상황은 특히 심각하다. 전기는 곡식을 빻고, 냉장 보관하고, 관개를 위해 펌프로 물을 퍼올리는 등의 농업활동에 필수이기 때문이다. 전통적으로 디젤 기계들이 전력을 공급했지만, 연료비가 연간 소득을 넘어설 수 있다. 마이크로그리드와 가정용 태양광발전 시스템은 농민들의 비용을 줄여주고 생산성을 증진시키는 한편 인간의 행복을 개선시킴으로써 이런 역학을 변화시킬 잠재력이 있다.

마이크로그리드는 새로운 아이디어가 아니다. 최초의 사용 가능한 마이크로그리드는 1882년 토머스 에디슨이 맨해튼에 있는 그의 펄가 발전소에서 만들었다. 중앙집중화된 전력망이 구축되기 전에 소규모 마이크로그리드들이 도시에서 병원, 대학, 학교, 교도소에 에너지를 공급했다. 이 마이크로그리드들은 대부분 증기를 포함해 화석연료를 이용하는 열병합 시스템에 의지했다. 오늘날 기후변화로 증폭된 기상 사태들이 가하는 압박으로 전통적 전력망의 위험이 높아지면서 마이크로그리드가 또 다른 관심을 받고 있다. 세계은행에 따르면, 2000년부터 2017년 사이 미국에서 발생한 정전의 55퍼센트, 유럽에서 발생한 정전의 3분의 1 이상의 원인이 기상이변이었다. 마이크로그리드는 신뢰성이 있을 뿐 아니라 중앙집중화된 전력망보다 효율이 높다. 미국의 전력망에서는 생성된 에너지가 고압 송전선을 이동하면서 6퍼센트가 손실된다. 인도의 전력망들은 최고 19퍼센트까지 에너지를 잃는다.

국가, 도시, 기업들이 탄소 배출량 감소 및 제거 목표를 설정함에 따라 마이크로그리드가 고객들에게 재생에너지를 공급하는 한 방법으로 점차 인식되고 있다. 현재 마이크로그리드는 대개 태양전지판이나 풍력발전용 터빈에서 에너지를 얻는다. 태양전지판과 풍력발전용 터빈은 가격이 급격히 하락했고 도시의 차량 충전소를 포함해 엄청나게 다양한 기후친화적 전력 용도로 사용되고 있다. 2018년에 일리노이주의 규제 기관들은 시카고에 마이크로그리드 클러스터를 구축하겠다는 코먼웰스 에디슨의 계획을 승인했다. 이 클러스터는 미국에서 처음으로 마이크로그리드와 재생에너지 자원들을 통합하도록 설계된 것들 중 하나다.

미국 국방부는 단일 소비자로서는 세계 최대의 석유 사용 기관이다. 이런 석유 의존성에 대응하기 위해 국방부는 디젤 발전기에서 벗어나 재생에너지로 가동되는 기지 내의 마이크로그리드 설비들이 생산하는 전력으로 옮겨가기 시작했고, 샌디에이고에 있는 해군기지 같은 대규모 시설들도 여기에 포함된다. 사우스캐롤라이나주의 패리스섬에 있는 해병대 병참부가 마이크로그리드 시스템으로 전환하면 매년 에너지 비용은 690만 달러 절약되고 에너지 수요를 4분의 3으로 줄일 것으로 예상된다.

마이크로그리드의 잠재 사용 범위가 확대됨에 따라 새로운 유형의 시스템들이 개발되고 있다. 기기들이 인터넷으로 정보를 주고받을 수 있어 효율성이 높아지는 기술들을 바탕으로 한 시스템도 그중 하나다. 마이크로그리드들은 보통 특정한 요구와 조건을 충족시키도록 맞춤화되지만 표준 단위로 제작되어 신속하게 설치될 수 있는 모듈식 마이크로그리드도 개발되고 있다. 신기술들은 또한 배터리 저장 비용을 낮추는 한편 용량은 증가시킨다. 머지않아 마이크로그리드들이 수소연료전지를 사용하여 탄소발자국을 더 낮출 수 있을 것이다.

신기술은 새로운 개념에도 영감을 주었다. 방글라데시는 농촌지역의 400만 가구가 전통적인 전기화 방안들을 건너뛰고 대신 가정용 태양광발전 시스템을 설치했는데, 이는 세계 최대 규모에 속한다. 그러나 이 시스템들은 용량이 제한적이며 인구의 많은 부분이 엄두를 내지 못할 만큼 여전히 비싸다. 군집 전기화swarm electrification라는 기술도 등장했다. 솔셰어라는 마이크로그리드 업체가 수도 다카 남쪽에 있는 마을인 샤키말리 마트보르칸디에 자사의 스마트 전기계량기를 사용하는 피어투피어 공유 전력망을 설치했다. 이 계량기는 태양광발전 시스템 소유자들이 다른 지역 주민들과 직접 전기를 사고팔 수 있게 해준다. 이 기술은 쉽고 빠르게 확장될 수 있어 "군집swarm"이라 불린다. 개별 가구들이 먼저 연결되고 전체 규모가 커짐에 따라 가구들이 집합적으로 더 많은 전기 작업을 할 수 있게 된다. 태양광발전 시스템을 마련할 형편이 안 되는 가구들도 솔셰어 계량기를 설치한 뒤 이웃들에게 전기를 구매함으로써 참여할 수 있다.

이런 유형의 마이크로그리드는 기후에 추가적인 혜택을 준다. 솔셰어는 가정용 태양광발전 시스템들을 연결시킴으로써 최대 3분의 1 더 많은 태양에너지를 방출한다. 보통 가정용 태양광발전 시스템이 생성하는 전력은 곧바로 사용하지 않으면 손실된다. 한 공동체가 함께 연결되어 일부는 여분의 에너지를 생산하고 일부는 그 에너지를 소비하면 공동체의 태양전지판들을 더 충분히 이용할 수 있다. 솔셰어는 방글라데시 전역의 자사 시스템들이 전체적으로 연간 1만1000파운드의 이산화탄소를 감소시킨다고 추정한다. 또 회복력도 향상시킨다. 한 가구의 태양광 시스템이 작동을 멈춰도 연결된 다른 가구들의 시스템에서 전력을 계속 구매할 수 있다.

마이크로그리드는 비교적 높은 건설 비용, 규제상의 장애물, 화석연료에 유리한 재정적 혜택, 기존 전력업체들의 반대 등 여러 과제에 직면했지만 기후변화 종식에 중대한 공헌을 할 잠재력을 가지고 있다. 마이크로그리드는 인근의 에너지원들에서 거의 무한한 양의 재생에너지를 이용하고 지역에 재배분함으로써 공동체들이 에너지를 자급자족하고 극단적 기후에 대한 회복력을 갖추는 동시에 온실가스 배출량을 줄이도록 힘을 실어줄 수 있다.

9. 산업
Industry

중국 장쑤성 화이안시에 있는 직물공장

모든 산업은 시스템이고, 에너지, 식품, 농업, 제약, 운송, 의류, 의료 할 것 없이 모든 산업 시스템은 추출적이다. 추출은 생물계에서 자원들을 뽑아내 해를 입힌다. 그 결과는 생물의 감소다. 따라서 추출은 퇴행적이다. 모든 산업 시스템은 온실가스를 배출할 뿐 아니라 토양, 물, 해양, 삼림, 공기, 생물다양성, 사람, 아이, 노동자들, 문화에 해를 입히기 때문에 지구온난화의 직접적인 원인이 된다. 기업들이 의도적으로 해를 끼치는 것은 아니지만, 재생력이 있으려면 산업 자체가 본질적으로 퇴행적이라는 것을 기업이 먼저 인식해야 한다. 비난을 하려는 건 아니다. 이것은 생물학적 사실이며, 거대한 기회를 나타낸다.

기후에 관해 산업의 초점은 생산, 운송, 운영에 따른 온실가스 배출에 맞춰져 있다. 그럴 만도 하다. 산업이 지구 에너지 소비의 30퍼센트를 차지하기 때문이다. 중국에서는 약 50퍼센트를 차지한다. 온실가스 배출은 기계가공부터 제련, 철도 시스템부터 정제, 화물 운송부터 고층 사무실 건물까지 엄청나게 다양한 활동에 의해 발생한다. 에너지 집약적 과정에는 화학적, 물리적, 전기적, 기계적 절차들이 포함된다. 산업의 외부적 영향으로는 공기와 물의 오염, 유독성 물질의 배출, 빈곤 임금, 생물다양성의 손실, 삼림 파괴, 선주민 문화의 파괴, 자동차, 전자제품, 여행, 술, 담배, 패스트 패션, 정크푸드를 권하는 광고 등이 있다.

전 세계의 경제계는 기후, 생물다양성, 사회 정의에 대한 중대한 조치의 필요성에 대해 처음에는 대응이 느렸지만 최근에는 좀더 단호하게 움직여 왔고, 효율성 증대, 에너지 사용량 감소, 더 많은 재생에너지의 활용, 독소 제거, 재활용, 쓰레기를 줄이기 위한 순환경제 채택, 탄소 상쇄권 구매에 초점을 맞추고 있다.

과거에는 탄소발자국 지표의 개선이 한 기업 내의 구체적인 절차들, 기능,

결과에 초점을 맞추었다. 이번 장에서 우리는 산업 전체에 초점을 맞춘다. 특정 제품이 유해하거나 불필요하다면 그 제품이 어떻게 만들어지는지, 순환경제와 어떻게 관련되는지 혹은 얼마나 많은 에너지를 재생에너지로 공급받는지는 의미가 없다. 모든 손익계산서의 순이익이 아니라 전체 매출이 인간의 미래를 결정할 것이다. 탄소를 배출하는가 아니면 격리하는가? 생물, 서식지, 천연자원의 손실을 초래하는가 아니면 생물, 서식지, 자연의 재생을 확대하는가? 사회적 평등을 촉진하는가 아니면 저하하는가? 현대 산업사회의 전문 지식은 문제가 되지 않는다. 목표와 가정이 문제다. 우리에게는 이 지구에서 해야 할 일이 하나 있다. 미래를 위해 지구를 보호하고 활기차게 만드는 것이다. 기업은 이 일을 하고 있거나 그렇지 않거나 둘 중 하나다.

부분들에 초점을 맞출 경우 그 기업이 미치는 전체적 영향을 가릴 우려가 있다. 왜 그 기업의 제품이나 서비스가 필요한지 아닌지의 더 심오한 문제를 놓칠 수 있다는 것이다. 그것을 보여주는 좋은 예로 한 기업을 들 수 있다. 펩시코는 1만1245대의 트랙터, 3605대의 트럭, 1만8648대의 트레일러, 1만7000대의 픽업트럭을 포함해 세계 최대의 트럭수송대를 운영한다. 이 트럭들에 실려 운송되는 가장 잘 팔리는 제품에는 펩시, 마운틴듀, 레이즈 포테이토칩, 게토레이, 다이어트펩시, 세븐업, 도리토스가 포함된다. 심지어 점잖은 자리에서도 모두 정크푸드라고 불리는 식품들이다. 정크푸드는 영양가가 낮고 편리한 포장에 담겨 판매되며 조리가 거의 혹은 아예 필요 없는 식품으로 정의된다. 정크푸드는 지방, 염분, 당분, 탄수화물이 많이 들어 있어 비만, 2형 당뇨병, 심장질환, 뇌졸중, 고혈압 등을 일으킨다. 설탕이 많이 든 음료수가 어린아이들과 10대에게 해롭다는 증거가 넘쳐나는데도 펩시코는 소셜 미디어, 웹 사이트, 앱, 텔레비전, 스포츠 경기에서 청량음료 홍보를 계속 늘리고 있다. 흑인과 라틴계 아이들은 백인 아이들보다 청량음료 광고를 두 배 더 본다. 광고들은 마이클 조던, 페넬로페 크루즈, 제니퍼 로페즈, 니키 미나지, 르브론 제임스, 카디 비, 세레나 윌리엄스 같은 흑인 및 히스패닉계 연예인들을 활용한다. 펩시는 특대형 탄산음료 금지나 청량음료 과세를 막기 위해 다른 탄산음료 업체들과 협력한다. 펩시는 미국 내 사업장에서 100퍼센트 재생에너지를 사용하겠다고 약속한다. 펩시와 그 외의 많은 기업에게 던지는 질문은 이것이다. '무엇을 위한 재생에너지인가?'

기후위기를 확실히 해결하기 위해서는 구상, 약속, 상쇄, 사회 정의에 대한 지지를 넘어서는 기업의 변화가 필요하다. 태양광으로 가동되는 청량음료 공장은 기후위기의 근본 원인을 해결하지 못한다. 기후에 대한 펩시의 약속은 어린이들의 안녕을 무시한다. 대형 식품회사들의 거대한 규모와 타성에 젖은 태도는 그들이 본질적으로 해로운 상품들을 만드는 데 갇혀 있다는 인상을 불러일으킨다. 그럴 수도 있고, 아닐 수도 있다.

2020년 세계 최대의 기업들 중 일부가 재생력 있는 기업이 되는 데 헌신하겠다고 발표했다. 이들은 재생력 있는 기업이 사업의 모든 측면에서 어떤 의미인지 판단해야 할 것이다. 위장환경주의greenwashing를 감안하면 냉소적인 반응도 이해가 간다. 하지만 이 약속들의 이면에는 이 글을 읽고 있는 독자와 똑같은 사람들이 존재한다. 아이, 가족, 공동체에 속한 사람들, 다가오고 있는 엄연한 위기를 보고 있는 사람들, 사려 깊은 많은 대기업이 자사의 성과를 측정하기 위한 더 나은 기준들을 도입하고 있다. 이 장에서는 과제와 할 수 있는 일들을 검토한다. 지구온난화의 원인에 대해 돌려 말하는 것은 아무 의미 없다. 우리는 위기에 처해 있거나 그렇지 않다. 비난하거나 창피를 주는 것도 아무런 득이 없다. 우리는 무엇을 해야 하는지 알고 있다. 문제는 어떻게 힘을 합쳐 그 일을 해낼 수 있는가다.

___ CP 그룹의 계육공장은 1년에 1억 2000만 마리의 닭을 가공하고(평소에는 20만 마리지만 명절 대목에는 최대 40만 마리) 2000명이 넘는 직원이 8시간 교대근무로 일한다. 이곳에서 가공한 닭의 90퍼센트는 국내에서 소비되고, 10퍼센트는 아시아의 다른 지역에서 소비된다. 닭의 모든 부위가 사용되는데, 심지어 닭고기 지방을 페인트에 사용하고 깃털은 가루로 만들어 동물 사료에 쓴다. 내장, 발, 머리는 사람이 먹기 위해 판매된다. 2013년 중국에서 가금류로 인한 건강 위협과 소문 때문에 수요가 떨어졌지만 2015년에는 닭고기 소비가 20퍼센트 증가했다. 이 공장은 특히 맥도널드, KFC, 버거킹, 피자헛, 파파존스, 타이슨, 월마트, 메트로, 카르푸 등 중국에 있는 주요 패스트푸드 브랜드 대부분에 납품한다.

15조 달러 규모의 식품산업은 세계 최대의 산업이며 기후변화에 어마어마한 영향을 미친다. 식품산업을 변화시키는 것은 인류를 위한 엄청난 기회이며 되살리기의 기본이다. 산업화된 식품은 토양, 사람, 자연에 피해를 입히고 물을 오염시키는 파괴적이며 지속 불가능한 화학적 농법들을 이용하여 재배된다. 농장의 일꾼들은 형편없는 보수를 받을 뿐 아니라 권리가 거의 없다. 상해 발생률이 높고 농약 중독에 노출되며 건강보험에 가입된 경우가 드물다. 또 일반적으로 노동법의 적용을 받지 못한다. 고도로 가공된 식품들은 비만, 당뇨, 고혈압, 뇌졸중, 심장질환 같은 대사성 질환을 전 세계적으로 유행시키고 있다. 우리가 재배하고 만들고 먹는 식품이 우리 몸, 농촌사회, 지구를 해치고 있다.

식량 체계는 모두에게 식량을 공급하는 매우 통합된 체계이며, 식품의 재배, 포장, 가공, 유통, 판매, 저장, 마케팅, 소비, 폐기로 구성된다. 식량 체계 내부는 대규모 다국적 기업들이 장악하고 있다. 바이엘, 코르테바(다우케미컬과 듀폰의 합작으로 설립됨), 중국화공집단공사ChemChina, 바스프BASF 이 네 곳의 화학회사가 전 세계의 종자, 비료, 농약 시장의 70퍼센트를 지배한다. 또 아처 대니얼스 미들랜드, 벙기, 루이드레퓌스 등 네 기업이 가축 사료를 포함한 전 세계 곡물 거래의 70퍼센트 이상을 지배한다. 미국에서는 국내 식료품 시장의 절반을 네 기업이 지배하며, 월마트가 거의 3분의 1을 차지한다. 세계 10대 식품업체가 어떤 주요 식량을 재배할 것인지와 대부분의 사람이 무엇을 먹을지를 상당 부분 결정한다.

이 다국적 기업과 이들의 시장지배력을 집합적으로 빅 푸드Big Food라고 부른다. 빅 푸드는 광범위한 지리적 지역과 시장에서 판매하기 때문에 제품들의 구성과 맛, 식감이 동일해야 한다. 일관된 맛에는 종자, 식물, 동물, 즉 원재료의 획일화가 요구된다. 기업 고객들을 만족시키기 위해 농민들은 1제곱마일에서 40제곱마일까지 다양한 규모로 수십만 에이커의 농지에서 유전적 다양성이 거의 없는 단일재배로 작물을 기른다. 단일재배는 토양에 스트레스를 주고, 토양이 척박해지면 수익을 남길 수 있는 수확량을 유지하기 위해 점점 더 많은 비료와 제초제, 농약을 사용해야 한다. 이런 상황은 그들이 아는 유일한 방법으로, 즉 더 비싼 투입재를 적용함으로써 생산을 늘리려 애쓰는 농민들에게 스트레스를 증가시킨다. 기록적 부채, 무역전쟁, 기후변화, 낮은 상품 가격에 짓눌린 농업은 세계에서 가장 자살률이 높은 직업들 중 하나다.

크건 작건 농가들이 매년 본전치기라도 하려고 발버둥치는 반면 10대 식품업체는 고전하는 해가 없다. 2019년에 이들의 수익은 5000억 달러를 넘어섰다. 빅 푸드의 매출 대부분은 초가공식품 혹은 마이클 폴란의 표현에 따르면 "식품 비슷한 물질"에서 발생한다. 미니 오레오, 크래프트 마카로니 앤 치즈, 허니 번즈, 게토레이, 엠앤엠스 초콜릿, 도리토스, 크래프트 싱글스 치즈, 시니 미니 시리얼, 곱스토퍼 사탕, 툼스톤 피자, 스팸, 캡 앤 크런치, 카운트 초쿨라 시리얼, 볼로냐소시지 등등이 그것이다. 미국에서 소비되는 칼로리의 거의 60퍼센트가 초가공된 식품ultraprocessed food에서 발생한다. 하버드 의과대학은 초가공 식품을 "주로 지방, 탄수화물, 첨가당, 수소첨가 지방 같은 식품 추출물로 이루어진" 식품이라고 정의한다. 이 식품들에는 또한 인공색소와 조미료 혹은 안정제 같은 첨가물이 들어 있을 수 있다. 대부분의 소비자는 성분 표시에 나열되어 있는 것을 설명하지 못한다고 해도 무리가 아니다. 사람들은 자신이 무엇을 먹고 있는지 모른다는 뜻이다. 그들이 먹고 있는 것은 식품이 아니기 때문이다. 그건 화학 실험이다.

초가공 식품들은 중독성이 있다. 우리의 미뢰가 오래전 식품화학자들에게 난도질당했기 때문이다. 12온스(약 350밀리리터)짜리 마운틴듀 두 캔에 거의 반 컵의 설탕이 들어 있다. 글루탐산 모노나트륨MSG도 마찬가지다. MSG는 55개의 다른 이름과 형태로 가공식품에 첨가된다. 스낵, 칩, 가공육에는 중독성 있는 소금이 잔뜩 들어 있다. 청량음료와 에너지음료에는 중독성 있는 카페인이 가미되어 있다. 초가공 식품들은 주로 지방, 탄수화물, 단백질, 염분 그리고 100개가 넘는 화학 첨가제 가운데 무언가로 구성

된 '천연 향미료'로 이루어져 있다. 천연 향미료는 이용 가능한 약 8만 개의 식품에서 네 번째로 많이 표시된 식품 성분이지만 천연 성분과는 거리가 멀다. 인체는 주로 냄새로 향미를 감지하기 때문에 이 향미료들은 맛보다는 냄새와 관련되어 있다. 프로필렌글리콜, 삼차뷰틸하이드로퀴논, 폴리소베이트 80 같은 이런 식품 성분 중 일부는 샴푸와 헤어컨디셔너에서도 볼 수 있는데, 이 제품들에서는 향수라고 불린다.

탄수화물, 당분, 염분, 지방으로 이루어진 식품들은 도파민과 세로토닌을 분비하여 코카인, 헤로인이 자극하는 것과 동일한 쾌락중추를 자극한다. 이런 식품들은 즉각적인 만족감을 주지만 영양을 공급하지는 않는다. 이 식품들은 영양 부족을 불러온다. 정크푸드라고 불리는 건 그 때문이다. 몸은 결핍을 알아차리고 황폐한 토양에서 재배된 영양가 없는 식품을 벌충하기 위해 더 많은 식품을 갈망한다. 이런 영양적인 허기가 비만을 유발한다. 과체중인 사람들은 거의 항상 영양 결핍이다. 수입이 얼마 되지 않는 사람들은 영양 부족을 부르는 식품을 더 많이 구입할 것이다. 그런 식품만 구입할 수 있는 형편이기 때문이다. 우리는 기아를 팔이 비쩍 마르고 볼이 움푹 들어간 작은 아이들로 묘사한다. 그러나 비만 역시 기아다.

정크푸드의 진정한 비용은 그 결과로 발생하는 의료비 때문에 몇 배 더 증가한다. 미국은 식품보다 의료비에 2배 더 많은 돈을 쓰지만, 전 세계적으로 질병과 사망의 50퍼센트는 우리가 먹는 음식에 원인이 있다. 1990년에는 미국의 어떤 주에서도 비만율이 20퍼센트를 넘지 않았다. 2020년에는 비만율이 20퍼센트보다 낮은 주가 없고 많은 주가 40퍼센트에 가까워지거나 넘어섰다. 식품 광고비의 80퍼센트 이상이 패스트푸드, 가당음료, 사탕, 건강에 해로운 스낵을 홍보한다. 가장 잘 팔리는 아침 식사용 시리얼 20개 중 10개에 설탕이 40~50퍼센트 들어 있다. 청량음료 제조업체들은

___ 헤이룽장성의 쌀 수확 첫날은 중국의 주식 재배의 시연장이다. 헤이룽장성은 중국에서 가장 비옥한 벼농사 지역이며 최고 품질의 쌀을 재배한다. 이곳 얼다오허二道河 농장에서는 용정쌀 46을 재배하는데, 5월 초에 심어서 에이커당 866파운드를 생산한다.

백인 아이들보다 소수 집단의 아이들에게 2배 더 많은 광고비를 쓴다.

빅 푸드는 고객들의 나빠지는 건강에 관해 알고 있지만 법적, 사업적 이유와 평판을 이유로 그들의 역할을 받아들이지 않는다. 코카콜라는 동료심사를 받은 과학 지식에 반박하며 비만의 원인은 운동 부족이고 당분은 균형 잡힌 식단의 일부라는 허위를 홍보하는 '연구들'에 수백만 달러를 지불한다. 한편 식품업체들은 규제를 막기 위해 정부에 로비한다. 2018년 의회에서 9000억 달러 규모의 농업법이 논의되고 있을 때 의료, 식품 안전, 빈곤 분야의 전문가들은 농무부에 보충영양지원프로그램SNAP이 허용하는 구매 가능 식품에서 청량음료를 제외하라고 촉구했다. 푸드 스탬프food stamp 프로그램이라고도 불리는 SNAP은 4200만 명의 저소득 미국인을 지원하는 공적 부조 프로그램이다. 청량음료 업체들은 이 규제에 일방적으로 반대했다. 이에 대비하여 업계는 의회 의원들이 제안된 규제에 어떻게 반대해야 하는지 각본을 썼다. 하원의원들은 '식품 경찰' '비애국적인' '유모처럼 국민을 보호·통제하려는 국가' '계산대에서 혼란이 있을 것' '자유의 부정' '행복을 구매할 수령인의 기본 권리 침해' 등 각본에 적힌 문구를 읽었다.

한 연구는 10년 동안 거의 50만 명의 SNAP 참여자들을 추적하여 수혜자들이 비수혜자들보다 심장혈관계 질환의 유병률이 2배이고 당뇨로 사망할 가능성이 3배 더 높다는 것을 보여주었다. 연구는 SNAP이 건강에 좋은 채소, 과일, 통곡물, 견과류, 어류, 식물성 기름 등의 구매를 장려하고 설탕이 많이 든 음료, 정크푸드, 가공육의 구매를 억제하도록 바뀐다면 매년 심혈관 합병증 94만 건과 당뇨병 147만 건을 예방할 것이라고 밝혔다. 그 결과 SNAP 프로그램 자체의 비용인 700억 달러보다 6배 많은 4290억 달러의 의료비가 매년 절감될 것이다. 제안된 장려책과 억제책은 단순하다. 건강에 유익한 식품은 30퍼센트 할인하고 청량음료와 정크푸드는 30퍼센트

비싸질 것이다. 여기에 맞춰 모든 가족이 구매 식품을 바꾸면 매년 소비력이 210억 달러 늘어난다. 메디케이드와 메디케어 지출 감소로 비용은 보상을 받고도 남을 것이다. 단순하면서도 삶의 질을 향상시키고 돈을 절약해주는 이런 방향 전환에 누가 반대할 수 있겠는가? 빅 푸드는 반대할 수 있다. 그들의 전략은 푸드 스탬프가 발급되는 매달 첫 열흘 동안 가시적으로 드러난다. 이 기간에 펩시와 코카콜라는 가난하고 혜택받지 못한 동네들에 청량음료와 정크푸드 광고를 늘린다. 2017년 펩시와 코카콜라의 두 CEO가 받은 보수를 합치면 4200만 달러에 이른다.

우리는 식품과 농업에 있어서는 큰 것이 더 좋고 더 안전하며 더 저렴하고 더 신뢰성 있다고 생각한다. 또 식품의 재배와 제조를 현지화하는 것은 지나간 헛된 꿈이라고 생각하게 되었다. 가장 근거 없는 통념은 산업적 농법들을 사용하지 않으면 세계가 굶주릴 것이라는 생각이다. 산업적 농업은 토양의 생물, 구조, 건강을 해친다. 약화된 토양에는 더 많은 화학제품이 필요해져서 더 많은 유출과 침식이 일어나고 영양상 결함 있는 식품을 생산한다. 아침 식사부터 저녁 식사까지 초가공 식품들로 가득한 것은 전 세계적인 건강 재앙이다. 과체중인 사람이 20억 명이 넘고 6억 명이 비만이다. 인도의 당뇨병 발병률은 지난 30년간 2배로 뛰었다. 1987년 켄터키 프라이드치킨이 베이징에 첫 매장을 열었을 당시 당뇨병 발병률은 25명 중 1명꼴이었다. 오늘날은 10명에 1명꼴이며, 4200개의 KFC 매장, 3300개의 맥도널드 매장, 2200개의 피자헛 매장이 있다. 타이의 모든 승려 중 절반이 비만이다. 승려들이 기부된 식품에 의존하기 때문이다. 비만, 심장질환, 당뇨병이 증가하지 않은 나라는 전 세계에 하나뿐이다. 바로 쿠바다. 쿠바에는 패스트푸드 식당이나 초가공 식품 자체가 없다. 쿠바는 GDP의 11퍼센트를 의료에 쓴다. 미국은 20퍼센트를 쓴다.

오직 한 나라만 정크푸드 및 탄산음료 기업들과 맞붙었다. 바로 칠레다. 칠레는 미국에 이어 세계 두 번째의 비만 국가였다. 6세 아동의 절반과 성인의 75퍼센트가 과체중이거나 비만이었다. 칠레는 조치를 취하기로 결정했다. 소아과 의사 출신으로 보건부 장관을 지낸 미첼 바첼레트를 대통령으로 뽑은 것이 핵심이었다. 오늘날 칠레에서는 설탕, 포화지방, 칼로리나 나트륨 함유가 높은 식품의 포장에 검은색 경고 표시가 인쇄되어 있다. 만화 캐릭터들로 정크푸드 마케팅을 하는 것도 금지되었다. 켈로그의 프로스트 플레이크 시리얼 박스에서 토니 더 타이거가 사라졌다. 장신구를 이용해 캔디나 설탕이 든 식품을 파는 것도 허용되지 않는다. 오전 6시부터 밤 10시까지 텔레비전과 라디오에서 정크푸드 광고가 금지되었고, 정크푸드와 설탕이 들어간 식품은 학교에서 판매되거나 제공될 수 없다. 탄산음료에는 18퍼센트의 세금이 부과되었다. 식품업체들은 자사 브랜드를 홍보하기 위해 건강한 식생활과 행동에 관한 메시지를 강화해야 했다. 이런 구상안들이 처음 제안되었을 때 국내외의 식품업체 로비스트들로부터 어마어마한 반발이 쏟아졌다. 연구자들은 이제 아이들이 부모에게 피해야 하는 식품에 관해 경고하고 있다고 보고한다. 큰 변화가 일어난 것이다.

당면 과제는 세계에 식량을 공급하고, 온실가스 배출을 줄이고, 식품업계의 필수 인력들이 건강한 환경에서 일하고 생활임금을 받을 수 있도록 대우하는 공정하고 재생력 있는 식량 체계를 만드는 것이다. 지구온난화로 작물 손실, 가뭄, 홍수로 인한 이주가 늘어나면서 이 과제는 훨씬 더 중요해졌다. 아프리카와 중남미 사람들은 빈곤과 굶주림을 피해 북쪽으로 옮겨간다. 지구온난화와 사회 정의 모두에 대한 중요한 대응은 기후에 영향을 받는 땅들을 가뭄과 홍수에 대한 회복력과 저항력이 높아지고 가족과 농민들을 위해 더 생산적이 되도록 변화시키는 것이다. 가뭄, 과도 방목, 삼림 파괴,

산업적 농업 때문에 지구 토지의 25퍼센트가 척박해졌다. 행동을 취하지 않으면 2050년에는 굶주리고 집 없는 7억 명의 이주민과 함께해야 할 것으로 추정된다. 우리는 농지, 삼림지, 습지, 초원을 되살리기 시작해 회복력을 높일 수 있다.

인간의 건강과 재생농업을 위한 첫 번째 해결책은 초가공 식품을 더 이상 사지 않는 것이다. 개인, 기업, 조합, 구내식당, 병원이 가능한 한 진짜 음식, 지역 음식을 받아들여야 한다. 공동체 지원 농업, 지역 농민들, 유기농 식품을 활성화하고, 친구와 동료들을 교육시키고, 사람들을 하나로 모으는 식품 관련 활동에 참여해야 한다. 이것은 상업적 지원을 받는 무지를 없애는 일이다. 변화된 식량 체계의 잠재력을 충분히 깨닫기 위해서는 원점에서 다시 시작해야 하고 어디에나 굶주리는 사람이 있다는 것과 우리가 서로에게 식량을 공급해야 한다는 것을 인식해야 한다. 모든 사람에게 영양가 있고 건강에 좋은 맛있는 식품을 제공하는 지속 가능한 식량 체계는 궁극적인 되살리기 행위다. 셰프 호세 안드레스의 말을 옮기자면, 우리는 굶주리고 집이 없는 모든 사람을 대접받아 마땅한 손님으로 대해야 하다. 그렇게 하면 미래의 식량 체계, 지구온난화를 해결하는 한편 모든 필수 인력이 존엄성과 목적의식을 가질 수 있는 식량 체계를 설계하는 데 도움이 될 것이다. 우리가 건강에 좋은 깨끗한 음식을 제공하면 땅, 신체, 기후를 치유하는 행위에 참여하는 것이다. 식품은 문화, 기후, 건강, 생태계의 모든 측면과 관련된 한 부문이며 모든 사람에게 영향을 미치는 부문이다.

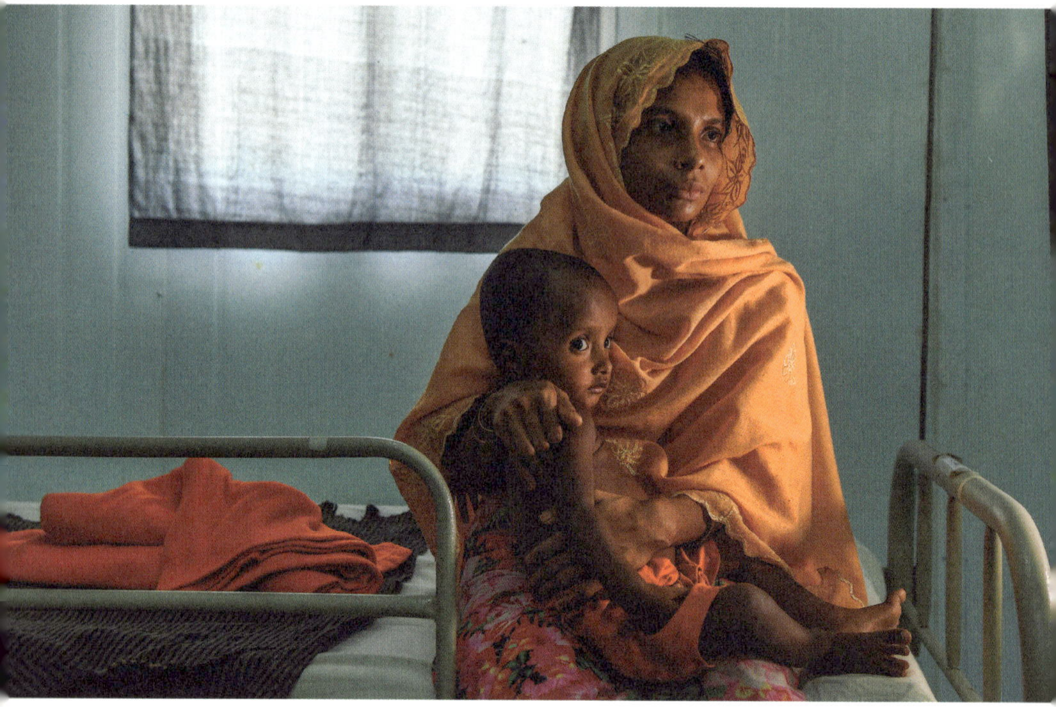

___ 스물두 살의 로힝야족 난민 카디자가 방글라데시 콕스 바자르의 쿠투팔롱 난민촌에 있는 국경없는의사회 병원에서 영양실조 치료를 받는 12개월 된 아들 모하매드 하리스를 안고 있다. 쿠투팔롱 난민촌에는 미얀마에서 쫓겨나 피난한 40만 명의 로힝야족 난민들이 살고 있다.

의료 산업의 임무는 사람의 안녕을 유지하고 다치거나 아플 때 건강을 회복시키는 것이다. 기후변화는 정신 건강과 육체 건강의 문제들을 증폭시켜 이 세기의 가장 큰 건강 위협이라 불린다. 지난 20년 동안 노인들 가운데 더위와 관련된 사망자 수는 50퍼센트 증가했다. 또 공기 오염도 상승으로 호흡기 질환과 심혈관 질환이 증가하고 있다. 온도 상승은 출생 시 체중 감소를 포함해 임신과 관련된 위험을 높이는 벡터 매개 질병의 발생률 증가로 이어진다. 기후와 관련된 자연 재해들이 급격히 늘어나고 있고 지난 10년간 17억 명이 이런 재해를 경험했다. 기후 혼란이 공중보건에 미치는 부정적 효과는 가난한 사람들과 유색인종 사회에 불균형적으로 더 큰 영향을 미치고 2030년까지 또 1억 명 이상의 사람을 극도의 빈곤으로 몰아넣을 수 있다.

의료 산업 자체도 온실가스 배출에 상당한 원인이 되며, 병원과 제약회사들의 탄소발자국이 가장 큰 영향을 미친다. 의료는 전 세계 이산화탄소 배출량의 거의 5퍼센트에 직접적인 책임이 있는데, 매년 20억 톤이 넘는 이산화탄소를 배출하며 그중 절반 이상이 미국, 중국, 유럽연합에 의해 발생한다. 미국에서 의료 부문은 이산화탄소 배출의 10퍼센트를 차지하고 상당한 양의 폐기물을 배출한다.

서로 다른 두 가지 의료 산업이 존재하고, 그 둘은 서로 겹친다. 하나는 공공보건 및 세계 보건 전문가들로 이루어진 의료 산업이다. 병원, 진료소, 교전지역, 난민촌에서 의사, 의료 보조원, 간호사들은 힘든 환경과 엄청난 압박감을 이기며 소득, 인구학적 특성, 인종, 성별, 질병, 부상의 원인과 관계없이 어려움에 처한 사람들을 보살피고 있다. 유행병의 경우 이들은 말 그대로 최전선에 서서 지역적으로 발생한 에볼라, 뎅기열, 콜레라, HIV, 지카 바이러스가 널리 퍼지거나 전 세계적으로 확산되지 않도록 한다. 최전선의 일꾼들은 거의 모든 나라에서 예나 지금이나 지칠 줄 모르는 영웅들이며 영양, 예방치료, 산전관리, 백신을 신봉하고 가르친다. 이 전통은 기독교에 뿌리를 두고 있으며, 미국에서 흑인 여성으로서는 처음으로 의학 학위를 받고 1860년대에 새로 자유의 몸이 된 노예들을 돌본 리베카 크럼플러와 뉴욕대학에서 의학박사 학위를 받고 뉴욕시의 우범지구로 가서 영양, 육아, 위생의 기초 지식들을 가르친 세라 베이커도 여기에 포함된다.

그러나 또 다른 의료 산업이 존재하며, 이 산업은 현재 쇠퇴하고 있다. 바로 빅 파마Big Pharma(거대 제약회사)의 지원을 받고 원인보다 증상에 초점을 맞추는 동종요법 의료 체계다. 이 산업은 환자가 몇 달, 몇 년 혹은 평생 동안 약을 먹기를 바란다. 숫자들이 상황을 말해준다. 전 세계의 성인 비만율이 1975년 이후 6배 증가했다. 미국에서는 20세 이상의 성인 가운데 73.6퍼센트가 과체중이고 비만율은 42.5퍼센트로 세계 1위다. 다른 어떤 원인보다 매년 더 많은 사람의 목숨을 앗아가는 심혈관 질환의 주요 위험 인자인 고혈압이 있는 성인의 수는 1975년과 2015년 사이에 2배로 늘어났다. 저소득 국가들에서 비전염성 질환으로 인한 사망이 2000년의 23퍼센트에서 2015년에는 37퍼센트로 증가했다. 1980년에는 당뇨병 환자가 전 세계적으로 1억 800만 명에 이르렀고, 2019년에는 4억 6300만 명이 당뇨병을 안고 살고 있다. 미국에서는 기대수명이 낮아지고 있는데, 1999년에서 2019년까지 아편류 관련 사망이 거의 50만 건에 이른 것도 한 가지 원인이다. 2009년부터 2018년까지 18세 이하 미국인들의 자살 충동 및 자살 행동이 거의 300퍼센트 증가했고 18~34세에서는 200퍼센트 늘어났다. 건강위기가 닥쳤다. 기후위기도 닥쳤다. 우리는 두 가지 다 해결해야 한다. 지구가 건강해지도록 사람들이 건강해야 하고 사람들이 건강해지도록 지구가 건강해야 한다.

19세기 말에 의학은 대단히 획기적인 발전을 이루었다. 청결, 위생, 하수처리 시설 개선, 깨끗한 물, 공장의 적절한 환기, 아동 노동 금지 등 질병을 막는 환경적, 사회적 조건에 초점을 맞추었기 때문이다. 20세기에는 의학 및 약학 기술이 의료 산업을 질병 예방이 아니라 증상의 치료를 중시하는 체계로 변화시켰다. 효과적인 약품을 찾는 제약회사들의 자금 지원을 받아 질병의 복잡성에 대한 연구가 폭발적으로 늘어났다. 스타틴도 그러한 약품이었다. 스타틴은 심혈관 질환의 위험이 높은 사람들의 발병과 사망률을 낮춘다. 문제가 많은 LDL 콜레스테롤 수치를 어떻게 낮출 것인가가 제약회사들이 해결한 질문이었다. 하지만 과연 올바른 질문에 답한 것일까? 콜레스테롤은 손상된 혈관의 치료를 돕지만 폐색을 일으킬 수 있다. 적절한 질문은 이것이다. 왜 미국 성인의 절반 이상이 혈관 손상을 겪는가?

스탠퍼드대학에서 공부한 의사 몰리 말루프는 현대 의학을 케케묵은 의학이라고 부른다. 우리는 혈관이 손상되는 이유를 알고 있다. 혈당 상승, 고혈압, 스트레스, 공기오염 등이 그것이다. 증상에 대한 단편화된 접근 방식은 위험과 환자의 불편을 줄일 수는 있지만 건강하게 만들진 못한다. 미국은 세계 모든 의약품의 48.5퍼센트를 소비하고 GDP의 20퍼센트를 의료에 쓴다. 사고, 화상, 외상성 손상에 대한 응급치료에 있어서는 미국이 세계 최고의 시스템을 갖추었을 수 있다. 그러나 건강 결과 측면에서는 사용된 지

___ 중앙아프리카공화국의 바탄푼고 병원에서 일하는 국경없는의사회의 의사와 근로자들. 이 병원에서는 14개의 무장 단체와 민병대 간의 폭력적 충돌로 발생한 수천 명의 난민과 부상자를 돌본다. 국경없는의사회는 12개 시설에서 37만 명의 외래환자를 치료하고 27만 명이 넘는 말라리아 환자를 치료했다.

표에 따라 세계 11~12위에 속한다.

온도 상승, 환경 악화, 빈곤, 이동, 질병, 기상이변이 미치는 상호 연결된 영향들은 증상에 관한 대응 대신 포괄적인 의학적 대응이 요구된다. 인간의 건강은 유익한 식품과 식생활에서 나오는 결과이며, 이는 건강한 농업의 결과인 건강한 토양에 의지한다. 고도로 가공된 식품들은 영양분이 낮고 건강에 나쁜 지방과 염분, 당분 함량이 높다. 식생활은 비만, 당뇨, 거의 모든 대사성 질환과 심혈관 질환의 직접적 원인이다. 사람들은 미국이 공공보건 시스템은 감당하지 못하면서 빅 푸드라고도 불리는 공공 질병 시스템은 감당할 수 있다고 이야기한다.

의학 전문지 『랜싯』에 따르면 지역 및 지방 의료 시스템의 취약성과 적응성 평가를 포함하여 기후위기에 대응해 국민건강 계획을 수립한 국가는 세계에서 절반밖에 되지 않는다. 보고서에서 조사한 도시들의 절반 이상은 기후위기가 병원 같은 공공의료 인프라에 상당한 영향을 미칠 것으로 예상했다. 기후위기에 대비한 국민 건강 계획의 준비가 필수이지만 불충분한 상태다. 거의 언급되지 않지만 한 가지 뛰어난 기후위기 해결책은 보편적 의료다. 보편적 의료는 기후 때문이 아니라 기본적인 인권으로 시행되어야 한다. 건강이란 신체적, 정신적, 사회적으로 완전히 안녕한 상태이며 빈곤의 완화와 불가분의 관계로 연결되어 있다. 기후위기를 해결하기 위해서는 사람들이 동기부여를 받아 이 문제에 참여하고 적극적이 되어야 한다. 병에 걸리거나 아이들을 먹여 살리지 못하거나 집이 없거나 생활을 유지할 정도의 임금을 받는 직업을 구하지 못한다면 참여하지 않을 것이다. 기후와 지구를 되살린다는 것은 가난한 사람들이 직면한 퇴행적이고 심신을 약화시키는 곤경을 중단시킨다는 뜻이다. 세계은행이 1인당 부를 기준으로 세계에서 167번째로 가난한 나라라고 평가한 르완다는 보편적 의료 체계를 갖추었다. 끔찍한 집단학살을 겪은 결과다. 르완다의 새 정권은 가능한 한 많은 방법으로 나라를 치유하는 데 전력을 쏟았다. 르완다에서 가장 가난한 사람들은 지역사회 기반의 의료 시스템에서 무료로 치료를 받는다. 가장 부유한 사람들은 1년에 8달러를 낸다. 르완다의 의료 체계는 1700개의 지역 보건소, 500개의 진료소, 42개의 지역 병원, 5개의 국립 위탁병원으로 이루어진 분산화된 시스템이다. 보건부 장관 아그네스 비나과호 박사는 자국의 의료 시스템을 설계하고 만드는 데 폴 파머Paul Farmer와 의료 분야 비영리 기관인 파트너스 인 헬스Partners in Health를 참여시켰다. GDP가 세계 1위인 미국은 1인당 부에서는 8위다. 미국에는 가난한 사람이나 실업자, 아동, 노인, 이민자에 대한 무료 의료 혜택이 없다. 3000만 명이 넘는 시민이 보험에 가입되어 있지 않고, 보험에 든 사람들도 보험책임한도를 넘어서는 병원비 때문에 파산할 수 있다. 일부 주에서는 시민들, 특히 가난한 성인들이 정부 보험을 받지 못하게 막혀 있다. 르완다에서 아그네스 비나과호 박사는 질환이나 전조를 일찍 발견할 수 있도록 모든 시민이 건강 검진을 받을 것을 지시했다. 미국에 예방 치료가 아예 없는 건 아니지만 대다수의 인구는 거의 이용하지 못한다.

환자를 보살피는 일과 기후변화 해결을 위한 노력은 밀접한 관련이 있을 수 있다. 최근의 한 연구는 인도네시아 시골 지역에 진료비가 저렴한 진료소가 개설된 뒤 10년 동안 부근 국립공원의 불법 벌목이 70퍼센트 감소했다는 것을 보여주었다. 이 진료소는 전염병 및 비전염성 질병의 감소 같은 건강 혜택을 제공할 뿐 아니라 지역사회 전체의 벌목 감소에 근거해 환자들에게 할인을 해주어 공공보건을 향상시키는 동시에 삼림을 보호한다. 또한 물물교환도 지불 수단으로 인정한다. 환자들이 묘목, 수공예품, 노동력을 의료 서비스와 교환할 수 있다는 뜻이다. 이런 시스템은 지역사회와 협력하여 설계되었다. 연구원들은 진료소 이용률이 가장 높은 인접 마을들에서 벌목이 가장 크게 감소했다는 것을 발견했다. 2014년부터 2018년까지 진료소 소장을 지낸 모니카 니르말라는 "데이터는 두 가지 중요한 결론을 보여준다. 인간의 건강이 자연의 보존에 필수이고 자연의 보존이 인간의 건강에 필수다. 우리는 숲과 조화를 이루며 살아가는 법을 알고 있는 우림 공동체들의 지침에 귀를 기울여야 한다"고 말한다.

새로 떠오르는 분야가 재생의학이다. 재생의학은 인체를 이질적인 기관과 기능들의 집합이 아니라 하나의 체계로 다루는 기법들, 식물성 생리활성 물질, 식사, 보충제, 미생물군, 훈련을 이용한다. 주된 적용 분야는 인체 마이크로바이옴이다. 우리 몸속에는 수천 종의 세균이 살고 있고(인체가 하나의 공동체다) 휴먼 프로젝트에 따르면 유전자에 있어서는 세균 유전자의 수가 인간 유전자보다 더 많다. 인체에서 세균의 역할은 의학과 치료에 완전히 새로운 전망을 열었다. 우리 소화기는 미생물이 바글거리는 생태계이며 이 미생물들은 단백질, 지방, 탄수화물을 동화 가능한 영양소로 분해하고, 혈당 수치를 조절하고, 우리의 기분을 조절하고, 면역체계를 강화하고, 병원균을 막고, 인지능력을 확대한다. 기분, 학습, 기억에 영향을 미치는 신경전달물질인 세로토닌은 뇌간에서만 생성된다고 여겨졌다. 그러나 지금은 세로토닌의 90퍼센트가 소화관에서 생산된다는 것을 알고 있다. 미생물 균주들을 배양하여 치료 기능을 하는 마이크로바이옴 생태계에 주입하고 있으며, 이는 현재 약품으로 치료되는 증상들을 조절하고 완화하며 제거하는 데 사용될 수 있다. 약품들이 그러하듯 무언가를 박멸하기 위해 신체의 과정들을 방해하는 대신(약품들이 신체를 방해하지 않는다면 어떤 부작용도 없을 것이다) 이로운 미생물의 성장을 촉진하는 재생의학은 마이크로바이옴을 더 다양하고 반응력 있게 만든다. 이것은 바로 재생농업이 진정한 형태로 토양에게 하는 일이다. 인간의 안녕의 모든 측면에 관해 어떻게 전체론적으로 생각하고 상상할지는 기후변화가 우리에게 던지는 제안이자 초대장이며 선물이다. 우리는 답을 가지고 있지 않다, 아직까지는. 답은 우리가 질문을 던질 때 나온다.

___ 캐나다 앨버타주 포트 맥머리의 싱크루드 광산에서 채굴되고 있는 타르 샌드. 타르 샌드는 세계 최대의 산업 프로젝트이며 세계에서 환경적으로 가장 파괴적이다. 타르 샌드에서 생산되는 합성석유는 전통적인 석유 공급보다 3배 더 탄소집약적이며, 타르 샌드는 아마존 우림에 뒤이어 세계에서 두 번째로 빠른 삼림 파괴에 책임이 있다. 타르 샌드의 정제 과정에서 매일 수백만 리터의 심하게 오염된 물이 배출되며 이 물이 애서배스카강으로 흘러들어가 하류에 사는 선주민들의 건강에 심각한 영향을 미친다.

사람들은 미래를 위해 저축하려고 은행에 돈을 맡긴다. 은행들은 미래를 위험에 빠트리는 기업들에게 그 저축금을 대출한다. 예를 들어 미국에서는 생태계, 항의하는 농민들의 땅, 선주민들의 신성한 영토에 송유관과 가스관이 설치되고 있다. 오스트레일리아에서는 새 광산들이 선주민들의 성지와 원시 상태의 수원들을 파괴하고 있다. 중국, 인도, 아프리카의 수많은 나라에서는 석탄 화력발전소가 자금 지원을 받고 있다. 은행들이 이런 상황을 가능하게 만든다. 2016년부터 2019년 사이 오스트레일리아의 4개 주요 은행은 국가의 배출량 감소 목표를 21배 넘게 상쇄할 화석연료 프로젝트에 자금을 지원했다. 2015년에 파리협정이 채택된 뒤 5년 동안 캐나다, 중국, 유럽, 일본, 미국은 화석연료 프로젝트에 3조 8000억 달러를 투자했고 그중 절반 이상이 더 많은 화석연료를 추출하는 데 투입되었다. 또한 2016년보다 2020년에 대출 및 투자 액수가 더 컸다. 과학은 탄소 배출의 급격한 감소를 요구하는데 은행들은 탄소 배출 증가에 자금을 댄다.

두 개의 선두적인 개발은행인 국제금융공사IFC와 유럽부흥개발은행EBRF은 밀집형 가축 사육 시설CAFO이 기후와 토지, 공기, 물, 사람, 동물에게 얼마나 유해한지 보여주는 연구와 데이터를 무시하고 삼림 벌채와 산업적 농업, 돼지고기, 가금류 고기, 소고기 생산을 위한 CAFO에 26억 달러를 투자했다. 두 은행 모두 기후 영향을 줄이겠다는 약속을 공표했지만 유축농업은 가장 배출량이 많은 산업 중 하나다. 자산운용사인 블랙록은 석탄 산업에 대한 지원을 중단하겠다고 약속했지만 삼림 벌채에 대해서는 언급하지 않았다. 생물 종들, 삼림, 살기에 알맞은 세계의 소멸은 미래의 소멸이나 마찬가지다. 그리고 이런 소멸활동들이 여전히 쉽게 자금을 지원받는다.

은행들은 꼭 더 높은 수익을 얻을 수 있어서가 아니라 그런 투자가 더 익숙하고 편하기 때문에 화석연료 업체들에 투자한다. 석탄, 가스, 석유에 대한 투자는 지난 수십 년간 매우 수익성이 높았고 친숙함이라는 타성이 양심과 목적의식보다 우선할 수 있다. 최근 한 연구에서 유명 은행가 600명의 배경을 분석했는데, 그중 재생에너지 투자 경험이 있는 사람은 소수에 불과한 것으로 나타났다. 70명 이상이 화석연료 업체들을 포함해 온실가스를 배출하는 주요 기업들과 일했다. 재생에너지 기업들과 일한 사람은 아무도 없었다. 또 39개의 국제 은행을 대상으로 한 연구에서는 565명의 은행 중역이 이전에 화석연료 및 오염 산업에서 일한 적이 있거나 연고가 있는 것으로 나타났다. 비슷한 분석에서도 미국의 주요 은행 7개에서 중역 4명 중 3명꼴로 화석연료 산업과 관계가 있었다. 금융업은 대체로 단기적 편향이 있는 문화다. 화석연료와 재생에너지 투자 사이의 주된 차이는 수익성이 아니다. 시간이다. 역사적으로, 화석연료 투자는 신속하게 수입을 얻었던 반면 재생에너지 프로젝트들은 더 장기간에 걸쳐 꾸준한 수익을 제공했다.

그러나 화석연료 투자는 더 이상 예전처럼 확실한 돈벌이가 아니다. 에너지를 얻으려면 유정을 파건, 탄맥을 채굴하건, 태양전지판을 설치하건 에너지가 필요하다. 1배럴의 원유를 얻기 위해 투입된 에너지에 대해 1배럴의 석유가 산출한 에너지의 비율을 에너지수지비율EROEI이라고 부른다. EROEI는 에너지 회수율이며 중요한 수치다. 태양전지판들이 처음 상업적으로 도입되었을 때는 EROEI가 3:1로 낮았다. 태양전지판을 만드는 데 사용된 에너지의 양을 회수하는 데 8년이 걸린다는 뜻이다. 석유와 가스의 경우는 40:1과 60:1 사이였다.

최근 리즈대학의 한 연구는 석유, 가스, 석탄을 연료, 열, 전기로 바꾸는 데 필요한 모든 에너지를 계산했다. 수송, 해상운송, 정제, 저장, 파이프라인, 발전기, 터미널에 사용되는 에너지를 포함시키면 화석연료의 EROEI는 석유는 6:1, 석탄이나 가스로 생산되는 전기는 3:1에 더 가깝다. 은행들은 투입된 에너지와 산출된 에너지를 계산하지 않는다. 들어간 돈과 나온 돈을 계산한다. 석유를 발견하기 위해 혹은 앨버타주의 타르 샌드(모래, 진흙, 극도로 비중이 무거운 중질원유의 혼합물) 같은 역청 매장층을 이용하기 위해 땅속으로 더 깊이 파고 들어갈수록 우리는 점점 더 많은 에너지를 사용하고 결과물은 감소한다. 20세기 초에는 EROEI가 약 1000:1이었지만 지금은 6:1이다. 앨버타주의 타르 샌드 원유의 EROEI는 3:1이고 타르 샌드의 전체 라이프사이클을 포함시키면 아마 1:1일 것이다. 이 수치는 남아 있는 유독한 슬러리로 인한 장기적 피해는 계산에 넣지 않은 것이다.

우리는 필요한 에너지를 생산하기 위해 그만큼의 에너지 혹은 더 많은 에너지가 필요한 시점인 순에너지절벽net energy cliff에 직면했다. 에너지 생산이 건설적이라기보다 기생적이 되고, 타르 샌드의 경우 이미 그렇게 되었을지 모른다. 자본의 흐름은 전체적인 영향과 결손을 숨긴다.

이를 재생에너지와 비교해보자. 오늘날 태양광과 풍력의 EROEI는 각각 7:1과 18:1이다. 재생에너지의 EROEI는 수요, 규모의 경제, 제조와 효율의 비약적 기술 발전 덕분에 시간이 지날수록 높아지고 있다. 현재 세계에서 가장 저렴한 전기 생산 형태는 석탄이나 복합발전 가스combined-cycle gas가 아니라 풍력이다. 2020년에 임페리얼 칼리지 런던과 국제에너지기구는 10년 동안의 에너지 수지 비율을 판단하기 위해 주식시장을 분석했다. 프랑스와 독일에서는 재생에너지들이 10년 동안 171.1퍼센트의 수익을 낳은 데 반해 화석연료의 수익률은 –25.1퍼센트였다. 미국에서는 재생에너지가 10년 동안 192.3퍼센트, 화석연료는 97.2퍼센트의 수익을 냈다.

은행에게 화석연료에 대한 자금 지원을 중단하라는 요구는 효과를 나타내고 있다. 2017년에 ING그룹은 타르 샌드와 관련된 어떤 거래도 모두 금지했다. BNP파리바는 타르 샌드나 셰일오일에 자금을 지원하지 않겠다고 발표했다. 소시에테 제네랄, HSBC, 스코틀랜드왕립은행, UBS, 노르웨이 중앙은행(1조 달러의 국부 펀드 운용) 등도 이 대열에 합류했다. 세계은행은 석탄 화력발전소에 대한 자금 지원을 중단하고 6년 뒤인 2019년에 석유 및 가스 추출에 대한 대출을 중지했다. 크레디 아그리콜은 석탄발전소와 광산을 운영하는 기업들에 자금 지원을 중단하겠다고 약속했고 도이체방크는 석탄 업체들에 대한 신규 대출을 중단했다. 노르웨이의 자산운용사인 스토어브랜드(가치 1120억 달러 이상)는 석탄 주식들, 엑손 모빌과 셰브런을 포함한 여러 석유회사와 광산업체 리오 틴토의 주식을 처분해왔다. 일부 금융기관은 공해를 일으키는 산업에 대한 투자 철회를 시작했다. 스토어브랜드는 기후행동에 반대하는 로비활동을 지원하는 기업들에 대한 투자를 철회한 최초의 투자사다. 일례로 기후행동에 반대하는 로비를 했다는 이유로 독일의 화학회사인 BASF와 미국의 전기 공급회사인 서던 컴퍼니에 대한 투자를 철회하고 있다.

2019년에 재생에너지는 신규 발전 용량의 3분의 2 이상을 차지했고 재생에너지 발전은 지난 10년 동안 해마다 최소 8퍼센트 증가했다. 엄청난 재정적 수익에도 재생에너지에 투자된 금액은 2030년의 목표들을 달성하는 데 필요한 수준에 이르지 않았다. 은행들이 재생농업, 탄소 포지티브 건물, 신

___ 캐나다 앨버타주 포트 맥머리 북쪽의 새로운 타르 샌드 광산을 위해 벌채된 북방림의 나무들

규 조림, 숲을 자연 상태로 놔두기 등 순배출 제로로 이어지는 투자를 지원하지 않는다면 목표는 달성되지 않을 것이다. 전통적인 금융이 하지 않는다면 신흥 금융 시스템이 할 수도 있다.

금융 기술(핀테크fintech)은 사람들이 돈을 지불하고 빌려주고 투자하는 방식을 바꾸었다. 핀테크는 혁신적인 디지털 기술을 이용하여 대형 금융업체들과 경쟁한다. 올바로 사용된다면 핀테크는 녹색금융과 사회 정의를 촉진할 수 있다. 현재 세계에는 7000개 이상의 핀테크 기업이 있으며 디지털 금융, 그러니까 더 쉽고 저렴하며 반응이 빠르고 포괄적인 개인 금융을 위해 스마트폰을 이용하고 있다. 거의 어디서나 스마트폰을 사용할 수 있기 때문에 생각보다 더 많은 세계의 지역들에서 더 많은 사람이 더 빨리 핀테크를 접하고 있다. 전 세계의 작은 도시와 지역들에 핀테크 금융 허브가 있어서 취리히, 뉴욕, 홍콩, 프랑크푸르트에 위치한 머니 센터 뱅크들로부터 세력 균형이 옮겨가고 있다. 최상위 20개 핀테크 국가 중 7개국은 리투아니아, 네덜란드, 스웨덴, 에스토니아, 핀란드, 스페인, 아일랜드다. 우리가 보통 국제금융과 관련하여 떠올리는 곳들이 아니다. 아주 작은 기업들도 은행 없이 결제 시스템을 구축할 수 없다. 결제 서비스 업체인 스퀘어와 스트라이프 사용자들은 휴대전화나 태블릿, 컴퓨터를 온라인 결제 터미널로 이용할 수 있다. 대형 은행들이 이용하는 자금의 출처는 신용카드 소지자에게서 받아 아직 판매자에게 지불되지 않은 '부동' 자금이다. 핀테크에서는 이 과정이 대체로 생략된다.

브랜치는 케냐, 탄자니아, 나이지리아, 멕시코에서 활동하는 핀테크 기업으로, 머신러닝을 적용해 고객 400만 명의 신용도를 확정한다. 이 업체는 2100만 건이 넘는 대출을 해주었고 일반적인 대출액은 50달러다. 파가는 페이팔처럼 개인 간(P2P) 송금과 대금 수령을 지원하는 나이지리아 기업이다. 이들과 그 외의 핀테크 기업들은 대형 은행들이 충족하지 않고 충족시키지 못하는 수요를 충족시킨다. 또한 제도적 절차들을 디지털화하고 비용을 낮추며 투명성과 접근성을 향상시키고 있다. 탈라는 개발도상국의 소외된 고객들에게 즉각 10~500달러의 소액 융자를 해준다. 탈라의 아이디어는 인도에서 시작되었다. 탈라의 창업자 시바니 시로야는 생산적이며 근면하게 일하고 생활하는 모습이 관찰된 사람들에게 개인적으로 소액을 빌려주기 시작했다. 한 친구가 시로야의 대출 심사 방법은 신용점수가 아니라 일상생활 관찰에 근거했다고 지적했다. 시로야의 시장은 신용 등급이 없는 17억 명의 사람이기 때문이다. 시로야의 돌파구는 많은 점에서 일상생활이 우리의 휴대폰에 들어 있다는 사실을 깨달은 것이었다. 휴대폰은 우리의 사용 실태, 영수증, 지불, 커뮤니케이션 패턴 및 습관을 보여준다.

미국에서는 많은 독립적인 녹색은행green bank이 있다. 가장 오래된 곳 중 하나는 노조 소유의 상장기업인 아말가메이티드 은행Amalgamated Bank으로, 1000개가 넘는 노조를 고객으로 두고 있다. 이 은행의 뿌리는 노조 조직책이던 시드니 힐먼이 노동자들에게 부자들이 은행에서 받는 서비스와 기회를 제공하는 기관을 만들기로 결정한 1923년으로 거슬러 올라간다. 아말가메이티드 은행은 지속 가능한 환경, 경제, 사회 개발에 전력을 기울이고 사람에 초점을 맞추는 국제은행 네트워크인 가치지향적 은행사업을 위한 세계연합Global Alliance for Banking on Values의 회원이다. 이 네트워크에는 오퍼튜니티 뱅크 세르비아, 스웨덴의 에코방켄, 밴쿠버의 밴시티, 볼리비아의 뱅코솔이 가입되어 있다. 또 다른 회원사로는 2007년에 캣 테일러가 공동 설립한 캘리포니아주 오클랜드의 베너피셜 스테이트 뱅크다. 예금액이 10억 달러가 넘는 이 은행은 지역의 소수민족 소유의 기업들을 지원하는 데 초점을 맞춘다.

은행 시스템을 근본적으로 바꿀 수 있는 한 핀테크 기업으로 소위 '포지티브 뱅킹'을 실현하려는 굿머니가 있다. 굿머니에는 최소 잔액도, 초과 인출 수수료도, 월 수수료도, 5만5000개 지점에서 ATM 수수료도 없다. 2017년에 미국의 대형 은행들은 초과 인출 수수료로 고객들에게 340억 달러를 청구했는데, 많은 경우 은행들이 고객의 예금 처리를 미루는 바람에 수수료가 발생했다. 굿머니를 이용하면 직불카드를 구매할 때마다 브라질 아마존의 선주민 공동체들의 법적 토지 소유권에 대해 별도의 비용 없이 자금을 보탤 수 있다. 비용은 고객이 굿머니 직불카드를 사용할 때 가맹점이 지불하는 교환 수수료의 일부를 지속적으로 소액 기부하여 충당된다.

굿머니가 마지막 혁신자는 아닐 것이다. 디지털 뱅킹은 개인, 가족, 공동체, 학교, 사업체 간의 관계와 전 세계 돈의 흐름 및 사용을 완전히 바꿀 수 있다. 도구들은 이미 나와 있다. 너무 많은 머니 센터 뱅크들이 파괴에 투자하고 있다. 수조 달러의 보조금, 대출, 자산이 생물계의 손실을 향하고 있다. 세상에는 돈이 넘쳐난다. 우리가 지구의 가치 있는 자원들을 파괴함으로써 '부유해졌다'는 것은 오래전부터 알려져 있었다. 하지만 그 반대 역시 가능하다. 우리에게는 지구온난화를 역전시키고 우리 땅과 바다에 살고 있는 풍요로운 생물체들을 되살릴 자금이 있다.

___ 현재 20대의 B-2 스텔스 폭격기가 운용 중이며, 각각 16발의 B83 핵폭탄을 탑재할 수 있다. B83 폭탄 하나가 히로시마에 투하되었던 핵폭탄보다 80배 더 강력하다. 16개의 폭탄을 모두 합치면 히로시마에 떨어진 폭탄 1280개와 맞먹으며 런던, 파리, 베를린, 로마, 마드리드, 취리히, 오슬로, 스톡홀름, 코펜하겐, 프라하, 헬싱키, 모스크바, 뉴욕, 워싱턴 DC, 시카고, 마이애미를 파괴할 수 있다. 9개국의 무기고에 약 1만5000개의 핵폭탄이 있다.

드와이트 D. 아이젠하워 대통령은 1953년의 '평화의 기회Chance of Peace' 연설에서 군수산업에 관해 예언했다. "제조되는 모든 총, 진수되는 모든 전함, 발사되는 모든 로켓은 궁극적 의미에서 굶주리지만 먹을 것이 없는 사람들, 추위에 떨지만 입을 옷이 없는 사람들에게서 훔친 것입니다. 현대식 중폭격기 한 대에 드는 돈이면 30개 이상 도시에 현대식 벽돌 학교를 지을 수 있습니다. 6만 명의 인구가 사는 도시에 전력을 공급할 발전소 2기를 세울 수 있고 완전한 설비를 갖춘 훌륭한 병원 2개를 지을 수 있으며 50마일의 콘크리트 포장을 할 수 있습니다. 우리는 전투기 한 대에 50만 부셸의 밀과 맞먹는 돈을 냅니다. 구축함 한 대에 8000명 이상이 거주할 수 있는 새 주택의 가격에 해당되는 돈을 냅니다. 이것은 진정한 의미에서 삶의 방식이라 할 수 없습니다. 위협적인 전쟁의 암운 아래 인류가 철 십자가에 매달려 있는 것입니다."

아이젠하워의 연설을 오늘날에 맞추어 재구성하면 다음과 같을 것이다. B-2 폭격기 한 대에 드는 돈이면 75개의 도시에 새 중학교를 짓고, 415만 명에게 전기를 공급하는 태양광발전소 72개를 세우고, 완전한 시설을 갖춘 병원 36개를 짓고, 28만1000개의 전기자동차 충전소를 마련할 수 있다. 우리는 F-35 라이트닝 전투기 한 대에 2200만 부셸의 밀과 맞먹는 돈을 낸다. 또 줌월트 구축함 한 대에 5만8000명 이상이 거주할 수 있는 새 주택의 가격에 해당되는 돈을 낸다.

군 원수 출신의 아이젠하워는 전쟁에 대해 속속들이 잘 알고 있었다. 1961년의 퇴임 연설에서 그는 "군산복합체"라는 용어를 사용하면서 "부당한 영향력"을 행사하는 자기변호적이고 저절로 계속되는 산업이라고 표현했다.(연설 전에 쓴 메모에서는 이를 "전쟁을 기반으로 한 산업 복합체"라고 불렀다.) 1939년 제2차 세계대전이 발발하기 전에 미국은 군대 규모가 세계에서 열아홉 번째로 포르투갈 바로 다음이었다. 오늘날에는 미국의 군비 지출이 중국, 사우디아라비아, 인도, 프랑스, 러시아, 영국, 독일의 군비 지출을 전부 합친 것보다 크다. 현재 미국에 대한 분명한 군사적 위협이 없는데도 미국은 80개국에서 800개의 군사 기지를 운영한다. 이런 대규모의 복잡한 활동을 지원하기 위해 군비 지출의 절반 이상이 민간 계약 업체와 관련되어 있다. 세계 5대 무기 생산 및 군사 서비스 업체(데이터가 부족한 중국 제외)인 록히드 마틴, 보잉, 노스럽그러먼, 레이시언, 제너럴 다이내믹스가 미국 기업이다. 뉴욕 증권거래소에서 이 기업들의 시장 가치를 합치면 4240억 달러다. 미국은 위협을 받고 있다. 그 위협이란 바로 빠르게 변화하는 기후다.

모든 산업 시스템과 마찬가지로 군수산업은 성장, 소득, 안전, 영향력을 늘리기 위해 노력한다. 하지만 군사업체들의 대차대조표에는 이 산업의 완전한 영향이 드러나지 않는다. 전쟁으로 입은 부상과 정신적 외상, 무고한 여성 및 아이들과 민간인의 죽음은 부수적 피해로 치부한다. 신체적, 정신적으로 평생 가는 상처를 입은 군인들은 상이군사라고 치켜세운다. 미국에서는 기동성 장애, 뇌 손상, 소각 구덩이 증후군burn pit syndrome, 암, 3도 화상, 척수 손상, 청각 장애, 외상후 스트레스 장애, 알코올 중독, 노숙, 사지 절단을 포함해 군복무와 관련된 장애를 가진 퇴역 군인이 470만 명에 이른다.

전쟁을 일으키는 것과 전쟁을 일으키는 능력을 유지하는 것은 생명체에게 해를 입힌다는 측면에서 퇴행적 활동이다. 거의 모든 나라에서 강력한 로비활동이 벌어지면서 세계는 군비, 군사기지, 육군, 공군, 해군, 장갑차, 전투기, 항공모함, 원자폭탄, 전쟁 후유증(전 세계 수백만 퇴역 군인의 정신적 외상과 신체적 부상) 처리에 수조 달러를 쓴다. 이것은 군수산업 파트너들, 그러니까 종종 여러 다른 형태의 부패에 의해 사주를 받은 정치인과 로비스트들에 의해 돌아간다. 알려진 모든 정부 부패의 40퍼센트는 무기 거래에서 발생한다. 군수산업, 특히 무기 제조업체들은 문제를 모르는 척하며 성장하고 수익을 얻는다. 제조업체들은 그들이 기관총, 지뢰 로켓 추진식 수류탄, 그리고 '나쁜 세력'의 손으로 들어가는 탄약에 책임이 없다고 주장한다. 멕시코 전체에는 정부가 허가한 총포상이 한 곳밖에 없다. 마약 범죄조직들이 사용하는 수만 개의 총은 밀반입된 것이며 국경 지대에 위치한 총포상들로부터 구매한다.

이 글을 쓰고 있는 현재 군대를 보유한 나라는 164개국이며 169개의 허가받지 않은 군대 혹은 민병대가 있고 세계의 32개 지역에서 지속적인 무력 충돌이 벌어지고 있다. 하지만 평화부가 있는 나라는 하나도 없다. 지구의 생물 체계와의 화해가 절실히 필요한 이유다. 우리가 서로 화해하지 못하면 생물 체계와 화해할 가능성은 없다. 평화부는 적들끼리 악수하게 만드는 곳이 아니다. 평화부의 역할은 그보다 더 거슬러 올라가 애초에 우리가 왜 적이 되었는지 밝히는 것이다. 여기에 생물학과의 유사점들이 존재한다.

'다윈설의darwinian'라는 단어는 '적자생존'을 연상시키게 된 형용사다. 이 단어는 대립하는 군대들의 심리 상태를 잘 묘사한다. 적자생존은 찰스 다윈의 연구 결과가 아니라 허버트 스펜서가 자신의 경제학 이론을 지지하기 위해 고안한 용어다. 다윈은 이 용어를 "적자는 당면한 지역 환경에 더 알맞게 만들어진다"라는 뜻으로 사용했고, 이 의미는 인류가 해야 하는 일을 정의한다. 인류를 포함한 모든 종은 상리공생이라 불리는 내재된 특성을 가지고 있다. 생명과학에서 상리공생은 종들 간의 생태학적 상호작용이 둘 다에게 이익이 되는 관계로 정의된다. 예를 들어 토양의 균사체(균류) 네트워크는 식물 뿌리에서 당분을 얻고 식물에게 필요한 미량원소와 화합물을 제공한다. 벌새는 식물의 꿀을 먹고 식물의 수술에서 다른 식물의 암술머리로 꽃가루를 옮겨 수정과 종자 생산이 이루어질 수 있게 한다. 붉은부리소등쪼기새는 임팔라에 앉아 진드기, 피를 빨아먹는 파리, 벼룩, 이를 잡아먹는다. 임팔라는 기생충들을 없애고 붉은부리소등쪼기새는 영양소가 풍부한 먹이를 얻는다.

분명 사람들이 호전적일 수는 있다. 하지만 서로 도울 수도 있다. 상리공

중국 신장웨이우얼 자치구 카슈가르의 파미르 고원에서 군사 훈련 중인 인민해방군 병사들

생은 두 개의 비슷한 혹은 다른 종들 사이의 상호작용이 둘 모두에게 이익을 주는 관계다. 결혼, 가족, 집단, 공동체, 잘 관리된 기업들, 스포츠 팀은 모두 상리공생에 의지한다. 우리에게는 상호보험회사와 뮤추얼펀드가 있다. 과학자들은 호모 사피엔스가 지금은 멸종한 더 크고 힘도 더 센 네안데르탈인을 지배할 수 있었던 이유가 그들이 기르던 개들과의, 그리고 서로 간의 상부상조 관계 때문이라고 생각한다. 인간의 상리공생은 더 크고 강력한 기관과 정부에 권한이 부여될 때 무너지는 것처럼 보인다. 또한 인간의 상리공생은 소셜 미디어가 사람들에게 온라인 검색과 행동에 근거한 세계의 '개인화된 현실'을 제공함으로써 자기 신뢰를 강화할 때 더 붕괴된다. 뉴스와 시사의 공유된 현실이 없다면 상리공생은 불가능하다.

기후위기는 인류가 직면했던 어떤 위기나 문제와도 다르다. 기후위기는 경계선이 없는, 전 세계적인 문제다. 기후위기는 흔히 이야기되는 것처럼 대처하거나 싸우거나 통제하거나 완화하거나 억제할 수 없다. 무기화될 수도 없다. 한 기사에는 "과학자들은 기후변화에 맞선 우리의 전쟁에서 이 네 가지 무기를 추천한다"라는 헤드라인이 붙었다. 우리가 직면한 문제를 이해한다면 해결책을 설명하기 위해 전쟁이라는 비유를 쓰는 건 유용하지 않다는 걸 알게 될 것이다. 지구온난화는 인간의 이해를 넘어서는 거대한 힘이지만 적은 아니다. 여러 작은 지역으로 분열되고, 정치화되고, 무기화된 세계가 어떻게 물리법칙들을 따르는 지구 대기 현상을 다룰 수 있겠는가? 그건 가능하지 않다. 세상은 대응 능력을 변화시키거나 아니면 결과들에 굴복할 것이다. 군수산업이 중요한 역할을 할 수 있을까? 현재 군수산업은 지구온난화에 상당한 기여를 한다. 군대와 무기에 의해 발생하는 직간접적인 총 배출량은 계산이 힘들 정도로 막대하고, 군인, 여성, 아이들, 토지, 해양에 미치는 피해도 헤아릴 수 없이 크다. 그리고 군대를 철수하거나 국가들이 '무방비 상태'가 되도록 설득할 가능성도 없다.

그러나 중도는 있다. 군대들이 우리의 미래를 지키는 데 중요한 역할을 할 수 있다. 기후위기는 식량, 경제, 가족, 집, 농장, 땅, 어류, 물, 건강 등 모든 것의 안전을 위협하고 약화시키기 때문이다. 황당한 말처럼 들리겠지만 세계의 합동 군대들이 지키고, 보호하고, 안정화시키고, 감시하고, 막기 위해 협력할 수 있다. 군은 이 모든 일을 지금도 수행하지만 다른 맥락에서 하고 있다. 홍수, 화재, 가뭄, 허리케인이 더 강해지고 잦아지면서 세계는 분열되고 퇴화할 수도 있고, 아니면 단결하여 진화할 수도 있다. 군이 우리의 공동 이익을 깨닫고 전쟁에 동원되는 수천만 명을 지구와 화해하는 데 배치할 수 있다는 것을 인식할 수도 있다. 되살리기는 인간의 행동을 삶의 원칙들과 일치시키는 것이다. 단결하는 사회란 팀을 이루고 함께 뭉쳐 공동의 목표를 향해 힘을 합치는 것이다. 이 문구들이 신병 모집 광고처럼 들린다면 이런 전형적인 특성들이 우리를 결집시키기 때문이다. '선택의지' 섹션에서 언급한 것처럼, 기후운동이 세계 최대의 운동인 것은 한 가지 이유에서다. 날씨가 더 극단적이고 변덕스러우며 가혹해질 것이기 때문이다. 푸에르토리코, 온두라스, 니카라과, 필리핀, 오스트레일리아, 캘리포니아에서 볼 수 있는 것처럼, 심각한 기후 영향의 여파 속에 회복을 돕기 위해 이미 군이 배치되어 있다. 교육과 보호, 구축과 건설, 관찰과 지도, 협력과 협조를 위해 앞서나가는 세계의 군을 그려보는 것이 커다란 변화를 상상하는 건 아니다.

___ 2008년 3월 16일, 방글라데시의 다카에서 서북쪽으로 200킬로미터 정도 떨어진 라지샤히주의 마을 주민들이 유엔개발계획의 선거 지원 프로젝트의 일부로 광범위한 데이터베이스에 저장될 사진과 지문을 찍기 위해 줄을 서고 있다. 2007년 1월 선거가 연기된 주된 이유 중 하나는 야당들이 용납할 수 없던 부정확한 선거인 명부였다. UNDP는 사진과 지문이 포함된 새로운 선거인 명부를 작성하는 방글라데시 정부의 작업을 돕고 있다. 선거인 명부에 사진이 포함된 것은 방글라데시에서는 처음이다. 이 명부가 완성되면 부정 등록자가 제거될 것이고 총선의 신뢰성에 대한 국민의 믿음이 생길 것이다.

해수면 상승에 직면한 태평양의 섬 주민들, 저기압성 폭풍을 겪는 농민들, 홍수와 더위의 피해자들, 빈 그물을 끌어올리는 어민들, 감당 못 할 정도로 이민자가 쇄도하는 국가들, 미래를 보지 못하는 세대, 전 세계인이 기후변화를 걱정하고 조치를 원한다. 사람들은 불안을 느끼고, 그 불안감은 커지고 있다. 미국에서는 3명 중 2명이 지구온난화를 걱정하고, 4명 중 1명은 '매우 걱정한다'. 2016년에 퓨 연구소가 38개국 4만 1953명에게 국가 안보에 가해질 수 있는 여덟 가지 위협에 대해 조사했다. 아프리카와 라틴아메리카에서는 대부분이 기후변화가 가장 큰 위협이라고 말했다. 기후변화가 중대한 위협이라고 생각한 응답자는 아프리카 국가들에서는 58퍼센트인 반면 라틴아메리카에서는 74퍼센트였다. 유럽 국가들에서는 64퍼센트가 기후변화가 자국에 대한 중대한 위협이라고 대답했다. 이처럼 기후변화가 시민들에게 그렇게 중요하다면 왜 정치인들에게는 중요하게 여겨지지 않는가라는 물음이 나올 수 있다.

산업은 소비자에 대응해 재화나 서비스를 생산하는 체계다. 제약 산업, 자동차 산업, 금융 산업이 있는 것처럼 뚜렷하게 보이지는 않지만, 정치 산업은 존재한다. 정치 산업은 세계에서 가장 파괴적인 산업들 중 하나일 수 있다. 기후과학을 거부하고 경시하고 조롱하는 캠페인과 광고를 만들어 우리 모두에게 이익이 될 정책과 법규의 도입을 늦추기 때문이다. 이 산업은 양극화를 초래하거나 잘못된 정보를 퍼뜨리거나 공해를 유발하는 기업들의 이미지를 포장해주거나 현행 산업들을 대신해 재생에너지에 관한 공포심을 유발하는 광고를 제작하거나 명백한 거짓이 담긴 정치 후보자들의 광고를 만들고 보상을 받는다. 정치 산업은 불화를 유발해 이를 바탕으로 번성하는 수십억 달러 규모의 전 세계적 산업이다. 정치 산업은 갈등과 대립을 필요로 하고 반대자들의 인간성을 말살함으로써 이를 달성한다. 인간성 말살은 퇴화의 또 다른 형태다. 퇴행적인 정치 분위기에서는 우리가 기후를 되살릴 수 없다.

미국과 그 외의 많은 나라의 선거 결과는 유권자들이 원하는 것을 반영하지 않는다. 유권자들이 두려워하는 것을 반영한다. 정치 산업은 유권자들을 도울 목적으로 설계되지 않는다. 모든 산업과 마찬가지로 스스로를 위한다. 그리고 대부분의 산업과 마찬가지로 경쟁을 억누른다. 정치 산업은 굉장히 대립되는 관점들을 유지하는 데 의존한다. 미국에서 정치 산업은 부유한 기부자들, 정치활동 위원회, 법률회사, 광고대행사, 로비스트, 회의, 공금으로 다니는 유람 여행, 다크 머니(정체불명의 정치 자금), 회전문 인사, 기업의 성금으로 이루어진 200억~300억 달러 규모의 산업이다.

2020년도 11월 선거 전에 미 의회에 대한 지지율은 23퍼센트였지만 재당선율은 하원의원 91퍼센트, 6년 임기 상원의원은 85퍼센트에 이르렀다. 이것은 기능적인 시스템이 아니다. 이런 결과는 유권자들에게 선택지가 두 개뿐일 때 나타난다. 후보를 지지해서 던지는 표만큼 어느 후보에 반대해서 다른 후보에 던지는 표가 많다. 후보자 명단에는 다른 정치적 배경의 후보들이 있지만 승자 독식 체제에서 소수파 후보들에게 던진 표는 '사표死票'가 된다. 그 교과서적인 예가 대법원에 의해 결과가 결정된 2000년 미국 대선이다. 판사들은 조지 W. 부시와 앨 고어가 537표의 득표수 차이를 보인 플로리다주의 재개표를 기각했다. 랠프 네이더는 플로리다주에서 9만7421표를 얻었는데, 두 사람의 비슷한 정견을 감안할 때 만약 네이더가 후보로 출마하지 않았더라면 고어가 대통령이 되었을 것이라고 여겨진다.

미국은 양당제, 복점複占 체제다. 우리는 공화당원과 민주당원들이 서로 싸운다고 생각하지만 실제로 그들은 자신을 보호하기 위해 효과적으로 협력한다. 싸움은 있지만 경쟁은 없다. 유권자들에게 각자의 표를 낭비할 걱정 없이 더 넓은 선택권을 주고 진정한 경쟁을 조성할 간단하고 효과적인 방법이 있다. 순위선택 투표제ranked-choice voting라고 불리는 방법이다.

초당파적인 예비선거 제도에서 순위선택 투표제는 상위 4~5명의 후보를 총선에 올린다. 그러면 양대 정당과 연관 없는 후보들도 검토되고 언론의 관심을 받을 수 있다. 그 상태에서는 이들이 총선 후보자 명단에 오를 수는 있지만 예비선거 과정을 감안하면 대부분은 완전히 무명인 상태로 올라간다. 총선에서는 순위선택 투표제를 채택하여 당선자를 결정한다. 순위선택 투표제는 유권자가 선호에 따라 최종 후보자들에게 1번부터 마지막 번호까지 순위를 매기는 선호 투표를 이용한다. 첫 개표에서는 각 유권자의 1순위 선택을 집계하고 누군가가 과반수의 표를 얻으면 당선자로 선언된다. 과반수의 표를 획득한 사람이 없으면 가장 적은 표를 받은 후보가 제외된다. 제외된 후보를 선택한 유권자들의 2순위를 헤아려 합계를 낸다. 과반수의 당선자가 나올 때까지 이 과정을 반복한다.

순위선택 투표제는 메인주와 뉴욕시부터 인도와 아일랜드뿐 아니라 오스트레일리아 하원과 아카데미 시상식, 지방 선거, 정당 내부 투표에 이르기까지 전 세계에서 사용된다. 이 제도의 장점은 무자비한 네거티브 선거운동이 아니라 포지티브 선거운동을 북돋운다는 것이다. 미소는 늘어나고 진흙탕은 줄어든다. 후보는 두려움이 기반이 된 편협한 정치가 아니라 자신의

___ '아랍의 봄'에서 일어났던 모하메드 마흐무드 시위 및 충돌 기념일에 시위자들과 폭동 진압 경찰이 격돌하면서 카이로 시내 거리에서 한 시위자가 임시로 마련한 방패를 들고 있다.

폭넓은 매력을 입증하길 원할 것이다. 높은 순위에 오르는 것이 성공의 열쇠이기 때문이다.

현행 체계에서는 다수 득표를 한 후보가 당선된다. 순위선택 투표제에서도 다수 득표를 한 후보가 당선되지만 당선되기까지의 과정이 다르다. 후보가 여러 명인 경쟁에서 다수의 표를 얻는 승자가 나오지 않을 수 있다. 다른 후보를 지지하는 사람들로부터 높은 순위를 받아야 하는 필요성은 관계를 쌓는 선거운동으로 이어진다. 네거티브 광고를 하는 건 위험하다. 그리하여 2018년의 메인주 예비선거 때 같은 당에서 주지사에 출마한 마크 이브스와 베스티 스위트는 서로를 칭찬하고 둘 중 한 명을 1순위로 선택한 유권자는 다른 한 명을 2순위로 선택해달라고 요청하는 광고를 냈다.

선거제도가 양극화가 아니라 공감대 형성을 촉진한다면 사람들이 필요로 하고 원하는 것이 실행 가능해진다. 무명 후보들이 돈을 내는 소모적 광고들은 전략적으로 어리석은 것이 된다. 사표도 없다. 양대 정당 소속이 아닌 후보들이 공평한 조건에서 경쟁할 수 있다. 공론적인 당의 입장을 넘어서는 다양한 정치 전략을 들을 수 있고 이런 전략이 당에 대한 충성심 테스트보다 호소력 있다고 입증될 수 있다.

순위선택 투표제에서 당선된 정치인들이 더 광범위한 유권자들에게 계속적으로 반응할 가능성은 거의 확실하다. 또한 입법기관들은 정치적 벽을 쌓기보다 공감대를 형성하여 이익을 얻는다. 그들은 선거구 획정, 게리맨더링 같은 활동을 감독하는 초당적 위원회를 결성하고 상원, 주지사, 대통령 후보들에 대해 공개 토론할 기회를 찾을 수 있다. 합의 투표 절차로 선출된 의회는 권력이 소수에 집중되는 기이한 규칙들, 헌법을 기반으로 하지 않고 정치인들이 개발한 규칙, 상원과 하원 대다수 지도자에게 비민주적이고 책임질 필요 없는 권력을 부여하는 규칙을 바로잡을 수 있다. 그런 의회는 선거운동에 대한 공적 자금 조달이 모든 목소리를 듣는 가장 확실한 방법이라는 것을 이해할 수 있다.

우리의 대표를 선택하는 진정으로 경쟁력 있는 절차는 역설적이게도 더 많은 협력으로 이어질 것이다. 이런 절차는 깊게 뿌리박힌 권력, 거금, 로비스트들의 영향을 완화하고 유권자들의 요구를 더 충실하게 대표하는 사람들에게 보상한다. 미국 선거에서 총 투표자 수는 형편없이 낮다. 투표가 중요하다고 주장하기보다 표가 중요하도록 체계를 바꾸는 데 초점을 맞추어야 한다. 2016년 미국 대선에서 가장 박빙이던 11개 주는 평균 투표율이 67퍼센트에 이르렀다. 반면 득표차가 30포인트가 넘는 주들의 평균 투표율은 56퍼센트였다. 두려움에 기반을 둔 투표는 협력보다 승리가 중요한 정부를 낳는다.

2020년의 미국 선거 기간에는 정치 광고에 70억 달러 이상이 사용되었다. 전 세계 대부분의 사람은 자국의 정치체제가 부패했고 제대로 기능하지 않으며 작동 불가능하다는 것을 인식하고 있다. 북유럽에는 주목할 만한 예외들이 있지만 그런 예외는 정치가 지구의 회복과 재생에 가장 큰 단일 장애물이 되었다는 점을 부각시킨다. 정부 정책, 법, 보조금, 세금, 규제가 한 국가를 하룻밤 사이에 바꿀 수 있다. 코로나19 구제에 할당된 12조 달러의 10퍼센트를 다음 5년 동안 매년 기후 구제에 책정한다면 세계가 2030년에 온실가스 배출량을 50퍼센트 감축한다는 기후 목표를 달성할 가능성이 더 커질 것이다.

지역 수준이건, 국가적 수준이건 전 세계의 흥미로운 참여 실험들은 평범한 유권자들의 발언권을 높임으로써 민주주의를 되살리고 그들의 대표자에게 영향력을 발휘할 수 있다는 것을 입증하고 있다. 주민참여 예산제도가 한 가지 예다. 브라질에서 시작된 이 제도는 현재 전 세계 1만2000개 지역에서 시행되고 있다. 대표성을 반영한 무작위 추첨으로 선발한 의원들에게 의사결정 권한을 주는 시민의회는 또 다른 예다. 이 제도는 캐나다, 영국, 프랑스, 벨기에에서 이용되어왔다. 벨기에에서는 독일어 사용 지역의 의회에서 24명의 시민으로 구성된 상임 시민의회가 활동하고 있다. 영국의 기후변화에 대한 국가 시민의회는 유권자들이 정부보다 더 야심 찬 기후 정책들을 기꺼이 지지한다는 것을 보여준다.

이 책에서 제안된 많은 전략과 마찬가지로 진정으로 경쟁력 있는 민주적 선거로 가는 길은 도시, 지방 의회, 도, 주에서 지역적으로 시작되지만 국가 수준에서 동시에 추구될 수 있다. 제대로 기능하지 않는 선거제도를 비난하고 부끄러워하며 한탄할 수는 있지만 그런다고 변화가 일어나진 않는다. 제도를 바꾸려면 원천과 근원지에서, 그러니까 지역, 지방, 주의 선거에서 시작하는 것이 가장 효과적이다. 유권자들은 이러한 변화의 진가를 인정하거나 인정하지 않을 것이다. 그리고 만약 인정한다면—그럴 가능성이 매우 높다—변화는 연방 수준으로 옮겨갈 수 있다.

의류 산업Clothing Industry

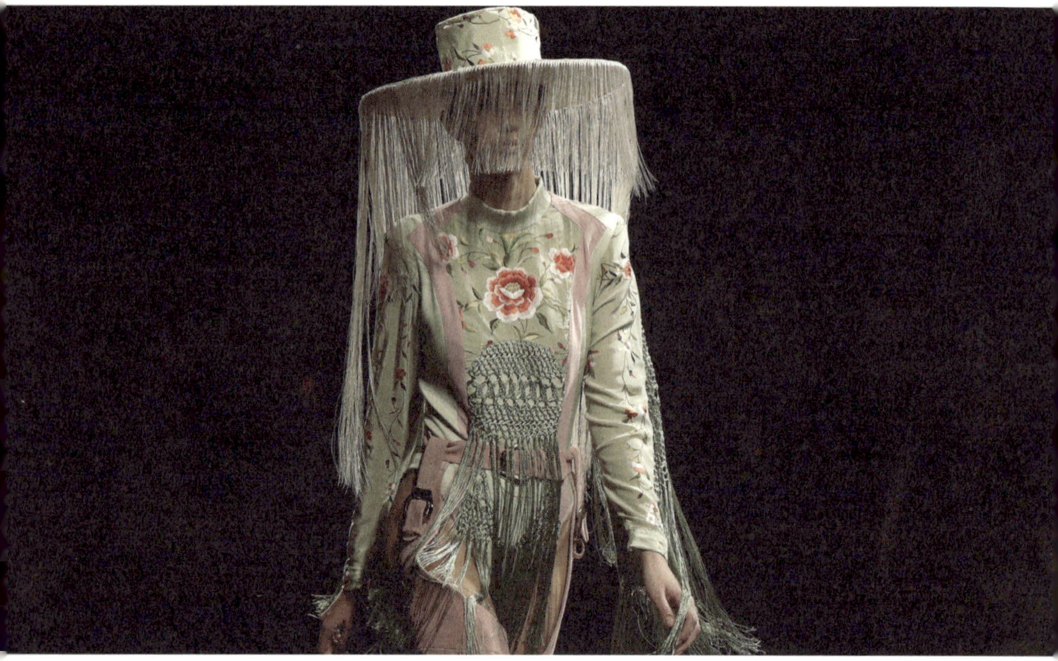

—— 2020년 스페인 마드리드에서 열린 메르세데스 벤츠 패션위크에서 한 모델이 도미니코의 2020~2021 F/W 제품을 선보이고 있다.

의류와 패션은 다르다. 의류는 필요한 것이고 패션은 욕구다. 패션 산업은 환경적 투명성이 부족하기로 악명 높은데 최상의 데이터에 따르면 의류 및 신발 산업은 지구 온실가스 배출량의 8퍼센트에 책임이 있다. 소고기 및 돼지고기 산업과 거의 같은 수준이다. 의류 산업은 석탄, 석유, 디젤, 가스, 제트 A연료, 선박용 벙커유로 가동된다. 의류 제조업체들은 개방형open-loop 생산 사이클을 이용한다. 공장에서 나온 생산 폐기물이 직접 땅과 물로 들어간다는 뜻이다. 의류 산업은 매년 21조 갤런의 물을 사용하여 203조 파운드의 폐기물을 발생시키며, 여기에는 염색제, 매염제, 극세사, 중금속, 난연재, 포름알데히드, 프탈레이트가 포함된다.

항상 이랬던 것은 아니다. 인간은 3만 년 넘게 섬유를 짜고 만들어왔다. 조지아의 한 동굴에서 발견된 염색된 리넨은 3만 4000년 된 것으로 밝혀졌다. technology(기술)라는 단어에서 techno는 인도유럽어족에서 '짠다weave'를 뜻하는 teks에서 유래했다. 방적과 직조에 적용된 기술은 산업시대를 탄생시켰다. 조면기, 다축 방적기, 수력 방적기, 기계 직조기가 인간의 생산성을 10~20배 이상 상승시켜 의류 가격에 혁명을 일으켰다. 지금처럼 당시에도 섬유산업은 비인간적인 노동 환경과 빈곤 임금에 시달렸다. 산업혁명 초기에 사람들은 일주일에 6일, 12~16시간 교대근무를 하고 10실링—당시 기준으로 시간당 1.5센트—을 받았다. 여성은 그 절반을 받았고, 부모가 받는 임금으로 먹고살 수 없어서 일을 해야 했던 아이들은 여성이 받는 임금의 절반을 받았다. 깨끗한 옷 입기 운동Clean Clothes Campaign의 일원인 NGO 패션 체커Fashion Checker에 따르면, 최대 규모의 의류 및 스포츠웨어 브랜드들을 조사한 결과 93퍼센트가 생활임금을 지불하지 않는 것으로 나타났다. 노동자들이 생활필수품을 구입할 형편이 안 된다는 뜻이다. 현재의 달러 기준으로 환산하면 1800년대 초의 공장 노동자들은 시간당 34센트를 벌었다. 이는 200년도 더 지난 뒤인 2021년에 의류공장의 노동자 대다수가 받는 임금과 같은 수준이다.

패션 산업은 1990년의 5000억 달러 규모에서 2019년에는 2.5조 달러 규모로 성장해 자동차 산업과 기술 산업에 이어 세계에서 세 번째로 큰 제조업이 되었고 전 세계 인구 6명 중 1명을 고용한다. 매년 1인당 13벌씩, 1000억 벌 이상의 의류가 생산된다. 미국인은 매년 평균 68개의 의류 품목을 구입하고 5일마다 약 1개의 새 의류를 산다. 환경 공동체에서는 과소비가 개인의 책임으로 이야기되지만 최대의 과소비 주체는 의류 산업 자체다. 생산된 의류의 30퍼센트가 팔리지 않는다. 부정확한 예측이나 고객의 변덕스러운 취향, 단가 경쟁 때문에 의류는 과잉 생산된다. 더 많이 주문하면 단가가 낮아진다. 거대 의류업체인 H&M은 2018년에 팔리지 않은 의류의 규모가 43억 달러였다. 스웨덴 베스테로스의 열병합발전소는 석탄 연료를 H&M의 폐기 의류를 포함한 도시 폐기물들로 대체하고 있다. 버버리는 할인 판매를 막기 위해 3700만 달러 가치의 제품을 불태웠다. 미국에서는 2020년에 354억 파운드어치의 의류가 매립됐다. 의류의 60퍼센트 이상은 합성섬유로 되어 있어 수백 년 동안 매립지에 남아 있을 것이다.

패스트패션 덕분에 의류 산업은 호황을 누렸다. 패스트패션은 산업의 적시생산 기법을 채택하여 최신 패션쇼 무대와 연예인들의 패션을 신속하게 모방해서 제작한 저렴하고 질 낮은 의류다. 추적하기 어려운 복잡한 하청 공장들의 네트워크에서 놀랄 만큼 값싼 의류가 24시간 내내 번개 같은 속도로 생산된 뒤 점보제트기에 실려 전 세계 수천 개의 상점으로 보내져 저렴한 가격에 팔려나간다. 이 산업은 소셜 미디어에 2주 전에 처음 등장한 옷의 저렴한 짝퉁을 수만 벌 공급한다. 원가는 2.4달러, 소매가는 9.99달러다. 냉장고가 식품이 죽는 곳인 것처럼 중국부터 독일까지 옷장은 옷들이 죽는 곳이다. 멀쩡한 옷들이 다시 입히지 않는 데는 다양한 이유가 있지만 주로 유행에 뒤떨어져 보이기 때문이다. 옷을 버리면 개발도상국으로 보내는 상자에 담기거나 땅에 묻히거나 소각된다. 사하라 사막 이남의 아프리카에서는 버려진 중고 수입품이 의류의 3분의 1을 차지한다.

소매 의류 산업은 스스로의 영향을 알고 있다. 유엔, 세계은행, NGO, 인권 단체, 패션 잡지, 『워싱턴포스트』와 『월스트리트저널』에서 이 산업에 대해 비판하고 있다. 최대 패션 브랜드들은 수많은 대응 계획에 착수하고 있다. 엘런 맥아더 재단은 의류 산업이 파리협정, 유엔의 지속 가능 발전 목표, 청정수 구상, 해양 플라스틱 감소에 발맞출 수 있는지 연구하는 산업 전체적 협력인 패션순환프로젝트Make Fashion Circular를 시작했다. 새로운 직물 경제New Textiles Economy는 네 가지 핵심 문제를 다룬다. (1)먹는 어류와 마시는 물에서 발견되는 유해 화학물질 및 합성 극세사의 단계적 감축 (2) 의류에 대한 인식을 몇 번 입고 버리는 상품이 아닌 내구재로 바꾸기 위해 의류 제조와 마케팅 방식의 변화 (3)사용되는 소재의 근본적 개선과 모든 의류 및 섬유의 수거와 재활용 촉진(현재 의류용으로 생산되는 직물의 1퍼센트만 재활용된다) (4)석유를 원료로 한 인조섬유 대신 바이오폴리머 방적사 등의 재생에너지와 재생 원료로의 전환. 새로운 직물 협력은 하나의 단체, 그들의 표현에 따르면 회복적이고 재생력 있는 산업을 만들기 위해 NGO가 자금을 지원하는 노력이다. 이 활동은 아직 인권, 노동자의 안전, 아동 노동, 현대 노예제, 공정무역, 생활임금, 노동 조건, 행동 수칙이나 동물복지를 다루지 않는다. 발리에서 제품을 생산하는 마오리족의 의류 디자이너 카

___ 방글라데시 다카의 수출가공 공단에 있는 의류 공장의 폐기물 처리장

라 쿠페는 흑인 및 갈색인의 착취와 비참한 노동 조건이 "패션 산업에서 가장 지속 불가능한 관행으로 인식되어야 한다"고 믿는다. 또 100개 국가에서 활동하는 패션 혁명 재단Fashion Revolution Foundation을 설립한 활동가 캐리 소머스는 "우리는 만들어질 모든 옷의 실 한 올 한 올을 투명성으로 단단히 엮어 짜야 한다"고 말한다.

새로운 직물 경제의 핵심 파트너는 260억 달러 규모의 선구적인 패스트패션 업체인 H&M이다. H&M은 2040년까지 자사 공급망이 탄소 포지티브가 되고 2030년까지 재활용된 실과 지속 가능하게 생산된 재료만 사용하겠다고 약속했다. 소매업자 역시 노동자의 권리, 생활임금, 노동자의 건강 및 안전과 관련해 상세한 약속을 했다. 다만 어떻게 매주 카자흐스탄에서 아이슬란드까지 전 세계 5018개의 소매상에 물품 공수를 계속할 것인가는 아직 상세히 밝히고 있지 않다. 또한 에너지와 물자 흐름을 줄이겠다는 H&M과 그 외 대형 패션업체의 약속은 그들과 소셜 미디어 인플루언서들이 저렴하게 제조된 의류를 젊은 고객들의 눈에 몇 주 만에 "유행에 뒤떨어져 보이게" 만듦으로써 보상하는 소비 수준을 다루지도 않는다. 2013년에 H&M은 재사용과 재활용을 위해 의류를 수거하는 프로그램인 의류 수거 구상Garment Collective Initiative을 시작했다. 또 리사이클링 앤 업사이클링이라는 또 다른 구상에도 착수했다. 두 구상 모두 끊임없이 새로운 트렌드를 만들어내는 산업에서 새 의류의 생산율을 변화시키지는 않는다. 자라와 이 회사의 24개 브랜드가 포함된 패스트패션은 전통적인 2개 혹은 4개의 패션 시즌 대신 24개가 넘는 시즌을 낳았다. '빠르게'가 문제다. 소비가 쟁점이다. 성장이 원인이다.

한 기업은 '슬로 패션'이라고 불릴 만한 개념의 전형을 보여준다. 스웨덴의 애스킷에는 영구적인 시즌 하나밖에 없다. 기존 디자인들을 수정하고 개선하지만 새로운 디자인은 없이 이 시즌이 매년 계속된다. 취지는 당신이 필요로 하고 소중하게 생각하며 수년 동안 간직할 옷을 만들어 과잉 생산과 과잉 소비의 사이클을 끊자는 것이다. 애스킷의 의류를 구입하면 옷감, 밀림 가공, 장식품, 운송에 사용된 이산화탄소와 물, 에너지의 양이 상세하게 기록된 임팩트 영수증Impact Recipt을 받는다. 영수증 하단의 요약 데이터에는 그 옷의 수명이 다할 때까지 입을 수 있는 최소 횟수(180번), 입는 횟수당 가격, 입는 횟수당 영향이 나와 있다.

애스캣은 의류 산업이 미치는 영향에 대한 전 세계적 대응인 현지화의 일부다. 작은 기업들은 윤리적이고 지속적이며 지구 친화적인 의류들을 재단하고, 바느질하고, 고쳐 만들고, 되살리고, 업사이클링하고, 판매하는 도전을 받아들이고 있다. 미래의 전형적인 옷장에는 중고품 상점에서 구매하거나 빌린 옷들이 4분의 1을 채울지 모른다. 그리고 씨앗부터 옷장에 이르기까지 지속 가능하게 공급되고 투명하게 생산된 튼튼하고 오래가는 의류가 또 다른 4분의 1을, 버려진 옷에서 나온 패치워크 직물들로 다시 만든 의류가 또 다른 4분의 1을, 극세사가 떨어지지 않는 플라스틱을 업사이클링한 섬유로 만든 의류가 마지막 4분의 1을 차지할 것이다. 이런 새로운 패션 산업을 이끄는 것은 기준을 정하고 투명성을 강조하며 윤리적 원칙들을 도입한 기업들에게 인증을 해주는 많은 비영리 조직이다. 여기에는 국제유기섬유표준Global Organic Textile Standard, 공정의류재단Fair Wear Foundation, 유엔 국제노동기구의 노동에서의 기본적 원칙과 권리에 관한 선언Declaration on Fundamental Principles and Rights at Work, 공정노동협회Fair Labor Association, 지속가능의류연합Sustainable Apparel Coalition, 책임 있는 울 인증기준Responsible Wool Standard, 국제재생표준인증Global Recycled Standard, 오코텍스 메이드 인 그린Oeko-Tex Made in Green(유해물질이 없음), 유기농 면 가속화 기구Organic Cotton

Accelerator, 미국 공정무역협회Fair Trade USA, 사회적 책임 국제기구SAI, Social Accountability International, 국제공정무역기구의 소규모 생산자 조직Small-scale Producer Organizations, 투명성 서약 연합Transparency Pledge coalition, 세계공정무역기구World Fair Trade Organization가 포함된다. 의류 산업만큼 구상과 인증 기준, 변화하겠다는 약속이 많은 산업도 없을지 모른다.

급성장하고 있는 슬로패션 산업은 유기농 면과 삼, 윤리적 양모, 재활용 섬유를 사용한다. 일부는 식물성 소재만 사용하고 양모나 가죽은 쓰지 않는다. 기업들은 자사의 행동 수칙을 발표하고, 퇴비화 가능한 포장재를 사용하며, 공급망 전체를 감시하고 추적한다. 파타고니아, 퓨마, 에일린 피셔, 리바이스, 컬럼비아, H&M 같은 기업들은 시민 협회가 개발한 투명성 서약을 받아들여 자사의 전체 공급업체 목록을 주소까지 공유한다. 하지만 쿠이치, 킹스 오브 인디고 같은 수백 개의 작은 기업도 그렇게 하고 있다. 일부 슬로패션 기업은 해외 발송에 항공화물 대신 해상운송을 이용한다. 그리고 기업들은 오래가는 상품을 제작하고 디자인하려고 노력한다. 그 이상을 하는 기업들도 있다. 아웃랜드 데님은 성 착취를 당한 캄보디아 여성들의 일자리를 창출하는 사회적 기업이다. 뉴질랜드의 리틀 옐로 버드는 코로나19로 살던 곳을 등진 인도 파리다바드의 이주 노동자들에게 영양가 있는 식사를 제공하고 인도 오디샤주의 재배자 조합에서 면을 공급받는다.

윤리적 의류의 오랜 선두 주자인 에일린 피셔의 방침은 "평생 단순하고 잘 만들어진 옷"을 제작하는 것이다. 피셔가 추진하는 환경적, 사회적 구상은 많지만 가장 중요한 것이 리뉴Renew라는 브랜드다. 리뉴는 고객들에게서 옷을 되산 뒤 수선하여 아름다운 옷으로 재탄생시킨다. 파타고니아 역시 원 웨어Worn Wear 프로그램으로 새로운 의류 패러다임을 만들려 노력하고 있다. 파타고니아는 우선 오래가는 옷을 만드는 것으로 시작한다. 또한 모든 옷을 파타고니아로 돌려보내 수선한 뒤 다시 판매할 수 있다. 너무 닳고 손상된 옷은 섬유를 재활용할 수 있다. 중고차에 인증 중고차Certified Pre-Owned라는 스티커를 붙일 수 있다면 잘 만들어진 옷에도 그렇게 할 수 있다. 파타고니아의 아웃웨어 대부분은 차 한 대보다 수명이 길기 때문이다.

의류에 대한 새로운 상상의 개척자는 린제이 로즈 메도프와 그녀의 회사 수에이다. 수에이는 메도프의 표현에 따르면 "대기업과 단절된 소비자들이 만든 쓰레기를 치운다". 수에이는 어떤 브랜드건 버려진 옷들을 자르고 바느질하여 매력적이고 유용할 뿐 아니라 저렴한 옷으로 재탄생시킨다. 버려진 옷과 직물로 다시 옷을 만들면 에너지가 90퍼센트 덜 들고 탄소 배출량도 그와 비슷하게 감소된다. 오늘날 의류 생산은 중국, 방글라데시, 베트남, 인도 네 국가에 집중되어 있다. 로컬푸드와 마찬가지로 버려진 옷과 직물로 다시 옷을 만드는 작업은 섬유의 원래 공급원과 상관없이 로컬 의류와 지역 고용을 창출한다.

근래에 의류 재판매 시장이 호황을 누리고 있으며, 꽉 들어찬 옷장을 조금씩 비워야 하는 필요성이 이런 호황의 적지 않은 부분을 차지한다. H&M의 브랜드인 COA는 고객들을 위한 재판매 사업을 시작했다. 전 세계 중고의류 시장은 2019년에 280억 달러 규모였고 2023년에는 640억 달러에 이를 것으로 예상된다. 재판매는 옷이 오래가고 튼튼하며 지속성 있는 소재로 만들어졌을 때 의미가 있다. 재판매된 패스트패션은 의류 산업의 탄소발자국에 거의 변화를 일으키지 않는다.

의류 산업의 변화가 확대되고 있지만 윤리적으로 제작된 의류는 대다수 사람에게 너무 비싸다. 역으로 '윤리적ethical'이라는 단어가 위장 친환경의 고급 부티크 의류 소비의 한 방법으로 이용되고 있다. 저소득 국가 사람들이 자신이 입을 옷을 만들 때는 옷의 가격이 적절했다. 이제 의류 노동자들

___ 로스앤젤레스에 있는 수백만 달러 규모의 의류 재생 기업인 수에이의 창립자 린제이 로즈 메도프

이 부유한 고객을 위해 옷을 만들고 있어서 가격이 비싸다. 많은 국가가 부정적 영향 때문에 중고 의류의 수입을 전적으로 금지했다. 부유한 국가들에서 의류가 재사용, 재판매, 재활용되고 있기 때문에 최상의 의류들은 선택되어 빠지고 거부된 옷들이 해외로 보내진다. 가나의 의류 디자이너 사무엘 오텡은 "당신이 원하지 않는 무언가를 누군가에게 주는 건 돕는 것이 아니다. 그것은 모욕이다"라고 지적한다.

의류의 현지화는 순환 고리의 가장 중요한 부분을 연결한다. 바로 제조업체와 고객 간의 연결이다. 현재의 패션 딜레마는 패스트패션의 유행을 부추기는 소비자들과 금방 유행에 뒤떨어지는 상품 및 착취적인 마케팅 전략을 만들어내는 기업들 등 관련된 모든 측에 책임이 있다. 그러나 한때 충성스럽던 고객들이 항의하거나 떠나거나 보이콧하는 것보다 기업을 더 빨리 변화시키는 것은 없다. 기업들은 사회적 인정을 받고 싶은 우리 내면의 욕구와 불안을 먹잇감으로 삼은 마케팅 메시지로 소비자들을 압도하여 우리의 행동을 바꿔놓는다. 의류업체들이 매출 불안정과 고객들로부터 사회적 인정을 받지 못해 압도당하도록 판세가 뒤집혀야 한다. 이것이 대기업들을 변화시키는 방법이며, 현재 많은 대기업이 자사의 공급망과 관행을 변화시키길 원한다. 그들은 그러한 노력이 지지받는다는 것을 알아야 한다. 그리고 파타고니아가 입증했듯이 더 많다고 더 좋은 것은 아니며 재생으로 가기 위해서는 생산하는 의류의 수를 줄이고 품질은 상당히 향상시켜야 한다는 것을 이해해야 한다. 튼튼한 옷은 스스로의 가치와 지구의 가치를 유지시킨다.

플라스틱 산업 Plastics Industry

___ 마닐라항의 파롤라 비온도 지역은 항만시설과 파시그강 사이에 살고 있는 무단 거주자 2만 명의 보금자리다. 강은 마닐라 시내를 굽이치며 흘러가는 가운데 파롤라의 수상가옥들 아래의 강가에 쌓인 쓰레기를 실어 나른다. 아홉 남매 중 둘째로 태어난 열세 살의 로델로 코로넬 주니어는 1킬로당 13페소(35센트)에 팔 수 있는 재활용 가능한 플라스틱을 찾아 이곳 강가에서 쓰레기를 뒤지며 오전을 보낸다. 그리고 이튿날은 숙제가 든 작은 가방을 들고 교복 차림으로 학교에 간다. 인구가 빠르게 증가하면서 마닐라의 빈민가는 폭풍과 해수면 상승으로 인한 범람에 매우 취약한 개펄과 수로들까지 확장되었다. 정부는 이곳 사람들을 위험지역 밖으로 이주시키려 하고 있지만 통근에 무리가 없는(25킬로미터 이내) 근방의 새로운 지역으로 옮겨가야 한다는 수준에서 합의했다.

당신은 콜라 한 병을 30초 만에 마시지만 콜라 병은 수백 년 동안 남아 있다. 매년 세계는 인류 전체의 몸무게보다 30퍼센트 더 무거운 약 4억 700만 톤의 플라스틱을 생산한다. 플라스틱은 해변, 매립지, 길가에 쌓이고, 소용돌이치는 거대한 쓰레기 더미를 이루어 대양을 떠돈다. 해양생물들은 버려진 플라스틱 그물에 갇히거나 부서진 플라스틱 조각을 먹고 죽는다. 거북, 펭귄, 고래, 돌고래를 포함해 250종의 해양생물 종이 플라스틱 때문에 고통받는다. 플라스틱은 자연적으로 분해되지 않고 점점 더 작은 입자로 부서진다. 미세 플라스틱이 어류와 플랑크톤을 포함해 먹이사슬에 쌓인다. 가장 높은 산봉우리의 꼭대기와 가장 깊은 해구의 바닥에서도 플라스틱 입자들이 발견된다. 사과, 당근, 브로콜리, 배에서도 플라스틱 입자들이 발견된다. 먼지구름이 보인다면 그 안에도 미세 플라스틱 조각들이 들어 있다. 침실 구석에서 먼지 뭉치가 보인다면 그 안에도 미세 플라스틱 조각이 들어 있다. 플라스틱에는 유해한 화학 혼합물이 들어 있어 유연하고 불에 잘 타지 않으며 색이 선명하다. 이런 발암물질, 신경독, 화학물질은 우리의 호르몬을 교란시키고 불임, 선천적 결손증, 암을 일으킨다. 또 하천과 해양으로 흘러들어가 지하수원을 오염시킨다. 유엔은 플라스틱이 "기후변화에 이어 지구 환경에 두 번째로 불길한 위협"이라고 생각한다.

플라스틱 쓰레기는 색이 요란스럽고 보기 흉하다. 아무도 원하지 않기 때문에 운반하는 데 비용이 많이 든다. 2019년에 미국 기업들은 10억 파운드가 넘는 플라스틱 쓰레기들을 제거하기 위해 95개 이상의 국가에 수출했다. 개발도상국들은 늘어나는 플라스틱 쓰레기를 관리하느라 애를 먹고 있으며, 대개 처리 시스템이 불충분하다. 미국에서 수입한 플라스틱 쓰레기들은 소각되거나—유해 화학물질을 공기 중으로 방출하여 죽음과 질병을 불러일으킨다—길가에 버려지거나 방치된 쓰레기 더미에 던져진다.

플라스틱의 문제는 그 원천에서부터 시작된다. 플라스틱은 천연 물질이 아니다. 옥수수 전분이나 사탕수수처럼 친환경 원료로 만드는 플라스틱은 전체의 2퍼센트도 안 된다. 나머지는 원유나 천연가스나 그 외의 화석연료에서 나온다. 정제공장에서는 석유와 가스를 플라스틱의 공급 원료인 나프타를 포함한 다른 탄화수소 혼합체들로 분해될 때까지 가열한다. 나프타의 화학물질 두 가지가 에탄과 프로펜이며 이들은 열분해라 불리는 에너지 집약적 과정을 통해 더 분해된다. 그런 뒤 이 물질들에 난연재나 프탈레이트나 비스페놀 A(BPA)를 첨가해 다른 유형의 플라스틱으로 가공한다. 그 결과 자연 어디에서도 발견되지 않고 지구의 광대한 미생물 네트워크에 이질적인 합성물질이 나온다. 분해는 불가능하다. 플라스틱은 더 작은 조각들로 쪼개질 수 있지만 분해는 되지 않는다. 재활용되거나 소각하지 않으면 플라스틱 쓰레기는 수백 년 동안 사라지지 않을 것이다.

문제의 규모는 어마어마하다. 1950년에 플라스틱 산업은 220만 톤의 상품을 생산했다. 2015년에는 거의 4억 700만 톤을 생산했다. 1907년에 플라스틱이 발명된 이후 기업들이 제조한 버진 플라스틱virgin plastic(재생 플라스틱이 아니라 석유에서 추출하여 만든 플라스틱)의 총량 중 절반 이상은 지난 15년 동안 생산되었고 그중 60퍼센트가 결국 환경에 쓰레기로 남겨졌다. 매년 전 세계에서 최소한 1조 개의 비닐봉지가 사용되고, 매분 100만 개의 플라스틱 병이 구매된다. 어마어마한 양의 플라스틱 폐기물의 크기는 5밀리미터 이하로 미세하다. 한 연구는 가정에서 한 번 세탁하는 평균적인 양의 빨래에서 70만 개 이상의 극세사가 떨어져 나와 폐수로 들어간다고 밝혔다.

매분 22톤이 넘는 플라스틱이 해양으로 들어간다. 해양으로 유입된 플라스틱들로 2040년에는 세계의 해안선 1야드마다 100파운드의 플라스틱들이 뒤덮을 것이다. 해양의 모든 플라스틱 쓰레기의 절반 이상은 물보다 밀도가 낮다. 이렇게 떠다니는 쓰레기가 종종 육지에서 멀리 떨어진 느린 소용돌이에 휘말린다. 가장 유명한 예가 태평양 거대 쓰레기 섬이다. 태평양에서 시계 방향으로 돌고 있는 거대한 소용돌이인 이곳은 크기가 알래스카와 비슷하고, 젖병, 식료품점 비닐봉지, 어망, 컵, 포장재 등 갖가지 유형의 플라스틱 제품이 모여 있다.

플라스틱 제조에 사용되는 일부 화학물질은 인간에게 유해하다. BPA는 피부를 통해 흡수될 수 있다. 이런 화학물질을 함유한 미세플라스틱 입자들이 대기 중 먼지의 일부로 우리가 먹는 음식에 떨어진다. 우리가 섭취한 플라스틱은 소화관 벽을 지나 혈류로 들어가 간을 포함한 기관들에 박힌다. 고소득 국가의 국민은 해마다 신용카드 한 장 무게인 약 5그램의 미세플라스틱을 먹는다.

플라스틱을 생산하는 화학공장들은 종종 경제적으로 어려운 지역들, 특히 유색인 공동체 근처에 위치한다. 타이완의 거대 석유화학 기업으로 오염 전과가 화려한 포모사 플라스틱은 10개의 공장이 포함된 플라스틱 제조단지를 건설할 부지로 루이지애나 남부의 작은 마을인 웰컴을 타깃으로 삼았다. 포모사는 흑인이 인구의 98퍼센트를 차지하는 이곳 지역사회의 격렬한 반대에 부딪혔다. 이곳 지도자들은 주민 대부분이 백인인 지역사회에서 플라스틱 제조단지가 들어설 가능성이 있는 부지는 미 육군 공병 분과US Army Corps of Engineers의 분석에서 제외되었다고 지적했다. 2019년에 포모사는 자사가 텍사스주 라바카만과 주변 수로들에 수년 동안 고의적으로 플라스틱 알갱이와 오염물질을 버렸다고 판정한 소송에서 합의를 위해 5000만 달러를 내는 데 동의했다. 이번이 처음이 아니었다. 포모사 사건의 판사는 이 기업을 "연쇄 범죄자"라고 불렀다.

포모사 플라스틱 같은 기업은 고객사들에게 오염 발생에 대한 제한 요구 없이 수십억 달러를 지원하는 금융 제도로부터 혜택을 얻는다. 2020년에 플라스틱의 생산과 소각으로 20억 톤이 넘는 온실가스가 대기에 배출되었다. 이는 거의 500개의 대규모 석탄 화력발전소의 배출량과 맞먹는다. 현재의 증가율이라면 석유로 만들어진 플라스틱의 온실가스 배출량은 2050년까지 65억 톤으로 늘어날 것이다.

2019년에 플라스틱으로부터의 자유Break Free from Plastic라는 전 세계적 연맹에 속한 50개국 7만 명의 자원자가 해변과 도시의 거리, 동네에서 모은 쓰레기를 분석했다. 그 결과 코카콜라가 가장 많은 플라스틱 공해를 유발하는 기업으로 나타났다.(2년 연속) 기업들에게 플라스틱 쓰레기 배출을 중단하도록 독려하거나 요구하는 법과 정책, 장려책이 마련되어야 한다. 쓰레기 관리와 비용에 대한 책임이 지방자치제로부터 제조업체들로 옮겨가야 한다. 지금까지 어떤 플라스틱 제조업체도 자사 제품이 일으키는 오염에 대해 책임을 지지 않았다. 사용 후 책임제라고도 불리는 생산자책임재활용제

___ 오스트레일리아 빅토리아주 멜버른의 재활용 기업인 SKM이 파산을 선언했다. 이 회사의 대형 창고 6개에는 처리를 기다리는 재활용품이 가득 차 있었다. 빅토리아 주정부와 창고 소유주인 마우드 건설은 대부분 분류가 되어 있지 않은 데다 다른 처리 업체들에 쉽게 판매할 수도 없는 이 물건들을 어떻게 처리해야 할지 몰랐다. 이 가정 재활용품들을 처리할 업체가 나타나지 않아 빅토리아 주의회는 수천 톤의 재활용 쓰레기를 매립지로 보내야 했다.

도Extended producer responsibility가 전 세계 플라스틱 공해와 생태학적 손상의 폭발적 증가를 막을 유일한 장치다.

새로운 석탄 화력발전소 건설을 막고 기존 발전소들을 폐쇄하기 위해 전 세계에서 효과적인 입법, 규제, 경제적, 법적 방법들이 사용되고 있다. 플라스틱 공장들에 대해서도 마찬가지여야 한다. 우리에게는 일회용 플라스틱이 필요하지 않다. 우리의 쇼핑, 판매, 구매, 생활 방식에 대해 다시 생각해야 한다.

재활용에 대해서도 재고해봐야 한다. 대부분의 재활용 플라스틱은 기계적으로 아주 작은 조각과 섬유로 분쇄되어 더 낮은 품질의 물질을 생산한다. 이 과정을 다운사이클링이라고 부른다. 한두 번의 재활용 뒤에 이 플라스틱의 많은 부분이 버려진다. 재활용된 일회용 플라스틱 병으로 만든 의류 섬유는 석유를 기반으로 한 직물인 폴리에스테르의 인기 있는 대안이 되었지만 모든 폴리에스테르 의류는 세탁할 때 미세플라스틱이 떨어져 나온다. 이 미세플라스틱들은 결국 바다로 흘러들어가 병으로 남아 있었을 경우보다 더 큰 피해를 입힌다. 플라스틱을 원래의 화학적 공급 원료로 분해한 뒤 재구성하여 새로운 제품으로 만드는 대안들이 개발되고 있다. 이 과정을 업사이클링이라고 부른다. 한 가지 방법은 무산소 원자로에서 플라스틱을 고온으로 가열하여 버진 플라스틱과 비슷한 액체를 생산하는 것이다. 이 분야의 선두 주자가 유명한 카메라 기업인 이스트먼 코닥이다. 테네시주에 있는 코닥 공장은 플라스틱을 화학적으로 분자 수준으로 분해하여 새로운 제품으로 만들 수 있고 본질적으로 영원히 재활용되게 할 수 있다. 이와 비슷한 기술로 폴리에스테르를 재활용할 수 있다. 이스트먼은 자사의 기술을 엄청나게 다양한 플라스틱으로 확대하여 석유 기반 플라스틱을 생산할 때보다 탄소발자국이 낮은 폐쇄형 체계의 일부로 많은 탄소 분자를 다시 사용할 수 있게 할 계획이다. 퍼페추얼 테크놀로지라는 기업은 플라스틱 병을 재활용하여 버진 플라스틱 품질의 폴리에스테르를 만든다. 이 폴리에스테르는 H&M, 아디다스, 자라 같은 기업들이 판매하는 의류에 사용되며 플라스틱 병을 만드는 데도 사용될 수 있다.

최고의 해결책들은 재활용을 넘어선다. 일회용 플라스틱을 재사용과 리필이 가능한 용기로 바꾸자. 플라스틱 병에 물을 담는 것을 금지하자. 경기장, 쇼핑센터, 도시, 기업, 어디든 물이 필요하거나 수질이 좋지 않은 곳에 정수기 설치를 의무화하자. 유럽의 시리어스 비즈니스, 리팩, 싱가포르의 베어팩 같은 기업들은 재사용 가능한 음식 포장재를 제공하여 포장 용기의 회수를 관리하고 온라인 식품 배달 서비스 업체와 협력해 쓰레기를 줄인다.(주문할 때 손가락으로 한 번 톡 두드리는 것만으로 일회용 플라스틱을 거부할 수 있다.) 루프는 아이스크림부터 비누, 애완동물 사료까지 300개가 넘는 품목을 제공하는 배달 서비스업체다. 루프는 재사용 가능한 튼튼한 용기에 물품을 담아 토트백에 넣어 문 앞에 가져다둔다. 물품을 다 사용하면 빈 용기들을 다시 토트백에 넣어 회사에 가져가라고 전화한다. 칠레에서는 알그라모('그램 단위로'란 뜻)란 회사가 액체세제와 세정액들을 리필 가능한 용기에 바로 담아주는 자판기를 만들었다.

플라스틱 물병에 대한 최고의 해결책 중 하나는 파리 수자원공사다. 2008년에 파리 수자원공사는 민간 기업인 수에즈와 베올리아에게서 수도 사업 권리를 회수했다. 그리고 세계에서 가장 정교한 물 여과 및 정수 시스템을 도입하고 파리 곳곳에 1000개가 넘는 무료 식수대를 설치했는데 그 중 일부는 심지어 소다수를 제공한다. 사용이 많은 구역 옆에는 재사용 가능한 물병을 판매하는 자판기가 있다. 파리는 세계 최초로 플라스틱 쓰레기가 없는 수도 시스템을 갖추기로 결정했다. 파리 부시장 실리아 블로엘은 에든버러부터 밀라노까지 영리 기업들에게서 수도 사업을 되찾고 어디서나 이용할 수 있는 높은 품질의 파리 상수도를 본받길 원하는 500개 도시와 협력하고 있다. 파리 수자원공사가 베올리아와 수에즈에서 수도사업을 넘겨받은 뒤 수질은 향상되고 수도요금은 내려갔다. 더 적은 돈으로 더 좋은 물을 더 쉽게 이용할 수 있게 되었다.

재활용이 진정한 효과를 거두려면 순환 고리를 연결하고 판매되는 모든 플라스틱 제품에 높은 보증금을 붙여야 한다. 독일에서는 이미 이런 제도를 시행하고 있다. '판트Pfand'라 불리는 이 제도에서는 보증금이 가격에 포함되어 있다. 공병을 가져가 거의 모든 슈퍼마켓에서 볼 수 있는 '수거 기계'에 넣는다. 그러면 기계가 병을 스캔해서 무게를 잰 뒤 영수증을 발행한다. 이 영수증을 현금으로 바꿀 수 있다. 판트는 크게 성공했다. 재사용 가능한 병과 캔의 95퍼센트 이상이 회수되었다. 그 과정에서 빈 병을 줍는 사람들

___ 유럽몰개*Squalius cephalus*는 스페인에서 발견되는 민물잉어다. 호수와 강의 플라스틱은 수생 생물들에게 치명적인 덫이 될 수 있다. 이 사진의 유럽몰개는 부서진 플라스틱 관에 몸이 끼여 결국 기형이 되고 깊은 상처로 고통받는다.

의 비공식적 경제가 발달했는데, 대부분 고정수입자나 저소득자로 구성되어 있다.

케냐는 2017년에 비닐봉지의 제작이나 판매를 전면 금지했다. 금지령 이전에는 매년 1억 개의 비닐봉지가 사용된 것으로 추정된다. 이 봉지들이 수로와 하수도를 막고 장마철에 홍수를 악화시켰다. 2020년에는 공원과 해안에서 일회용 플라스틱 사용이 제한되었다. 나무에 걸려 있는 비닐봉지가 줄어들고 도축업자들은 소의 몸속에서 비닐봉지가 덜 발견된다고 보고한 반면 이웃 나라인 소말리아에서 여전히 비닐봉지를 몰래 들여오고 있는 조짐이 나타난다.

노르웨이에서는 이와 비슷한 제도가 플라스틱 병 쓰레기를 거의 0으로 줄였다. 또한 회수된 병들의 품질이 매우 좋아서 일부는 50번 넘게 재활용된다. 전 세계 사람들이 새것이든 오래된 것이든 플라스틱 쓰레기를 수거하도록 장려하기에 충분한 높은 액수의 보증금을 모든 플라스틱에 적용해야 한다. 미국에서는 플라스틱 병의 재활용률이 30퍼센트가 되지 않는다. 네덜란드에서는 97퍼센트다. 노르웨이의 해변에 밀려온 플라스틱의 절반은 국내에서 발생한 것이지만 나머지 절반은 다른 나라들에서 온 것이다. 세계의 모든 해변이 정상으로 돌아갔을 때 우리는 성공했다는 것을 알 것이다.

___ 인도 전체에 옥상 태양전지판과 마이크로그리드 설치가 제안되고 있다. 총리 나렌드라 모디가 야심차게 이런 공약들을 내놓았지만 하루 2달러가 안 되는 돈으로 살아가고 있는 7억 5000만 명의 인도인이 그린에너지를 도입할 형편이 되거나 받아들일 수 있는지의 문제는 남아 있다. 사진에서는 인도 비하르주 제하나바드의 다르나이 마을 사람들이 소를 돌보고 있다.

"우리, 캉주의 잔미 라산테(파트너스 인 헬스) 병원의 환자들은 당신들 모두에게 선언하고 싶은 게 있습니다. 아픈 사람은 우리입니다. 따라서 이 고통과 불행, 아픔, 희망을 분명히 밝히는 책임도 우리에게 있습니다. 건강에 대한 권리는 생명에 대한 권리입니다. 모든 사람은 생존할 권리가 있습니다. 우리가 가난하게 살지 않았다면 이런 곤경에 처하지 않았을 겁니다. 우리는 간신히 살아가다가 죽음에 직면합니다. 우리에겐 세계은행, USAID 같은 기관의 거물들에게 보낼 메시지가 있습니다. 당신들이 우리가 계속 참고 있는 모든 것을 인식하길 요청합니다. 우리도 인간이고 사람입니다. 당신들이 자기중심주의와 이기심을 버리길, 큰 자동차를 사고 큰 건물을 짓고 어마어마한 봉급을 챙기느라 중요한 기금을 낭비하는 짓을 그만두길 간청합니다. 또한 제발 가난한 사람들에 대한 거짓말을 멈추십시오. 우리를 부당하게 비난하고 건강과 삶에 대한 우리의 절대적 권리에 대해 잘못된 가정을 퍼뜨리는 행위를 중단하십시오. 우리는 정말로 가난하지만, 다만 가난하다는 것이 우리가 어리석다는 뜻은 아닙니다."

_아이티의 네를랑드 라앙스가 2001년에 발표한 캉주 선언문Cange Declaration에서 발췌. 라한스는 폴 파머와 파트너스 인 헬스가 시행한 구상인 HIV 감염의 항레트로바이러스 치료를 빈곤층 가운데 세계 최초로 받은 사람들 중 한 명이다. 이 구상은 세계보건기구와 세계은행으로부터 비용이 너무 많이 들고 지속 불가능하다는 비난을 받았다.

"내 생각에 일반적으로 은행가들은 가난한 사람들한테 사기 치는 데 많은 시간을 보내느라 섹스를 많이 안 하는 것 같습니다."

_가난한 사람들을 위한 HIV 치료가 정서적으로는 설득력 있지만 비현실적이고 돈이 너무 많이 든다고 비난한 세계은행의 미드 오버에게 폴 파머가 한 대답

빈곤은 착취적 산업이다. 빈곤은 사람들에게 가치를 빼앗아 다른 사람들에게 넘겨주고 생산자들을 무시한다. 가난한 사람들은 일에서건 임금, 건

강, 교육, 주택에서건 공정한 대우를 받으려고 애쓴다. 그들은 오염되고 위생적이지 않으며 더러운 물이 나오고 부실한 학교들이 있는 임시적인 주거지에서 산다. 끊임없는 경제적 스트레스에 시달리고 부족한 의료 서비스로 고통받는다. 시골지역에서는 빈곤이 파괴적 형태의 삼림 벌채와 사막화를 낳는다. 예전에는 접근할 수 없던 지역들에 광업회사와 벌목회사들이 낸 길들은 화전농법을 이용하는 농업회사들에게 땅을 개방시켜 전통적으로 땅을 관리해온 선주민들을 쫓아낸다. 아시아, 아프리카, 아마존의 숲에서는 야생동물 고기를 얻기 위한 사냥으로 일부 종의 개체 수가 급격히 감소하고 있다. 땅, 물, 숲, 생물다양성, 인간 건강의 퇴화는 기후변화의 원인이다. 그리고 기후변화는 빈곤의 또 다른 원인이다. 이런 악순환을 선순환으로 바꾸는 것이 기후위기의 해결에 매우 중요하다.

만성적 빈곤으로 인한 또 다른 피해는 자신과는 멀리 떨어진 문제들을 알아차리지 못하거나 '신경 쓸 시간이 없는' 사람들의 무신경이다. 브라이언 스티븐슨은 우리가 가난한 사람들을 대하는 방식이 우리를 가난하게 만든다고 지적했다. "우리의 인간성은 모든 사람의 인간성에 달려 있다. (…) 우리의 생존은 모든 사람의 생존과 연결되어 있다." 이 말이 지금처럼 잘 들어맞는 때도 없다. 기후위기의 역전은 한 국가, 하나의 경제 분야, 하나의 산업, 하나의 문화, 한 인구 집단이 해낼 수 없다. 이 문제를 해결할 마법의 기술은 없을 것이다. 우리는 전문가나 정부, 기업들이 이 위기를 끝내는 법을 알아낼 때까지 기다릴 수 없다. 그들의 힘만으로는 방법을 알아낼 수 없기 때문이다. 만약 위기가 말을 할 수 있다면 우리가 진정으로 '우리'라는 것을 잊고 있고 다름 아닌 우리의 공동 노력이 사람과 지구에 대한 수십 년, 수백 년간의 착취를 되돌리기에 충분하다고 우리 모두에게 말해줄 것이다. 기후변화와 빈곤은 근본 원인이 같다.

국제 빈곤 개념은 새로운 것이 아니다. 이 개념은 세계은행이 빈곤을 하루에 1달러 이하를 버는 것으로 정의한 1990년에 만들어졌다. 이 기준은 국제 빈곤선international poverty line이라 불렸고 그 후 결핍과 궁핍의 척도로 사용되었다. 오늘날에는 경계소득이 하루 1.90달러로 책정되어 있다. 30년 만에 90센트 상승한 것이다. 세계은행은 이 기준에 따르면 빈곤층이 세계 인구의 36퍼센트에서 2015년에 10퍼센트로 감소했다고 본다. 어디서든 하루 1.90달러로 사는 것은 빈곤이 아니라 극빈destitution이라 불린다. 오늘날 존재하는 격차를 좀더 와닿게 표현해보면, 빈곤소득 한 달 분은 룰루레몬의 브래지어 1개, 메르세데스의 후드 장식, 퓨리나 도그 차우(진짜 닭고기가 들어 있는) 두 봉지 값과 같다.

2015년 세계은행이 7억 명의 사람이 빈곤 속에 살고 있다고 보고했을 때 유엔 식량농업기구는 그해에 8억 2100만 명이 최소한의 인간 활동을 유지하기에 충분한 칼로리를 섭취하지 않았다고 밝혔다. 하물며 일을 하고 돈을 버는 것은 어림도 없다. 세계 빈곤선은 금전적인 기준이며 교육, 영양, 의료, 위생 등 공공재의 부족을 포함한 보완적 욕구를 고려하지 않는다. 현재 세계은행은 1.90달러라는 경계선을 '극심한' 빈곤의 기준이라고 부른다. 그렇다면 만약 하루에 2달러를 벌면 '일반적' 빈곤이 되는 것인가? 이는 삶이 수입으로 측정될 때의 문제를 지적한다. 고통은 돈으로 환산될 수 없다.

여러 비영리 원조 단체는 국제 빈곤 경계선을 좀더 현실적으로 하루 7~8달러로 정한다. 이는 한 가족이 기본 영양과 적절한 기대수명을 확보하는 소득 수준이다. 이 기준을 적용하면 가난한 사람의 수는 1981년 32억 명에서 2015년에는 42억 명으로 늘어난다. 미국에서는 정규직으로 일하지만 수입만으로 먹고살지 못하는 사람이 6200만 명에 이른다. 미국인은 거의 다섯 명 중 한 명꼴로 가난하고, 그중 72퍼센트는 여성과 아동이다. 일을 하고 있는 아프리카계 미국인 중 54퍼센트는 생활임금을 받지 못한다.

1980년과 2016년 사이에 1인당 소득은 2배 늘어났지만 세계의 빈곤 수준은 31퍼센트 상승했다. 그 원인은 분명하다. 더 적은 수의 사람이 더 많은 소득을 얻었고, 더 소득이 적은 사람이 많았기 때문이다. 그 36년 동안 세계의 소득 증가분 가운데 인류의 가장 가난한 50퍼센트에게 간 몫은 12퍼센트에 불과하다. 나머지 소득 증가분, 수익, 자본은 상위 40퍼센트의 소득자가 차지했고 대다수의 소득 증가분이 인류 1퍼센트의 최상위 10분의 1에게 돌아갔다. 『월드뱅크 이코노믹 리뷰』는 현재의 자본분배율과 경제성장으로 빈곤을 종식시키려면 200년 이상이 걸릴 것이라고 추정했다. 빈곤이 끝나지 않는다는 뜻이다.

빈곤을 더 잘 이해하는 데 세 가지 질문이 도움이 된다. 첫 번째 질문은 '누군가가 고통을 받을 때 누가 이득을 보는가?'다. 이 질문은 근본 원인을 드러낸다. 두 번째 질문은 '빈곤 가정이나 집단과 마지막으로 같은 방에 있었던 때는 언제인가?' 이 질문은 문화적 격차와 이해 부족을 보여준다. 세 번째는 퓰리처상 수상 작가인 메릴린 로빈슨이 던진 것으로, 아마 가장 중요한 질문일 것이다. '빈곤이 필요한가?' 빈곤은 필요하지 않다. 하지만 빈곤이 촉진되고 이용된다. 빈곤은 하나의 산업이다. 미국에는 주와 연방 기관들의 자금 지원을 받는 영리 목적의 '인적 서비스' 기업들의 광대한 네트워크가 존재하고 수천억 달러 규모의 비즈니스 제국을 형성한다.

아동, 노인, 장애인, 소외된 사람들에게 가려던 재정적 지원이 빼돌려져 다른 곳에 유용된다. 동의할 수 없는 궤변처럼 들리겠지만, 인간의 고통은 수익성 있는 사업이다. 예를 들어, 미국에서는 기업들이 추가 보조금을 요구하기 위해 위탁 아동들을 재분류하고 그 돈을 위탁 양육 기관에 되돌려준다. 수익 극대화라고 불리는 관행이지만 사례금이라고 부르는 것이 더 적절하다. 기관의 직원들은 아동에게 연방이나 주의 유족연금이 나오는지 알아보고 수수료를 뗀 뒤 자신이 일하는 기관으로 빼돌린다. 아동은 이에 대해 전혀 모른다. 부모의 보호나 지도가 없는 위탁 아동이기 때문이다. 주정부들도 착취에 가담한다. 그들은 가난한 사람들을 대상으로 한 연방 정부의 원조를 주의 재원으로 전용한다. 영리를 추구하는 '돌봄' 사업들이 활용하는 또 다른 관행은 직원 채용과 인건비를 줄이기 위해 소년원과 양로원에 거주하는 청소년 및 노인들에게 진정제를 과다하게 먹이는 것이다.

교도소에 대한 자금 지원은 800억 달러 규모의 산업이다. 미국은 대규모 투옥이 이루어지는 나라로, 230만 명이 교도소에 있고 440만 명이 보호관찰이나 가석방 중이다. 재소자의 거의 절반이 부도수표 발행, 좀도둑질이나 약물 소지로 투옥되었다. 민영 교도소를 운영하는 기업들은 경범죄에 더 엄격한 선고와 긴 징역형이 내려지도록 로비를 한다. 1997년에 39세의 한 흑인이 생울타리 깎는 가위를 훔쳤다는 이유로 종신형을 선고받았다. 민영 교도소 기업들은 그릇된 동기를 부여받는다. 그들에게는 갱생과 공공 안전의 개선이 이득이 되지 않는다. 지속적인 빈곤을 구상하고 실현하기 위해서는 유죄선고를 받은 약물 사용 범죄자들이 푸드 스탬프를 받거나 공영주택을 이용하지 못해야 한다. 또 전과 기록 때문에 일자리도 구하지 못해야 한다.

또한 민간 기업들은 살아남기 위해 수천 마일을 이동해온 이주민과 난민들을 감금해 국경지대에서 이익을 얻는 방법을 찾았다. 유럽에서는 스위스 소유의 ORS 서비스 AG 같은 기업들이 정부들과 계약을 맺고 영리 목적의 수용소를 운영한다. 지난 10년 동안 유럽에 이주민이 몰려들자 ORS는 이민자 '수용' 서비스를 스위스에서 오스트리아와 독일로 확대하여 대개 이민자와 난민을 돕는 비영리 기관들을 대체했다. 이 기업의 은퇴한 창립자는 난민 수용소를 운영할 때 "이윤이 매우 낮았고" 따라서 이익을 극대화하기 위한 "열쇠는 규모"라고 설명했다. ORS의 일부 수용소는 초만원 상태여서 수천 명의 여성, 아이, 남성들이 노숙해야 했다. 2019년에 ORS는 거의 1억 5000만 달러의 수익을 얻은 반면 난민들은 대개 일하는 것조차 허용되지 않았다. 그리스 모리아 수용소의 한 시리아 난민은 유럽의 정치인들에게 "두려움, 허기, 추위의 진정한 의미를 알고 싶다면 여기 모리아 수용소로 와서 한 달 동안 머물러보십시오"라는 제안을 하기도 했다. 영리 목적의 서비스 제공 업체들의 눈에 난민들은 가치를 뽑아낼 수 있는 자산이다. 그리고 이 '자산들' 중 거의 절반이 아이들이다.

이주는 분쟁에 직면했거나 불규칙적인 날씨 패턴으로 흉작이 들었을 때 취하는 마지막 수단이다. 가난한 이들은 처음에는 먹는 것을 줄이다 가재도구를 내다 팔고 심지어 아이들에게 학교를 그만두게 한다. 자연재해 증가와 변화하는 날씨가 지구의 일부 지역을 주거에 부적합하게 만들 미래에는 더 많은 사람이 살던 곳에서 강제로 쫓겨날 것이다. 사람들은 고향을 떠나는 것 말고는 다른 선택의 여지가 없다. 대중매체의 기사들은 지구 반 바퀴를 이동한 난민들을 묘사하지만 대다수 난민은 가난한 나라에서 다른 가난한 나라로 피난한다. 그리고 강제로 쫓겨날 사람의 3분의 1 이상이 자기 나라의 국경 안에 머물 것이다.

소말리아에서는 홍수와 가뭄, 분쟁으로 사람들이 고향을 떠나야 하는 처지가 된다. 2019년 현재 소말리아 국내에서 250만 명이 넘는 실향민이 발생했다. 근본적인 빈곤 상태 때문에 가정들이 이주를 유일한 선택지로 생각할 수밖에 없다. 무너진 집을 다시 지을 자원이나 흉작을 극복할 충분한 저축이 없기 때문이다. 나라의 노동 인구 중 절반 이상이 실직 상태라서 가축들이 몰살되고 경지가 심하게 훼손된 2016년의 가뭄 같은 자연재해가 덮치면 경제 상태는 특히 비참해진다. 가정들은 기회를 찾을 수 있길 바라며 도시로 몰려가지만 많은 이가 일자리나 인프라, 공공서비스가 제한되어 있다는 것을 알게 된다. 물 가격이 거의 두 배로 뛰었고 가정들은 식품, 물, 그 외의 기본 생필품을 구하느라 모든 에너지를 쏟는다. 많은 사람이 수입만으로는 생존하기 불가능하다는 것을 깨달았고 자연재해로 쫓겨나거나 더 멀리 옮겨가야 할까봐 끊임없이 두려워하며 살아간다. 몇 달 혹은 몇 년을 이런 상태로 살다보면 많은 사람이 자신들의 삶에 영향을 미치는 결정에 거의 의견을 내지 못하고 국제 원조에 의지하게 된다. 한 연구에서는 참여자의 98퍼센트 이상이 자신이 받는 원조에 관해 상담을 받은 적이 없다고 느

___ 방글라데시 콕스 바자르의 쿠투팔롱 난민촌에서 로힝야족의 이슬람교도 난민 소년이 다른 사람들과 함께 지역 NGO의 식량 원조를 받기 위해 기다리고 있다. 유엔이 "인종 청소의 교과서적인 예"라고 불렀던 미얀마 군대의 공격을 피하기 위해 60만 명 이상의 로힝야족 난민이 방글라데시로 몰려들었다. 로힝야족의 이슬람교도 난민들은 걸어서 국경까지 위험한 여행을 하거나 밀수업자들에게 돈을 내고 나무로 된 배를 타고 수로로 움직였다. 그러나 로힝야족 난민들은 무질서하게 늘어서 있는 임시 수용소에서의 또 다른 고통과 맞닥뜨렸다. 그곳은 영양실조, 콜레라, 그 외의 질병에 대한 공포가 가득했다. 구호단체들은 수요의 규모와 혼자 도착하는 엄청난 수의 아이들—약 60퍼센트로 추정된다—을 감당하느라 고투를 벌인다. 미얀마 군과 불교도 폭도들이 저지른 '제거 작전'은 노벨 평화상 수상자인 아웅 산 수치가 이끄는 나라에서 벌어졌다.

꼈고 관심사를 발언할 기회가 없었다고 말했다. 이런 시스템에서는 다음 자연재해가 닥치면 가정들이 내쫓기고 모든 것을 잃을 것이다. 그리고 이 사이클이 반복될 것이다.

전 세계적으로 빈곤 완화는 정부, 기업, 유명인, 자선단체가 관련된 수십억 달러 규모의 산업으로, 번영을 이룰 방법을 제공하기보다 의존하게 만들 수 있다. 유명인들이 자선을 베풀어 잉여 옥수수와 밀을 배나 비행기에 실어와 배급하면 돈과 후한 행위가 문제 해결을 돕는다는 생각을 강화한다. 이런 행위는 관대하긴 하지만 효과적이진 않았다. 가난한 사람들은 그들에게 무엇이 필요한지 물어보고 누군가가 귀를 기울일 때까지는 여전히 가난하다. 어머니, 딸, 아버지, 아들들은 예외 없이 나라에 공정성과 정의와 기회가 부족하다고 지적할 것이다. 가난한 이들도 다른 모든 사람과 마찬가지다. 그들은 관심, 시간, 에너지, 관계를 필요로 한다. 그들은 사진 촬영을 한 뒤 떠나는 사람들이 아니라 다른 형태의 자원과 연결되어야 한다.

데스먼드 투투는 "우리가 사람들을 강에서 끌어내는 걸 멈춰야 하는 순간이 온다. 우리는 상류로 가서 그들이 왜 물에 빠지는지 알아내야 한다"고 말했다. 자선단체와 정부는 빈곤 완화 프로그램들에 상당한 돈을 투입한다. 활동가들은 다르다. 그들은 사람들이 왜 강물에 몸을 던지는지 알아보려고 상류로 간다. 이 책은 단순한 요점을 끌어내 담론을 확장한다. 바로 기후위기를 해결하는 솔루션들의 범위, 기법, 관행들이 틀림없이 빈곤을 해결한다는 것이다. 빈곤은 '해결되길' 원하지 않는다. 스스로 해결하길 원한다. 경제적으로 혜택받지 못한 사람들은 자신들의 안녕, 마을, 공동체, 학교, 문화를 되살리길 원한다. 그들은 도구들, 교육, 협력을 이용해 그렇게 한다. 온난화를 역전시키는 가장 효과적인 방법은 가장 많은 영향을 받고 가장 어려운 처지에 있지만 그들의 목소리를 잘 들어주지 않는 이들에게로 돌아서

서 귀를 기울이고 지원하며 힘을 실어주는 것이다. 인류의 대부분이 참여하지 않으면 기후위기는 해결되지 않을 것이다. 통계적으로 그 대부분은 빈곤에 시달리는 사람들이다. 이 책은 자기 조직화를 위한 환경 조성에 관해 이야기한다. 가난한 사람들은 무엇을 해야 하는지 알고 있다. 일정 수준의 빈곤을 공유하는 40억 이상의 사람은 더 영양가 있는 식품, 깨끗한 물, 회복력 있고 수익성 있는 농업, 복원된 어장, 이용 가능한 이동성, 품위 있는 주거, 재생전기, 안전한 무상 교육, 공중보건 등 사회 정의와 기후 정의가 동일할 때 기후변화에 대한 대응에 참여하고 행동할 것이다.

어떤 사람들은 충분히 착하지 않거나 충분히 똑똑하지 않거나 충분한 자격이 없다고 말해온 수세기 동안의 편견을 뒤집는 것은 쉬운 일이 아니다. 기후위기가 기술로 해결될 수 없다는 깨달음은 너무나 많은 사람의 믿음과 어긋난다. 재정 자원이 거의 혹은 아예 없는 사람들이 더 많은 재정 자원을 가진 사람들의 운명에 영향을 미친다는 생각이 비논리적으로 보일 수도 있다. 그러나 현재 모든 인간은 모든 인간에게 의지한다. 지구가 하나의 시스템인 것처럼, 세계화되고 디지털화된 초연결 세계에서 우리는 하나의 시스템이 되었다. 인류의 공동 요구들은 동기화되고 조화되고 인식되길 원한다. 되살리기는 결핍이 아니라 풍요로움을 낳는다. 또한 가능한 일을 확장한다. 인류의 전망을 확대한다.

___ 콩고의 아이산기 우림에 사는 가족의 아이들. 상쇄는 세계의 알려진 조류 종의 11퍼센트가 살고 있는 저지대 열대 우림에 대한 이전의 벌목 사업권을 중단시켰다.

손실을 상쇄하는 것은 이익이 아니다. _ 무명인

여행을 해본 사람이라면 아마 상쇄금에 익숙할 것이다. 상쇄금은 당신이 여행하면서 발생시키는 온실가스 배출량을 상쇄하기 위해 회사에 내는 돈이다. 로스앤젤레스에서 런던까지의 왕복 비행은 50달러, 일주일 동안의 유람선 여행은 80달러의 상쇄금이 부과될 수 있다. 당신이 차로 매년 2만 마일을 달릴 때의 탄소 배출량을 상쇄하려면 100달러가 들 수 있다. 집이나 직장에서 사용하는 전기에서 발생하는 탄소 배출량 등 생활의 다른 측면에서도 탄소발자국을 상쇄하기 위해 돈을 낼 수 있다. 그런데 그 돈이 기후위기에 변화를 불러오고 있는가? 아니면 더 나은 방법이 있는가?

상쇄는 약속어음이다. 당신은 상쇄금을 냄으로써 오늘 당신이 발생시킨 온실가스가 미래에 같은 양의 온실가스 제거로 상쇄될 것이라는 약속을 받는다. 상쇄되는 위치는 세계 어디든 될 수 있고 상쇄되기까지의 기간은 짧을 수도, 길 수도 있다. 한 시골 마을의 비효율적이고 탄소를 분출하는 스토브를 청정 스토브로 교체하는 데 돈을 내면 당신의 배출량을 신속하게 상쇄할 수 있다. 나무를 심는 방법은 비슷한 양을 감축하는 데 몇 년이 걸릴 수 있다. 상쇄 개념은 미 의회가 대규모 공해 유발 기업들이 다른 곳에서 배출량을 감축할 경우 한 장소에서 공해물질 배출을 계속하도록 허용한 1970년의 대기오염방지법Clean Air Act으로 거슬러 올라간다. 1990년대에 기후변화에 대한 관심이 높아짐에 따라 탄소 공해 유발 기업들이 자사의 배출량을 상쇄하기 위해 재생에너지 프로젝트를 이용하기 시작했다. 오늘날에는 당신의 탄소발자국을 계산해서 배출권을 판매하는 다양한 기업과 단체가 있다. 런던까지의 왕복 비행? 그 비행으로 당신이 배출하는 탄소를 상쇄하려면 110그루의 묘목을 심어야 한다. 그 경우 당신이 배출한 탄소는 언제 상쇄될까? 말하기 어렵다. 아마 10~20년이 걸릴 것으로 짐작된다.

상쇄는 아마존, 구글, 네슬레, 디즈니, 제너럴모터스, 스타벅스, 델타 항공, 프록터앤갬블 같은 일부 대기업이 자사의 연간 온실가스 배출량의 일부를 중립화하기 위해 탄소 상쇄에 1억 달러를 사용할 계획을 발표하면서 최근에 인기를 얻었다. 그 외의 구매자들에는 연예인, 스포츠 단체, 식품업체, 대학, 도시, 심지어 나라 전체가 포함된다. 상쇄는 탄소 중립이 되기 위한 전체 계획의 핵심 부분, 온실가스 배출과 감축 사이의 넷 제로 균형을 얻는 방법이 되었다. 예를 들어, 애플은 2030년 전에 배출량을 직접적으로 75퍼센트 줄이겠다고 약속했고 나머지 25퍼센트를 보상하기 위해 상쇄 제도를 이용하겠다고 발표했다. 항공사 같은 일부 기업에게는 배출량의 급격한 감소가 실행 가능한 선택권이 아니다. 그런 기업들이 탄소 중립 목표를 달성하려면 더 많은 양을 상쇄해야 한다는 뜻이다. 2021년에 국제항공 탄소상쇄·감축 제도CORSIA가 실시되었고 250억 톤의 이산화탄소 상쇄를 목표로 하여 14년 동안 400억 달러의 거래를 발생시킬 것으로 예상된다.

대부분의 상쇄활동은 자발적이지만 일부는 규제 기관이 설정한 의무적인 배출량 감소 목표를 달성하기 위해 이용될 수도 있다. 예를 들어 발전소는 중개인들로부터 탄소 상쇄 '배출권'을 구매하여 주나 연방이 정한 한도를 넘어서는 수준으로 온실가스를 계속 배출할 수 있다. 탄소 배출권을 판매하려면 중개인이 향후의 온실가스 배출량 감축을 확인해야 한다. 공수표를 날리거나 약속을 지키지 못하게 되지 않으려면 탄소거래제는 많은 어려운 과제, 특히 다음 세 가지를 극복해야 한다. (1)영구성: 신뢰성을 위해서는 달성된 배출량 감축이 영구히 지속되어야 한다. 예를 들어 새로 조성된 숲이 나중에 벌채되거나 산불로 소실되어 저장된 탄소를 배출해서는 안 된다. (2)추가성: 배출량 감축은 어차피 일어날 감축에 추가적으로 발생해야 한다. 계획된 태양광발전단지가 이 거래와 상관없이 건설될 경우 상쇄는 인정되지 않는다. (3)회계: 배출량 감축이 주의 깊게 측정되고 관찰되어 약속어음을 전액 지급해야 한다. 투기적 거래, 부정확한 규약, 과도한 약속, 온실가스 배출 감축 실패뿐 아니라 명백한 사기 사례들이 다년간 이 과제들에 대한 대처를 어렵게 만들어왔다.

오늘날에는 상쇄량을 계산하기 위한 공인된 기준과 과학적 방법론이 잘 확립되어 있고 훨씬 더 투명해져서 탄소 거래 시장에 대한 신뢰를 높인다. 이런 기준과 방법론은 프로젝트들이 배출량 감축을 달성하는 한편 특히 소외되고 취약한 공동체들의 권리를 약화시킬 수 있는 요인에 대한 사회적, 환경적 보호 장치를 지키도록 돕는다. 하지만 탄소 상쇄가 더 인기를 얻으면서 속임수 관행과 허울뿐인 실적들이 계속 이 운동에 문제를 일으키고 있다. 한 가지 예가 수십 년 전에 건설된 풍력발전단지 같은 프로젝트에서 구매한 탄소 배출권인 레거시 배출권legacy credits이다. 프로젝트가 생산한 재생에너지가 탄소 집약적인 화석연료들을 대체할 수는 있지만 추가성이 없다. 순 배출량 감축은 과거에 일어난 일이다. 탄소발자국을 상쇄하려는 기업에게 레거시 배출권을 판매해 계속 공해를 배출할 수 있게 하는 것은 기후변화에 아무 도움이 안 된다. 유감스럽게도, 구매된 배출권의 60퍼센트가 추가성에 대한 의심스러운 주장을 포함한다.

또 다른 과제는 돈과 관련되어 있다. 탄소 배출권은 판매자와 중개인에게 돈벌이가 될 수 있으며, 이는 온실가스 배출량 순 감축 달성이라는 더 큰 목표보다 우선할 수 있는 경제적 동기를 만들어낸다. 특히 배출권 구매자가 탄소발자국을 유지할 수 있을 경우 더 그러하다. 예를 들어, 벌목이 임박했다는 가상의 위협을 이용해 삼림 탄소 배출권이 판매될 수 있다. 나무들이 잘려나가면 나무에 저장되었던 탄소가 배출될 것이다. 그러나 나무들이 잘리지 않으면 적절한 검증 규약을 따랐다고 해도 벌목 위협에 근거해 기업에게 판매된 어떤 '배출권'도 본질적으로 쓸모가 없어질 것이다. 이런 배출권은 크루즈 산업 같은 탄소 집약적 산업의 장부와 보도 자료들에서는 보기 좋지만 기후 관점에서 보면 의미가 없다. 유람선들은 항해를 계속하고 탄소 배출도 계속된다.

이런 상황은 전반적으로 상쇄와 관련해 익숙한 이야기가 되었다. 많은 프로젝트에서 약속된 감축량과 실제로 얻은 결과는 둘 다 기껏해야 보통 수준이다. 일반적인 기업은 자사의 총 배출량의 2퍼센트 이하를 상쇄한다. 일부는 산불 같은 자연적인 문제나 예상치 못한 인간의 개입으로 목표 달성에 실패한다. 또 다른 경우에는 약속된 상쇄가 오늘날의 기후위기에 의미 있는 영향을 미치기에는 너무 먼 미래에 일어난다. 상쇄는 시간을 벌 수 있지만 더 심도 있는 감축을 미루기 위한 전술이 될 수도 있다. 또한 공해 배출이 많은 기업이 자사의 배출량 감축 의무를 세계의 더 취약한 저개발 지역들로 전가하여 현재의 불평등을 해결하기보다 새로운 불평등을 확산시킬 경우 윤리적 문제도 발생한다. 게다가 산업화된 국가의 사치 행위로 발생되는 이산화탄소와 특히 개발도상국들에서 가족을 먹여 살리는 등의 필수적인 행위로 발생하는 이산화탄소의 양은 등가성이 맞지 않는다. 상쇄가 하는 역할이 있지만, 요점은 명확하다. 멀든 가깝든 미래가 아니라 지금 온실가스 배출량이 감축되어야 한다. 감축은 실질적이고 상당하며 즉각적이어야 한다. 우리에겐 허비할 시간이 없다.

상쇄에는 이점들이 있다. 투자로서의 상쇄는 전 세계 농촌에서 변화의 주도자 역할을 해왔다. 예를 들어, 세이브80 프로젝트는 남아프리카의 작은 나라인 레소토에서 배출권을 이용해 지역 여성들을 고용하여 가정들에 1만 개의 깨끗한 조리용 가열 기구를 배급하는 프로그램을 만들어 연료를 얻기 위한 벌목의 필요성을 줄이고 유독한 연기의 흡입으로 인한 부정적 건강 결과를 감소시킨다. 페루에서 상쇄금은 선주민들이 숲에서 벌어지는 모든 불법 벌목의 징후를 드론과 위성 데이터를 이용해 탐지하도록 돕는다.

미국에서는 상쇄 기금이 물고기, 비버, 철새의 강변 서식지들을 개선시키는 하천 및 습지 복원 프로젝트들에 사용되어왔다. 상쇄는 아르헨티나의 재생 양모 농장, 케냐의 대초원, 오스트레일리아의 목우장을 포함한 초원에서의 토양 탄소 구축 프로젝트를 지원한다. 그 외의 프로젝트로는 탄자니아 하드자족 공동체들 사이의 토지 보존 프로젝트, 라오스와 브라질의 척박한 삼림지의 복원, 온두라스의 지속 가능한 커피 재배자들이 이용하는 것과 같은 청정수 프로젝트의 시행, 캐나다의 삼림 보호 등이 포함된다.

상쇄의 주요 문제는 상쇄라는 단어 그 자체에 있다. 온실가스 배출을 상쇄하는 것은 수십 년 동안 대기에 축적되어온 가장 오래된 탄소인 이른바 레거시 탄소를 조금씩 없애는 데 거의 도움이 되지 않는다. 거의 모든 기후 과학자는 우리가 안전한 수준의 이산화탄소 농도를 넘어섰기에 당장 상당한 감축이 필요하다고 생각한다. 2019년에 전 세계적으로 총 이산화탄소 배출량은 41기가톤으로, 2000년 이후 3분의 1 상승했다. 앞으로 10년 혹은 20년 동안 이산화탄소를 감축하겠다고 약속하는 상쇄는 이런 면에서 거의 쓸모가 없다.

그 대신 우리에겐 배출량보다 더 많은 탄소를 대기에서 제거하고 이 탄소를 토양 같은 천연 흡수원에 가능한 한 오래 저장하는 개인, 기업, 국가들의 활동을 말하는 온셋onset이 필요하다. 단순히 배출량을 중립화하는 대신 대기의 이산화탄소 축적을 줄이기 위해 2배 혹은 3배로 감축하는 것은 어떤가? 전통적인 상쇄 프로젝트들이 제3자에 의해 평가, 모니터링, 검증되는 추가적인 탄소 격리 활동으로 인해 온셋으로 전환될 수 있다. 온셋의 이점으로는 더 많은 일자리, 식량안보 강화, 극단적 기후에 대한 회복력 증대 등이 있다.

소도/험보 조림 프로젝트Sodo/Humbo Forestry Project가 좋은 예다. 세계 최빈국 중 하나인 에티오피아는 토지 황폐화로 고통을 겪고 있다. 토지 황폐화는 농업에 심각한 손상을 입혀 인구의 90퍼센트에 영향을 미친다. 개발로 에티오피아의 자생 임지가 거의 모두 제거되고 광범위한 침식을 초래하여 점점 더 심각해지는 홍수와 가뭄의 순환을 감당하는 땅의 능력을 약화시켰다. 에티오피아 남부에서 시행된 소도/험보 프로젝트의 목표는 장기적 복원 전략의 일환으로 황폐화된 산비탈에 다시 나무를 심는 것이다. 지역사회 주민들이 작업을 하고, 나이지리아에서 개발된 '농민이 관리하는 자연적 재생FMNR'이라는 방법론을 사용한다. FMNR은 묘목장에서 기른 나무를 심는 비용의 극히 일부만으로 기존의 그루터기와 뿌리줄기로부터 신속하게 나무를 재성장시킨다. FMNR은 탄소 격리 및 저장 가능성이 높은 것으로 입증되었다. 2003년에 세계 야생생물 기금과 그 외의 단체들이 설립한 비영리 상쇄 검증 기관인 골드 스탠더드에 따르면 소도/험보 프로젝트는 110만 톤의 이산화탄소를 격리할 것으로 추정된다. 구매자에게 부과되는 비용은 얼마일까? 1톤당 18달러로 추정된다.

탄소뿐만이 아니다. 소도/험보 프로젝트는 (1)2000개의 지역 일자리를 창출했다. (2)여러 멸종 위기종을 포함한 토착 수종들로 8000에이커의 땅을 회복시켰다. (3)수많은 식물과 동물의 다양한 서식지를 만들어냈다. (4)침식을 감소시키고 물 침투력을 향상시켰으며 토양 비옥도를 증가시켰다. (5)지역의 꿀, 과일, 약초 공급원을 증가시켰다. (6)식량, 사료, 가축의 지속 가능한 원천으로 땅에 의지하는 5만 명 지역 주민의 복지를 향상시켰다. 뿐만 아니라 벌어들인 돈의 일부가 지역 경제 개발뿐 아니라 교육과 보건 프로그램에 재투자된다.

상쇄 관행은 지역 선주민 공동체들의 권리를 보호하기 위한 규제를 받지 않는다. 다른 나라들이나 다국적 기업들에 판매되고 있는 '회피된 배출

___ 캄보디아 서남부에 펼쳐진 서던 카르다몸 숲은 124만 에이커에 이르는 비교적 원시 상태의 열대 숲을 덮고 있다. 상쇄금은 불법 벌목꾼들에게서 1년에 1500개가 넘는 체인톱을 몰수하는 삼림 관리원들을 지원한다. 이곳에는 아시아 숲 코끼리, 구름무늬표범, 보닛긴팔원숭이, 샴 악어, 태양곰을 포함한 50개 이상의 멸종 위기종이 산다. 상쇄는 1억 1000만 톤의 탄소 배출을 막고 지역 공동체들의 소유권 등록, 고등교육을 위한 장학금 재정 마련, 생태관광을 지원한다.

avoided emissions' 탄소 배출권으로 수력발전을 하기 위해 자유로이 흘러가는 강물을 댐으로 막는다. 합의된 정의가 없는 용어인 '지속 가능한 임업sustainable forestry'을 위한 상쇄 배출권에는 공동체의 권리가 포함되어 있지 않다. 이 부분에 대한 유엔의 표현은 약했다. 당사자는 "인권에 대한 각자의 의무를 존중하고 촉진하며 고려해야 한다". '해야 한다.' 하지만 2019년에 유엔은 그 표현을 포기했다. 사람과 환경에 대한 안전 장치를 다루는 파리협정 제6조에는 '인권'이나 '선주민'이라는 단어가 발견되지 않는다. 오늘날 댐을 짓거나 자생이 아닌 단일재배 '삼림'을 상품화한 국가들이 탄소 배출권을 주장할 수 있다. 동시에 그런 배출권을 구매한 기업이나 국가도 같은 배출권을 주장할 수 있다. 이는 선주민들과 그들의 문화, 땅에 대한 무신경을 악화시키는 이중 집계 방식이다. 상쇄는 북반구 선진국들의 탄소 배출을 남반구의 선주민들에게 대대로 내려오는 땅을 탄소 흡수원과 상쇄 장치로 전용함으로써 '갚을' 수 있는 거래가 되기 쉽다.

온셋은 탄소 부채에 대한 약속어음을 갚는 대신 도움이 필요한 다른 사람에게 부채를 갚는다. 다른 사람이나 공동체, 아마도 사회적 혜택을 받지 못한 쪽에 돈을 내서 향후에 선한 탄소 행위가 이어지게 하는 것이다. 자동차로 2만 마일을 달리며 배출한 온실가스를 단순히 100달러에 상쇄하기보다 금액을 200달러로 2배 늘려 여분의 돈을 온실가스 배출을 추가적으로 감소시키는 한편 황폐한 땅을 회복시키고 인간과 자연의 안녕을 향상시키는 검증된 프로젝트에 낸다. 효과가 발생하기까지 시간이 좀 걸릴 수 있지만, 이는 단순한 중립화가 아니라 사전 대책을 강구하는 행동이다. 두 사람—혹은 네 사람이나 400명—이 도움이 필요한 다른 사람에게 부채를 갚으면 대기 중 이산화탄소는 눈에 띄게 감소될 것이다. 기업이 계산된 상쇄량의 구매를 2배나 3배 늘려 온셋을 한다면 상당한 선을 다른 쪽에 갚게 될 것이다. 우리가 아이들에게 적용하는 원칙과 같다. 우리가 아이들에게 사랑과 관심을 쏟으면 아이들이 앞으로 나아갈 수 있고 살면서 좋은 일을 할 수 있다.

10. 행동+연결
Action+Connection

이 책의 마지막 장에서는 연결로 증폭되는 행동을 다룬다. 이 장에는 제안, 가능성, 아이디어, 약간의 재미있는 이야기, 미래에 관해 깊은 관심을 가진 수천 명의 사람과 집단으로 연결되는 링크가 담겨 있다. 이 책을 넘어 대화를 계속하고 싶다면 우리 웹사이트의 특정 부분들로 가는 URL을 찾아보기 바란다. 이 웹사이트는 정보, 아이디어, 집단, 영상, 책, 전 세계에서 되살리기를 실행하고 있고 지원과 참여를 환영하는 사람들의 체계화된 보고다.

기후위기에 관해 가장 많이 하는 질문은 무엇을 해야 하는가, 어디서부터 시작해야 하는가, 어떻게 변화를 가져올 것인가다. 기후변화가 지구에 어떤 영향을 미치고 있는지 보거나 읽으면 당연히 위압감을 느끼거나 걱정되거나 혼란스럽거나 나는 한 사람 혹은 작은 가족일 뿐이라는 초라한 기분이 든다. 기후과학자이자 『우리가 만든 하늘 아래Under the Sky We Make』를 쓴 뛰어난 저술가인 킴벌리 니컬러스는 기후과학을 다섯 가지 사실로 요약했다. "지구가 따뜻해지고 있다. 우리의 문제다. 우리는 확신한다. 상황이 나쁘다." 그리고 다섯 번째 사실은 인류가 기후위기를 끝낼 능력을 가지고 있다는 것이다. 니컬러스는 그녀와 친구들이 기후 문제에 관해 잘 알고 있으면서도 최근까지 그에 관해 이야기를 하지 않았다고 말한다. 목소리 큰 기후변화 부정론자들은 거리낌 없이 가장 가까이에 있는 확성기를 집어들지만 압도적 다수의 사람들, 인간이 더 따뜻한 지구를 만들고 있다는 것을 아는 90퍼센트는 대체로 조용했다. 니컬러스는 이런 상황을 바꾸길 원한다. 우리도 그렇다.

기후과학의 초기 예측들이 이제 매일 보도되고 있고 사람들은 직접 경험하고 있다. 이론이 현실로 되었고, 기후과학이 아무리 뛰어나도 우리를 이런 곤경에서 벗어나게 할 순 없다. 무엇을 할지 알기 위해 우리에게 더 많은 과학 지식이 필요하지도 않다. 세계 대다수의 사람은 위기라는 것을 알고 있다. 기후위기 종식으로 가는 길은 그 대다수를 각성시켜 행동하게 하는 것이다.

무엇을 해야 하는가?

아툴 가완디는 저서 『체크! 체크리스트』에서 매우 복잡한 문제들에 대해 효과적 행동을 불러오는 결정을 내리는 방법들을 설명했다. 외과 의사인 가완디는 조종사와 부조종사가 여객기를 몰기 전에 이용하는 것과 비슷한 체크리스트를 작성했다. 그는 세계에서 가장 복잡한 시스템들 중 하나인 인체에 수술을 하는 의사들의 의료 실수를 없애고 줄이길 원했다. 의사들을 포함해 어떤 사람도 인체를 완전히 이해하지 못하지만 그렇다고 해서 의사들이 유능한 외과의가 되지 못하는 건 아니다. 체크리스트는 사전 지식, 경험, 실패, 학습을 바탕으로 개발된다.

기후위기도 비슷하다. 기후위기는 극도로 복잡한 시스템이고 이 문제를 완전히 이해하는 사람은 아무도 없다. 그래서 전문가들만 위기를 해결할 수 있다고 믿게 만들기도 한다. 우리는 테크노크라트들, 세계의 지도자나 과학자들에게 무심코 우리의 권리를 넘기고 그들이 무언가를 하고 상황을 바로잡길 기대한다. 가완디는 건축 및 건설 산업에서 알게 된 것들로부터 영감을 얻어 더욱 효과적인 시스템을 만드는 직접적인 방법을 발견했다. "의사결정 권한을 중심에서 주변부로 밀어내라. 사람들에게 자신의 경험과 지식을 바탕으로 조정할 여지를 주어라. [사람들이] 서로 이야기를 나누고 책임을 지게 하면 된다. 이 방법은 효과가 있다." 우리도 효과가 있다. 우리 중 전문가는 거의 없지만 그렇다고 무엇을 해야 하고 어떻게 해야 하는지 이해하지 못하는 건 아니다. 기후 체크리스트들이 우리 행동의 지침이 될 수 있다.

어디서부터 시작해야 하는가?

기후 체크리스트는 간단한 원칙들을 바탕으로 한다. 이 원칙들은 농장부터 재정, 도시부터 의류, 식료품부터 초원에 이르기까지 우리 노력의 방향을 잡는 데 도움이 되고 사람, 가정, 집단, 기업, 지역사회, 도시, 국가까지 모든 수준의 행동에 적용될 수 있다. 지침들은 네/아니요로 답하는 질문들이다. 모든 행동은 원하는 결과를 향해 나아가거나 그 결과에서 멀어진다. 첫 번째 지침은 되살리기의 근본 원칙이며 나머지는 그 원칙의 결과들이다.

1. 행동이 더 많은 생명체를 탄생시키는가, 아니면 감소시키는가?
2. 행동이 미래를 치유하는가, 아니면 빼앗는가?
3. 행동이 인간의 행복을 증진시키는가, 아니면 감소시키는가?

4. 행동이 질병을 예방하는가? 아니면 질병으로부터 이익을 얻는가?
5. 행동이 생계 수단을 만들어내는가. 아니면 없애는가?
6. 행동이 땅을 회복시키는가, 아니면 황폐화하는가?
7. 행동이 지구온난화를 증대시키는가, 아니면 약화시키는가?
8. 행동이 인간의 필요를 충족시키는가, 아니면 인간의 욕구를 만들어내는가?
9. 행동이 빈곤을 경감시키는가, 아니면 확대하는가?
10. 행동이 기본 인권들을 촉진하는가, 아니면 부인하는가?
11. 행동이 노동자들에게 존엄성을 부여하는가, 아니면 노동자들을 비하하는가?
12. 요컨대 행동이 착취적인가, 아니면 재생적인가?

이 원칙들을 어떻게 적용하고 평가하고 판단하느냐는 당신에게 달려 있다. 우리가 하는 일의 대부분은 모든 것을 만족시키지는 않는다. 그러나 나침반처럼 우리에게 방향과 가야 할 곳을 보여준다. 당신은 지침들을 채택함으로써 방향을 바꿔 조금씩 차근차근 삶을 되살리는 행동을 시작할 수 있다. 내가 무엇을 먹고 있는가? 왜 그것을 먹는가? 내 기분이 어떤가? 내가 속한 공동체에서 무슨 일이 일어나고 있는가? 내가 무엇을 입고 있는가? 내가 무엇을 구입하는가? 내가 무엇을 만들고 있는가?……

펀치 리스트 작성하기

펀치 리스트는 개인이나 집단이나 기관의 체크리스트다. 사람, 문화, 소득, 지식에 차이가 있기 때문에 하나의 공통된 혹은 올바른 체크리스트란 없다. 지구온난화를 역전시키기 위한 '10대' 해결책은 추상적 개념이다. 진정한 최고의 해결책이란 당신이 할 수 있고 하길 원하며 할 일이다. 펀치 리스트의 가치는 당신이 무언가를 하겠다고 약속했을 때 그 일들이 실제로 일어날 수 있다는 것이다. 개인이나 가족, 공동체, 기업이나 도시의 펀치 리스트를 작성할 수 있다. 펀치 리스트는 당신이나 집단이 1개월, 1년, 5년 혹은 그 이상의 정해진 기간에 착수하고 완수할 행동들의 목록이다. 예를 들어 이번 주, 이번 연도 등 다른 기간별로 다른 목록을 만들 수 있다. www.regeneration.org/punchlist에 작성 도구와 작업계획표, 더 많은 샘플이 나와 있다. 다음 두 샘플은 감축된 배출량이 50퍼센트를 넘어섰다. 당신의 펀치 리스트를 당신이 아는 이들을 포함해 다른 사람들이 작성한 것과 비교해볼 수 있다. 우리 직원의 펀치리스트도 올라와 있다. 또한 당신의 가족이나 회사나 건물의 현재 탄소 영향carbon impact을 평가하고 싶다면 www.regeneration.org/carbon을 방문하길 바란다.

한 주택 보유자의 펀치 리스트

1. 열펌프를 설치하고 집에서 요리, 난방, 온수에 모든 화석연료의 사용을 중단한다.
2. 가스레인지를 인덕션으로 바꾼다.
3. 완전히 재생 가능한 전력원으로 전환한다.
4. 1년에 일곱 벌의 튼튼한 옷을 구입할 연간 의류 예산을 세운다.
5. 뒷마당에 퇴비화 시설을 만든다.

6. 비행기 여행을 90퍼센트 줄이고 비행기 여행을 할 경우 탄소 상쇄권을 5배 구매한다.
7. 불필요한 물건들을 모아 기부하고 필요한 사람들에게 나눠준다.

소규모 식품회사의 펀치 리스트

1. 투명한 공급망을 구축한다.—상품 공급자들과 그들의 환경 영향을 조사한다.
2. 채소, 종자, 곡물의 재생/유기농 공급자를 찾는다.
3. 근로자들을 취약한 공동체들에서 채용하여 훈련시킨다.
4. 사무실, 창고, 생산용 전력을 재생에너지 전력으로 바꾼다.
5. 천연가스 사용을 중단하고 탱크와 통의 가열을 위해 유도가열 장치를 설치한다.
6. 지역 학교들의 영양 지식을 향상시키고 건강을 고려하는 구내식당을 만든다.
7. 재활용 판지 포장재를 명시하고 플라스틱 제거를 위한 일정표를 작성한다.

기후행동 체계: 협력

인간은 사회적 동물이다. 우리는 그룹을 이루어 문제를 해결하고 노력하고 배우길 좋아한다. 기후위기의 해결은 우리의 가족, 친구, 공동체, 노동자, 그 외의 사람들과 관련되어 있다. 협력이 용이하도록 돕는 한 가지 도구가 기후행동 체계Climate Action System다. 기후행동 체계는 기후 문제를 해결하기 위한 다운로드 가능한 학습 공간으로, 전 세계 어디서나 이용할 수 있고 끊임없이 자가 전파되며 필요로 하는 곳에 가고 상점을 차릴 수도 있다. 당신은 원하는 만큼 많은 사람을 초대하여 많이 사용될수록 더 스마트해지는 집단 학습 공간을 만들 수 있다. 또한 기후행동 체계는

1. 기후 문제를 해결할 수 있는 네트워크를 형성한다.
2. 최상의 행동과 해결책들의 씨앗을 뿌리고 따라하고 전파하여 모두가 이용할 수 있게 한다.
3. 장소, 사람, 문화에 따라 차별화하고 지식을 수정한다.
4. 결과를 계속적으로 분석하고 통찰력을 발달시킨다.
5. 대화 소프트웨어를 사용하여 행동의 흐름을 가속화한다.
6. 사람들, 동네 혹은 조직들 간의 부문을 초월한 협력을 가능하게 한다.

로자먼 잔더, 일런 로즌블랫, 해리 래스커가 만든 기후행동 체계는 www.regeneration.org/CAS에서 살펴볼 수 있다.

초점 확대하기: 넥서스

넥서스는 여러 기관, 지역, 문화, 사람들을 교차하지만 하나의 행동이나 영향 범주에 속하지 않는 광범위하고 복잡한 문제들을 다룬다. 플라스틱, 세계의 어선단, 팜유가 세 가지 좋은 예다. 이 거대하고 (혹은) 멀리 떨어진

위협 앞에서 무력감을 느끼는 대신 우리는 웹사이트에서 가장 중요한 넥서스 부분에 기후 행동들에 대한 정보가 계속 추가되는 '위키wiki'를 마련했다. 그중 일부 주제는 이 책에서 다루었고 디지털 소비(우리가 디지털 생활에서 소비하는 에너지의 양)처럼 다루지 않은 것들도 있다. 다음은 그중 하나인 북방림의 요약본이다.

북방림은 7개 국가를 덮고 있고 42억 에이커를 차지한다. 지구 최대의 원시림 체계를 구하기 위해서는 전 세계, 특히 러시아, 스칸디나비아, 미국, 캐나다 사람들과 기관들의 교육, 행동, 구상이 필요하다. 여기에는 행동주의, 정치적 영향, 경제적 압력, 소비자 교육, 불매운동, 토착민들, 주로 선주민과 퍼스트네이션 주민들에 대한 지원이 포함된다. 북방림 생태계는 광산업체, 정유업체, 벌목업체와 제지업체들에게 갉아먹히고 갈가리 찢기고 있다. 북방림의 목재로 화장실용 휴지를 제조하는 세 기업이 있다. 프록터앤갬블, 킴벌리 클라크, 조지아 퍼시픽으로, 이들은 '나무에서 화장실까지' 파이프라인의 협력 업체들이다. 이 기업들의 제품을 구입하지 말고 대신 재활용 휴지나 대나무 휴지를 구입하자. 이 기업의 대표들에게 편지를 쓰거나 이메일을 보내자. 천연자원보호위원회Natural Resources Defense Council의 「화장지 문제The Issue With Tissue」는 훌륭한 분석 보고서다. 또한 철새 수십억 마리의 북방림 서식지를 보호하는 퓨 인터내셔널 북방림 보존 캠페인Pew International Boreal Conservation Campaign, 북방림 리더십 위원회Boreal Leadership Council, 북방림 명금 구상Boreal Songbird Initiative은 매우 효과적인 조직들이다. 『뉴욕타임스』와 『워싱턴포스트』에게 압력을 가하고 왜 그렇게 훌륭한 기후 관련 보도를 하면서 레졸루트 포리스트 프로덕츠Resolute Forest Products에서 신문 인쇄 용지를 구입하는지 물어보자. 레졸루트는 그들의 북방림 벌목 관행에 반대하는 그린피스와 그 외의 활동가를 상대로 이길 수 없는 협박성 소송(전략적 봉쇄 소송이라고 불린다)을 제기했다. 레졸루트는 패소하여 이길 가능성이 없는 소송을 의도적으로 제기한 데 대해 피고들에게 81만6000달러를 배상해야 했다. 우리는 이 책의 출판사인 펭귄에게 레졸루트의 제품을 구매하지 말 것을 부탁했다. 이 책은 100퍼센트 사용 후 폐기물 재활용 종이로 되어 있지만, 문제는 여전하다. 다음은 북방림 보전에 영향을 미치는 문제의 일부일 뿐이다. 타르 샌드, 채굴, 석탄을 얻기 위한 산꼭대기 개간, 서식지 파괴, 야생지에 대한 불법 침입 문제도 있다.

넥서스의 각 범주에 우리는 다음을 포함시킨다.

1. 사안, 역사, 참여자, 영향에 대한 명확한 설명
2. 능동적으로 퇴화와 피해를 일으키는 구체적인 당사자들
3. NGO, 활동가, 영향받는 사람들, 그 외에 문제를 해결하는 기관들
4. CEO, 정치인, 그 외의 중요한 의사 결정자들의 주소와 이메일 주소
5. 압력을 가하거나 피하거나 지원할 제품과 기업들
6. 영상, 회의, 다큐멘터리, 기사, 논문으로의 링크

이 모든 것은 www.generatin/org/nexus에서 볼 수 있으며. 개선, 추가, 업데이트를 위한 당신의 도움과 참여를 환영한다.

웹사이트에는 다음의 주제들이 올라와 있다.

열대림/선주민의 권리와 문화/은행과 금융
팜유/세계의 어선단/군수 산업

꽃가루 매개자의 멸종/맹그로브/정치 산업

습지/염습지/의류 산업

비버/음식쓰레기/플라스틱 산업

생물지역/빅 푸드/디지털 소비

초원/재생농업/황폐화된 땅의 복원

해양보호구역/마이크로그리드/아마존의 숲

목표

여기에서 개략적으로 설명한 해결책들은 배출량을 감축하고, 생태계를 보호하고 복원하며, 공정성을 다루고, 생명을 탄생시킨다. 이를 재생혁명이라고 부를 수도 있다. 이 구상들이 전 세계적으로 신속하게 시행된다면 2050년까지 이산화탄소 환산량 기준 1600기가톤 이상의 배출을 막고 격리할 수 있으며, 그러면 IPCC의 2030년 및 2050년의 목표들을 달성할 것이다. 야심만만한 구상인가? 그렇다. 달성 가능한가? 물론이다.

다음 표에 요약된 해결책은 Regeneration.org에서 학자와 연구원들로 이루어진 팀이 면밀한 연구를 바탕으로 수행한 분석들을 나타낸다. 우리의 연구는 전 세계의 분석과 연결된다. 이 연구는 2028년까지 에너지 배출을 절반으로 줄일 수 있고 땅의 이용, 특히 농업과 임업으로 인한 배출을 변화시키면 2027년에는 토지가 순 배출원이 아니라 순 흡수원이 될 수 있다는 것을 보여준다. 이 활동들을 합치면 기온 상승 폭을 1.5도 아래로 유지하는 데 필요하다고 여겨지는 요건들을 충족시킬 것이다. 우리는 에너지와 자연이라는 두 가지 중요한 분야에 초점을 맞춘다. 기온 상승을 1.5도로 제한

하는 방법을 설명한 세계 유수의 대학, 기관, 과학자들의 기후 시나리오는 400개가 넘는다. 이 점은 멋지고 고무적이다. 또한 세계가 기후위기에 어떻게 초점을 맞추었는지 보여준다. 상당수의 예측이 대기에서 이산화탄소를 포집하여 액화하고 깊은 땅속으로 내려보내는 신생 기술들에 의지한다. 2100년까지 일주일 내내 하루 24시간 작동하는 3000만 개의 탄소 제거 기계가 전 세계에 설치되는 것 같은 제3의 방법이 존재하길 바라는 만큼 우리는 그러한 희망이 비현실적이고 주로 화석연료 기업들이 홍보하는 유형의 사고라고 생각한다. 어떤 사람들은 증상이 나타난 환자를 진단하는 것처럼 기후위기를 다룬다. 우리는 기후위기를 치유가 필요한 체계로 다룬다. 체계를 치유하는 방법은 체계의 더 많은 부분을 체계와 연결시키는 것이다. 이 책에서 이야기한 모든 것이 궁극적으로 그러한 연결을 되살리고 끊어지거나 분리된 결속을 복구하는 것이다.

우리의 분석은 지금 가능한 것에 초점을 맞춘다. 우리의 시나리오는 현재 인간에게 필요한 것들의 해결을 강조한다. 이 시나리오는 선주민들에게 많은 보상을 한다. 또한 식량 생산을 다양화하고 현지화하는 먹이사슬과 '공동농업주거지agrihood'를 조성한다. 빅 푸드가 더 이상 그들이 판매하는 초가공된 식품들의 양이 아니라 얼마나 많은 재생 식품, 그러니까 사람들의 건강을 회복시키고 토양을 되살리는 식품을 생산하느냐로 자사의 성공을 평가할 수 있다는 뜻이다. 이 시나리오는 우리의 땅과 바다를 보호하고 10년 내에 30퍼센트를 이용하지 않고 놔둘 것을 요구한다. 또한 세계의 온실가스 배출의 절반 이상에 책임이 있는 세계 상위 10퍼센트의 소득자(매년 3만8000달러 이상을 버는 사람들)들이 그들의 궁극적 행복이 모든 사람의 행복과 불가분의 관계라는 것을 인식하고 그들이 지구에 지우는 부담을 변화시키길 요구한다.

수량화를 하면 복잡한 주제들을 기만적이거나 지나치게 단순화된 하나의 측정 기준으로 부적절하게 축소한다고 판단하여 계산에 넣지 않기로 한 해결책들도 있다. 여성이 교육과 의료에 보편적으로 접근할 수 있게 하는 것은 인구 증가의 감소와 연결되고 그리하여 기후와도 연결된다. 교육에 대한 접근성 확대의 결과가 출산율을 감소시키지만 우리는 교육이 기본 인권이라고 생각한다. 또한 가난 때문에 탄소 배출량이 낮은 사람들은 더 나은 삶의 질을 추구하면서 탄소 배출량을 늘릴 권리가 있다. 마찬가지로, 선주민들이 관리하는 땅들이 상대적으로 매우 높은 수준의 생물다양성을 유지하고 있고 선주민들의 숲 소유권을 보호하는 것이 육지탄소 저장량을 보호하는 효과적인 방법이라고 자주 언급된다. 맞는 말이다. 그러나 도둑질당한 땅을 선주민들에게 돌려주는 것만이 도덕적이고 효과적인 올바른 행동이다.

이산화탄소로 환산한 회피된 배출량(기가톤)	2030	2040	2050
혼농임업	5	16	26
아졸라	1.9	3.6	5.4
바이오차	6	17	28
북방림	2	6.1	10
건물	28	89	167
탄소건축	5.7	11	16
깨끗한 조리용 가열 기구	1.8	5.5	9.2
퇴비	0.2	0.7	1.4
모든 것을 먹기	9.9	40	93
지열	4.2	16	35
초원&방목	1.9	5.8	9.7
산업	34	102	191

맹그로브	3.7	11	18
이동성과 전기자동차	38	122	226
이탄지	7.8	24	39
재생농업	12	35	56
바다숲 조성	3.2	14	31
해초	1.7	5.1	8.5
태양광	20	73	141
온대림 관리	3	9.1	15
온대림 복원	11	32	53
염습지	0.4	1.1	2
열대림 관리	4.9	15	25
열대림 보호	18	54	90
열대림 복원	40	120	201
아무것도 낭비하지 않기	5.2	19	39
풍력	11	41	77
회피되고 격리된 총 배출량	280.5	888	1613.2

*이 책에 나오는 일부 해결책은 우리 지구의 향후 온도에 미치는 영향이 쉽게 수량화되지 않거나 데이터가 불충분하거나 다른 해결책에 포함되기 때문에 제외되었다. www.regeneration.org/methodology에서 방법론에 관해 더 읽어보기 바란다.

보호

아마도 지구온난화에 대해 가장 간과되는 해결책은 지상의 탄소 저장량 보호일 것이다. 우리는 현재 아주 오래된 탄소 저장분(석탄, 가스, 석유)을 연소하여 탄소를 배출하지만 또한 육상 생태계의 탄소 저장분을 파괴하여 탄소를 배출한다. 생태계가 훼손되거나 퇴화되거나 사라지면 이산화탄소와 메탄가스를 배출한다. 전 세계의 유기 탄소, 특히 토양 산소 저장량에 대한 추정은 정확하지 않다. 다음 도표에 나오는 총 탄소 저장량 계산치(3300기가톤)는 1990년대와 2000년대 초에 나온 예전 추정치보다 높은 편이다. 이 책을 쓰는 현재, 1미터 깊이까지의 지구 토양 탄소 지도들이 곧 새로 나올 예정이고 이 지도들이 지상탄소에 대한 우리의 이해를 상당히 진전시킬 것이라고 생각된다.

유기 탄소 저장량(기가톤)	토양	바이오매스	합계
북방림	1086	54	1140
사막과 내건성 관목	68	10	78
초원	392	77	469
맹그로브	5	1	6
지중해	26	6	32
해초	3	0	4
온대림	375	72	447
염습지	1	0	1
열대림	407	181	589
툰드라	527	8	535
총 탄소 저장량	2890	409	3301

한 가지 더!

지구를 구하는 것이 당신의 임무는 아니다. 지구를 구한다는 생각 자체가 부담이다. 어차피 당신은 지구를 구하지 못하기 때문이다. 혼란을 일으키는 믿음은 탄소가 나쁘다는 것이다. 탄소 공해라는 것은 없다. 탄소는 우리가 필요로 하고, 만들고, 만지는 거의 모든 것과 살아 있고, 맛있고, 놀랍고, 신성한 모든 것의 핵심 부분이다. 우리는 엄청난 양의 탄소를 대기로 배출해왔고, 우리가 어떻게 탄소를 배출했는지 정확히 알고 있다. 오늘날 우리는 지구의 균형을 맞추기 위해 어떻게 탄소를 땅과 바다로 돌려보낼지 알고 있다. 지구는 그 균형이 어떠해야 하는지에 대해 관대하다. 대략 지난 80만 년 동안의 대기 중 이산화탄소의 평균 수준이었다. 우리가 돌려보내는 탄소는 지구에 생명을 되살리는 데 필요한 양분이다. 지구에 양분을 공급하는 것이 기후를 치유하는 것이다. 되살리기는 삶의 기본 설정이다. 당신이 지금 이 문장을 읽을 수 있는 것은 당신의 몸이 10억 분의 1초마다 30조 개의 세포를 재생시키고 있기 때문이다. 당신은 지구의 생명체를 죽이거나 해치거나 불태우거나 억압할 수 있지만 그런 행위를 멈추면 되살리기가 시작된다. 이제 우리의 생활, 관행, 상품, 도시, 농업, 그 외의 모든 것을 생물 세계에 맞추고 기후위기를 종식시킬 때다. 다른 사람이 우리 대신 해줄 것이라고 믿거나 가정하면 이 일을 해낼 수 없다. 우리에겐 공동의 이익이 있고, 그 이익은 우리가 함께하며 힘을 합쳐야 충족될 수 있다. 되살리기의 세계에 오신 걸 환영한다.

_ 폴 호컨

| 후기 |

데이먼 가모

잘 짜인 이야기에는 문화를 정의하는 힘이 있다는 것을 내가 처음 알아차린 건 고등학교 때 아시아 연구 수업에서였다. 어느 특별한 오후에 우리는 기원전 3000년경 일어난 오스트로네시아인의 팽창에 관해 배우고 있었다. 오스트로네시아인은 아시아 본토를 떠나 남쪽의 광대한 지역에 펼쳐진 섬들로 향했다. 이들은 몸에 문신을 하고 옥을 깎아 만든 조각상들을 가지고 최초의 쌍동선과 아웃리거 보트를 타고 모험을 떠났다. 당시 이들이 도착한 많은 섬에는 울창한 숲과 대형 거북, 새, 어류를 포함한 풍요로운 생태계들이 번성하고 있었다. 하지만 새로 도착한 사람들은 넓고 툭 트인 본토에 알맞은 사고방식을 가지고 있었다. 개척자들은 어류의 남획과 과도한 사냥에 더해 연료와 경작지를 얻기 위해 나무들을 지나치게 많이 베어내 새로 발견한 생태계들의 균형을 이내 무너뜨렸다. 이 신생 사회들 중 많은 곳이 붕괴되고 일부 섬은 완전히 버려졌다. 수세기가 지난 뒤 쌍동선과 아웃리거 보트들이 새로 몰려들면서 사람들은 자신들의 생존이 지역 생태계에 대한 깊은 존중에 달려 있다는 것을 알게 되었다. 그들은 지배 대신 융합을 택했고, 자연을 남용해서는 안 되는 선물로 대했다. 그리고 자신들을 땅과 바다에 맞춰 살아가며 점점 더 큰 풍요로움을 이루어내는 핵심종으로 생각했다.

당시 청소년이던 내 머리에 각인된 것은 이 사람들이 이러한 지혜를 자신들의 문화에 새겨넣는 것의 중요성을 이해했다는 점이었다. 그들은 미래 세대들의 행동을 형성할 삶의 방식을 의도적으로 만들어냈다. 그리고 새로운 이야기를 들려주고 신화와 은유들을 발전시킴으로써 이렇게 했다. 이 섬들 중 많은 곳이 오늘날까지 생태계를 보존해왔다.

인류가 발생한 이후 대부분의 기간에 사람들은 나무, 동물, 바위를 포함한 우주 만물에 생명력이 흐르고 이 생명력이 만물을 연결시킨다는 일정 형태의 애니미즘적인 믿음을 지니고 있었다. 페루와 에콰도르 국경지대에 살고 있는 아추아르족에게는 심지어 오늘날에도 자연을 뜻하는 단어가 없다. 그들은 자연이 존재한다고 생각하지 않는다. 그들과 주위 환경이 분리되어 있지 않다고 생각한다. 16세기에 기독교와 과학혁명이 확산되면서 이 애니미즘적인 믿음은 대체로 뿌리 뽑히고 자연에 대한 새로운 이야기가 쓰였다. 인간을 생물계와 분리된 우월한 존재로 보는 이야기였다. 현대 과학의 아버지인 프랜시스 베이컨은 연구자가 "자연의 내면의 방들로 가는 길을 자세히 알기 위해서는 방황하고 있는 자연을 사냥개처럼 추적해야 한다"고 말했다. 유감스럽게도 이 이야기는 오늘날에도 여전히 우리 문화에 널리 퍼져 있다. 우리 사회의 지배적인 이야기들, 개발되고 있는 신화와 은유를 현명한 어른들이나 경험이 풍부한 모험가들이 아니라 획일적인 기업체들을 대신하는 광고 대행업체가 들려주고 있다. 우리의 정보 생태계는 완전히 오염되었고, 이는 우리와 지구의 건강에 유해한 영향을 미치고 있다. 우리의 섬, 은하계에 있는 이 아름다운 행성의 몰락을 막으려면 우리는 더 나은 이야기들을 말하고 그 이야기들에 지혜를 새겨넣어야 하며 다시 한번 자연에 대한 존중과 경외심을 길러야 한다.

오늘날 우리의 스토리텔링은 대부분 두 범주에 속한다. 첫째는 마술사의 속임수와 비슷하다. 우리의 감정이 주류 매체들에 의해 장악된다. 손가락으로 클릭만 하면 이야기들이 도착하고, 이 이야기들은 우리가 죽어가고 있는 세상에 살고 있다는 사실을 보지 못하게 만든다.

스토리텔링의 두 번째 범주는 선의로 만들어진다. 지난 수십 년 동안 우리는 자연세계의 파괴를 정확하고 시적으로 상세하게 전하는 걱정스러운 이야기들, 무수한 영화와 책을 이용해왔다. 하지만 어떤 대가가 따랐는가? 신경학 연구에 따르면, 공포와 불안이 가미된 정보를 끊임없이 보면 사람이 무감각해져서 뇌에서 문제 해결과 창의적 사고에 중요한 부위의 기능이 정지될 수 있다.

더 나은 이야기, 생물계와 상호 연결된 관계에 관한 의미 있는 이야기를 장려하고 자금을 지원한다면 우리는 함께 어떤 세상을 만들 수 있을까? 혹은 전체 생태계를 복원하고 있는 개인과 공동체에 힘을 주는 이야기, 설명, 재생과 관련된 이야기들을 공유한다면? 너무나 오랫동안 우리는 지구에서의 삶에 대한 그래프, 데이터, 용어, 생기 없는 통계의 포화로 스스로를 공격해왔다. 새로운 접근 방식, 심장을 직접 겨냥한 더 좋은 이야기를 들려주는 것을 포함한 전통적 접근 방식이 필요하다. 이야기꾼의 역할이 그 어느 때보다 중요하다. 예술가, 시인, 작사가, 작가, 영화 제작자의 진정한 목적은

___ 데이먼 가모는 예술가이자 활동가이며 찬사를 받은 영화 『2040: 되살리기에 합류하라2040: Join the Regeneration』의 크리에이터 겸 감독이다.

문화를 만들고 형성하는 것이다. 그리고 그 문화가 무엇이 꽃을 피우거나 시들지, 무엇이 번성하거나 사라질지 결정한다. 지금 이 순간 우리에게는 생물계에 대한 근본적인 공감을 가진 되살아난 문화가 필요하다. 그리고 우리의 이야기꾼들이 길을 찾지 못하면 그 길은 발견될 수 없다. 부디 그 이야기들을 들려주기 바란다.

옮긴이 박우정

경북대 영어영문학과를 졸업하고 현재는 인문서와 어린이 도서 전문 번역가로 활동하고 있다. 옮긴 책으로 「불평등이 노년의 삶을 어떻게 형성하는가」 「왜 신경증에 걸릴까」 「자살의 사회학」 「히틀러의 비밀 서재」 「남성 과잉 사회」 「좋은 유럽인 니체」 「역사를 이긴 승부사들」 「평면의 역사」 「아들러 평전」 「지니어스 게임」(1·2) 「메이크 타임」 「알렉산드로스 원정기」 「재생산에 관하여」 「스프린트」 「역사를 수놓은 발명 250가지」 등이 있다.

한 세대 안에 기후위기 끝내기

초판인쇄 2022년 2월 16일
초판발행 2022년 2월 25일

지은이 폴 호컨
옮긴이 박우정
펴낸이 강성민
편집장 이은혜
마케팅 정민호 이숙재 김도윤 한민아 정진아 이가을 우상욱 박지영 정유선
브랜딩 함유지 함근아 김희숙 정승민
제작 강신은 김동욱 임현식

펴낸곳 (주)글항아리 | **출판등록** 2009년 1월 19일 제406-2009-000002호

주소 10881 경기도 파주시 회동길 210
전자우편 bookpot@hanmail.net
전화번호 031-955-2696(마케팅) 031-955-1936(편집부)
팩스 031-955-2557

ISBN 978-89-6735-973-7 03400

호컨이 쓰는 '되살리기(재생)'라는 단어는 최근 들어 지속 가능성에서 발생하는
일종의 자연적인 진화 단계로 사람들 입에 많이 오르내렸다. 사실 그는 어떤 용어를
공고히 해 철학과 정책을 통해 문화적·현실적으로 널리 퍼지게 한 이력이 있다.
바로 『플랜 드로다운』에서 쓴 '드로다운'이라는 용어다. 그가 이 용어를 기술하고 탐구한 후
이것은 널리 사용되었다. 『플랜 드로다운』이 '무엇을 할 수 있는가'에 관한 책이었다면,
『한 세대 안에 기후위기 끝내기』는 '어떻게 해낼 것인가'에 관한 책이다.

_사니먼 메인웨어링, CMO 네트워크 창립자

'되살리기'는 전 세계 곳곳의 건강을 회복시키는 프로젝트다.
호컨과 소설가 리처드 파워스, 조너선 사프란 포어, 생태학자 칼 사피나와
이저벨라 트리 등이 족집게 전략들을 면밀히 검토한다. 처방들은 달성 가능하고 전문 용어나
위협조 없이 명확하게 기술되어 있다. 환경에 관심 있는 모든 독자의 흥미를 끌
이 책에서 그림의 떡 같았던 비전들이 실현 가능성을 발한다.

_『커커스리뷰』

호컨은 기후위기와의 전투에 대한 이 포괄적인 안내서에서
"되살리기가 세상만 다시 살리는 건 아니다. 우리 각자도 다시 살린다"고 썼다.
긴급하지만 비관적 전망으로 기울지 않는 이 책은 따뜻해지고 있는 세계를 걱정하는
독자들에게 요긴한 도움이 될 것이다.

_『퍼블리셔스위클리』

기후 불안에는 한 가지 명확한 치료법이 있다. 기후변화를 해결하기 위한 전략적 조치들을
취할 수 있으면 이 문제가 실제로 해결 가능하다고 느껴지기 시작한다는 것이다.
문제는 어디서 시작해야 하는지 아는 사람이 드물다는 것이다.
『한 세대 안에 기후위기 끝내기』와 웹사이트에서 폴 호컨이 그 해결책들을 펼친다.
이 책에서 호컨은 더 좋은 농법부터 새로운 도시 이동성에 이르기까지
핵심적인 해결책들을 이야기한다. 웹사이트는 한발 더 나아가 필요한 변화를 지원하기 위해
누구나 할 수 있는 일들을 정확하게 설명한다.

_『패스트컴퍼니』

『한 세대 안에 기후위기 끝내기』는 해결책뿐 아니라 지속적인 행동에 필요한 마음가짐에 대해 한 줄기 신선한 바람을 불어넣는다. 특히 호컨이 우리의 사고와 마음을 위해 만들어놓은 길이 가장 눈에 띈다. 그는 "되살리기가 세상만 다시 살리는 건 아니다. 우리 각자도 다시 살린다"고 썼다. "안전지대에서 나와 우리에게 있는지도 몰랐던 큰 용기를 발견해야 한다." 미래에 대한 두려움과 잃어버린 것들에 대한 슬픔 속에서 이 위기는 우리에게 현재의 불확실성 속으로 들어가 우리의 최선의 노력, 그러니까 우리의 용기와 동정심과 가장 깊숙한 곳의 에너지를 여기에 쏟으라고 요청한다.

_리즈 커닝엄, 『대양』 저자

수십 년 동안 환경보호의 선봉에 섰던 호컨은 여전히 확고하게 낙관적이다. 그는 "이 글을 읽고 있는 사람이 바로 기후위기를 막을 수 있는 주체"라고 말한다. 하지만 독자들이여, 조바심치지 마라. 책임은 당신 개인에게 있지 않다. 호컨이 설명을 이어가듯이 책임은 개개인이 아니라 집단에게 있다. 이 책은 호컨이 '생명을 모든 행동과 결정의 중심에 두는 것'이라고 설명한 되살리기를 위한 모범 사례들의 모음집이다. 이 책은 작가, 활동가, 과학자 등 수많은 전문가가 행동을 촉구하는 처방적인 책이기도 하다. 행동하는 데 압박감을 느끼는 사람들은 이 책이 '지구를 구하는 것이 당신의 임무는 아니다'라는 그의 마지막 권고만큼 명쾌하고 유익하다는 것을 알게 될 것이다. 더 정확히 말하면 그건 우리 모두의 의무다.

_앨리슨 에리에프, 작가